■ ■ ■ 智能系统与技术丛书

Machine Learning
with
TensorFlow

SECOND EDITION

TensorFlow
机器学习

（原书第2版）

[美] 克里斯·马特曼（Chris Mattmann） 著

赵国光 译

机械工业出版社
China Machine Press

图书在版编目（CIP）数据

TensorFlow 机器学习：原书第 2 版 /（美）克里斯·马特曼（Chris Mattmann）著；赵国光译 . -- 北京：机械工业出版社，2022.5

（智能系统与技术丛书）

书名原文：Machine Learning with TensorFlow, Second Edition

ISBN 978-7-111-70577-2

I. ① T… II. ① 克… ② 赵… III. ① 机器学习 IV. ① TP181

中国版本图书馆 CIP 数据核字（2022）第 063327 号

北京市版权局著作权合同登记 图字：01-2021-3008 号。

TensorFlow 机器学习（原书第 2 版）

出版发行：机械工业出版社（北京市西城区百万庄大街 22 号 邮政编码：100037）

责任编辑：冯润峰		责任校对：殷 虹	
印　　刷：涿州市京南印刷厂		版　　次：2022 年 7 月第 1 版第 1 次印刷	
开　　本：186mm×240mm　1/16		印　　张：24	
书　　号：ISBN 978-7-111-70577-2		定　　价：129.00 元	

客服电话：（010）88361066　88379833　68326294　　　投稿热线：（010）88379604

华章网站：www.hzbook.com　　　　　　　　　　　　　　读者信箱：hzjsj@hzbook.com

译 者 序

  技术进步推动着人类社会的发展，人们不断发明新的技术、追求更高效的生产力，来创造更美好的生活。早在 20 世纪 50 年代就已经有关于机器学习的研究，并发展出了"符号主义""连接主义""统计学习"等多个流派，其中很多技术至今依然是非常好用的机器学习工具。随着网络技术发展和智能手机的普及，大量互联网业务诞生，由此产生出前所未有的数据量以及对数据智能的需求。计算和存储能力的提高，带来了以深度学习为主流的新一轮机器学习应用热潮。智能化，注定会为这个时代留下浓墨重彩的一笔。今天，机器学习应用广泛，如人脸识别、内容推荐等场景已经很成熟，以至于人们已经对其习以为常。但是从发展前景看，机器学习的应用空间仍然非常大。

  几年前，我加入中信集团的一家科技公司担任首席技术官。不同于之前工作过的互联网企业聚焦于面向人的服务，即通常所说的 ToC，在中信的工作使我看到了中国产业的场景和体量、企业数量、企业家的创新能力与勤奋，都是非常惊人的。从疫情期间医用口罩能够在极短时间内充分供给并出口就可见一斑。在这样巨大的经济体中，企业的发展水平并不平均，以制造企业为例，许多企业都存在效率提升的空间和需求，从资源、能源、人工成本、安全等角度考量，人工智能技术都有着极大的应用空间。要解决这些问题，单靠行业专家或者 IT 专家是不够的，必须要二者结合，特别是在有可解释性要求的场景下，需要他们互相理解对方领域的语言与逻辑。同时在工程化方面，更需要不断降低使用人工智能技术的成本，使这些技术能够真正地服务于企业生产，从而创造价值。这些都需要有更多的人理解这项技术。这也是我翻译本书的初衷。

  本书涵盖了当今主流的机器学习核心技术，从基本原理、核心算法、神经网络三个部分进行了详细阐述。本书的特点是算法讲解与示例相结合，作者在对每个基础理论进行讲解之后，都会提供对应的示例问题，并通过 TensorFlow 编码实现，包括数据清洗、准备、训练、推理和评估，还对示例代码进行了解释，使读者能够更容易地理解并应用。我在翻译本书时力求忠于原文、内容准确，但由于才疏学浅，书中难免存在一些错误或疏漏，恳请读者批评指正。

感谢各位师长与挚友在我人生道路上的指导和帮助。感谢机械工业出版社华章分社的编辑朋友们推荐此书并委托我翻译。中国经济蓬勃发展并进入新的阶段，大国崛起、科技创新是时代的最强音，在这个历史进程中，机器学习技术一定大有可为，希望本书的出版能为其发展略尽绵薄之力。

赵国光

序

本书第 1 版出版已经两年了，在人工智能领域，这就是很长的时间了。

今天，我们被一个人类语言模型所吸引，该模型拥有超过 800 亿个人工神经元，学习了超过 1700 亿个参数。训练这样一个模型的成本是以百万美元计量的。麻省理工学院的 Lex Fridman 预计，随着计算和算法设计的改进，我们将很快能够以几千美元的成本训练出一个人脑大小的模型。试想一下，在不久的将来，我们将以低于一辆佩洛顿固定自行车的价格训练一个具有人类大脑容量的人工智能模型。

写一本书来捕捉这样快速发展的技术充满了风险。当 Chris 写了几章的时候，可能研究人员已经找到了更新颖、更优雅的方法来解决同样的问题。然而，当今可能只有 10 000 人对人工智能有深刻的理解。你想要投入其中，学习并开始在工作中使用人工智能，该怎么办呢？

买这本书吧——即使你拥有第 1 版。请特别注意新的 7 章：第 6 章、第 8 章、第 10 章、第 12 章、第 15 章、第 17 章和第 18 章。它们将带你了解 AI 的基本技术。

Chris 可帮助你了解机器如何在我们的世界中看、听、说、写和感受。他展示了机器如何通过自编码器，像人眼一样，立即发现挡风玻璃上的灰尘斑点。

在 Chris 描述建模技术的过程中一直有令人沮丧的动手操作的细节。建模本质上是将问题抽象成一个计算图，其输入为张量，输出为张量。正确地构建问题远比描述如何解决问题的具体细节重要得多。希望这些细节能够迅速改变和改进。

有了对人工智能模型的理解，你就准备好了享受人工智能指数级快速前进的旅程。欢迎来到我们的世界！投入其中，寻找乐趣，启动 GPU，并尽你的一份力量帮助人们解决智能问题。通过智能设备重新想象我们的世界——然后用 TensorFlow 实现。

Chris，谢谢你花时间为我们提供指导，并在其中穿插了我很喜欢的老爸式幽默。

Scott Penberthy，谷歌人工智能应用主管

2020 年 8 月于加州帕罗奥多

前 言

大约在 2018 年 2 月的一天，我拿着刚出版的本书第 1 版坐下来，打开它并投入其中。目前，我管理着美国国家航空航天局位于美丽的加州帕萨迪纳的喷气推进实验室的人工智能分析和创新发展部门。然而当时，我是 IT 部门的副首席技术官（CTO），在数据科学、信息检索和软件方面有较强的背景，但对机器学习这个热门话题只是了解皮毛。我曾经涉猎过，但从未像人们说的那样深入。我知道 Manning 出版社，它擅长用实用且深入的例子以通俗幽默的方式涵盖相关主题，因此我非常喜欢这本书。那时，我已经差不多一年没有读过技术书籍，更不用说坐下来尝试写代码和练习了。

我决定选择这本书，而且必须运行代码，拿出笔和纸，画出矩阵，做好笔记，学习而不是只阅读。天呐，这本书太棒了。它很幽默——可能是我读过的最简单的关于机器学习的介绍——而且我真的理解了。我记得有天晚上我对妻子说："这就是为什么所有像埃隆·马斯克这样的亿万富翁 CEO 都害怕人工智能。"我可以看到它各种形式的应用，如文本、声音、视觉和语音，并且它使用了一个叫 TensorFlow 的很棒的框架。

但是有一个问题。本书的第 1 版有一个习惯，就是在每章的结尾扔出一个要点，大意是"好吧，你刚刚了解了人工智能或机器学习的主题 X，你可以尝试为 X 创建一个模型，就像这个最先进的模型一样，并测试它。"我充满好奇并且愿意花时间，大约 9 周之后，我训练并重建了 Visual Geometry Group(VGG) 的 Face 模型，发现了一系列的改进，并重建了不再存在的数据集。我编写了代码来获取 Android 手机数据并推断用户的活动，如跑步或散步。我创建了一个鲁棒的情感分类器，在 Kaggle 的 Bag of Popcorn Movie Challenge（现在已经结束）中可以进入前 100 名。

最终，我为本书的第 2 版准备了足够多的代码、笔记和材料。我收集了数据，编写了 Jupyter 文件，修复了代码中的 bug。在 Nishant Shukla 的第 1 版和这一版之间的两年时间里，TensorFlow 的 1.x 分支已经发行了大约 20 个版本，并且其 2.x 版本也即将上线（就在我写本书的时候）。

在本书中你可以得到所有的代码、示例、bug 修复、数据下载、辅助软件库安装以及容器化等方面的内容。不要把它当作另外一本 TensorFlow 的书，我可以简单地称其为 *Machine Learning with TensorFlow and Friends*，*2nd Edition*：*NumPy*，*SciPy*，*Matplotlib*，*Jupyter*，*Pandas*，*Tika*，*SKLearn*，*TQDM*，*and More*。你需要所有这些元素来进行数据科学和机器学习。需要说明的是，本书不仅仅介绍 TensorFlow，还介绍机器学习及其实现：如何清洗数据、构建模型并训练数据，以及（更重要的）如何评估数据。

我希望你和我一样喜欢机器学习并且永远保持热情。这段旅程并不容易，包括在写作的过程中遭遇了一场全球流行病，但我从未像现在这样乐观，因为我看到了人工智能和机器学习的光明和力量。希望你在读完这本书之后，也如我一样！

关于本书

要想从本书中获得最大收益，你可以把它作为两部分来处理：数学和理论的概览，以及 Python、TensorFlow 和其他组件的实际应用。当我在特定领域中介绍某项机器学习技术（比如回归或分类），以及引用示例数据集或某个问题时，会考虑你应该如何利用这些数据或问题来检验正在学习的机器学习知识。这就是我作为第 1 版的读者所做的：仔细阅读每一章，然后根据我做的笔记和我的工作，应用"假设"和数据集为这一版积累新的素材。

每一章都要花几周或者几个月的时间来完成。我在第 2 版中做了全面的更新，当你阅读本书前面的部分时，会发现章节的顺序与第 1 版相似。然而，在回归之后，现在有一章是第 1 版中建议的关于将回归应用到纽约 311 服务的练习。同样，在第 2 版中还新增了一章介绍如何使用分类对 Netflix 电影评论数据进行情感分析。

在本书的其余部分，你将探索的主题包括无监督聚类、隐马尔可夫模型（HMM）、自编码器、深度强化学习、卷积神经网络（CNN）和 CNN 分类器。我还增加了一章关于从 Android 手机获取位置数据并推断用户正在做什么类型的活动，以及一章关于重新创建 VGG-Face 面部识别 CNN 模型的内容。为了进行后面的练习，你需要访问 GPU，这可以在你的笔记本计算机上进行本地访问，也可以通过谷歌、亚马逊或其他大型提供商的云服务访问。我会一路帮助你。

任何关于这本书的问题、评论或建议，请你务必发布到 liveBook Discussion Forum (https://livebook.manning.com/book/machine-learning-with-tensorflow-second-edition/discussion)。你的反馈对于保持本书的更新，以及确保它是一本最出色的书非常重要。我期待着在机器学习的旅程中帮到你！

本书是如何组织的：路线图

本书分为三部分。

第一部分讨论了机器学习的基本原理及其当前被大规模应用的原因，为讨论目前实现机器学习应用最为广泛的框架之一——TensorFlow 奠定了基础。

- ❏ 第 1 章介绍机器学习,并解释它是如何教计算机根据输入的图像、文本、音频以及其他格式的信息进行分类、预测、聚合和识别的。
- ❏ 第 2 章涵盖 TensorFlow 的基本要点,介绍 TensorFlow 框架、张量的概念、基于图的计算,以及创建、训练和保存模型的过程。

第二部分介绍机器学习工具箱:用于学习连续值预测的回归算法,或用于离散类别预测和推断的分类算法。这部分的章之间是成对的,其中一章聚焦于工具和基础理论,接下来的一章提供详细的示例问题,包括数据清洗、准备、训练、推断和评估。这里要学习的技术包括回归、分类、无监督聚类和 HMM。所有这些技术都是可解释的,你可以解释机器学习过程的步骤,并直接通过数学和统计的方法来评估它们的价值。

- ❏ 第 3 章介绍回归,这是一个输入为连续值,输出可能为离散或连续值的建模问题。
- ❏ 第 4 章将回归算法应用于现实世界中的纽约 311 服务呼叫中心,该服务为市民提供帮助。你将收集每周的呼叫数据并使用回归对预期呼叫量做出精准预测。
- ❏ 第 5 章介绍分类,这是一个输入为离散或连续值,输出为一个或多个类别标签的建模问题。
- ❏ 第 6 章对 Netflix 和 IMDb 影评数据应用分类,建立一个基于评论的电影情感分类器,识别对电影的评价是正面的还是负面的。
- ❏ 第 7 章介绍无监督聚类,展示如何将输入数据自动分组到不带标签的类别中。
- ❏ 第 8 章对输入的 Android 手机位置数据应用自动聚类,展示如何通过手机加速度计的位置数据推断用户活动。
- ❏ 第 9 章让你轻松地进入 HMM 主题,并展示如何通过间接证据得到可解释的决定。
- ❏ 第 10 章将 HMM 应用于文本输入,在难以区分 engineer 是名词还是动词时,对文本中的词性进行歧义分类。

本书的最后一部分包含影响广泛的神经网络范式:帮助汽车自动驾驶,帮助医生诊断癌症,帮助手机通过生物特征(如人脸)做登录识别。神经网络是一种特殊的机器学习模型,其神经元的图的灵感来自人类大脑及其结构,神经元由输入激活,发出预测、置信度、信念、结构和形状。神经元很好地映射到**张量(tensor)**的概念,它作为图中的节点允许信息(如标量值、矩阵和向量等)在图中**流动(flow)**,可以被管理和转换等——因此,谷歌的框架命名为 TensorFlow。本书的这一部分包含使用隐藏层的自编码器压缩和表示输入、用于自动分类图像和面部识别的卷积神经网络(CNN)、用于时间序列数据或者语音转文本的循环神经网络(RNN)。这部分还包含 seq2seq RNN 架构,可以用于将输入文本和陈述与智能数字助手(如聊天机器人)的响应关联起来。本书的最后一章应用神经网络来评估基于输入视频和图像的机器人叠衣服的效用。

- ❏ 第 11 章介绍自编码器,它利用神经网络的隐藏层将输入数据压缩为更小的表示。
- ❏ 第 12 章探讨几种类型的自编码器,包括堆栈自编码器和去噪自编码器,并演示网络如何从 CIFAR-10 数据集学习一个图像的压缩表示。

❑ 第 13 章介绍一种不同类型的网络——深度强化学习网络，用于学习股票投资组合的最优策略。

❑ 第 14 章是关于 CNN 的，一个受视觉皮层启发的神经架构。CNN 使用一些卷积滤波器来发现输入图像及其高阶和低阶特征的压缩表示。

❑ 第 15 章构建两个现实世界中的 CNN：一个用于 CIFAR-10 数据集中的物体识别，另一个是名为 VGG-Face 的面部识别系统。

❑ 第 16 章涵盖时间序列数据的 RNN 范式，并表示神经网络是随时间推移的决策，而不仅仅是对某个特定实例的决策。

❑ 第 17 章展示如何构建一个现实世界的 RNN 模型，称为长短期记忆 (LSTM)，用于语音到文本的自动识别，重建百度著名的 deep-speech 模型架构。

❑ 第 18 章利用 RNN 演示 seq2seq 架构，可用于构建智能聊天机器人，根据之前的问题和答案训练出实际应答来响应用户聊天。

❑ 第 19 章探索效用领域，使用神经网络架构从叠衣服的视频中创建图像嵌入，然后使用这些嵌入来推断完成任务过程中的每一步的效用。

关于代码

本书包含许多源代码的例子，包括有编号的清单和文中的普通代码。在这两种情况下，源代码排成等宽字体，以将其与普通文本分开。有时代码也会以**粗体**突出显示与本章中前面步骤相比有变化的代码，例如向现有代码行添加新功能时。

在许多情况下，最初的源代码已经被重新编排了格式，我们添加了换行符并重做缩进以适应书中可用的页面空间。在个别情况下，即使这样也不够，清单中包括行延续标记 (➡)。此外，当代码在文本中描述时，源代码中的注释通常会从清单中删除。许多清单中都有代码注释，以突出显示重要的概念。

本书中的代码按章组织为一系列的 Jupyter Notebook。你可以从 Docker Hub 获取或自己构建相关 Docker 容器，安装 Python 3 和 Python 2.7 以及 TensorFlow 1.15 和 1.14，这样你就可以运行书中的所有示例。书中的清单都有清晰的描述和编号，它们对应着 GitHub 中 http://mng.bz/MoJn 上的章节和带编号的清单的 .ipynb 文件，以及 Manning 网站 https://www.manning.com/books/machine-learning-with-tensorflow-second-edition 上的文件。

Docker 文件会自动下载并安装第三方库 (TensorFlow 等)，以及运行所有代码所需的远程 Dropbox 链接中的必要数据集。如果你在自己的 Python 环境中进行本地安装，那么也可以在 Docker 容器之外运行库和数据的下载脚本。

作者很高兴收到关于在 GitHub 上的代码的问题的报告，更高兴收到任何你发现的问题。我们还积极地将书中的清单移植到了 TensorFlow2 中。你可以在 https://github.com/chrismattmann/MLwithTensorFlow2ed/tree/tensorflow2 的 tensorflow2 分支中获取。

ACKNOWLEDGEMENTS

致　　谢

必须感谢本书第 1 版的作者 Nishant Shukla，他那聪明、机智的讨论启发了我，让我开始了创作本书的旅程。

我要真诚地感谢我的策划编辑 Michael Stephens，感谢他相信我的新书计划，并支持我对此工作的坚持、热情和愿景。他的反馈和批评使本书变得更好。感谢 Manning 出版社的 Marjan Bace 同意了我们更新本书的想法。

我的开发编辑 Toni Arritola，一直是我最大的支持者，她确保了本书的成功。她相信我们的愿景以及整个过程，我们彼此信任，使得本书如此精彩。Toni 面对我在人工智能和数据科学术语方面的挑战，发挥她在编辑和重组我的众多概念到实际问题解决方案方面的优势，使得本书容易理解和接受，无须你在编程、人工智能或机器学习方面有知识积累。感谢她的冷静、智慧和爱心。

感谢我的技术开发编辑 Al Krinker，他的技术编辑和建议无疑改进了这本书。

感谢所有评审人员：Alain Couniot、Alain Lompo、Ariel Gamino、Bhagvan Kommadi、David Jacobs、Dinesh Ghanta、Edward Hartley、Eriks Zelenka、Francisco José Lacueva、Hilde Van Gysel、Jeon Kang、Johnny L. Hopkins、Ken W. Alger、Lawrence Nderu、Marius Kreis、Michael Bright、Teresa Fontanella de Santis、Vishwesh Ravi Shrimali 和 Vittal Damaraju。他们的建议让本书变得更好。此外，我还要感谢匿名评审者，他们提供了有价值的反馈和建议，并鼓励我争取更好的安装，这促使了在仓库中有完整的 Docker 安装和分支，并更好地组织了整个代码。

我要感谢 Candace Gillhoolley 在本书的推广过程中组织的数十个博客及促销活动，这帮助了本书的传播。

感谢我在行业内的同事和队友，他们花时间阅读了这本书的一些章节的早期草稿，并提供了重要的反馈。特别要感谢 Philip Southam 对我的信任和对 Docker 安装的早期工作，以及 Rob Royce 对 TensorFlow2 分支的工作和对代码的兴趣。我也非常感谢 Zhao Zhang 帮助充实 CNN 章节内容，以及 Thamme Gowda 提供的指导和讨论。

最后，我要感谢我了不起的妻子 Lisa Mattmann，在我写完上一本书（以及之前的博士论文）差不多 10 年后，她让我做了我答应过她不会再做的事。我一直努力远离写作，但这次不同了，在一起将近 20 年后，她了解我，知道写作是我的激情所在。

我要将本书献给我的孩子们。我的大儿子 Christian John（CJ）Mattmann 对情感分析一章和文本处理表现出了兴趣。可以这么说，他和我是一个模子刻出来的。我希望有一天，他会有勇气运行代码，运行他自己更好的情感分析和机器学习。我猜他会的。感谢 Heath 和 Hailey Mattmann 对我深夜写作本书的章节和代码给予的理解。这是给他们的！

CONTENTS

目　录

译者序

序

前言

关于本书

致谢

第一部分　机器学习基础

第 1 章　开启机器学习之旅 ··············· 2

1.1　机器学习的基本原理 ············· 3

　　1.1.1　参数 ·········· 5

　　1.1.2　学习和推理 ········· 6

1.2　数据表示和特征 ············· 7

1.3　度量距离 ·············· 13

1.4　机器学习的类型 ············· 15

　　1.4.1　监督学习 ·········· 15

　　1.4.2　无监督学习 ········· 16

　　1.4.3　强化学习 ·········· 17

　　1.4.4　元学习 ·········· 17

1.5　TensorFlow ············· 19

1.6　后续各章概述 ············· 21

小结 ·················· 22

第 2 章　TensorFlow 必备知识 ········· 23

2.1　确保 TensorFlow 工作正常 ········· 24

2.2　表示张量 ············· 25

2.3　创建运算 ············· 29

2.4　在会话中执行运算 ··········· 30

2.5　将代码理解为图 ··········· 32

2.6　在 Jupyter 中编写代码 ········· 34

2.7　使用变量 ············· 37

2.8　保存和加载变量 ··········· 38

2.9　使用 TensorBoard 可视化数据 ······· 40

　　2.9.1　实现移动平均 ········ 40

　　2.9.2　可视化移动平均 ········ 42

2.10　把所有综合到一起：TensorFlow
系统架构和 API ··········· 44

小结 ·················· 45

第二部分　核心学习算法

第 3 章　线性回归及其他 ············· 48

3.1　形式化表示 ············· 48

3.2　线性回归 ············· 52

3.3　多项式模型 ············· 55

3.4　正则化 ················· 58

3.5　线性回归的应用 ·········· 62

小结 ··························· 63

第4章　使用回归进行呼叫量预测 ··· 64

4.1　什么是311 ············· 66

4.2　为回归清洗数据 ········· 67

4.3　什么是钟形曲线？预测高斯分布 71

4.4　训练呼叫回归预测器 ······ 72

4.5　可视化结果并绘制误差 ···· 74

4.6　正则化和训练测试集拆分 ·· 76

小结 ··························· 78

第5章　分类问题基础介绍 ··· 79

5.1　形式化表示 ············· 80

5.2　衡量性能 ··············· 82

　　5.2.1　准确率 ··········· 82

　　5.2.2　精度和召回率 ······ 82

　　5.2.3　受试者操作特征曲线 ·· 84

5.3　使用线性回归进行分类 ···· 85

5.4　使用逻辑回归 ··········· 89

　　5.4.1　解决1维逻辑回归 ··· 90

　　5.4.2　解决2维逻辑回归 ··· 93

5.5　多分类器 ··············· 96

　　5.5.1　一对所有 ········· 96

　　5.5.2　一对一 ··········· 97

　　5.5.3　softmax回归 ····· 97

5.6　分类的应用 ············ 101

小结 ·························· 101

第6章　情感分类：大型影评数据集 ····· 103

6.1　使用词袋模型 ·········· 104

6.1.1　在影评中应用词袋模型 ······· 105

6.1.2　清洗所有的电影评论 ········· 107

6.1.3　在词袋模型上进行探索性数据分析 ·· 108

6.2　使用逻辑回归构建情感分类器 ········ 109

　　6.2.1　模型训练的创建 ·· 110

　　6.2.2　训练创建的模型 ·· 111

6.3　使用情感分类器进行预测 ······· 112

6.4　测量分类器的有效性 ···· 115

6.5　创建softmax回归情感分类器 ··· 119

6.6　向Kaggle提交结果 ···· 125

小结 ·························· 127

第7章　自动聚类数据 ····· 128

7.1　使用TensorFlow遍历文件 ···· 129

7.2　音频特征提取 ·········· 130

7.3　使用k-means聚类 ····· 135

7.4　分割音频 ·············· 138

7.5　使用自组织映射进行聚类 ·· 140

7.6　应用聚类 ·············· 144

小结 ·························· 145

第8章　从Android的加速度计数据推断用户活动 ··· 146

8.1　Walking数据集中的用户活动数据 ··· 147

　　8.1.1　创建数据集 ····· 149

　　8.1.2　计算急动度并提取特征向量 ·· 150

8.2　基于急动度大小聚类相似参与者 ··· 153

8.3　单个参与者的不同类别活动 ···· 155

小结 ·························· 157

第9章　隐马尔可夫模型 ············ 158

9.1　一个不可解释模型的例子 ····· 159

9.2　马尔可夫模型 ··············· 159

9.3　隐马尔可夫模型简介 ········· 161

9.4　前向算法 ··················· 162

9.5　维特比解码 ················· 165

9.6　使用HMM ················· 166

　　9.6.1　对视频建模 ··········· 166

　　9.6.2　对DNA建模 ·········· 166

　　9.6.3　对图像建模 ··········· 167

9.7　HMM的应用 ··············· 167

小结 ··························· 167

第10章　词性标注和词义消歧 ···· 168

10.1　HMM示例回顾：雨天或晴天 ······· 170

10.2　词性标注 ················· 173

　　10.2.1　重点：使用HMM训练和
　　　　　　预测词性 ··········· 176

　　10.2.2　生成带歧义的词性标注
　　　　　　数据集 ············· 179

10.3　构建基于HMM的词性消歧算法 ····· 181

10.4　运行HMM并评估其输出 ········· 188

10.5　从布朗语料库获得更多的训练
　　　数据 ··················· 190

10.6　为词性标注定义评估指标 ······· 196

小结 ··························· 198

第三部分　神经网络范式

第11章　自编码器 ············· 200

11.1　神经网络简介 ············· 201

11.2　自编码器简介 ············· 203

11.3　批量训练 ················· 207

11.4　处理图像 ················· 207

11.5　自编码器的应用 ··········· 211

小结 ··························· 212

第12章　应用自编码器：CIFAR-10
　　　　　图像数据集 ··········· 213

12.1　什么是CIFAR-10 ·········· 214

12.2　自编码器作为分类器 ······· 218

12.3　去噪自编码器 ············· 223

12.4　堆栈自编码器 ············· 226

小结 ··························· 229

第13章　强化学习 ············· 230

13.1　相关概念 ················· 231

　　13.1.1　策略 ··············· 232

　　13.1.2　效用 ··············· 233

13.2　应用强化学习 ············· 233

13.3　实现强化学习 ············· 235

13.4　探索强化学习的其他应用 ···· 242

小结 ··························· 243

第14章　卷积神经网络 ········· 244

14.1　神经网络的缺点 ··········· 245

14.2　卷积神经网络简介 ········· 245

14.3　准备图像 ················· 246

　　14.3.1　生成过滤器 ········· 249

　　14.3.2　使用过滤器进行卷积 ····· 251

　　14.3.3　最大池化 ··········· 253

14.4　在TensorFlow中实现CNN ···· 254

　　14.4.1　测量性能 ··········· 257

　　14.4.2　训练分类器 ········· 258

14.5 提高性能的提示和技巧·········258

14.6 CNN 的应用·········259

小结·········259

第 15 章 构建现实世界中的 CNN：VGG-Face 和 VGG-Face Lite·········260

15.1 为 CIFAR-10 构建一个现实世界的 CNN 架构·········262

  15.1.1 加载和准备 CIFAR-10 图像数据·········263

  15.1.2 执行数据增强·········265

15.2 为 CIFAR-10 构建深层 CNN 架构···267

15.3 训练和应用一个更好的 CIFAR-10 CNN·········271

15.4 在 CIFAR-10 测试和评估 CNN·······273

  15.4.1 CIFAR-10 准确率结果和 ROC 曲线·········276

  15.4.2 评估 softmax 对每个类的预测·········277

15.5 构建用于人脸识别的 VGG-Face·········280

  15.5.1 选择一个 VGG-Face 的子集来训练 VGG-Face Lite·········282

  15.5.2 TensorFlow 的 Dataset API 和数据增强·········282

  15.5.3 创建 TensorFlow 数据集······285

  15.5.4 使用 TensorFlow 数据集训练·········287

  15.5.5 VGG-Face Lite 模型和训练·········288

  15.5.6 训练和评估 VGG-Face Lite·········290

  15.5.7 使用 VGG-Face Lite 进行评估和预测·········292

小结·········295

第 16 章 循环神经网络·········296

16.1 RNN 介绍·········297

16.2 实现循环神经网络·········298

16.3 使用时间序列数据的预测模型·······300

16.4 应用 RNN·········303

小结·········303

第 17 章 LSTM 和自动语音识别·····304

17.1 准备 LibriSpeech 语料库·········305

  17.1.1 下载、清洗和准备 LibriSpeech OpenSLR 数据···305

  17.1.2 转换音频·········307

  17.1.3 生成每个音频的转录·········308

  17.1.4 聚合音频和转录·········309

17.2 使用深度语音模型·········310

  17.2.1 为深度语音模型准备输入音频数据·········311

  17.2.2 准备文本转录为字符级数值数据·········315

  17.2.3 TensorFlow 中的深度语音模型·········316

  17.2.4 TensorFlow 中的连接主义时间分类·········319

17.3 训练和评估深度语音模型·········321

小结·········323

第 18 章　用于聊天机器人的
　　　　　 seq2seq 模型 ····················· 325

18.1　基于分类和 RNN ················· 326

18.2　理解 seq2seq 架构 ··············· 327

18.3　符号的向量表示 ··············· 331

18.4　把它们综合到一起 ············· 333

18.5　收集对话数据 ··············· 340

小结 ······································· 341

第 19 章　效用 ························· 342

19.1　偏好模型 ························· 344

19.2　图像嵌入 ························· 347

19.3　图像排序 ························· 350

小结 ······································· 355

接下来 ····································· 355

附录　安装说明 ··························· 356

第一部分

机器学习基础

　　了解机器学习首先是理解它在日常生活中的应用。基于特征而不是汽车图片来判断哪种车更好；通过照片判断机器人是否正确地叠了衣服；对大脑的听觉功能进行学习建模，将声波转化成大脑可理解的文本表示；机器学习无处不在！

　　要进行机器学习，你需要数据——大多数情况你需要很多数据，但也不总是。这些数据通常都不是按正确的方式准备好的，需要清洗。你还需要一些关于你想测试或评估的数据的假设。说到这，你还需要一些工具来评估你的机器学习算法在预测、分组、排序和评级等方面的表现。所有这些组件都是机器学习基础中的一部分，你使用它们接收数据，并以有意义可评估的方式解答问题。

　　本书的第一部分着重于介绍机器学习基础的组件，展示谷歌的 TensorFlow 框架，以及一系列机器学习相关的实用工具和 Python 编程工具。这些可以帮助你运用机器学习，探索和应对你将在本书中遇到的现实问题。

第 1 章

开启机器学习之旅

本章内容

- 机器学习基本原理
- 数据表示、特征和向量范数
- 为什么是 TensorFlow

你是否想过计算机程序所能解决的问题是有限度的？如今，计算机的应用已经远远不止于求解数学方程。在过去的半个世纪里，编程已经成为完成自动化任务和节省时间的终极方法。但我们能在多大程度上实现自动化，又该如何实现呢？

计算机能否看到一张照片并说"啊，我看到坠入爱河的情侣在雨中漫步，他们打着伞走过一座小桥"？软件能否像训练有素的专业人士一样准确地做出医疗决定？软件能否比人类更好地预测股市表现？过去十年的成就表明，所有这些问题的答案都是响亮的"是"，并且实现的方式表现出共同的策略。

最近的理论进展以及新的技术，使任何有机会使用计算机的人都能够尝试用自己的方法来解决这些难以置信的难题。（好吧，不是所有人，但这正是你读这本书的原因，对吗？）

程序员在解决一个问题时不再需要知道它的复杂细节。考虑将语音转换为文本，传统的方法可能包括理解人类声带的生物结构，通过使用许多手工设计的、特定领域的、不可泛化的代码来解码语言。现在，只要有足够的时间和样本，就可以编写代码通过学习大量的样本找出解决问题的方法。

再举一个例子：识别一本书或一条推文的文本情感是积极还是消极的。或者你可能想要更精确地识别文本，比如揭示作者的喜好或喜欢的东西，以及他们感到厌恶、愤怒或悲伤的东西。过去的检测方法仅限于扫描问题中的文本，寻找诸如丑陋、愚蠢和痛苦等刺耳的词来表示愤怒或悲伤；或者寻找诸如感叹号之类的标点符号，它们可能表示高兴或者愤怒这两者中的一个。

算法从数据中学习，就像人类从经验中学习一样。人类通过阅读书籍、观察情境、在学校学习、互相对话和浏览网站等方式进行学习。机器如何才能开发出能够学习的大脑呢？目前还没有明确的答案，但世界一流的研究人员已经从不同的角度开发出了智能程序。在这些实践中，学者们注意到在解决这些问题时反复出现的模式，这些模式通往一个标准的领域，即我们今天所称的机器学习（ML）。

随着 ML 研究的成熟，执行机器学习的工具变得更加标准化、鲁棒、高性能和可扩展。这就是 TensorFlow 的用武之地。这个软件库有一个直观的界面，可以让程序员投入其中实现一些复杂的 ML 想法。

使用版本：TensorFlow 2 及以上

本书以 TensorFlow 1.x 系列以上的两个版本为标准。1.15 版本是 1.x 系列发布的最新版本，它与 Python 3 兼容良好。在第 7 章和第 19 章，你会遇到一些 Python 2 的示例，这时需要 TensorFlow 的 1.14 版本。

此外，在本书编写期间，一个完整的基于 TensorFlow 2 的清单和代码已经发布（详见附录）。你将注意到，在清单中的 TensorFlow 2 代码有 85% ～ 90% 是相同的。主要原因是数据的清洗、收集、准备和评估代码是完全可重用的，因为它使用了附带的 ML 库，如 Scikit 和 Matplotlib。

TensorFlow 2 版本的代码清单包含了新的特性，包括默认即刻执行（always eager execution）以及新的优化器和训练的程序包名。新版本代码在 Python 3 中运行良好，如果你尝试运行了它们，我希望得到你的反馈！你可以在 https://github.com/chrismattmann/MLwithTensorFlow2ed/tree/master/TFv2 获取 TensorFlow 2 版本的代码清单。

第 2 章将介绍这个库的输入和输出，之后的每一章都会解释如何在各种 ML 应用程序中使用 TensorFlow。

1.1　机器学习的基本原理

你试过向别人解释怎么游泳吗？描述有节奏的关节运动和水的流动模式是超级复杂的事情。同样，有些软件问题过于复杂，以至于我们很难用头脑去思考。对于这种任务，就可能使用机器学习作为工具。

全速前进

机器学习是一项相对年轻的技术，所以想象你是欧几里得时代的几何学家，为一个新发现的领域铺平了道路。或者把自己想象成牛顿时代的物理学家，可能在思考机器学习领域的广义相对论。

以手工的方式精心调整算法来完成工作曾经是构建软件的唯一方式。从一个简化的观点来看，传统编程假定每个输入都有一个确定的输出。从另一个角度来看，机器学习可以解决输入－输出之间的关系不能被很好理解的那类问题。

机器学习的特点是软件可以从以前的经验中学习。随着样本的增多，这样的计算机程序的性能也随之提高。我们的希望是，如果你向这台机器输入足够多的数据，它就会学到模式，并为新的输入产生智能的结果。

信任并解释机器学习的输出

模式识别不再是人类独有的特征。计算机频率和内存的爆炸式增长导致了一种不寻常的情况：计算机现在可以用来进行预测、捕获异常、项目排序和自动标记图像。这类新型工具为不明确的问题提供了智能的答案，但代价是信任。你会相信计算机算法给出的重要医疗建议吗？比如是否要做心脏手术，或者更重要的是，解释为什么它给出这样的重要医疗建议？

平庸的机器学习解决方案没有立足之地。人类的信任太脆弱了，我们的算法必须经得起质疑。请仔细阅读本章。

机器学习的另一个名称是**归纳学习**，因为代码试图仅从数据中推断结构。这个过程就像去国外度假，然后通过看当地的时尚杂志弄清楚如何着装。你可以通过人们穿着当地服装的样子来了解当地文化。你在学习**归纳**。

你可能从未用过这种方式进行编程，因为归纳学习并非总是必要的。考虑这样一个任务：判断任意两个数字的和是偶数还是奇数。当然，你可以设想通过数百万的样本来训练一个机器学习算法（如图 1.1 所示），但你肯定知道这种方法有点小题大做。有更直接的方法可以很容易完成这个任务。

输入		输出
x_1=(2, 2)	→	y_1=偶数
x_2=(3, 2)	→	y_2=奇数
x_3=(2, 3)	→	y_3=奇数
x_4=(3, 3)	→	y_4=偶数
...		...

图 1.1　每对整数相加，结果是奇数还是偶数。清单中相对应的输入和输出称作 ground-truth 数据集

两个奇数的和永远是偶数。可以验证一下：任意取两个奇数并将它们相加，检查和是不是一个偶数。下面是证明这一事实的方法：

❑ 对于任意整数 n，公式 $2n+1$ 产生一个奇数。此外，任何奇数都可以写成某个 n 值的 $2n+1$ 形式。数字 3 可以写成 2(1)+1，数字 5 可以写成 2(2)+1。

❑ 假设我们有 $2n+1$ 和 $2m+1$ 两个奇数，其中 n 和 m 是整数。两个奇数相加得到 $(2n+1)+(2m+1) = 2n+2m+2 = 2(n+m+1)$。这是一个偶数。

同样，我们还可以看到两个偶数的和还是偶数：$2m+2n = 2(m+n)$。最后，我们得到一个奇数和一个偶数的和是一个奇数：$2m+(2n+1) = 2(m+n)+1$。图 1.2 更清晰地展示了这一逻辑。

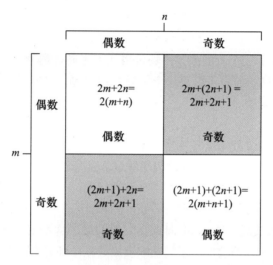

图 1.2　输入对应输出背后的内在逻辑

就是这样！给你任意一对数字，在完全不使用机器学习的情况下，你也可以解决这个问题。直接使用数学规则可以解决这一问题。但是在 ML 算法领域，我们将其内部逻辑视为一个**黑盒**，这意味着内部发生的逻辑可能不容易解释，如图 1.3 所示。

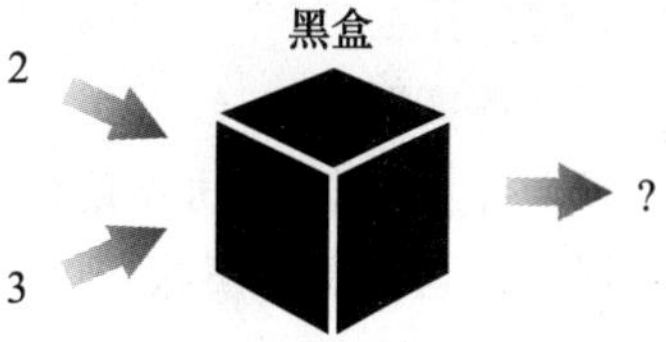

图 1.3　ML 算法解决问题的方式可以理解为调整黑盒的参数，直到获得满意的结果

1.1.1　参数

有时，设计一个将输入对应到输出的最佳算法是过于复杂的事情。例如，输入是一个数字序列用以代表一个灰度图像，你可以想象编写一个算法来标记图像中的每个对象是多么困难。当其内部工作机制无法很好理解的时候，机器学习就派上了用场。它为我们提供了一个编写软件的工具包，而且无须定义算法的每个细节。程序员可以保留一些事先未确定的值，并让机器学习系统自己找出最佳值。

这些未确定的值称为**参数**，对问题的描述指的就是**模型**。你的工作是编写一个算法，该算法观察现有样本，并尝试调整出最优的参数，以实现最佳模型。哇，真是拗口！但是别担心，这个概念将是一个反复出现的主题。

机器学习解决问题时可能没有很好的可见性

掌握了运用归纳手段解决问题的艺术，我们在挥舞着一把双刃剑。虽然 ML 算法在解决特定任务时可能表现良好，但跟踪其推导步骤以理解结果产生的原因可能不那么清楚。一个复杂的机器学习系统会学习上千个参数，但理解每个参数背后的含义并不是首要的目标。记住这一点，我保证这将是一个神奇的世界。

练习 1.1

假设你已经收集了三个月的股票市场价格。你想通过预测未来的趋势来获得收益。如果不使用 ML，你将如何着手解决这个问题？（正如你将在第 13 章中看到的，这个问题通过 ML 技术得以解决。）

答案

不论相信与否，定义股市交易策略的常见方式是通过硬性设计的规则实现。比如经常使用"价格下跌 5% 就买入"这样的简单算法。注意这里没有机器学习——只有传统逻辑。

练习 1.2

美国国家航空航天局（NASA）向太空发射卫星，这些卫星收集遥测数据。有时，收集到的数据中的异常表明仪器出了问题或收集数据的环境有问题。为简化起见，假设遥测数据是基于时间的数字序列。今天，为了检测异常，大多数方法使用简单的阈值，或者通过这些数字的最大值或最小值来触发报警。使用 ML 触发报警和检测异常的更好方法是什么？

答案

你可以按时间步记录一系列 NASA 遥测数据，比如每 5 秒记录数据。然后取数据值，当它们触发报警时，记录 1（异常）；否则，记录 0（正常）。祝贺你——你已经建立了一个 ground-truth 数据集，你可以将它输入到你在本书后面学习的任何预测模型中，例如回归或分类。你甚至可以建立一个深度学习模型。看，机器学习不是很有趣吗？

1.1.2 学习和推理

假设你要用烤箱烤甜点。如果你是厨房里的新手，你可能要花好几天的时间想出配料的正确组合和完美比例，才能做出美味的食物。通过记录食谱，你可以记住并重现如何做甜点。

机器学习借鉴了食谱的思想。通常，我们从两个阶段检验一个算法：**学习**和**推理**。学习阶段的目的是描述数据，也就是**特征向量**，并将其总结成一个**模型**。模型就是我们的食谱。事实上，模型是一个具有很多解释可能性的程序，而数据则用于将其明确。

注意　特征向量是对数据的实用性简化。你可以将其视为将真实对象进行充分总结出来的属性列表。学习和推理步骤依赖于特征向量，而不是直接依赖数据。

与食谱可以被其他人共享和使用的方式类似，学习到的模型也可以被其他软件重用。学习阶段是最耗时的。在第 3 章开始构建自己的模型时你会看到，运行一个算法就算不花几天或几周，也要几个小时，才能收敛成一个可用的模型。图 1.4 概述了学习流程。

图 1.4　学习方法通常遵循一个结构化的方法。首先，需要将数据集转换为一个表示形式——通常是学习算法可以使用的一组特征。然后，学习选择一个算法模型并高效地探索模型参数

在推理阶段使用模型对未见过的数据做出智能的判断。这个阶段就像使用你在网上找到的食谱。推理过程通常比学习花费的时间要少几个数量级，推理速度足以处理实时数据。推理是在新数据上测试模型并观察其性能表现，如图 1.5 所示。

图 1.5　推理过程通常使用学得或给出的模型，在将数据转换成可用的表示方式后，比如特征向量，这个过程使用模型产生预测的输出

1.2　数据表示和特征

数据是机器学习的一等公民。计算机只不过是复杂的计算器，所以我们输入给机器学习系统的数据必须是数学对象，如标量、向量、矩阵和图。

所有表现形式的基本主题都是**特征**，即对象的可观察属性：

❏ **向量**具有扁平和简单的结构，是大多数现实机器学习应用程序中数据的典型表示方式。**标量**是向量中的单个元素。向量有两个属性：一个自然数表示的向量维度和一个类型（如实数、整数等）。整数二维向量的例子是（1，2）和（-6，0）。类似地，标量可以是 1 或者字符 a。三维实数向量的例子是（1.1，2.0，3.9）和（∏，∏/2，∏/3）。你会有这样的想法：一组类型相同的数字。在使用机器学习的程序中，向量测量了数据的属性，如颜色、密度、响度或相似度——任何你可以用一系列数字描

述的东西，每个数字代表被测量的东西。

❑ 此外，向量的向量是一个**矩阵**。如果每个特征向量描述了数据集中一个对象的特征，矩阵则描述所有的对象。外部向量中的每一项都是一个节点，它是一个对象的特征列表。

❑ 另一方面，**图**更有表现力。图是一个对象（**节点**）的集合，可以用**边**来连接，以表示一个网络。图形结构可以表示对象之间的关系，例如，朋友圈或地铁系统的导航路线中对象间的关系。因此，它们在机器学习应用程序中更难处理。在本书中，我们的输入数据很少涉及图结构。

特征向量是对现实世界数据的实用性简化，现实世界的数据可能过于复杂而难以处理。使用特征向量代替关注数据项的每一个小细节是一种实用的简化。例如，现实世界中的一辆汽车远不止是用来描述它的文本。汽车推销员是想把车卖给你，而不是口头或书面的无形语言。这些词是抽象的概念，类似于特征向量对数据的总结。

下面的场景进一步解释了这个概念。当你在市场上购买新车时，密切关注不同品牌和型号的每一个小细节是必不可少的。毕竟，如果你要花几千美元，那么你应该做这个工作。你可能会记录下每辆车的特点，并比较这些特点。这里被列出的特征列表就是特征向量。

在购买汽车时，你可能会发现关注里程数要比关注那些与你的兴趣不大相干的事情（如重量）更实惠。要跟踪的特征的数量也必须是合适的——不能太少，否则就会丢失你所关心的信息，也不能太多，否则跟踪起来会很麻烦和费时。选择测量项的数量以及选择关注哪些测量项这个浩大工作被称为**特征工程**或**特征选择**。随着你选择的特征的不同，系统的性能可能会有很大的波动。选择跟踪正确的特征可以弥补学习算法的不足。

例如，当训练一个模型来检测图片中的汽车时，如果你首先将图片转换为灰度图，你将获得巨大的性能和速度的提升。通过在预处理数据时加入一些自己的预判，你最终帮助了算法，因为它在检测车辆时并不需要学习不重要的颜色。算法可以专注于识别形状和纹理，这将比尝试处理颜色学习得更快。

ML 中的一般经验法则是，数据越多结果越好。但却并不一定拥有更多的特征。也许与我们的直觉相反，如果你跟踪的特征数量过多，性能可能会受到影响。随着特征向量维数的增加，用有代表性的样本填充整个样本空间需要指数级增加的数据。因此，如图 1.6 所示，特征工程是 ML 中最重要的问题之一。

维度诅咒

为了准确地模拟现实世界的数据，我们显然需要不止一两个数据样本。但是到底需要多少取决于很多因素，包括特征向量的维数。添加过多的特征会导致描述样本空间所需的数据量呈指数级增长。这就是为什么我们不能设计一个 100 万维的特征向量来穷尽所有可能的因素，然后期望算法学习一个模型。这种现象被称为**维度诅咒**。

你可能不会马上意识到这一点，但当你决定要关注哪些特征时，就会发生一些重要的事情。几个世纪以来，哲学家们一直在思考**身份**的意义，你可能不会立即意识到，通过选择特定的特征，你已经得到了身份的定义。

颜色

马力

价格

座位数

图 1.6 特征工程是为任务选择相关特征的过程

想象一下，编写一个机器学习系统来检测图像中的人脸。假设脸的一个必要特征就是有两只眼睛。毫无疑问，脸现在被定义为有眼睛的东西。你意识到这个定义会给你带来多大的麻烦吗？如果一个人的照片显示他在眨眼，你的探测器就检测不到一张脸，因为它找不到两只眼睛。当一个人眨眼时，该算法将无法检测到人脸。人脸的定义一开始就不准确，从较差的检测结果可以明显看出。

如今，特别是随着智能汽车和自动驾驶无人机等技术的飞速发展，ML 中身份标识的偏差或简单的误差，正成为一个大问题，因为这些能力如果弄糟了，可能会导致人类生命的损失。设想一辆从未见过坐轮椅的人的智能汽车，因为训练数据从未包含这些例子，因此当轮椅进入人行横道时，智能汽车不会停车。如果为你递送包裹的公司的无人机训练数据从未看到过女性戴帽子，而所有其他训练样本中看起来像帽子的东西都是可以降落的地方，那又会怎么样？这顶帽子——更重要的是，这个人——可能正处于严重的危险之中！

对象的标识被分解为组成它的特征。如果你跟踪的一辆车的特征与另一辆车的相应特征相匹配，那么从你的角度来看，它们可能是无法区分的。你需要在系统中添加新的特征来区分汽车；否则，你会认为它们是同一件物品（就像无人机降落在可怜的女士的帽子上）。当手工确定特征时，你必须非常小心，不要陷入这种哲学上的身份困境。

练习 1.3

假设你正在教一个机器人如何叠衣服。感知系统看到一件衬衫摆在桌子上，如下图所示。你想用特征向量来表示衬衫，这样你就可以将它与不同的衣服进行比较。决定哪些特征是最有用的。（提示：线上零售商会用什么词来描述他们的服装？）

一个机器人正在试着叠一件衬衫。衬衫应该取什么特征？

答案

折叠衣服时，宽度、高度、x 对称度、y 对称度、平整度是好的观察特征。颜色、布料纹理和材质都是无关紧要的。

练习 1.4

现在，你不再探测衣服，而是雄心勃勃地决定探测任意物体，下图显示了一些示例。能轻易区分物体的显著特征是什么？

　　这里有三个物体的图片：一盏灯、一条裤子和一只狗。哪些特征可以很好地比较和区分它们？

答案

　　观察亮度和反射可以帮助区分灯和其他两个物体。裤子的形状通常遵循一个可预测的模板，所以形状是另一个需要跟踪的好特征。最后，纹理可能是区分狗的图片与其他两个类的显著特征。

　　特征工程是令人耳目一新的哲学追求。对于那些喜欢以发人深省的方式探索自我意义的人来说，我觉得你完全可以思考特征选择，因为这仍然是一个开放的问题。幸运的是，对于其他人来说，为了平息广泛的争论，最近的技术发展已经使自动特征选择成为可能。在第 7 章中你可以自己尝试这个过程。

　　现在考虑这样一个问题：医生看着一组 N 244×244（宽 × 高）的鳞状细胞图像（如图 1.7 所示），试图确定它们是否显示存在癌症。一些图像明确显示是癌症，另外一些没有。医生可能有一些历史的病人图像，他可以检查并随着时间不断学习，这样当他看到新的图像时，他就展示出了自己判断癌症的模型。

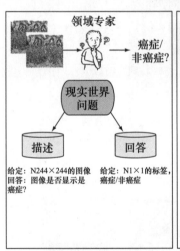
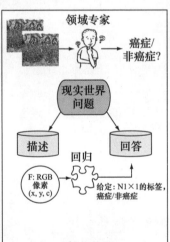
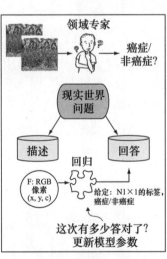

图 1.7　机器学习的过程。从左到右，医生试图通过细胞活组织检查的图像确定病人是否患有癌症

特征向量用于学习和推理

如下图所示，学习和推理之间的相互作用构成了一幅机器学习的完整画面。第一步是用特征向量表示现实世界的数据。例如，我们可以用对应像素强度的数值向量来表示图像。（我们将在以后的章节中更详细地探讨如何表示图像。）我们可以在每个特征向量的旁边显示学习算法的 ground-truth 标签（如鸟或狗）。有了足够的数据，该算法就会学习得到一个模型。我们可以把这个模型应用在其他现实世界的数据上，对未知标签进行预测。

特征向量是现实世界数据的一种表示，用于机器学习的学习和推理组件。算法的输入不是直接的现实世界图像，而是其特征向量。

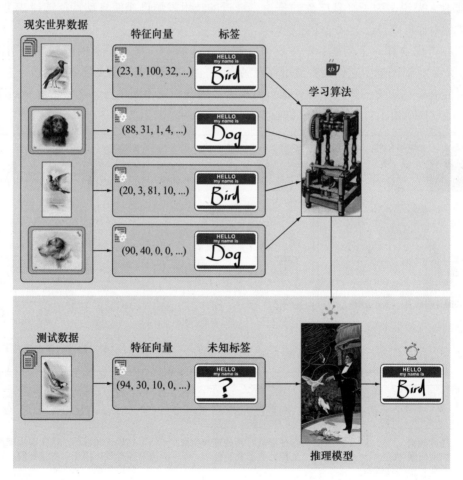

特征向量是现实世界数据的表示，用于机器学习的学习和推理。算法的输入不是直接的现实世界的图像，而是它的特征向量。

在机器学习中，我们试图模仿这个模型的构建过程。首先，我们从历史患者数据中提取 N 幅 244×244 的鳞状癌细胞图像，并将图像与相关标签（癌症或无癌症）对应起来，为此问题做好准备。我们称这个阶段为机器学习的数据清洗和准备阶段。下面是识别重要特征的过程。特征包括图像像素强度，或每个 x、y 和 c 或 (244, 244, 3) 的值，它们是图像的高度、宽度和三通道颜色红 / 绿 / 蓝（RGB）。模型在这些特征值和图像的标签之间创建映射：是否有癌症。

1.3　度量距离

如果你有想买汽车的特征向量，你可以通过在特征向量上定义一个距离函数来找出哪两辆车最为相似。比较对象之间的相似性是机器学习的一个重要组成部分。我们通过特征向量得以表示对象，并以多种方式比较它们。一种标准的方法是使用**欧几里得距离**，这是在考虑空间中的点时最直观的几何解释。

假设我们有两个特征向量，$x = (x_1, x_2, \cdots, x_n)$ 和 $y = (y_1, y_2, \cdots, y_n)$。欧几里得距离 $\|x-y\|$ 用下列公式计算，学者们称之为 **L2 范数**：

$$\sqrt{(x_1 - y_1)^2 + (x_2 - y_2)^2 + \cdots + (x_n - y_n)^2}$$

（0，1）和（1，0）之间的欧几里得距离为

$$\|(0, 1) - (1, 0)\|$$

$$\|(-(1, 1))\|$$

$$\sqrt{(-1)^2 + 1^2}$$

$$= \sqrt{2} = 1.414\cdots$$

这个公式是众多测量距离的公式之一，除此之外还有 L0 范数、L1 范数以及 L 无穷范数。所有这些范数都是测量距离的方法。这里有一些细节：

- ❑ **L0 范数**计算一个向量的非零元素总数。例如，原点（0，0）和向量（0，5）之间的距离是 1，因为只有一个非零元素。（1，1）和（2，2）之间的 L0 距离是 2，因为两个维度都不匹配。假设第一个维度和第二个维度分别表示用户名和密码。如果登录尝试和认证证书之间的 L0 距离为 0，则登录成功。如果距离为 1，则用户名或密码不正确，但不能两者都不正确。最后，如果距离为 2，则在数据库中既没有找到用户名也没有找到密码。

- ❑ **L1 范数**定义为 $\sum x_n$，如图 1.8 所示。L1 范数下的两个向量之间的距离也被称为**曼哈顿距离**。想象一下生活在像曼哈顿这样的市中心，街道组成一个网格。从一个十字路口到另一个十字路口的最短距离是沿着街区的。同样，两个向量之间的 L1 距离

是沿着正交方向的。L1 范数下（0，1）和（1，0）之间的距离为 2。计算两个向量之间的 L1 距离是每个维度上的绝对差的和，这是一种有用的相似性度量。

❑ **L2 范数**$(\sum(x_n)^2)^{1/2}$，如图 1.9 所示，描述向量的欧几里得长度。这是几何平面上从一点到另一点最直接的路径。在数学上，这个范数实现了高斯 – 马尔可夫定理中所预测的最小二乘估计。对于其余的人来说，这是空间中两点之间最短的距离。

❑ **L–N 范数**$(\sum|x_n|^N)^{1/N}$ 是一个泛化的形式。事实上，我们很少使用到 L2 以上的范数，但为了完整性这里将其列出来。

❑ **L 无穷范数**是$(\sum|x_n|^\infty)^{1/\infty}$，更自然地，它是最大的元素的量值。如果向量为（–1，–2，–3），那么 L 无穷范数为 3。如果一个特征向量表示各种物品的成本，那么最小化该向量的 L 无穷范数就是试图降低最昂贵物品的成本。

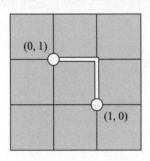

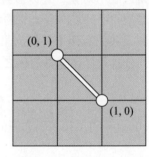

图 1.8　L1 距离被称为曼哈顿距离（也称为出租车度量），因为它类似于网格状社区（如曼哈顿）中的汽车路线。如果一辆汽车从点（0，1）行驶到点（1，0），最短的路线需要 2 个单位的长度

图 1.9　两点（0，1）和（1，0）的 L2 范数是两点之间的一条直线段的长度

现实生活中，我们什么时候使用 L2 范数以外的度量

假设你在一家搜索引擎初创公司工作，试图与谷歌竞争。你的老板分配给你的任务是使用机器学习为每个用户定制搜索结果。

我们设定一个较好的目标：用户在每个月内不能看到 5 条以上的错误搜索结果。一年的用户数据是一个 12 维的向量（一年中的每个月都是一个维），表示每个月显示的错误结果的数量。你要试图达成的条件就是这个向量的 L 无穷范数必须小于 5。

相反，假设你的老板改变了要求：一年内错误的搜索结果不超过 5 个。在这种情况下，你会尝试实现 L1 范数小于 5，因为整个空间中所有错误的总和应该小于 5。

现在你的老板又改变了要求：出现错误搜索结果的月份数应该少于 5 个月。在这种情况下，你试图使 L0 范数小于 5，因为出现非零错误的月数应该小于 5。

1.4 机器学习的类型

现在，通过比较特征向量，你已经掌握了将数据用于实际算法的必要工具。机器学习通常分为三个方面：监督学习、无监督学习和强化学习。一个新兴的领域是元学习（meta-learning），有时被称为 AutoML。下面几节将讨论所有四种类型。

1.4.1 监督学习

顾名思义，监督者是指在指挥系统中处于更高级别的人。当我们有疑问时，监督者会指示我们该做什么。同样，**监督学习**就是从监督者（比如老师）给出的例子中学习。

一个监督机器学习系统需要用带标签的数据来开发**模型**。例如，给定许多人的照片以及记录他们的相应种族，我们可以训练一个模型来对任意一张照片中从未见过的人的种族进行分类。简单地说，模型是一个函数，它通过使用之前给出的示例（称为**训练数据集**）作为参考，为数据分配标签。

通过使用数学符号讨论模型较为方便。设 x 为数据样例，如特征向量。与 x 相对应的标签为 $f(x)$，通常被称为 x 的 ground truth。通常我们使用 $y = f(x)$，这样写起来更快。在通过照片对一个人的种族进行分类的例子中，x 可以是各种相关特征的 100 维向量，而 y 是代表各种族的几个值之一。因为 y 是离散的，只有几个值，所以这个模型被称为**分类器**。如果 y 可以产生许多值，并且这些值具有自然的顺序，这个模型就被称为**回归器**。

我们用 $g(x)$ 表示模型对 x 的预测。有时，你可以调整模型来显著地改变其性能。模型具有可由人或自动调整的参数。我们用向量来表示参数。把它们放在一起，$g(x|)$ 更完整地表示了模型，读作"给定 x 的 g"。

> **注意** 模型也可以有**超参数**（hyperparameter），它们是模型的额外特殊属性。超参数中的术语 hyper 乍一看可能有点奇怪。更好的名称是"**元参数**"，因为参数类似于模型的元数据。

一个模型 $g(x|)$ 的预测成功取决于它与 ground truth 数值 y 的吻合程度。我们需要一种方法来测量这两个向量之间的距离。例如，L2 范数可以用来测量两个向量的距离。ground truth 值与预测值之间的距离称为代价（cost）。

监督学习的本质是找到使模型的代价最小的参数。从数学上讲，我们在寻找一个 θ^*，它能使所有数据点 $x \in X$ 的代价最小。一种形式化这个优化问题的方法是：

$$\theta^* = \mathrm{argmin}_\theta \, Cost(\theta|X)$$

这里

$$Cost(\theta \mid X) = \sum_{x \in X} \|g(x \mid \theta) - f(x)\|$$

显然，通过暴力计算 x 的每个可能组合（也称为**参数空间**）最终将找到最优解，但它的运行时间是不可接受的。机器学习的一个主要研究领域是编写高效搜索参数空间的算法。一些早期的算法包括**梯度下降**、**模拟退火**和**遗传算法**。TensorFlow 会自动处理这些算法的底层实现细节，所以我就不详细讲了。

在以某种方式学习得到了参数之后，你可以最终评估模型，以确定系统从数据中学到的模式效果如何。经验法则是，不要使用与训练模型时相同的数据去评估模型，因为你已经知道模型对于训练数据是有效的。你需要判断该模型是否适用于不在训练集内的数据，以确保你的模型是通用的，不会对用于训练它的数据产生偏差。将大部分数据用于训练，其余的用于验证。例如，如果你有 100 个带标签的样本，随机选择其中的 70 个来训练一个模型，并保留另外 30 个用于验证，创建一个 70-30 的分割。

为什么要做数据分割

如果你觉得 70-30 的分割有点奇怪，可以这样想：假设你的物理老师给你一次练习测验，并告诉你真正的考试题目也是一样的，你可以在不理解的情况下死记硬背答案，并获得一个高分。同样，如果在训练集上测试模型，那么对你自己没有任何帮助。你有错误的风险，因为模型可能只是记住了结果。这其中的智能何在呢？

与使用 70-30 分割不同，机器学习从业者通常将数据集划分为 60-20-20。训练消耗数据集的 60%，测试使用 20%，剩下的 20% 用于验证，这会在第 2 章中解释。

1.4.2   无监督学习

无监督学习是对没有标签的数据进行建模。事实上，我们可以从原始数据中得出任何结论，这感觉很神奇。有了足够的数据，就有可能找到模式和结构。机器学习从业者直接从数据中学习的两个最强大的工具是聚类和降维。

聚类是类似于将数据分开摆放为独立的几堆的过程。在某种意义上，聚类就像在不知道任何对应标签的情况下对数据进行分类。例如，当你在三个书架上整理书时，你可能会把相似的流派放在一起，或者你可能会按作者的姓氏来分类。你可能会有一个关于斯蒂芬·金的部分，另一个用于教科书，还有第三个用于其他任何东西。你并不关心所有的书都是以相同的特征分开的，只关心每本书都有一些独特的东西，允许你将其组织到几个大致相等的、容易识别的组中。k-means 是最流行的聚类算法之一，它是强大的 **E-M 算法**的一个具体实例。

数据降维是关于操作数据的，从而以一个更简单的视角来看待它。例如，通过去除冗余的特征，我们可以在低维空间解释相同的数据，并看看哪些特征是重要的。这种简化还有助于数据可视化或预处理，以提高性能。最早的算法之一是**主成分分析**（PCA），最新的算法是**自编码器**，将在第 7 章中介绍。

1.4.3 强化学习

监督学习和无监督学习似乎意味着老师要么存在，要么没有。但是在机器学习的另一个深入研究的分支中，环境充当了老师的角色，它提供提示而不是明确的答案。学习系统收到的是对其行为的反馈，并非它正在朝着正确的方向前进的明确承诺，比如解决迷宫或完成明确的目标。

探索与利用：强化学习的核心

想象一下，你正在玩一款你从未见过的电子游戏。你点击控制器上的按钮，发现一种特定的按钮点击组合可以逐渐增加你的分数。棒极了！现在你不断利用这一发现，希望打破高分。然而，在你的内心深处，你想知道你是否错过了一个更好的按钮点击组合。你是应该利用当前的最佳策略，还是冒险探索新的选择？

在监督学习中训练数据是被"老师"打上标签的，与监督学习不同的是，**强化学习**通过观察环境如何对动作做出反应来收集信息进行训练。强化学习是一种机器学习，它与环境相互作用，以学习哪种动作组合会产生最有利的结果。因为我们已经通过使用"**环境**"和"**动作**"这两个词将算法拟人化了，学者们通常将系统称为一个自主的**智能体**（Agent）。因此，这种机器学习会自然地出现在机器人领域。

为了理解环境中的智能体，我们引入两个新的概念：状态和动作。把世界冻结在某一特定时间的信息称为状态。智能体可以执行许多动作来改变当前状态。为了驱动智能体执行动作，每个状态都会产生相应的奖励。智能体最终会发现每个状态的期望总回报，称为状态的**值**。

和其他机器学习系统一样，性能随着数据的增多而提高。在这种情况下，数据就是历史经验。在强化学习中，我们不知道一系列动作的最终代价或回报，直到这一系列动作被执行。这些情况使得传统的监督学习无效，因为我们不知道在历史的动作序列中哪一个动作是导致低状态值的罪魁祸首。智能体唯一确定的信息是它已经执行的一系列动作的奖励，而这些动作是不完整的。智能体的目标是找到一系列能使奖励最大化的动作。如果你对这个主题更感兴趣，你可以看看下面这本书：

Grokking Deep Reinforcement Learning，Miguel Morales（Manning，2020；https://www.manning.com/books/grokking-deep-reinforcement-learning）。

1.4.4 元学习

最近，一个被称为元学习的新的机器学习领域出现了。这个想法很简单。数据科学家和 ML 专家花费了大量的时间执行 ML 的步骤，如图 1.7 所示。如果这些步骤——定义和表示问题、选择模型、测试模型和评估模型——能够自动进行，那会怎么样？与其局限于探索一个或一小撮模型，为什么不让程序自己尝试所有的模型呢？

许多事情里要将不同领域专家的角色分开（如图 1.7 所示的医生），数据科学家（人工数据建模和潜在的提取特征很重要，如图像 RGB 像素）和 ML 工程师（负责调优、测试和部署模型），如图 1.10a 所示。正如本章前面所讲的，这些角色在三个基本领域相互作用：数据清洗和准备，这时领域专家和数据科学家都可以提供帮助；特征和模型选择，这主要是数据科学家的工作，ML 工程师可以帮上一点忙；然后是训练、测试、评估模型，这主要是 ML 工程师的工作，数据科学家也能有一些帮助。我们增加了一个新的工作：把我们的模型拿出来并部署它，这是现实世界中的事情，它本身也会带来一些挑战。这个场景是你读本书第 2 版的原因之一，在第 2 章中，我将讨论部署和使用 TensorFlow。

如果不让数据科学家和 ML 工程师选择模型，训练、评估和优化它们，而是让系统自动搜索可能的模型空间，并尝试所有模型，那么情况会怎样？这种方法克服了将你的整个 ML 经验限制在少数几种可能的解决方案上的局限性，你可能会选择第一个性能合适的解决方案。但是，如果系统能够找出哪些模型是最好的，并且能自动调优这些模型，那么情况会怎样？这正是图 1.10b 中所示——元学习的过程，或者 AutoML。

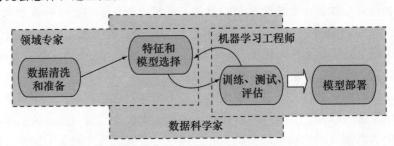

a）传统机器学习流程（从左到右）以及领域专家、数据科学家和ML工程师等角色

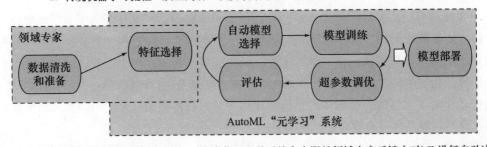

b）AutoML"元学习"过程（从左到右）。现在你可以从系统和有限的领域专家反馈中对ML进行自动决策

图 1.10 传统的 ML 及其元学习的演化，其中系统自己进行模型选择、训练、调优和评估，从众多候选模型中挑选出最佳的模型

数据科学家，你们被 cancel 了

今天的 cancel 文化很好地体现了元学习的概念，元学习源于数据科学本身——创建和验证多个类型的 ML 流水线的过程，包括数据清洗、模型构建和测试——都可以自动化。美国国防部高级研究计划局（DARPA）的一个相关项目"数据驱动发现模型"（D3M）的目标是消灭数据科学家，取而代之的是自动化的活动。然而，尽管 DARPA 项目的结果和元学习领域到目前为止是有前途的，但我们还没有完全准备好取代数据科学家。别担心，你是安全的！

练习 1.5

你会使用监督学习、无监督学习、强化学习或元学习来解决以下问题吗？（a）找到最好的 ML 算法，利用棒球数据预测一个球员是否会进入名人堂。（b）在没有其他信息的情况下，将各种水果整理成三个篮子。（c）根据传感器数据预测天气。（d）通过多次反复尝试学会下棋。

答案

（a）元学习；（b）无监督学习；（c）监督学习；（d）强化学习。

1.5　TensorFlow

2015 年底，谷歌在 Apache 2.0 许可下开源了其机器学习框架 TensorFlow。在此之前，它被谷歌内部用于语音识别、搜索、照片和 Gmail 等应用程序。

一点历史

DistBelief 是之前的一个可扩展的分布式训练和学习系统，它是 TensorFlow 当前实现的前身。你是否曾经写过一段乱七八糟的代码，然后希望可以从头开始？这就是 DistBelief 和 TensorFlow 的关系。TensorFlow 不是谷歌第一个基于内部项目的开源系统。谷歌著名的 Map-Reduce 系统和谷歌文件系统（GFS）是当前 Apache 数据处理、网络爬虫和大数据系统（包括 Hadoop、Nutch 和 Spark）的基础。此外，谷歌的 bigTable 系统是 Apache Hbase 项目的来源。

这个库是用 C++ 实现的，有着便捷的 Python API，以及一个不那么受欢迎的 C++ API。由于依赖关系简单，TensorFlow 可以快速部署到各种架构中。

类似于 Theano——你可能熟悉的一个流行的 Python 数值计算库（http://deeplearning.net/software/theano），计算被描述为流图，将设计与实现分开。这种二分法几乎没有任何麻烦，允许同样的设计在移动设备上实现，以及在拥有数千个处理器的大规模训练系统上实现。这是一个跨平台的系统。TensorFlow 还可以很好地兼容各种新的开发类的 ML 库，包括 Keras（TensorFlow 2.0 可以与 Keras 完全集成），以及一些库，如最初由 Facebook 开发的 PyTorch（https://pytorch.org），以及更丰富的 ML 应用程序编程接口，如 Fast.Ai。你可以使用许多工具包来实现 ML，但你正在阅读一本关于 TensorFlow 的书，对吗？让我们专注于它！

TensorFlow 最奇特的特性之一是它的**自动微分**功能。你可以尝试新的网络，而不必重新定义许多关键计算。

注意 自动微分技术使得实现**反向传播**变得容易得多。反向传播是一种计算量很大的工作，它用于机器学习的一个分支——**神经网络**。TensorFlow 隐藏了反向传播的细节，所以你可以关注更宏观的问题。第 11 章有关于使用 TensorFlow 的神经网络的介绍。

所有的数学运算都被抽象和封装了起来，使用 TensorFlow 就像使用 WolframAlpha 来做微积分习题一样。

这个库的另一个特性是它的交互式可视化环境，称为 **TensorBoard**。该工具显示数据转换的流图，显示随时间变化的汇总日志，并跟踪性能。图 1.11 展示了 TensorBoard 的样子，我们将在第 2 章介绍如何使用它。

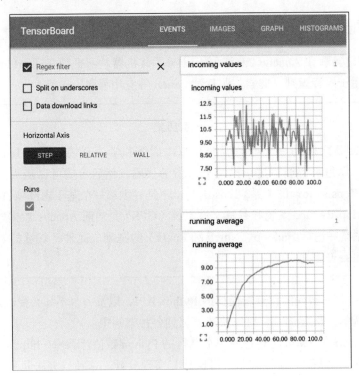

图 1.11 TensorBoard 示例

在 TensorFlow 中创建原型要比在 Theano 中快得多（代码启动只需几秒钟，而不是几分钟），因为许多操作都是预先编译的。由于运行子图调试代码变得很容易，不需要重新计算就可以重用整个计算段。

TensorFlow 不仅仅应用于神经网络，它也有开箱即用的矩阵计算和操作工具。大多数库（比如 PyTorch、Fast.Ai 和 Caffe）是专门为深度神经网络设计的，但 TensorFlow 有更好的灵活性和可扩展性。

这个库的文档完善并且得到了谷歌的官方支持。机器学习是一个复杂的话题，因此有一家声誉卓著的公司支持 TensorFlow 是令人欣慰的。

1.6 后续各章概述

第 2 章讲述如何使用 TensorFlow 的各种组件（见图 1.12）。第 3 ～ 10 章讲述如何在 TensorFlow 中实现经典的机器学习算法，第 11 ～ 19 章介绍基于神经网络的算法。该算法解决了各种各样的问题，如预测、分类、聚类、降维和规划。

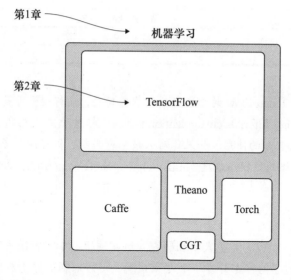

图 1.12 本章将介绍基本的机器学习概念，第 2 章将开始你的 TensorFlow 学习之旅。其他工具（如 Caffe、Theano 和 Torch）也可以应用于机器学习算法，但你将在第 2 章看到为什么选 TensorFlow

同一个现实问题可以用许多不同的算法来解决，而同一个算法也可以解决许多不同的现实问题。表 1.1 涵盖了本书的内容。

表 1.1 许多现实世界的问题可以在各章中找到相应的算法

现实世界的问题	算法	章
预测趋势，对数据点拟合曲线，描述变量之间的关系	线性回归	第 3 章、第 4 章

（续）

现实世界的问题	算法	章
将数据分为两类，找到分割数据集的最佳方法	逻辑回归	第 5 章、第 6 章
将数据进行多分类	softmax 回归	第 5 章、第 6 章
揭示观察的隐藏原因，找出一系列结果中最有可能的隐藏原因	隐马尔可夫模型（Viterbi）	第 9 章、第 10 章
将数据聚类到固定数量的类别，并自动将数据样本划分到每个类中	*k*-means	第 7 章、第 8 章
将数据聚类到任意类别，用低维嵌入可视化高维数据	自组织映射（Self-organizing map）	第 7 章、第 8 章
对数据进行降维，从高维数据中抽取隐含信息	自编码器（Autoencoder）	第 11 章、第 12 章
使用神经网络（强化学习）规划在环境中的动作	Q-policy 神经网络	第 13 章
使用监督学习神经网络对数据进行分类	感知机（Perceptron）	第 14 章、第 15 章
使用监督学习神经网络对现实世界的图像进行分类	卷积神经网络（CNN）	第 14 章、第 15 章
使用神经网络从观测中寻找模式	循环神经网络（RNN）	第 16 章、第 17 章
预测自然语言的应答	seq2seq 模型	第 18 章
按效用排序	排序	第 19 章

提示 如果你对 TensorFlow 的复杂架构细节感兴趣，最好的资源是官方文档 https://www.tensorflow.org/ tutorials/customization/basics。相对于更底层的性能调优，本书优先介绍 TensorFlow 的使用。如果你对云服务感兴趣，你可能会考虑谷歌的解决方案，以实现专业级的规模和速度（https://cloud.google.com/products/ai）。

小结

❏ TensorFlow 已经成为专业人士和研究人员实现机器学习解决方案的首选工具。

❏ 机器学习通过学习样本开发一个专家系统，可以对新的输入数据做出有效判断。

❏ ML 的一个关键特性是性能表现随训练数据增多而得到提升。

❏ 多年来，学者们巧妙设计了适用于大多数问题的三个主要类型：监督学习、无监督学习和强化学习。元学习是 ML 的一个新领域，它专注于自动探索模型空间和自动调优模型。

❏ 当一个现实世界的问题以机器学习的角度来表述之后，可能有多个可用的算法。在众多可以应用的软件库和框架中，我们以 TensorFlow 作为首选。TensorFlow 由谷歌开发，并得到其蓬勃发展的社区的支持，它为我们提供了一种轻松实现工业级代码的方法。

第 **2** 章

TensorFlow 必备知识

本章内容

- 理解 TensorFlow 的工作流程
- 使用 Jupyter 创建交互式 notebook
- 使用 TensorBoard 可视化算法

在实现机器学习算法之前，让我们先熟悉一下如何使用 TensorFlow。你将立即着手编写简单的代码！本章将介绍 TensorFlow 的一些基本优势，你会相信它是机器学习库的首选。在继续学习之前，请按照附录中的步骤说明进行逐步安装，然后返回这里。

试想一下，当我们使用 Python 写代码而没有便捷的计算库时会发生什么。这就像使用一部新的智能手机而不安装任何 App，功能是有的，但如果你有合适的工具，你会更高效。

假设你是一个私人企业主，正在跟踪产品的销售流。你的库存中包含 100 种物品，你用名为 price 的向量表示每种物品的价格。另一个名为 amount 的 100 维向量表示每种物品的库存数量。你可以编写清单 2.1 所示的 Python 代码块来计算销售出所有产品的收入。请记住，这段代码没有导入任何库。

清单 2.1　不使用库计算两个向量的内积

```
revenue = 0
for price, amount in zip(prices, amounts):
    revenue += price * amount
```

对计算两个向量的内积（也称为**点积**）来说，这样的代码太多了。如果你仍然缺少 TensorFlow 和它的朋友，比如 Numerical Python（NumPy）库，那么想象一下，做一些更复杂的事情（比如解线性方程或计算两个向量之间的距离）需要多少代码。

在安装 TensorFlow 库时，还需要安装一个众所周知的鲁棒的 Python 库——NumPy，它可以简化 Python 中的数学运算。使用没有库（NumPy 和 TensorFlow）的 Python 就像使用没有自动对焦模式的相机。当然，你获得了更多的灵活性，但你也很容易犯粗心的错误。（需要说明的是，我们并不反对摄影师对光圈、快门和 iso 进行微操作——也就是所谓的"手动"旋钮来拍照。）机器学习很容易出错，所以让我们的"相机"保持"自动对焦"，并使用 TensorFlow 来帮助将烦琐的软件开发自动化。

下面的代码片段展示了如何使用 NumPy 简洁地编写同样的计算内积代码：

```
import numpy as np
revenue = np.dot(prices, amounts)
```

Python 是一种简洁的语言。幸运的是，本书没有一页又一页的神秘代码。另一方面，Python 语言的简洁也意味着每行代码背后都发生了很多事情，在本章中你应该仔细研究这一点。你会发现这是 TensorFlow 的核心主题，作为 Python 的附加库，它很好地平衡了封装和细节。TensorFlow 封装了很多复杂操作（如"自动对焦"），但也允许你在想要手动干预时可以转动那些神奇的可配置旋钮。

机器学习算法需要很多数学运算。通常，一个算法归结为简单函数的组合，迭代直到收敛。当然，你可以使用任何标准编程语言来执行这些计算，但是拥有可维护性和高性能的代码的秘诀是使用一个编写良好的库，例如 TensorFlow（它支持 Python、C++、JavaScript、Go 和 Swift）。

提示 各个函数的 API 的细节文档可见：https://www.tensorflow.org/api_docs。

你将在本章学习的技能是面向使用 TensorFlow 进行计算，因为机器学习依赖于数学公式。通过对例子和代码清单的学习，你将能够使用 TensorFlow 完成任意的任务，如做大数据的统计和使用 TensorFlow 等［像 NumPy 和 Matplotlib（用于可视化）］，来理解为什么你的机器学习算法给出这样的决策，并提供可解释性的结果。这里的重点完全是如何使用 TensorFlow 而不是机器学习，机器学习是我们将在后面的章节中讨论的。这听起来是个温和的开始，对吧？

在本章的后面，你将使用 TensorFlow 的重要特性，这对机器学习是必不可少的。这些特性包括将计算表示为数据流图、设计和执行的分离、部分子图计算和自动微分。不多啰唆，让我们来编写我们的第一个 TensorFlow 代码！

2.1 确保 TensorFlow 工作正常

首先，你应该确保一切都正常工作。检查汽车的油位，修理地下室保险丝，确保你的信用卡都还款了。我开玩笑的，我们讨论的是 TensorFlow。

为你的第一段代码创建一个名为 test.py 的新文件。使用如下脚本导入 TensorFlow：

```
import tensorflow as tf
```

有技术性的困难吗

如果你安装了 GPU 版本，而库无法搜索 CUDA 驱动程序，在这一步通常会出现错误。请记住，如果使用 CUDA 编译库，则需要使用 CUDA 的路径更新环境变量。检查 TensorFlow 上的 CUDA 说明。（更多信息请参见 https://www.tensorflow.org/install/gpu。）

这一导入让 TensorFlow 准备执行你的命令。如果 Python 解释器没有报错，你就可以开始使用 TensorFlow 了。

遵守 TensorFlow 的惯例

导入 TensorFlow 库时通常使用 tf 作为别名。一般来说，使用 tf 来限定 TensorFlow 是一个好主意，因为它可以使你与其他开发人员和开源 TensorFlow 项目保持一致。当然，你可以使用另一个别名（或者不用别名），但是在你自己的项目中重用其他人的 TensorFlow 代码将是一个复杂的过程。NumPy 使用 np、Matplotlib 使用 plt 作为别名也是如此，你将在整本书中看到它们作为约定使用。

2.2 表示张量

现在你已经知道了如何将 TensorFlow 导入到 Python 源文件中，让我们开始使用它吧！正如在第 1 章中所讨论的，一种描述现实世界中对象的简便方法是列出它的属性或特征。例如，你可以通过颜色、型号、发动机类型、里程等来描述一辆汽车。特征的有序列表被称为**特征向量**，这正是你在 TensorFlow 代码中所表达的。

特征向量由于其简单性而成为机器学习中最有用的工具。特征向量是一串数字。每个数据样本通常由一个特征向量组成，而一个好的数据集有成百上千个特征向量。毫无疑问，你经常会同时处理多个向量。矩阵可以简洁地表示一组向量，其中矩阵的每一列是一个特征向量。

在 TensorFlow 中表示矩阵的语法是向量的向量，向量的长度都相同。图 2.1 所示是一个两行三列的矩阵示例，如 [[1,2,3],[4,5,6]]。注意，这个向量包含两个元素，每个元素对应于矩阵的一行。

我们通过指定元素的行和列索引来访问矩阵中的元素。例如，第一行和第一列表示左上角的第一个元素。有时，使用两个以上的索引是很方便的，例如，当引用彩色图像中的像素时，不仅根据其行和列，还根据其红 / 绿 / 蓝颜色。**张量**是任意维度的矩阵的泛化表示。

计算机如何表示矩阵 →

人类如何表示矩阵 →

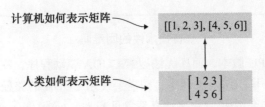

图 2.1　图下半部分的矩阵是图上半部分的紧凑代码表示方式的可视化。这种形式的符号是科学计算库中的常见范式

张量的例子

假设一所小学强制要求所有学生都坐固定的座位。你是校长，你记名字的能力很差。幸运的是，每个教室都有一个座位网格，你可以很容易地根据排和列给一个学生起绰号。

学校有多个教室，所以你不能简单地说："早上好 4，10！再接再厉。"你还需要指定教室："嗨，2 号教室的 4，10。"矩阵只需要两个索引就能指定一个元素，而这所学校的学生需要三个数字。它们属于一个 3 阶的张量。

张量的语法是嵌套的向量。如图 2.2 所示，一个 2×3×2 的张量为 [[[1,2],[3,4], [5,6]],[[7,8],[9,10],[11,12]]]，可以将其看作两个矩阵，每个矩阵的大小为 3×2。因此，我们说这个张量的**秩**是 3。一般来说，张量的秩是指定一个元素所需索引的数目。TensorFlow 中的机器学习算法作用于张量，所以了解如何使用它们是很重要的。

代码中如何表示张量 →　　[[[1, 2], [3, 4], [5, 6], [[7, 8], [9, 10], [11, 12]]]

我们如何可视化一个张量 →

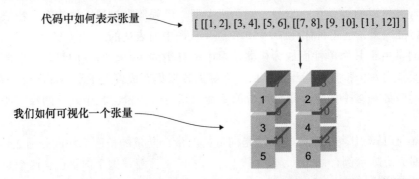

图 2.2　你可以把这个张量想象成多个矩阵叠加在一起。要指定一个元素，必须指明要访问的行和列以及哪个矩阵。因此，这个张量的秩是 3

有多种表示张量的方法，这很容易让人迷失。直观地说，清单 2.2 中的三行代码试图表示相同的 2×2 矩阵。这个矩阵表示两个二维的特征向量。例如，它可以代表两个人对两部电影的评分。矩阵的行代表人，列代表电影，分配一个数字来描述他们对电影的评分。运行代码，看看如何在 TensorFlow 中生成一个矩阵。

清单 2.2　表示张量的不同方法

```
import tensorflow as tf          在TensorFlow中将使用到NumPy
import numpy as np

m1 = [[1.0, 2.0],
      [3.0, 4.0]]

m2 = np.array([[1.0, 2.0],
               [3.0, 4.0]], dtype=np.float32)     以3种方式定义一个2×2的矩阵

m3 = tf.constant([[1.0, 2.0],
                  [3.0, 4.0]])

print(type(m1))
print(type(m2))          打印每个矩阵的类型
print(type(m3))

t1 = tf.convert_to_tensor(m1, dtype=tf.float32)
t2 = tf.convert_to_tensor(m2, dtype=tf.float32)     从各种类型创建张量对象
t3 = tf.convert_to_tensor(m3, dtype=tf.float32)

print(type(t1))
print(type(t2))          注意，现在的类型是相同的
print(type(t3))
```

第一个变量（m1）是一个列表，第二个变量（m2）是 NumPy 的 ndarray（*N* 维数组），最后一个变量（m3）是 TensorFlow 的常量 Tensor 对象，你可以使用 tf.constant 方法初始化它。三种初始化矩阵的方法中没有哪种一定比其他方法好，各种方法分别提供了列表值的原始集合（m1）、类型化的 NumPy 对象（m2）或数据流操作初始化：张量（m3）。

TensorFlow 中的所有算子，比如 negative，都是作用于张量对象的。一个方便的函数是 tf.convert_to_tensor(...)，它可以在任何地方使用，以确保处理的是张量。TensorFlow 库中的大多数函数已经（冗余地）执行了这个函数，即使你忘记了这么做。使用 tf.convert_to_tensor(...) 是可选的，我们在这里展示它是因为它有助于揭开库作为 Python 编程语言的一部分处理隐式类型系统的神秘面纱。清单 2.3 输出了三次：

```
<class 'tensorflow.python.framework.ops.Tensor'>
```

提示　为了使复制和粘贴更容易，你可以在该书的 GitHub 网站上找到代码清单：https://github.com/chrismattmann/MLwithTensorFlow2ed。你还会发现一个功能齐全的 Docker 镜像，你可以使用所有的数据、代码和库来运行书中的例子。运行 docker pull chrismattmann/mltf2 安装，并查看附录了解更多细节。

让我们再看一下定义张量的代码。导入 TensorFlow 库后，可以使用 tf.contant 进行如下操作。清单 2.3 显示了不同维度的张量。

清单 2.3   创建张量

```
import tensorflow as tf

m1 = tf.constant([[1., 2.]])          ← 定义秩为2的2×1矩阵

m2 = tf.constant([[1],
                  [2]])               ← 定义秩为2的1×2矩阵

m3 = tf.constant([ [[1,2],
                    [3,4],
                    [5,6]],
                   [[7,8],
                    [9,10],
                    [11,12]] ])       ← 定义秩为3的张量

print(m1)
print(m2)    尝试打印张量
print(m3)
```

运行清单 2.3 的代码得到以下输出：

```
Tensor( "Const:0",
        shape=TensorShape([Dimension(1), Dimension(2)]),
        dtype=float32 )
Tensor( "Const_1:0",
        shape=TensorShape([Dimension(2), Dimension(1)]),
        dtype=int32 )
Tensor( "Const_2:0",
        shape=TensorShape([Dimension(2), Dimension(3), Dimension(2)]),
        dtype=int32 )
```

正如你从输出中看到的，每个张量都由恰当命名的 Tensor 对象表示。每个 Tensor 对象都有一个唯一的标签（name）、一个维度（shape）来定义它的结构，以及一个数据类型（dtype）来指定要操作的值类型。由于没有显式地提供名称，标准库自动生成了名称：Const:0、Const_1:0 和 Const_2:0。

张量类型

注意，m1 的每个元素都以小数点结束。小数点告诉 Python 元素的数据类型不是整数，而是浮点数。你可以传入显式的 dtype 值。与 NumPy 数组非常相似，张量采用你指定的将在该张量中操作的值类型。

对于一些简单的张量，TensorFlow 还提供了一些便捷的构造函数。例如，构造函数 tf.zeros(shape) 创建一个指定形状，例如 [2,3] 或 [1,2] 的张量，其中所有值初始化为 0。类似地，tf.ones(shape) 创建一个指定形状的张量，同时将所有值初始化为 1。shape 参数是一个类型为 int32 的一维（1D）张量（整数列表），描述张量的维度。

练习 2.1

你将如何创建一个 500×500 且所有值都为 0.5 的张量？

答案

```
tf.ones([500,500])*0.5
```

2.3　创建运算

现在已经有了一些可以使用的初始张量，你可以做些更有趣的运算，例如加法和乘法。考虑矩阵中的每一行表示货币的交易：转入（正价值）和转出（负价值）。对矩阵取反是一种表示另一个人的资金流动的交易历史的方法。让我们从简单开始，在清单 2.3 中的 m1 张量上运行一个取反运算。对一个矩阵取反会使正数变成对应的负数，反之亦然。

取反（negation）是最简单的运算之一。如清单 2.4 所示，negation 只接收一个张量作为输入，并生成一个张量，其中每个元素都是取反的。尝试运行代码。如果你掌握了 negation，你就可以把这个技能推广到所有其他的 TensorFlow 运算中。

注意　定义运算（如 negation）与执行运算是不同的。到目前为止，你已经定义了运算。在第 2.4 节中，你将用（或运行）它们来计算值。

清单 2.4　使用取反运算符

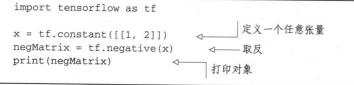

```
import tensorflow as tf

x = tf.constant([[1, 2]])          ←── 定义一个任意张量
negMatrix = tf.negative(x)         ←── 取反
print(negMatrix)                   ←── 打印对象
```

清单 2.4 产生如下输出：

```
Tensor("Neg:0", shape=TensorShape([Dimension(1), Dimension(2)]), dtype=int32)
```

注意，输出不是 [[-1,-2]]，因为你打印的是取反运算的类型，而不是运算后的实际值。打印的输出表明，取反运算的结果是一个具有名称、形状和数据类型的 Tensor 类。名称是自动分配的，但是你也可以在使用 tf.negative 时（如代码清单 2.4）显式指定。类似地，形状和数据类型是从传入的 [[1,2]] 推断出来的。

有用的 TensorFlow 运算符

官方文档 https://github.com/tensorflow/docs/tree/r1.15/site/en/api_docs/python/tf/math 详

细列出了所有可用的数学操作。常用运算符的具体示例如下：

`tf.add(x,y)`——两个类型相同的张量相加，*x+y*

`tf.subtract(x,y)`——两个类型相同的张量相减，*x–y*

`tf.multiply(x,y)`——两个张量元素相乘

`tf.pow(x,y)`——求元素 *x* 的 *y* 次方

`tf.exp(x)`——相当于 *pow*(e, *x*)，其中 e 为欧拉常数 (2.718, …)

`tf.sqrt(x)`——相当于 *pow*(*x*, 0.5)

`tf.div(x,y)`——两个张量元素相除

`tf.truediv(x,y)`——与 `tf.div` 相同，但将参数转换为浮点数

`tf.floordiv(x,y)`——与 `tf.truediv` 相同，但将最终结果取整

`tf.mod(x,y)`——取元素商的余数

练习 2.2

用目前为止学习过的 TensorFlow 运算符来生成高斯分布（也称为正态分布）。图 2.3 给出了提示。你可以在 https://en.wikipedia.org/wiki/Normal_distribution 网站上找到正态分布的概率密度，以供参考。

答案

大多数数学运算符，例如 ×、–、+ 等，在 TensorFlow 中是等效的简洁表达方式。高斯函数包含很多运算，所以用如下的简略符号比较清晰：

```
from math import pi
mean = 0.0
sigma = 1.0
(tf.exp(tf.negative(tf.pow(x - mean, 2.0) /
            (2.0 * tf.pow(sigma, 2.0) ))) *
 (1.0 / (sigma * tf.sqrt(2.0 * pi) )))
```

2.4 在会话中执行运算

会话是软件系统的一个环境，它描述了代码行应该如何运行。在 TensorFlow 中，会话设置硬件设备（如 CPU 和 GPU）如何相互通信。这样，你就可以设计自己的机器学习算法，而不用担心要对运行它的硬件进行管理。之后，你可以配置会话以更改其行为，而无须更改一行机器学习代码。

为了执行一个运算并得到结果，TensorFlow 需要一个会话。只有注册的会话才能填充 Tensor 对象的值。为此，必须使用 `tf.Session()` 创建一个会话类，并告诉它运行一个运算符，如清单 2.5 所示。这个结果将在后续的计算中继续用到。

恭喜！你已经编写了第一个完整的 TensorFlow 代码。尽管这段代码所做的只是矩阵取反得到 `[[-1,-2]]`，但其核心开销和框架与其他 TensorFlow 程序是一样的。会话不仅配

置了你的代码将在机器上运行的位置，而且还设计了如何布局进行并行计算。

清单 2.5　使用会话

```
import tensorflow as tf          定义一个任意的矩阵

x = tf.constant([[1., 2.]])      对其运行取反运算
neg_op = tf.negative(x)

                                 启动一个可以运行运算的会话
with tf.Session() as sess:
    result = sess.run(negMatrix)
print(result)                    告诉会话对negMatrix求值

        打印结果矩阵
```

代码性能似乎有点慢

　　你可能已经注意到，运行代码花费的时间比你预期的要多几秒钟。TensorFlow 要用几秒钟来取反一个小矩阵，这似乎不大正常。但是当面对更大、更复杂的计算时，会有大量的预处理对库进行优化。

　　每个 Tensor 对象都有一个 eval() 函数来执行取值的数学运算。但是执行 eval() 函数需要为库定义一个会话对象，以便最好地使用底层硬件。在清单 2.5 中，我们使用了 sess.run(...)，这相当于在会话的上下文中调用 Tensor 的 eval() 函数。

　　当你在交互式环境中运行 TensorFlow 代码时（用于调试或展示，或使用 Jupyter，如本章后面所述），通常更倾向于在交互式模式中创建会话，在这种模式中，对 eval() 的任何调用都隐式地包含了会话。在这种方式下，会话变量就不需要在整个代码中传递，从而更容易专注于算法的部分，如清单 2.6 所示。

清单 2.6　使用交互式会话模式

```
import tensorflow as tf
sess = tf.InteractiveSession()       启动一个交互式会话，以便不再需要传递sess变量

x = tf.constant([[1., 2.]])
negMatrix = tf.negative(x)           定义一个任意矩阵并对其取反

result = negMatrix.eval()
print(result)                        你现在可以计算negMatrix，而无须显式指定会话

        打印取反的矩阵
sess.close()
记得关闭会话并释放资源
```

2.5   将代码理解为图

假设医生预测一个新生儿的预期体重为 7.5 磅（1 磅≈0.4536 千克）。你需要弄清楚预测和实际测量的重量之间的差别。作为一个擅长分析的工程师，你会设计一个函数来描述新生儿所有体重的可能性。例如，体重是 8 磅的可能性比 10 磅大。

你可以选择使用高斯（或称为正态）概率分布函数。这个函数接收一个数字作为输入，输出一个非负数来描述输入观察值的概率。这个函数在机器学习中经常出现，并且很容易在 TensorFlow 中定义。它使用乘法、除法、取反和其他一些基本运算符。

把每个运算符都看作图中的一个节点。当你看到一个加号（+）或任何数学概念时，把它想象成众多节点中的一个。这些节点之间的边表示数学函数的组合。具体来说，我们一直在研究的 negative 运算就是一个节点，它的进出两条边代表了 Tensor 经过这个节点的变换。张量在图中流动，这就是为什么这个库被称为 TensorFlow。

这里有一个想法：每个运算符都是强类型函数，它接收某个维度的张量作为输入，并产生相同维度的张量输出。图 2.3 是用 TensorFlow 设计高斯函数的一个例子。该函数被表示为一个图，其中运算符是节点，边表示节点之间的相互作用。这个图作为一个整体表示了一个复杂的数学函数（例如高斯函数）。图的子部分表示简单的数学概念，例如取反和加倍。

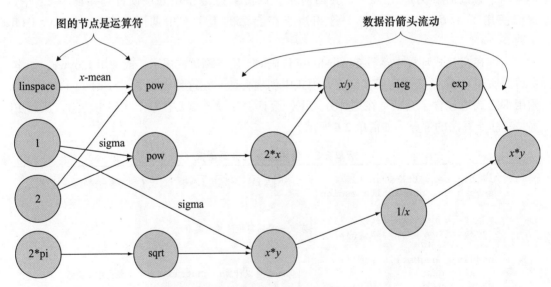

图 2.3   此图表示了产生一个高斯分布所需的运算。节点之间的边表示数据从一个运算流转到下一个运算。这些运算符本身很简单，复杂性来自它们的交织关系

TensorFlow 算法很容易可视化，它们可以用简单的流程图来描述。这种流程图的技术术语（更正确的术语）是**数据流图**。数据流图中的每个箭头称为**边**。此外，数据流图的每个

状态都称为**节点**。会话的目的是将 Python 代码解释为数据流图，然后将图中的每个节点的计算与 CPU 或 GPU 关联。

配置会话

你可以给 tf.Session 传入选项。例如，TensorFlow 会自动决定为某个操作分配 GPU 或 CPU 设备的最佳方式，这取决于什么是可用的。在创建会话时，可以传递一个额外的选项 log_device_placement = True。清单 2.7 显示了在硬件上触发计算的确切位置。

清单 2.7　记录会话

```
import tensorflow as tf

x = tf.constant([[1., 2.]])
negMatrix = tf.negative(x)          定义矩阵并取反

with tf.Session(config=tf.ConfigProto(log_device_placement=True)) as sess:
    options = tf.RunOptions(output_partition_graphs=True)
    metadata = tf.RunMetadata()
    result = sess.run(negMatrix,options=options, run_metadata=metadata)

print(result)      ◀━━━ 打印结果值

print(metadata.partition_graphs)      ◀━━━ 打印结果图
```

使用传递到构造函数的特定配置启动会话，以启用日志记录

计算 negMatrix

代码输出了每个运算符在会话中使用的 CPU/GPU 设备的信息。运行清单 2.7 会产生如下的输出跟踪，以显示使用哪个设备来运行取反运算：

```
Neg: /job:localhost/replica:0/task:0/cpu:0
```

会话在 TensorFlow 代码中是必不可少的。你需要调用一个会话来"运行"数学运算。图 2.4 描绘了 TensorFlow 上的组件如何与机器学习交互。会话不仅可以执行图运算，还可以使用占位符、变量和常量作为输入。到目前为止，我们已经使用了常量，在后面的部分中，我们将开始使用变量和占位符。下面是这三种类型的简单概述：

- ❑ **占位符**（placeholder）——事先未指定的值，但是一定会在会话执行时被初始化。通常，占位符是模型的输入和输出。
- ❑ **变量**（variable）——一个可以改变的值，如机器学习模型的参数。变量在使用之前必须由会话初始化。
- ❑ **常量**（constant）——一个不可变的值，例如超参数或配置数据。

使用 TensorFlow 进行机器学习的整个流程遵循图 2.4 所示的流程。TensorFlow 中的大部分代码是构建图和会话。在设计好图并连接会话以执行它之后，你的代码就可以运行了。

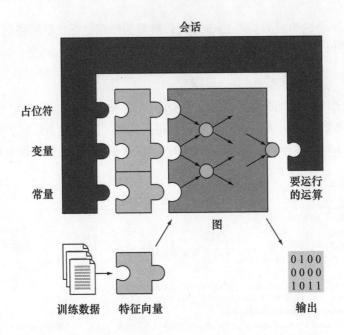

会话

占位符

变量

常量

要运行
的运算

图

训练数据   特征向量

0100
0000
1011

输出

图 2.4   会话决定了如何使用硬件来最有效地运行图。当会话开始时，它为每个节点分配 CPU 和 GPU 资源。运行之后，会话输出一个可用格式的数据，例如 NumPy 数组。一个会话可以有选择地输入占位符、变量和常量

2.6   在 Jupyter 中编写代码

因为 TensorFlow 首先是一个 Python 库，所以你应该充分地利用 Python 语言的解释器。Jupyter 是一个成熟的交互式编程环境。它是一个 Web 应用程序，可以优雅地展示计算。你可以与其他人共享代码和注释，以传授技术或演示代码。Jupyter 还可以轻松地与可视化库（如 Python 的 Matplotlib）集成，简洁地共享数据信息并评估算法的精度，以及显示结果。

你可以与他人共享 Jupyter Notebook 以交换想法，你还可以下载他们的 notebook 以了解他们的代码。请参考附录安装 Jupyter Notebook 应用程序。

在命令行界面中切换路径到你练习 TensorFlow 代码的位置，并启动 notebook 服务：

```
$ cd ~/MyTensorFlowStuff
$ jupyter notebook
```

运行此命令之后，会启动一个新的 Jupyter dashboard 浏览器窗口。如果窗口没有自动打开，你可以从浏览器访问 http://localhost:8888。你会看到一个类似图 2.5 所示的 Web 界面。

提示   `jupyter notebook` 命令没起作用？确保你的 `PYTHONPATH` 环境变量包

括 Jupyter 的安装路径。此外，本书同时使用了 Python3.7（推荐）和 Python2.7（因为 BregmanToolkit，你将在第 7 章遇到），所以你需要在启动 Python kernel 的情况下安装 Jupyter。更多信息请参见 https://ipython.readthedocs.io/en/stable/install/kernel_install.html。

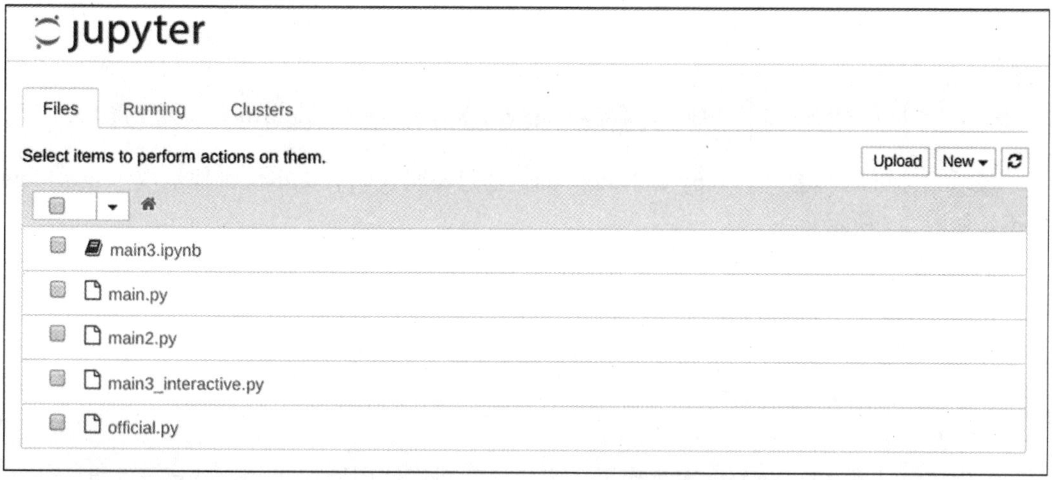

图 2.5　运行 Jupyter Notebook 会启动一个交互式笔记本，地址为 http://localhost:8888

通过单击右上角的"新建"下拉菜单创建一个新的 notebook，然后选择 Notebooks>Python 3。新的 Python3 启用内核是默认唯一选项，因为 Python 2 在 2020 年 1 月 1 日已弃用。这个操作创建了一个名为 Untitled.ipynb 的新文件，你可以立即开始通过浏览器界面编辑它。你可以通过单击当前 Untitled 的名字来更改文件名，并输入一些更容易记住的东西，例如 TensorFlow Example Notebook。当你看到清单代码时，简单约定的命名方式是 < 章节号 >.< 编号 >.ipynb（例如，Listing2.8.ipynb），但是你也可以选择你想要的任何名字。体制——谁会认为它有用呢？

Jupyter Notebook 中的所有内容都是称为 cell 的独立代码或文本块。cell 有助于将长代码块划分为可管理的代码段和文档。你可以单独运行一个 cell，也可以选择同时按顺序运行所有 cell。有三种常用的执行 cell 方法：

❑ 通过 Shift-Enter 键执行 cell 并高亮下一个 cell。

❑ 通过 Ctrl-Enter 键执行 cell 并将光标保持在当前 cell。

❑ 通过 Alt-Enter 键执行 cell 并在其下面创建一个空的 cell。

你可以通过单击工具栏中的下拉菜单来修改 cell 的类型，如图 2.6 所示。或者，你可以按 Esc 键退出编辑模式，使用方向键选择 cell，然后按 Y 键（Code 模式）或者 M 键（Markdown 模式）。

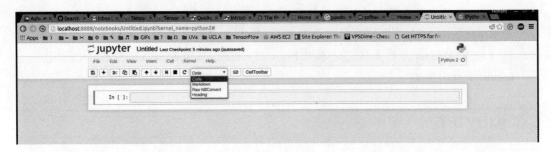

图 2.6   下拉菜单修改笔记本中的 cell 类型。Code 表示编写 Python 代码，Markdown 用于描述文本

最后，你可以创建一个 Jupyter Notebook，通过编辑代码和文本优雅地呈现 TensorFlow 代码，如图 2.7 所示。

练习 2.3

如果你仔细观察图 2.7，你会发现我们使用了 `tf.neg` 而不是 `tf.negative`。这有点奇怪，你知道这是为什么吗？

答案

你应该注意 TensorFlow 库改变了命名约定，当你使用旧的 TensorFlow 教程时，你可能会遇到这些。

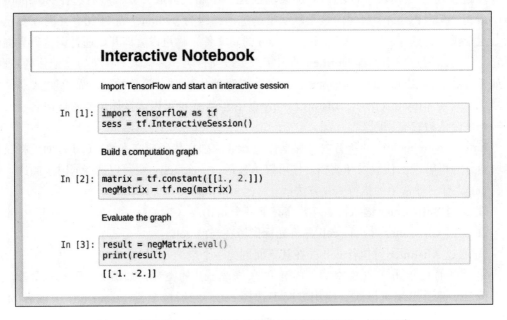

图 2.7   交互式 Python 笔记本分组显示了代码和注释，便于阅读

然而，人们在使用 Jupyter 时最常犯的一个错误是过分地依赖它进行 TensorFlow 完成的复杂机器学习运算。Jupyter 在 Python 和 TensorFlow 的交互上面令人愉快，但是它不适合执行长时间的训练任务，比如你编写代码，然后"fire and forget"几个小时、几天甚至几周。在这种情况下，我们建议使用 Jupyter 的 `save as Python file` 功能（在文件菜单中）。然后在 `tmux` 或者 `screen` 里面通过命令行使用 Python 解释器运行保存过的 Python 文件。这些命令行程序允许你在退出时保持会话，并允许你返回检查命令的执行情况时将你重新置于会话中，就像从未离开过一样。这些是 UNIX 工具，但是通过 Cygwin 和虚拟机，它们也可以允许在 Windows 中使用。你将在后续的章节中学习到，特别是当使用 TensorFlow 的会话 API 执行分布式、multi-GPU 训练时，如果你的代码仅使用 Jupyter Notebook，你将遇到麻烦。notebook 环境将你绑定到一个特定的运行时，可能会在无意中关闭（特别是在超级计算机上），或者在几天后冻结或锁定，因为 Jupyter 运行一段时间就会消耗大量的内存。

> **提示**　定期查看 Jupyter 中那些正在运行（绿色）但不再需要的 notebook，选择它们并单击 Shutdown 来释放一些内存。你的电子邮件、网页浏览器以及其他应用将会感激你！

2.7　使用变量

使用 TensorFlow 的常量是一个好的开始，但是大多数有趣的应用程序都需要变化的数据。例如，神经学家可能会对通过传感器测量神经的活动感兴趣。神经的活动脉冲可能是一个随时间变化的布尔变量。要在 TensorFlow 中捕获此活动，你可以使用一个 `Variable` 类来表示一个节点，其值随时间变化。

在机器学习中使用变量的例子

通过线性方程对多个点的最佳拟合是一个经典机器学习问题，在第 3 章会有更详细的讨论。该算法从最初的猜测开始，这是一个由几个数字（如斜率或 Y 轴截距）表示的方程。随着时间的推移，该算法对这些数字产生越来越好的猜测，这些数字也被称为**参数**。

到目前为止，我们只处理了常数。然而，对于现实世界的应用程序来说，只有常量的程序不那么有趣，所以 TensorFlow 允许使用更丰富的工具，比如变量，它装载可以随时间变化的值。在机器学习的世界里，参数通常会波动直至稳定下来。这使得变量成为一个很好的数据结构。

清单 2.8 中的代码是一个简单的 TensorFlow 程序，它演示了如何使用变量。当连续数

据的值突然增加时，它就更新变量。想象一下随着时间的推移对神经元活动的记录。这段代码可以检测出神经元的活动突然激增。当然，出于教学目的，这个算法是过度简化了的。

从导入 TensorFlow 开始，TensorFlow 允许你使用 `tf.InteractiveSession()` 声明一个会话。当你声明了一个交互式会话时，TensorFlow 函数不需要会话属性，这使得在 Jupyter Notebook 中编写代码更容易。

清单 2.8　使用变量

```
在交互式模式中启动会话，
不再需要传递sess

    import tensorflow as tf                              假设有一些像这样
    sess = tf.InteractiveSession()                       的原始数据

                                                                创建一个名为spike的Boolean
                                                                变量，检测在一系列数字中的
    raw_data = [1., 2., 8., -1., 0., 5.5, 6., 13]               突然增长
    spike = tf.Variable(False)
    spike.initializer.run()              因为所有变量都必须初始化，所以通过在变量initializer
                                         上调用run()来初始化变量

    for i in range(1, len(raw_data)):
        if raw_data[i] - raw_data[i-1] > 5:     循环遍历数据（跳过第一个元素），并
            updater = tf.assign(spike, True)    在出现显著增长时更新spike变量
            updater.eval()
        else:                                   要更新变量，使用tf.assign(<var name>,
            tf.assign(spike, False).eval()      <new value>)为它赋一个新值。求其值查看
        print("Spike", spike.eval())            变化

    sess.close()      <——  当不再使用时记得关闭会话
```

清单 2.8 的预期输出是一个随时间变化的脉冲值列表：

```
('Spike', False)
('Spike', True)
('Spike', False)
('Spike', False)
('Spike', True)
('Spike', False)
('Spike', True)
```

2.8　保存和加载变量

想象你写了一整块代码，现在你想单独测试其中的一小段。在复杂的机器学习情形下，在一些已知的检查点保存和加载数据，会使调试代码变得容易。TensorFlow 提供了一个优雅的接口用于保存和加载变量值到磁盘，让我们看看如何实现。

你将重构清单 2.8 中的代码，将脉冲数据保存到磁盘以便在其他地方加载它。你将把脉冲变量从一个简单的布尔类型修改为一个布尔类型的向量，用于记录脉冲的历史值（如清单 2.9 所示）。请注意，你将显式地为变量命名，以便之后用相同的名称加载它们。对变量

的命名是可选的，但强烈建议你这样来组织代码。在本书的后面，特别是在第 14 章和第 15章，你也会用到 tf.identity 函数来命名变量，以便在恢复模型图的时候引用它。

试着运行代码并查看结果。

清单 2.9　保存变量

```
import tensorflow as tf          导入TensorFlow并启动     假设有一系列像
sess = tf.InteractiveSession()    交互式会话             这样的数据

                                                       定义一个名为
                                                       spikes的
raw_data = [1., 2., 8., -1., 0., 5.5, 6., 13]          Boolean向量，
spikes = tf.Variable([False] * len(raw_data), name='spikes')   跟踪原始数据
spikes.initializer.run()   ← 别忘了初始化变量            中的突然增长

saver = tf.train.Saver()
                          saver操作将启用保存和恢复变量。如果没有
for i in range(1, len(raw_data)):   字典被传递到构造函数中，它将保存当前程序
    if raw_data[i] - raw_data[i-1] > 5:   中的所有变量
        spikes_val = spikes.eval()
        spikes_val[i] = True                使用tf.assign函数更新
        updater = tf.assign(spikes, spikes_val)   spikes变量
        updater.eval()
                        别忘了执行updater，否则spikes不会被更新

save_path = saver.save(sess, "spikes.ckpt")
print("spikes data saved in file: %s" % save_path)   保存变量到磁盘

                                            输出所保存变量的
sess.close()                                相对文件路径
```

当发生明显的增长时，遍历数据并更新 spikes 变量

你会注意到在与源代码相同的路径下生成了两个文件——其中一个是 spikes.ckpt。该文件是一个紧凑存储的二进制文件，所以你无法简单地通过文本编辑器来修改它。要获取此数据，可以使用 saver 的 restore 功能，如清单 2.10 所示。

清单 2.10　加载变量

```
import tensorflow as tf          创建与保存的数据具有
sess = tf.InteractiveSession()   相同大小和名称的变量
                                                不需要初始化此变量，因为
                                                其将被直接加载
spikes = tf.Variable([False]*8, name='spikes')
spikes.initializer.run()
saver = tf.train.Saver()   ← 创建saver操作恢复保存的数据

saver.restore(sess, "./spikes.ckpt")   从spikes.ckpt文件恢复数据
print(spikes.eval())   ← 打印加载的数据

sess.close()
```

清单 2.10 的预期输出是脉冲数据的 Python 列表，如下面所示。第一行的信息是

TensorFlow 简单地告诉你它在从 spikes.ckpt 文件中加载模型图和相关参数（后文中我们把它称作**权重**）。

```
INFO:tensorflow:Restoring parameters from ./spikes.ckpt
[False False  True False False  True False  True]
```

2.9 使用 TensorBoard 可视化数据

在机器学习中，最耗时的部分不是编写程序，而是等待程序的运行，除非你使用早停或者观察到过拟合而提前终止训练过程。例如，著名的 ImageNet 数据集包含了 1400 多万张图片，可以用于机器学习环境。有时，在一个大数据集上完成算法训练需要几天或几周的时间。TensorFlow 的指示板 TensorBoard 可以让你快速了解图中每个节点的值的变化，并让你了解代码的执行情况。

让我们看一个真实的例子：如何可视化随时间变化的变量的趋势？在本节中，你将在 TensorFlow 中实现一个移动平均算法，然后在 TensorBoard 中仔细追踪你关心的变量。

想知道这本书为什么会有第 2 版吗

本书存在的一个关键原因是：有时，在一个大数据集上完成算法训练需要几天或几周的时间。为这本书中的经历做好准备吧！在本书的后面，我将重建一些著名的（大的）模型，包括用于面部识别的 VGG-Face 模型，以及在自然语言处理中使用所有 Netflix 评论数据生成一个情感分析模型。在这种情况下，准备好让 TensorFlow 在你的笔记本计算机上运行一整夜，或者在你访问的超级计算机上运行好几天。别担心，我会一路陪着你并在感情上支持你！

2.9.1 实现移动平均

在本节中，你会通过 TensorBoard 来可视化数据的变化。假设你想计算一家公司的平均股价。通常，计算平均值就是把所有的值相加并除以总个数：

$$\text{mean} = (x_1 + x_2 + \cdots + x_n) \ / \ n$$

当值的个数未知时，你可以使用一种被称为**指数平均**的技术来估算未知数量的数据的平均值。指数平均算法将当前的估计平均作为前一个估计平均以及当前值的函数来计算。

更直接地，$Avg_t = f(Avg_{t-1}, x_t) = (1 - \alpha) \ Avg_{t-1} + \alpha \ x_t$。$\alpha$ 是一个需要被调整的参数，它代表在计算平均值时最近一个值所占的权重。α 的值越大，估计平均值与前一个估计平均值的偏离就越大。图 2.8（在清单 2.15 后面）展示了 TensorBoard 如何可视化这些值以及对应估计的平均值。

在编写移动平均程序时，最好考虑清楚每个计算迭代中的主要部分。在本问题中，每次迭代都会计算 $Avg_t = (1 - \alpha) Avg_{t-1} + \alpha x_t$。因此，你可以设计一个 TensorFlow 运算符（如清单 2.11 所示），它完全按照公式设计。要运行这段代码，最终必须定义 alpha、curr_value 和 prev_avg。

清单 2.11　定义平均更新操作

```
update_avg = alpha * curr_value + (1 - alpha) * prev_avg
                        alpha是一个tf.constant，curr_value
                        是一个占位符，prev_avg是一个变量
```

你将在后面定义那些未定义的变量。以这种后向方式编码的原因是，先定义接口迫使你实现外围代码来满足接口。略过前面，让我们直接跳到会话部分，看看算法应该如何运行。清单 2.12 建立了主循环，并在每个迭代中调用 update_avg 运算符。运行 update_avg 运算符依赖 curr_value，它是通过 feed_dict 参数传入的。

清单 2.12　迭代运行指数平均算法

```
raw_data = np.random.normal(10, 1, 100)

with tf.Session() as sess:
    for i in range(len(raw_data)):
        curr_avg = sess.run(update_avg, feed_dict={curr_value:raw_data[i]}
        sess.run(tf.assign(prev_avg, curr_avg))
```

好极了！现在大体结构已经清晰了，剩下要做的就是写出未定义的变量。让我们完成它，实现一段 TensorFlow 的工作代码。复制清单 2.13 以便你运行它。

清单 2.13　填补缺失的代码，以完成指数平均算法

```
创建一个由100个数字组成的向量，
其平均值为10，标准差为1
    import tensorflow as tf
    import numpy as np
                                        定义alpha为常量
  raw_data = np.random.normal(10, 1, 100)

                                        占位符类似于一个变量，但其值是从
                                        会话中注入的
    alpha = tf.constant(0.05)
    curr_value = tf.placeholder(tf.float32)
    prev_avg = tf.Variable(0.)
    update_avg = alpha * curr_value + (1 - alpha) * prev_avg      初始化之前的平均值为0

    init = tf.global_variables_initializer()

    with tf.Session() as sess:                    逐个遍历数据更新平均值
        sess.run(init)
        for i in range(len(raw_data)):
            curr_avg = sess.run(update_avg, feed_dict={curr_value: raw_data[i]})
            sess.run(tf.assign(prev_avg, curr_avg))
            print(raw_data[i], curr_avg)
```

2.9.2　可视化移动平均

现在你已经实现了移动平均算法，让我们通过 TensorFlow 来可视化结果。使用 TensorBoard 来可视化通常有两个步骤：

1. 选择你关注的节点并使用 summary 操作对其进行注释。

2. 对它们调用 add_summary 来排队将数据写入磁盘。

假设你有一个 img 占位符和一个 cost 运算符，如清单 2.14 所示。你可以对它们做注解（通过为它们指定名称，例如 img 或 cost）以便它们能够在 TensorBoard 中可视化。你可以在你的移动平均例子中做一些类似的事。

清单 2.14　使用 summary 操作进行注释

```
img = tf.placeholder(tf.float32, [None, None, None, 3])
cost = tf.reduce_sum(...)

my_img_summary = tf.summary.image("img", img)
my_cost_summary = tf.summary.scalar("cost", cost)
```

更普遍地说，要与 TensorBoard 通信，必须使用 summary 操作，它通过 SummaryWriter 生成序列化的字符串将更新保存到指定路径。每次从 SummaryWriter 调用 add_summary 方法时，TensorFlow 都会将数据保存到磁盘供 TensorBoard 使用。

警告　注意不要太频繁地调用 add_summary 方法。尽管这样做可以对要可视化的变量产生更高的分辨率，但是那将以更多的计算和缓慢的学习速度为代价。

执行以下命令，在源代码所在路径下创建一个叫 logs 的文件夹：

```
$ mkdir logs
```

运行 TensorBoard，并将 logs 的路径作为其参数：

```
$ tensorboard --logdir=./logs
```

打开浏览器，导航地址为 http://localhost:6006，这是 TensorBoard 的默认 URL 地址。清单 2.15 展示了如何将 SummaryWriter 嵌入你的代码。运行它，并刷新 TensorBoard 查看可视化效果。

清单 2.15　编写 summary 以便在 TensorBoard 中显示

```
import tensorflow as tf
import numpy as np

raw_data = np.random.normal(10, 1, 100)
```

```
alpha = tf.constant(0.05)
curr_value = tf.placeholder(tf.float32)
prev_avg = tf.Variable(0.)
update_avg = alpha * curr_value + (1 - alpha) * prev_avg

avg_hist = tf.summary.scalar("running_average", update_avg)
value_hist = tf.summary.scalar("incoming_values", curr_value)
merged = tf.summary.merge_all()
writer = tf.summary.FileWriter("./logs")
init = tf.global_variables_initializer()

with tf.Session() as sess:
    sess.run(init)
    sess.add_graph(sess.graph)
    for i in range(len(raw_data)):
        summary_str, curr_avg = sess.run([merged, update_avg],
        ➡ feed_dict={curr_value: raw_data[i]})
        sess.run(tf.assign(prev_avg, curr_avg))
        print(raw_data[i], curr_avg)
        writer.add_summary(summary_str, i)
```

为取平均创建一个summary节点

为其值创建一个summary节点

合并summary，使它们更容易同时运行

将日志目录的位置传递给writer

可选，允许你在TensorBoard中可视化计算图

同时运行merged操作和update_avg操作

在writer中添加summary

提示　在启动 TensorBoard 之前，你要确保 TensorFlow 会话已经结束。如果你重新运行清单 2.15，记得清除日志路径。

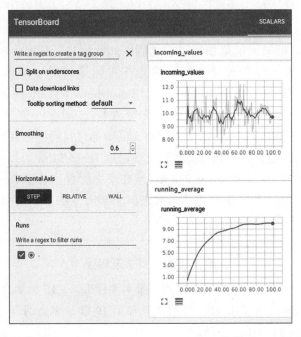

图 2.8　清单 2.15 所创建的摘要展示在 TensorBoard。TensorBoard 提供了一个用户友好的界面来可视化 TensorFlow 中产生的数据

2.10　把所有综合到一起：TensorFlow 系统架构和 API

我们还没有深入研究 TensorFlow 的全部内容——本书的其余部分是关于这些主题的，但是我已经说明了它的核心组件以及它们之间的接口。这些组件和它们之间的接口构成了 TensorFlow 架构，如图 2.9 所示。

TensorFlow 2 版本的代码清单包含了新的特性，包括**默认即刻**执行以及优化器和训练的更新包名。新版本代码在 Python 3 中运行良好，如果你尝试运行了它们，我欢迎得到你的反馈！你可以在 https://github.com/chrismattmann/MLwithTensorFlow2ed/tree/master/TFv2 获取 TensorFlow 2 版本的代码清单。

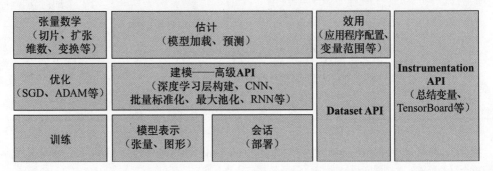

图 2.9　TensorFlow 系统架构和 API。到目前为止，我们已经在会话、工具、模型表示和训练上花了很多时间。本书的后面部分逐步探索数学、称为卷积神经网络（CNN）的复杂的面部识别模型、优化和系统的其余部分

选择一个版本的框架来依赖和使用它之所以如此困难，是因为软件变化得太快。尽管概念、架构和系统本身都保持相同，并且在实际运行时也基本相似，但近两年内 TensorFlow 依然变化很大。从 TensorFlow 1.0 到 TensorFlow 1.15.2——著名的 TensorFlow 1.x 的最后一个版本，TensorFlow 已经发布了 20 多个版本。其中的一部分与 1.x 系统的突然变化有关，而另一部分则涉及更基本的架构理解，需要通过执行一些在每章结尾处给出建议的例子来掌握，在这一过程中遇到问题然后发现通过 TensorFlow 可以解决它们。正如谷歌应用 AI 主管兼 TensorFlow 大师 Scott Penberthy 在序中所言，追逐 TensorFlow 的版本并不是重点，当伟大的软件工程师围绕张量来改进脚手架时，细节、架构、清洗步骤、处理，以及评估技术将经受时间的考验。

跟上版本：TF2 及以上

本书以 TensorFlow 1.x 系列以上的两个版本为标准。1.15 版本是 1.x 系列发布的最新版本，它与 Python 3 兼容良好。在第 7 章和第 19 章，你会遇到一些 Python 2 的示例，这时需要 TensorFlow 的 1.14 版本。

此外，在本书编写期间，一个完整的基于 TensorFlow 2 的清单和代码已经发布（详

见附录）。你将注意到，在清单中的 TensorFlow 2 代码有 85% ~ 90% 是相同的。主要原因是数据的清洗、收集、准备和评估代码是完全可重用的，因为它使用了附带的 ML 库，如 Scikit 和 Matplotlib。

今天，TensorFlow 2.0 吸引了大量的关注。但是，比起追逐最新版本（最新版本相比 1.x 版本有一些根本性的变化），我更希望传递一些独立于版本的核心的理解，以及机器学习的基础和概念，它们使得 TensorFlow 如此特别。本书的出版很大程度是因为那许多的不眠之夜，我蹒跚在机器学习概念（如构建模型、评估、张量的数学计算）之中，而它们构成了 TensorFlow 的核心元素。

其中的一些概念如图 2.9 所示。在本章中，我们已经花了大量时间来讨论会话的作用，如何表示张量和图，以及如何训练模型并将其保存到磁盘和恢复。但是我还没有介绍如何进行预测，如何构建更复杂的图（例如回归、分类、CNN 和 RNN），以及如何在 GB 和 TB 级别的数据上运行 TensorFlow。这些任务都可以通过 TensorFlow 实现，因为谷歌和开发者们花了大量的时间来思考大规模机器学习面临的所有挑战。

这些挑战在 TensorFlow 架构中是一个灰盒子，这是说它是一个易于使用的编程语言 API，并拥有大量文档和支持。如果还有问题没有解决，这就是我要做的。所有的灰盒子都将在本书的其余部分涉及，这种服务感觉怎么样？

小结

- ❑ 你应该开始从计算流图的角度考虑数学算法。当你把节点看作运算，把边看作数据流动时，编写 TensorFlow 代码就变得简单了。定义了图之后，在会话中运算求值，然后得到结果。

- ❑ 毫无疑问，除了用图表示计算，还有很多关于 TensorFlow 的内容。正如你将在接下来的章节中看到的，一些内置函数是为机器学习领域量身定制的。事实上，TensorFlow 对 CNN 有非常好的支持（CNN 是一种流行的处理图像的模型，在处理音频和文本中也有很好的效果）。

- ❑ TensorBoard 提供了一种简单的方式来可视化 TensorFlow 代码中的数据变化，也可以通过检查数据的变化走势排查问题。

- ❑ TensorFlow 与 Jupyter Notebook 应用程序协作非常好，Jupyter 是一个用于共享和编制 Python 代码的优雅媒介。

- ❑ 本书分别以 Python 3 的 TensorFlow 1.15 和 Python 2 的 TensorFlow 1.14 为标准。我致力于通过讨论系统中的所有组件和接口向你展示该系统架构的强大。另外，本书中的代码示例已经移植了一份 TensorFlow 2 版本，放入本书的 GitHub 代码仓库中。在可能的情况下，本书以一种适应 API 级别更改的方式映射概念。具体细节详见附录。

第二部分

核心学习算法

学习可以归结为通过观察过去的数据，并以有意义的方式预测未来。当数据是连续的时，比如股票的价格或呼叫中心的呼叫量，我们称之为**预测回归**。当我们预测的是特定的离散类别的事物时，比如一张图片中是狗、鸟，还是猫，我们称之为**预测分类**。分类不仅应用在图像，你可以对各种事物进行分类，例如文本，判断文本中是否有积极或消极的情绪。

有时候，你希望在数据中发现自然的模式然后以此进行分组，比如按照相关的属性（比如很大部分是咳嗽声音的音频文件）进行分组，或者是移动手机数据，暗示了手机主人正在做什么，例如走路、谈话，等等。

但是你并不能总是观察到事情的直接原因，这使得预测事情变得很有挑战性。以天气为例，即使以我们先进的建模能力，它也是50/50的赌运气来判断一天将是雨天、晴朗或者多云。原因是，雨天、晴朗、多云是可观测的输出，但它与真正的原因之间的因果关系是隐藏的、无法直接观测的。我们把基于隐含的因果关系做出预测的模型称为**马尔可夫模型**。这些模型具有极好的可解释性，可以作为你的机器学习基础的一部分，用于预测天气和其他各种事情，例如自动地从书上阅读大量文本并判断一个词是动词还是形容词。

这些技术是你要学习的核心技能。在本书的这一部分，你将学习如何通过使用TensorFlow及其他机器学习工具来部署和应用这些技术，并学习如何评估它们的表现。

第 **3** 章

线性回归及其他

本章内容

- 对数据做线性拟合
- 对数据做任意曲线拟合
- 测试回归算法的性能
- 在现实世界的数据上应用回归算法

还记得高中时候的科学课程吗？那可能是很久以前的事情了，或者谁知道呢——也许你正在读高中，并早早开启了机器学习之旅。不管你选的课程是生物、化学还是物理，一个常见的分析数据的技术是绘图表示一个变量如何影响另一个变量。

想象一下，绘图分析降雨频率和农业生产之间的相关性。你可能会观察到，降雨的增加将导致农业生产率的提高。通过对这些数据样本的线性拟合，你可以对不同降雨情况下的农业生产率做出预测：降雨量少，降雨量多，等等。如果你从一些数据样本中发现了隐藏的函数，学习到的这个函数就可以使你能够对未见过的数据进行预测。

回归算法研究如何最好地从数据拟合一条曲线，它是一种最强大的、被深入研究的监督学习算法。在回归算法中，我们试图通过寻找可能产生这些数据的曲线来理解数据。在这个过程中，我们寻求一个解释：为什么给定的数据是这样分布的。最佳拟合曲线给我们一个模型，用来解释数据集可能是怎样产生的。

本章向你展示如何用回归来表达现实世界的问题。你将看到，TensorFlow 是正确的工具，它提供了一些强大的预测工具。

3.1 形式化表示

当你有一把锤子时，每个问题看起来都像钉子。本章展示了第一个主要的机器学习工具——回归，并使用精确的数学符号正式定义它。先学习回归是一个好主意，因为你即将学习的技术会用于解决在未来章节中的其他类型的问题。到本章结束时，回归将成为你机器学习工具盒中的一把"锤子"。

假设你有人们在啤酒上花了多少钱的数据。爱丽丝花了 4 美元买了 2 瓶，鲍勃花了 6 美元买了 3 瓶，克莱尔花了 8 美元买了 4 瓶。你想找到一个方程，来描述瓶数是如何影响总价格的。例如，线性方程 $y = 2x$ 描述了特定数量瓶啤酒的价格，你可以得到每瓶啤酒是多少钱。

当一条线看起来很好地拟合了样本数据时，你可能会说你的线性模型表现良好。但是你可能尝试了很多个斜率值，而不是直接选择 2。选择的斜率值称为**参数**，包含参数的方程称为**模型**。用机器学习的术语来讲，最佳拟合曲线方程来自模型对参数的学习。

举另一个例子，方程 $y = 3x$ 也是一条直线，只是斜率更陡了点。你可以用任意实数替换方程系数（我们称之为 w），方程依然是一条直线：$y = wx$。图 3.1 展示了参数 w 的变化对模型的影响。用这种方式产生的所有方程的集合记为 $M = \{y = wx \mid w \in \mathbb{R}\}$，读作 "$y = wx$ 的所有方程，w 为实数"。

M 是所有可能的模型的集合。为 w 选择一个值将生成一个候选模型 $M(w)$：$y = wx$。你在 TensorFlow 中编写的回归算法将不断迭代，为模型找出更好的 w 值并最终收敛。最优参数我们称之为 w^*（读作 w 星），是方程的最佳拟合 $M(w^*)$：$y = w^*x$。最佳拟合是指模型的预测值与实际值（通常称为 ground truth）的误差最小。我们将在本章详细讨论这个问题。

一般来说，回归算法试图设计一个函数，我们称之为 f，它将输入映射到输出。函数的定义域是一个实数向量空间 $\mathbb{R}^d$，其值域是实数集合 $\mathbb{R}$。

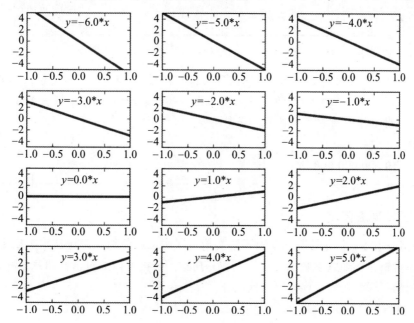

图 3.1　不同的参数 w 产生不同的线性方程。所有这些线性方程构成线性模型空间 M

注意 *回归也可以有多个输出，而不是只有一个实数。在这种情况下，我们称之为* **多元回归**。

函数的输入可以是连续的也可以是离散的，但是输出必须是连续的，如图 3.2 所示。

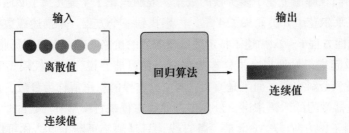

图 3.2　回归算法是用来产生连续输出的。输入可以是离散的或连续的。这个区别很重要，因为用分类算法处理离散值输出更好，分类算法将在第 5 章和第 6 章讨论

注意 *回归预测连续输出，但有时连续值有点过头了。有时，我们想要预测一个离散输出，比如仅 0 或 1 而没有介于两者之间的值。这时分类是一种更适合于此类任务的技术，将在第 5 章中讨论。*

我们想要找到一个函数 f，它能与给定的数据样本很好地吻合，本质上数据样本是输入 / 输出对。不幸的是，有无穷数量的这样的函数，所以我们不可能逐一尝试它们。有太多的可选择项通常不是一个好主意。我们有必要缩小要面对的函数的范围。例如，如果我们只选择用直线来拟合一组数据，搜索就会变容易很多。

练习 3.1
将 10 个整数映射到 10 个整数，有多少可能的函数？设 $f(x)$ 是一个输入为 0 到 9 的数字并产生输出为 0 到 9 的函数，一个例子是直接令输出等于输入——例如，$f(0) = 0$，$f(1) = 1$，以此类推。有多少个这样的函数存在？
答案
$10^{10} = 10\ 000\ 000\ 000$

如何知道回归算法有效

假设你试图把一个房屋市场预测算法卖给一家房地产公司。该算法根据给定房产的属性预测房屋价格，例如卧室数量和房屋面积。房地产公司可以通过这些信息轻松地赚大钱，但是在他们购买算法之前，你需要向他们证明算法有效。

为了衡量学习算法的效果，你需要理解两个重要的概念：

❏ **方差** 代表预测对所使用的训练数据的敏感程度。理想情况下，如何选择训练集应该

影响不大，这意味着需要较低的方差。

❑ **偏差**代表算法对训练数据所做假设的程度。做了太多假设的模型会无法泛化，所以你也需要较低的偏差。

如果模型过于灵活，它可能不小心记住了训练数据，而不是从中发现有用的模式。你可以想象一条曲线穿过了每一个数据点，没有产生任何错误。如果出现这种情况，我们说学习算法在数据上**过拟合**。在这种情况下，最佳拟合曲线与训练数据很一致，但是可能在测试数据上表现很差（见图 3.3）。

另外，一个不那么灵活的模型可能在未见过的测试数据上泛化较好，但是在训练数据上得分相对较低。这种情况被称作"欠拟合"。过于灵活的模型有较高的方差和较低的偏差，而过于固化的模型则有较低的方差和较高的偏差。理想情况下，你希望得到一个既有低方差又有低偏差的模型。这样，模型既可以泛化未见过的数据，又可以捕获数据的规律。图 3.4 展示了在二维数据上的欠拟合和过拟合。

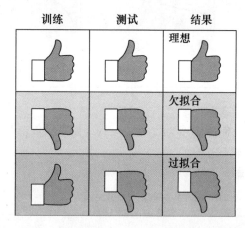

图 3.3　理想情况下，最佳拟合曲线对训练数据和测试数据都拟合良好。如果我们发现它在训练数据和测试数据上表现都不佳，我们的模型有可能**欠拟合**。另一方面，如果它在训练数据上表现良好，而在测试数据上表现不佳，我们认为模型发生了过拟合

迁移学习和过拟合

如今，过拟合的一大挑战来自迁移学习的过程。迁移学习是将模型在一个领域学习到的知识应用到另一个领域。令人惊讶的是，这个过程在计算机视觉、语音识别，以及其他领域非常有效。但是很多迁移学习模型会遇到过拟合的问题。例如，考虑著名的 MNIST（Modified National Institute of Standards and Technology）数据集和从 1 到 10 的黑白数字识别问题，从 MNIST 数据集学习到的模型可以应用到其他非黑白数字（如街道标识）的识别，但是必须要微调一下，因为即使最好的 MNIST 模型通常也会出现一些过拟合。

具体地说，**方差**衡量的是模型表现的波动程度，而**偏差**衡量的是模型的表现与 ground truth 的偏离程度，这在本章前面已经讨论过。你希望你的模型获得准确（低偏差）和可推广使用（低方差）的结果。

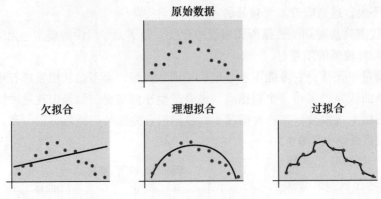

图 3.4　欠拟合和过拟合的例子

练习 3.2

假设你的模型为 $M(w) : y = wx$。如果权重参数 w 必须是 0 到 9（包含）的整数，有多少种可能的函数？

答案

只有 10 个：$\{y = 0, y = x, y = 2x, \ldots, y = 9x\}$

简而言之，在训练数据上衡量模型的表现并不能很好地反映模型的泛化能力。相反，你应该在一批单独的测试数据上评估你的模型。你可能会发现你的模型在训练数据上表现良好，但是在测试数据上很糟糕，这种情况下，你的模型可能在训练数据上过拟合。如果测试误差与训练误差大致相同，并且误差的情况相似，那么你的模型拟合得不错，或者（如果误差很高）发生了欠拟合。

这就是为什么在衡量机器学习成功与否时，需要将数据集分成两组：训练数据集和测试数据集。利用训练数据集学习模型，并用测试数据集评估模型性能。（3.2 节将介绍如何评估性能。）目标是在你能够产生的众多可能的权重参数中，选择最好地拟合了数据的那个。通过定义一个代价函数来测量拟合的效果，代价函数将在 3.2 节中详细讨论。代价函数还可能驱动你将测试数据进一步拆分，分为调整代价的参数和评估数据集（真正未见过的数据）。我们将在后面的小节中进行更多的解释。

3.2　线性回归

让我们从创建一些模拟数据开始进入线性回归的核心部分。创建一个名为 regression.py 的 Python 文件，按照清单 3.1 初始化数据。代码将产生类似图 3.5 的输出。

清单 3.1　可视化原始输入

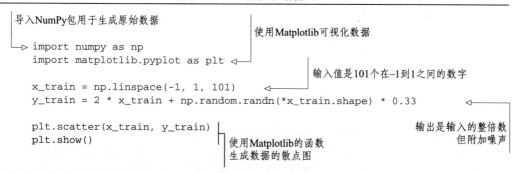

导入NumPy包用于生成原始数据

使用Matplotlib可视化数据

```
import numpy as np
import matplotlib.pyplot as plt

x_train = np.linspace(-1, 1, 101)
y_train = 2 * x_train + np.random.randn(*x_train.shape) * 0.33

plt.scatter(x_train, y_train)
plt.show()
```

输入值是101个在-1到1之间的数字

输出是输入的整倍数但附加噪声

使用Matplotlib的函数生成数据的散点图

现在你有了一些可用的数据点，你可以尝试对它们拟合一条直线。至少，你需要为 TensorFlow 提供每个候选参数的得分。确定得分的通常被称为**代价函数**。得分越高说明模型的参数越差。如果最佳拟合曲线是 $y = 2x$，选择 2.01 为参数的代价较低，而选择 -1 为参数的代价则较高。

当转化为最小化代价函数的问题之后，如图 3.6 所示，TensorFlow 负责背后的工作，尝试以一种有效的方式更新参数，并最终达到可能的最佳值。将你所有的数据遍历完一次以更新参数，称为一个 epoch。

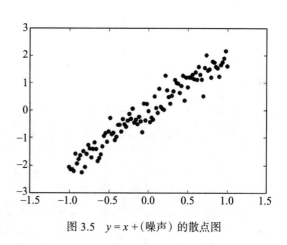

图 3.5　$y = x +$（噪声）的散点图

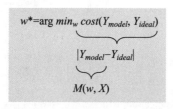

图 3.6　寻找参数 w 使**代价**最优。代价定义为理想值与模型实际输出之间的误差的范数。最后，实际输出是根据模型的函数计算的

在本例中，你用误差的总和来定义代价。预测 x 的误差通常是计算实际值 $f(x)$ 和预测值 $M(w, x)$ 的平方差。因此，代价为实际值与预测值的平方差之和，如图 3.7 所示。

将前面的代码更新为清单 3.2 的样子。此代码定义了代价函数并要求 TensorFlow 运行优化器来找到模型参数的最优解。

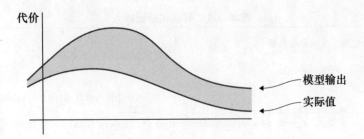

图 3.7   代价是模型输出和实际值之间差的范数

清单 3.2   求解线性回归

```
import tensorflow as tf                          导入TensorFlow以使用机器学习算法，你会用到NumPy包
import numpy as np                               初始化数据，以及Matplotlib可视化数据
import matplotlib.pyplot as plt

learning_rate = 0.01            为学习算法定义一些常量，这些常量称为超参数
training_epochs = 100
                                                                         创建模拟数据，
                                                                         你将使用它来寻
x_train = np.linspace(-1, 1, 101)                                        找最佳拟合曲线
y_train = 2 * x_train + np.random.randn(*x_train.shape) * 0.33

X = tf.placeholder(tf.float32)    设置输入和输出的占位符，它将由x_train
Y = tf.placeholder(tf.float32)    和y_train注入数据

def model(X, w):               定义模型为y=w*X
    return tf.multiply(X, w)

w = tf.Variable(0.0, name="weights")    创建权重变量

y_model = model(X, w)          定义代价函数                          定义学习算法中每个
cost = tf.square(Y-y_model)                                         迭代调用的操作

train_op = tf.train.GradientDescentOptimizer(learning_rate).minimize(cost)

sess = tf.Session()                       创建会话并初始化       按指定epoch次数遍历
init = tf.global_variables_initializer()  所有变量               数据集进行训练
sess.run(init)

for epoch in range(training_epochs):
  for (x, y) in zip(x_train, y_train):
      sess.run(train_op, feed_dict={X: x, Y: y})          遍历数据集中的
                                                          每条数据
w_val = sess.run(w)          获取最终的参数值
                                                     更新模型参数尝试
                                 关闭会话             最小化代价函数
sess.close()
plt.scatter(x_train, y_train)         绘制原始数据图
y_learned = x_train*w_val
plt.plot(x_train, y_learned, 'r')     绘制最佳拟合曲线
plt.show()
```

如图 3.8 所示，你刚刚使用 TensorFlow 完成了线性回归！另外，回归算法中的其他主

题与清单 3.2 的代码差别不大，这很方便。整个流程涉及通过 TensorFlow 更新模型参数，如图 3.9 所示。

现在你已经学习了如何在 TensorFlow 中实现一个简单的回归模型。如前所述，要进一步改进模型只需要适当地调整偏差和方差之间的权衡。到目前为止，你的模型有较大的偏差，它只表达了一组有限的函数，如线性函数。在 3.3 节中，你会尝试一个更复杂的模型。你会发现只有 TensorFlow 图需要重新连接，其他所有事情（如预处理、训练和评估）都保持不变。

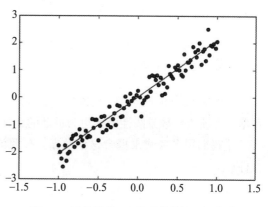

图 3.8　运行清单 3.2 得到的线性回归估计

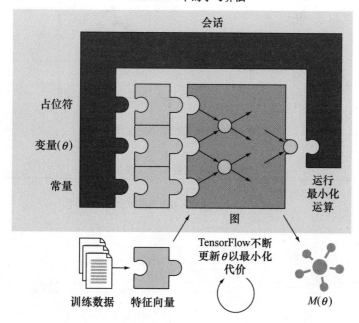

图 3.9　学习算法更新模型参数来最小化给定的代价函数

3.3　多项式模型

线性模型可能是直觉的第一猜测，但在现实世界中问题的相关性很少会如此简单。例如，导弹穿过太空的轨迹相对于地球上的观察者是弯曲的。Wi-Fi 的信号强度是平方反比衰减的。花朵在其一生中的高度变化当然也不是线性的。

当数据呈现为平滑的曲线而非直线时，你需要将你的回归模型从线性更改为其他形式。其中一种方式是使用多项式模型。**多项式模型**是线性模型的泛化。n 次多项式表示如下：

$$f(x) = w_n x^n + \dots + w_1 x + w_0$$

注意　当 $n = 1$ 时，多项式简化为一个简单的线性方程 $f(x) = w_1 x + w_0$。

考虑图 3.10 的散点图，x 轴显示输入，y 轴显示输出。可以看出，直线不足以描述所有数据。多项式函数是线性函数更为灵活的泛化。

让我们用多项式来拟合这种数据。按照清单 3.3 的内容创建一个名为 polynomial.py 的文件。

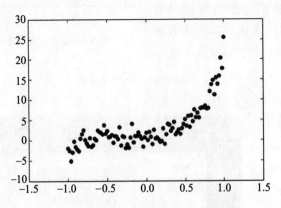

图 3.10　类似这样的数据不适合线性模型

清单 3.3　使用多项式模型

```
import tensorflow as tf
import numpy as np                              导入相关的库并初始化超参数
import matplotlib.pyplot as plt

learning_rate = 0.01
training_epochs = 40                            创建模拟原始输入数据

trX = np.linspace(-1, 1, 101)

num_coeffs = 6
trY_coeffs = [1, 2, 3, 4, 5, 6]                 根据5次多项式创建原始输出数据
trY = 0
for i in range(num_coeffs):
    trY += trY_coeffs[i] * np.power(trX, i)

trY += np.random.randn(*trX.shape) * 1.5   ◁—— 添加噪声

plt.scatter(trX, trY)                           显示原始数据的散点图
plt.show()
```

```
X = tf.placeholder(tf.float32)              定义输入和输出的占位符
Y = tf.placeholder(tf.float32)

def model(X, w):
    terms = []
    for i in range(num_coeffs):             定义你的多项式模型
        term = tf.multiply(w[i], tf.pow(X, i))
        terms.append(term)
    return tf.add_n(terms)

w = tf.Variable([0.] * num_coeffs, name="parameters")    初始化参数向量为0
y_model = model(X, w)
                                            像前面一样定义代价函数
cost = (tf.pow(Y-y_model, 2))
train_op = tf.train.GradientDescentOptimizer(learning_rate).minimize(cost)
sess = tf.Session()
init = tf.global_variables_initializer()    像前面一样创建会话并运行学习算法
sess.run(init)

Jr epoch in range(training_epochs):
    for (x, y) in zip(trX, trY):
        sess.run(train_op, feed_dict={X: x, Y: y})
                                            运行完成后关闭会话
w_val = sess.run(w)
print(w_val)

sess.close()

plt.scatter(trX, trY)
trY2 = 0
for i in range(num_coeffs):
    trY2 += w_val[i] * np.power(trX, i)     绘制结果

plt.plot(trX, trY2, 'r')
plt.show()
```

代码的最终输出是一个对数据拟合出的 5 次多项式，如图 3.11 所示。

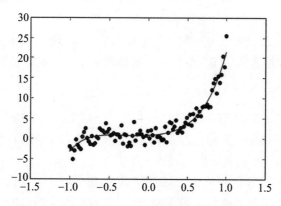

图 3.11　最佳拟合曲线与非线性分布数据平滑吻合

3.4   正则化

不要被 3.3 节中多项式的美妙的灵活性所迷惑。高阶多项式不过是低阶多项式的扩展，但这并不意味着你应该总是倾向于更灵活的模型。

在现实世界中，数据很少按照平滑的多项式曲线来分布。假设你在绘制一段时间内的房价。数据可能会包含一些波动。回归的目标是通过简单的数学方程表达复杂性。如果你的模型太灵活，模型对输入的解释会过于复杂。

以图 3.12 中所示的数据为例。你试图通过一个 8 次多项式来拟合看起来符合 $y = x^2$ 分布的数据。这个过程不幸失败了，因为算法要努力更新多项式的 9 个系数。

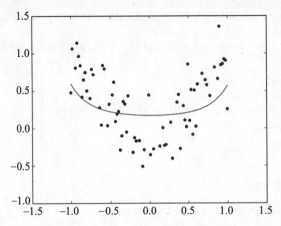

图 3.12   当模型过于复杂时，最佳拟合曲线看起来笨拙复杂或者不直观。我们需要正则化提高拟合效果，以使得模型在测试数据上表现良好

正则化 是一种以你希望的形式构建参数的技术，通常用于解决过拟合问题（见图 3.13）。在这种情况下，你期望学习到的系数除了第二项之外全都是 0，因此得到曲线 $y = x^2$。回归算法可能会产生得分很高但看起来复杂奇怪的曲线。

为了影响学习算法以产生以一个较小的系数向量（我们称之为 w），你需要在代价中增加惩罚项。为了控制你加入的惩罚项的权重，将惩罚乘以一个恒定非负数 λ，如下所示：

$$Cost(X, Y) = Loss(X, Y) + \lambda$$

如果 λ 设置为 0，正则化就不起作用。设置的 λ 值越大，具有较大范数的参数受到的惩罚就越重。范数的选择视情况而定，但参数通常按 L1 或 L2 范数测量。简单地说，正则化降低了一些容易紊乱的模型的灵活性。

为了找出最合适的正则化参数 λ，你需要将数据集分成不交叉的两部分。约 70% 的随机选择的输入 / 输出对用于训练集，剩下的 30% 用于测试。使用清单 3.4 中提供的函数分割数据集。

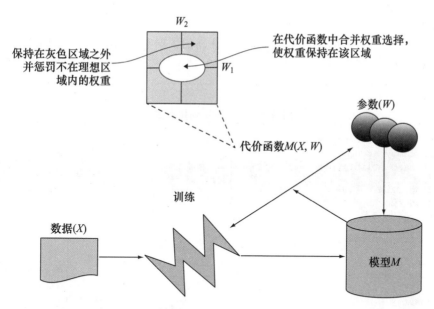

图 3.13 正则化的概览。建模的过程以数据 X 为输入，尝试以最小化模型预测与 ground truth 的差距或者代价函数来学习模型参数 W。简单起见，用顶部灰色象限展示的 2 维模型参数空间表示权重选择。正则化保证了训练算法不会在不理想（灰色）的区域内选择权重，而是在白色圈的理想区域内选择

清单 3.4　分割数据为训练集和测试集

传入输入和输出数据集以及希望的分割比例

```
def split_dataset(x_dataset, y_dataset, ratio):
    arr = np.arange(x_dataset.size)
    np.random.shuffle(arr)                                洗牌数字列表
    num_train = int(ratio * x_dataset.size)
    x_train = x_dataset[arr[0:num_train]]
    x_test = x_dataset[arr[num_train:x_dataset.size]]     使用洗牌的列表分割
                                                          输出数据集
    y_train = y_dataset[arr[0:num_train]]
    y_test = y_dataset[arr[num_train:x_dataset.size]]     同样地，分割输出数据集
    return x_train, x_test, y_train, y_test
                                                          返回分割后的输入输出数据
```

计算训练样本的数量

练习 3.3

一个名为 SK-learn 的 Python 库支持很多有用的数据预处理算法。可以调用 SK-learn 的函数实现同清单 3.4 一样的功能。你能从此库的文档中找到这个函数吗？（提示：参见 http://mng.bz/7Grm。）

答案

函数被称为 `sklearn.model_selection.train_test_split`。

通过这个方便的工具，可以测试哪个值在你的数据上表现最好。按照清单 3.5 新建一个 Python 文件。

清单 3.5　估算正则化参数

```python
import tensorflow as tf
import numpy as np
import matplotlib.pyplot as plt                    # 导入相关库并
                                                   # 初始化超参数
learning_rate = 0.001
training_epochs = 1000
reg_lambda = 0.

x_dataset = np.linspace(-1, 1, 100)

num_coeffs = 9                                     # 创建模拟数据
y_dataset_params = [0.] * num_coeffs               # 集, y=x²
y_dataset_params[2] = 1
y_dataset = 0
for i in range(num_coeffs):
    y_dataset += y_dataset_params[i] * np.power(x_dataset, i)
y_dataset += np.random.randn(*x_dataset.shape) * 0.3

(x_train, x_test, y_train, y_test) = split_dataset(x_dataset, y_dataset, 0.7)

X = tf.placeholder(tf.float32)
Y = tf.placeholder(tf.float32)
                                                   # 使用清单代码将数据集
def model(X, w):                                   # 分割为70%的训练集和
    terms = []                                     #        30%的测试集
    for i in range(num_coeffs):
        term = tf.multiply(w[i], tf.pow(X, i))     # 创建输入/输出占位符
        terms.append(term)
    return tf.add_n(terms)

w = tf.Variable([0.] * num_coeffs, name="parameters")
y_model = model(X, w)                              # 定义你的模型
cost = tf.div(tf.add(tf.reduce_sum(tf.square(Y-y_model)),
                     tf.multiply(reg_lambda, tf.reduce_sum(tf.square(w)))),
              2*x_train.size)
train_op = tf.train.GradientDescentOptimizer(learning_rate).minimize(cost)

sess = tf.Session()                                # 定义正则化的代价函数
init = tf.global_variables_initializer()  # 创建会话
sess.run(init)

for reg_lambda in np.linspace(0,1,100):
    for epoch in range(training_epochs):
        sess.run(train_op, feed_dict={X: x_train, Y: y_train})   # 尝试各种正则化
    final_cost = sess.run(cost, feed_dict={X: x_test, Y:y_test}) # 参数
    print('reg lambda', reg_lambda)
    print('final cost', final_cost)

sess.close()        ←——— 关闭会话
```

如果你画出清单 3.5 中每个正则化参数对应的输出，你可以看到随着 λ 的增加曲线的变化。当 λ 为 0 时，算法倾向于使用高阶项来拟合数据。当你开始使用高 L2 范数惩罚参数时，代价降低了，这表明你在从过拟合中恢复过来，如图 3.14 所示。

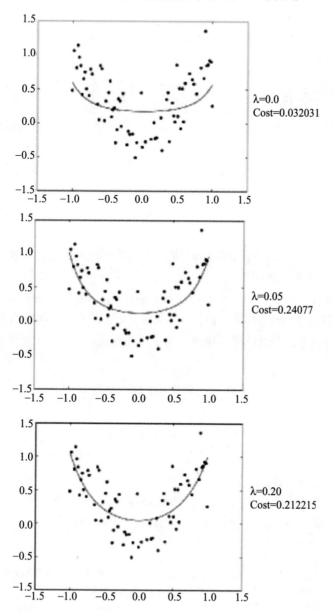

λ=0.0
Cost=0.032031

λ=0.05
Cost=0.24077

λ=0.20
Cost=0.212215

图 3.14　随着你在一定程度上增加正则化参数，代价降低。结果表明最初的模型过拟合了数据，而正则化帮助优化了结构

支持正则化的 TensorFlow 库

TensorFlow 是一个全面支持机器学习的库，尽管本节聚焦在如何自行实现正则化，TensorFlow 为实现 L2 正则化提供了自己的函数。你可以使用函数 `tf.nn.l2_loss(weights)` 在代价函数中对每个权重增加正则化损失，以得到同等的效果。

3.5 线性回归的应用

使用模拟数据运行线性回归就像买了一辆新车却从来不开。这种强劲的能力需要在现实世界中得到展示。幸运的是，线上有许多可用的数据集可以测试你新获得的回归知识：

- □ 马萨诸塞大学阿默斯特分校在 https://scholarworks.umass.edu/data 提供各种类型的小型数据集。
- □ Kaggle 在 https://www.kaggle.com/datasets 上为机器学习比赛提供各种类型的大规模数据集。
- □ Data.gov（https://catalog.data.gov）是一个由美国政府发起的开放数据项目，包含了许多有趣和实际的数据集。

大量的数据包含日期。例如。你可以通过 https://www.dropbox.com/s/naw774olqkve7sc/311.csv?dl = 0 得到加利福尼亚州洛杉矶市拨打 311 非紧急电话的所有呼叫数据集。一个很好的追踪特征是每天、每周或者每月的呼叫频率。为了方便起见，清单 3.6 允许你获取数据的周频率计数。

清单 3.6　解析原始 CSV 数据集

```
import csv          ←—— 为了便于读取CSV文件
import time         ←—— 为了使用有用的日期函数

def read(filename, date_idx, date_parse, year, bucket=7):

    days_in_year = 365

    freq = {}       ←—— 创建初始频率图
    for period in range(0, int(days_in_year / bucket)):
        freq[period] = 0

    with open(filename, 'rb') as csvfile:   ←—— 读取数据并汇总每个周期的计数
        csvreader = csv.reader(csvfile)
        csvreader.next()
        for row in csvreader:
            if row[date_idx] == '':
                continue
            t = time.strptime(row[date_idx], date_parse)
            if t.tm_year == year and t.tm_yday < (days_in_year-1):
                freq[int(t.tm_yday / bucket)] += 1
```

```
    return freq
freq = read('311.csv', 0, '%m/%d/%Y', 2014
```
← 得到2014年每周拨打311电话
　的频率计数

　　这段代码为你提供了线性回归的训练数据。变量 freg 是一个字典类型，记录一个周期（例如每周）和对应的计数。一年有 52 周，所以当 bucket = 7 时你将得到 52 条数据。

　　现在有了数据样本，你就有了必要的输入输出数据来运用本章学习的知识拟合一个回归模型了。另外，你可以使用学习的模型来插值或外推频率计数。

小结

❏ 回归是一种用于预测连续输出值的监督机器学习算法。

❏ 通过定义一组模型，你可以极大地减少可能的函数搜索空间。此外，TensorFlow 利用函数的可微性运行其高效的梯度下降优化器来学习参数。

❏ 你可以方便地将线性回归修改为多项式回归，以及其他更复杂的曲线。

❏ 为了避免过拟合，通过惩罚较大值参数来正则化代价函数。

❏ 如果函数的输出不是连续的，使用分类算法（参见第 4 章）。

❏ TensorFlow 能够使你有效且高效地解决机器学习的线性回归问题，从而对一些重要事项作出预测，如农业生产、心脏状况和房屋价格。

第4章

使用回归进行呼叫量预测

本章内容

- 在现实世界的数据上应用线性回归
- 清洗数据并拟合之前未见过的曲线和模型
- 使用高斯分布并以此预测数据
- 评估你的线性回归的预测效果

有了回归预测和 TensorFlow 的力量为武装，你可以开始研究涉及机器学习过程中多个步骤的现实世界问题，例如数据清洗、在未见过的数据上拟合模型、定义不像线性或多项式曲线那么容易发现的模型。在第 3 章，我向你展示了当控制机器学习的所有步骤时［从使用 NumPy 产生吻合于线性方程（直线）或多项式方程（曲线）的模拟数据开始］，如何使用线性回归。但是当现实世界中的数据如图 4.1 所示并没有符合你之前见过的模式时，情况如何？仔细看看图 4.1，线性回归在这里会是一个很好的预测模型吗？

图 4.2 使用线性回归模型为呼叫数据制作了两条最佳拟合曲线，但是它们看起来差别很大。你能想象在图 4.2 的左右两图中中间段和两端位置上预测值和实际值之间的误差吗？多项式模型也会同样糟糕，因为数据不能整洁地拟合一条曲线

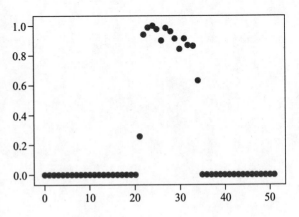

图 4.1　一组数据，x 轴对应一年的每周（0～51），y 轴对应归一化的呼叫量（特定周的数据次数 / 所有周的最大呼叫次数）

在对应于 x 轴的随机位置上发生 y 轴数值增减。自己画一个二阶或者三阶多项式确认一下，你能拟合这些数据吗？如果你不能，可能计算机程序也会有类似的困难。在这种情况下，你应该问自己以下问题：

- ❑ 回归能继续帮助我预测下一组数据吗？
- ❑ 除了直线和多项式曲线之外还有哪些回归模型？
- ❑ 现实生活中的数据常常不是很好地以（x，y）的形式（容易被绘制并且使用回归之类的方法建模）出现。那么我应该如何准备数据，使其适合特定的模型或者为混乱的数据找到适合的模型？

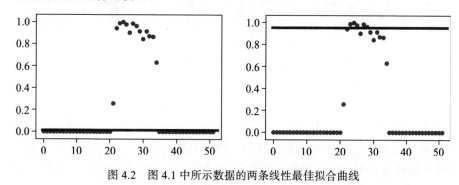

图 4.2　图 4.1 中所示数据的两条线性最佳拟合曲线

在第 3 章以及贯穿本书的其他内容，有时为了说明问题我会使用模拟数据，例如通过 NumPy 的 `np.random.normal` 函数的输出，但是要知道现实世界的数据很少是这样的。

注意　我知道有几位作者正在编写关于机器学习数据清洗的书。尽管复杂的细节超出了本书的范围，但我还是会介绍数据清洗的步骤。你将获得使用 TensorFlow 处理整个过程的经验技巧。

将回归应用于实际问题时出现的另一个问题是，如何通过计算偏差或者预测值和实际值之间的差距来评估模型的准确性。图 4.2 中由回归模型生成的线看起来不正确，你可以通过定量测量和估计模型预测与 ground truth 之间的误差作出更进一步的论断。TensorFlow 通过数据流图提供了便捷的方法，通过几行代码就可以计算误差。Matplotlib 也提供了类似的功能，允许你用几行代码就可以直观地检查和估算模型的误差。

在许多现实问题中线性回归都是很好的预测模型，所以我们要选一个。一般来说，具有时间性质的问题为训练历史数据提供了 x 轴的自然排序，并且为未来状态（例如未来 N 小时或几周）提供了一个很好的预测目标，可以在其上测试回归模型。

有很多基于时间的数据集用于机器学习，Kaggle（https://www.kaggle.com，一个广为人知的开放机器学习平台）上有许多用于比赛的开放数据集可以免费获取。Kaggle 提供数据集、文档、可共享的代码和一个执行机器学习的平台，它对基于 TensorFlow 文件和代码的支持是一流的。Kaggle 有大量的时间数据集可以尝试回归机器学习模型，例如房产价格挑战（http://mng.bz/6Ady）和纽约市（NYC）311 开放数据集（http://mng.bz/1gPX）。NYC 311 数据集很有意思，它是基于时间的，需要一些清洗，并且无法清晰地拟合到直线或者多项式回归模型。

纽约市开放数据平台

纽约市有一个开放数据倡议，提供简单的应用程序接口（API）来下载用于机器学习和其他用途的数据。你可以通过 http://opendata.cityofnewyork.us 访问开放数据门户。

NYC 311 数据集收集了居民向该市客户呼叫中心呼叫关于市政和其他政府非紧急服务的信息，例如废物处理、法规执行和建筑维护等。不难想象，这样的客户呼叫中心每天会接到许多电话，因为它帮助人们及时地获得需要的信息。但是呼叫中心一周会接到多少电话呢？一年又是多少呢？具体到某几个月或周，呼叫中心接到的电话数是更多还是更少？

想象一下，你负责这类业务的人员配置，特别是在节假日期间，你应该用更多的还是更少的客户服务代理来应对电话线路？呼叫的峰值与季节有关吗？你应该考虑额外的季节性员工还是全职员工就够了？回归和 TensorFlow 会帮助你找到这些问题的答案。

4.1 什么是 311

311 是美国和加拿大的一项全国性服务，旨在提供非紧急市政服务有关的信息。通过该项服务，你可以上报垃圾清理者没有来收走你的垃圾，也可以了解如何清理你住所前面公共区域内的树叶和灌木。311 的呼叫量各不相同，在大城市和自治州，每月的呼叫量从几千到数万不等。

这些呼叫中心和相关信息服务必须处理的一个关键问题是，在一个特定的月份里会有多少呼叫量。这些信息可以帮助服务计划安排假期的人员配备，或者决定他们的资源和服务目录需要多少存储和计算。此外，它可以帮助 311 宣传和提供它在给定年份服务的人数信息，这将有助于继续提供关键的服务。

第一个 311 服务

第一个 311 服务于 1996 年在马里兰州的巴尔的摩开放。这项服务的两个主要目标：一是加强政府与其市民之间的联系；二是建立客户关系管理（CRM）能力，以确保为公众提供更好的服务。今天的 CRM 功能适用于我们将在本章中探讨的数据驱动的预测类型。

能够预测一个给定月份的呼叫量对于任何 311 服务来说都是极其有用的功能。你可以

观察一年的呼叫和其关联的日期及时间，按周滚动计算呼叫量并构造一组数据，x 值是第几周（1 ～ 52 或者 365 除以一周的 7 天），y 值是特定周的呼叫次数，以此进行预测。然后你可以：

❑ 在 y 轴上绘制呼叫量并在 x 轴上绘制周编号（1 ～ 52）。

❑ 检查数据的趋势，看它是否像一条直线、曲线，或其他形式。

❑ 选择并训练一个最佳拟合了数据（周和对应的呼叫量）的回归模型。

❑ 通过计算和可视化模型的误差来评估模型性能。

❑ 使用新模型预测给定的周、季和年的 311 呼叫量。

看上去线性回归和 TensorFlow 可以帮助完成这个预测任务，这也正是你在本章中要做的。

4.2　为回归清洗数据

首先，从 http://mng.bz/P16w 下载一组数据——一组来自 2014 年夏天纽约市 311 服务的电话呼叫。Kaggle 有其他 311 数据集，但我们使用这个数据集是因为它的有趣的属性。呼叫数据是 CSV 格式的文件，有以下有趣的属性：

❑ 唯一的呼叫标识符，显示呼叫创建的日期。

❑ 上报的事件或信息请求的位置和邮政编码。

❑ 呼叫中心座席为解决呼叫的问题而采取的特定操作。

❑ 电话是从哪个区（比如布朗克斯或皇后区）打来的。

❑ 通话状态。

数据集包含了很多对机器学习有用的信息，但在本练习中，你只需要关注呼叫创建日期。创建一个名为 311.py 的文件，然后编写函数读取 CSV 文件的每行，检查周数并计算每周的呼叫量之和。

你的代码需要处理数据文件中的一些混乱。首先，你需要将单个呼叫（有时一天会有几百个）聚合为七天或周的容器中，如清单 4.1 中的变量 bucket。变量 freq（frequency 的缩写）保存每周和每年的呼叫量。如果 311 CSV 文件包含超过一年的数据（就像其他你可以在 kaggle 上找到的文件），运行你的代码使其可以按年选择数据训练。清单 4.1 的运行结果是一个 freq 的字典，它的值是呼叫数量，索引是表示年或周数的 period 变量。t.tm_year 变量保存了解析出来的年份信息，它通过由 Python 的 time 库的 strptime 函数根据传入的呼叫创建时间（在 CSV 文件中通过 date_idx 索引，用一个整数定义的日期字段所在的列号）和 date_parse 格式字符串解析得到。date_parse 格式字符串是一个模式，它定义了日期作为文本在 CSV 文件中的显示方式，这样 Python 就知道如何将其转换为时间的表示方式。

清单 4.1　从 311 CSV 文件中读取并按周聚合呼叫数据

```python
def read(filename, date_idx, date_parse, year=None, bucket=7):
    days_in_year = 365

    freq = {}
    if year != None:
        for period in range(0, int(days_in_year / bucket)):
            freq[period] = 0

    with open(filename, 'r') as csvfile:
        csvreader = csv.reader(csvfile)
        next(csvreader)
        for row in csvreader:
            if row[date_idx] == '':
                continue

            t = time.strptime(row[date_idx], date_parse)
            if year == None:
                if not t.tm_year in freq:
                    freq[t.tm_year] = {}
                    for period in range(0, int(days_in_year / bucket)):
                        freq[t.tm_year][period] = 0

                if t.tm_yday < (days_in_year - 1):
                    freq[t.tm_year][int(t.tm_yday / bucket)] += 1
            else:
                if t.tm_year == year and t.tm_yday < (days_in_year-1):
                    freq[int(t.tm_yday / bucket)] += 1

    return freq
```

一周7天或一年365天就是52周

如果指定了年份，只统计该年的呼叫

如果在呼叫数据中年份列没有显示，则忽略此行数据

如果CSV文件中包含了超过一年的数据，将（年，周）单元数值初始化为0

对于每一行，在按（年，周）或（周）索引的单元上计数加1（从0开始）

　　清单 4.1 中的大部分代码处理现实世界的数据，这些数据不是由 NumPy 调用产生的符合正态分布的随机（x, y）数据点——这是本书的一个主题。机器学习希望有干净的数据来施展黑魔法，但是现实世界的数据需要清洗。从 NYC 开放数据门户（https://data.cityofnewyork.us/browse?q = 311）中随机取一组 311 CSV 文件，你会发现差别很大。有些文件包含多个年份的呼叫，所以你的代码必须处理这种情况；有些文件有缺失的行，或者缺少特定单元格的年份和日期值，你的代码仍然要能处理。编写有弹性的数据清洗代码是机器学习的基本原则之一，所以编写这段代码将是本书中很多例子的第一步。

　　调用清单 4.1 中定义的 read 函数，你会得到一个以（year, week number）为索引或简单按（week number）为索引的 Python 字典，取决于你是否将年作为最后一个参数传入。在 311.py 代码中调用该函数。该函数以列索引（1 代表第二列，索引从 0 开始）和一个字符串作为输入，类似这样：

```python
freq = read('311.csv', 1, '%m/%d/%Y %H:%M:%S %p', 2014)
```

　　它告诉函数日期字段的序号是 1（或从 0 开始索引的第二列），你的日期格式化为字符串，类似'month/day/yearhour:minutes:seconds AM/PM'或'12/10/2014 00:00:30 AM'（对

应 2014 年 12 月 10 日午夜零时 30 秒），并且你希望只从 CSV 文件中取 2014 年的日期。

如果你使用 Jupyter，你可以通过查看 freq 字典来打印频率的值。结果是一个 52 周（索引从 0 开始，所以是 0～51）的柱状图，包含每周的调用次数。从输出可以看出，数据集中在第 22 周到第 35 周，即 2014 年 5 月 26 日到 8 月 25 日：

```
freq
{0: 0,
 1: 0,
 2: 0,
 3: 0,
 4: 0,
 5: 0,
 6: 0,
 7: 0,
 8: 0,
 9: 0,
 10: 0,
 11: 0,
 12: 0,
 13: 0,
 14: 0,
 15: 0,
 16: 0,
 17: 0,
 18: 0,
 19: 0,
 20: 0,
 21: 10889,
 22: 40240,
 23: 42125,
 24: 42673,
 25: 41721,
 26: 38446,
 27: 41915,
 28: 41008,
 29: 39011,
 30: 36069,
 31: 38821,
 32: 37050,
 33: 36967,
 34: 26834,
 35: 0,
 36: 0,
 37: 0,
 38: 0,
 39: 0,
 40: 0,
 41: 0,
 42: 0,
 43: 0,
 44: 0,
 45: 0,
 46: 0,
```

```
47: 0,
48: 0,
49: 0,
50: 0,
51: 0}
```

定义计算机代码、数据和软件标准的国际标准化组织（ISO）发布了用字符串表示日期和时间的常用 ISO-8601 标准。Python 的 `time` 和 `iso8601` 库实现了该标准。该标准包括与从周一开始的日期和时间相关联的周号规范（ https://www.epochconverter.com/weeknumbers），这似乎是 311 数据的有用表示。虽然有其他周号的表示方式，但是它们大多数都有不同的开始日，比如周日。

通过将基于时间的日期转化为 x 轴上的周数，你得到一个代表时间的整数值，可以很容易地排序和可视化。这个值与回归函数要预测的呼叫频率 y 轴值是对应的。

将周数转化为日期

你处理的很多基于时间的数据有时用周数表示会更好。例如，处理 1 ～ 52 的整数比处理字符串 `Wednesday, September 5, 2014` 好得多。EpochConverter 网站可以很容易地告诉你一年和日期的星期数。要想查看清单 4.1 中 2014 年输出的日期映射到周数的列表，请访问 https://www.epochconverter.com/weeks/2014。

你可以使用 Python 简单的 `datetime` 库得到相同的信息：

```
import datetime
datetime.date(2010, 6, 16).isocalendar()[1]
```

这段代码输出 24，因为 2010 年 6 月 16 日是那年的第 24 周。

打开一个 Jupyter Notebook，复制清单 4.2 代码，以便从你的 `freq` 字典（从 `read` 函数返回）中可视化每周呼叫频率的直方图，并生成图 4.3，这是本章开始时讨论的数据点的分布。通过检查数据点的分布，你可以决定一个在 TensorFlow 中的回归模型预测模型。清单 4.2 设置输入的训练值为 1 ～ 52 周，预测的输出值为该周的呼叫数。变量 `X_train` 保存 `freq` 字典的索引数组（整数 0 ～ 51，对应 52 周），变量 `Y_train` 保存每周的 311 呼叫量。`nY_train` 保存归一化的 `Y_train`（除以 `maxY`），范围是 0 到 1。我将在本章的后面解释为什么，简单说它简化了训练的过程。代码的最后一行使用 Matplotlib 创建数据（周数，呼叫量）点的散点图。

清单 4.2   可视化和设置输入数据

定义周数为输入的训练数据X，它是Python字典freq的key

定义特定周对应的呼叫量为
输入的训练数据Y

```
X_train = np.asarray(list(freq.keys()))
Y_train = np.asarray(list(freq.values()))
```

```
print("Num samples", str(len(X_train)))
maxY = np.max(Y_train)                        将呼叫量归一化为0~1之间, 以便于训练
nY_train = Y_train / np.max(Y_train)

plt.scatter(X_train, nY_train)       ←── 绘制要学习的数据
plt.show()
```

清单 4.2 的输出如图 4.3 所示。它与我们在第 3 章中尝试用模型拟合的直线或曲线差别很大。还记得我说过现实世界中的数据不总是那么美好吗? 直觉上, 数据告诉我们那年的前两个季度大部分时间没有电话; 高峰期从春季持续到夏季; 秋天和冬天没有电话。也许在夏天纽约很多人使用 311, 至少在 2014 年是这样。还有可能这些数据只是实际信息的一个子集, 但我们仍然看看能否做出一个好的模型。

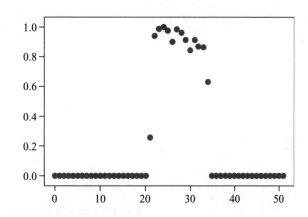

图 4.3　*y* 轴为呼叫计数, 对应 *x* 轴上一年的周 (0 ~ 51)。活动在 2014 年 5 月开始增加并在 2014 年 8 月底减少

如果你看到过某项测验的分数的分布, 一个常见的描述 0 ~ 100 分数排序的模型是曲线或钟形曲线。事实上, 在本章的剩余部分我们将教 TensorFlow 预测器来模拟这种类型的模型。

4.3　什么是钟形曲线? 预测高斯分布

钟形曲线或正态曲线是描述符合正态分布的数据的常用术语。数据最大的 *Y* 值出现在中间或 *X* 的统计分布均值上, 数据较小的 *Y* 值出现在 *X* 值的头尾两部分。我们也称其为**高斯分布**, 以德国著名数学家卡尔·弗里德里希·高斯命名, 他提出了描述正态分布的高斯函数。

我们可以在 Python 中使用 NumPy 的 np.random.normal 方法从正态分布的数据中产生随机的采样点。下面的方程展示了高斯分布:

$$e^{\frac{-(x-\mu)^2}{2\sigma^2}}$$

方程包括参数 μ(mu) 和 σ(sig), 分别作为分布的均值和标准差。mu 和 sig 是模型的参数, 如你所见, TensorFlow 将为这些参数学习恰当的值, 作为模型训练的一部分。

验证一下使用这些参数来生成钟形曲线, 你可以将清单 4.3 中的代码输入到一个名为 gaussian.py 的文件中, 然后运行它生成绘图。清单 4.3 代码生成的可视化钟形曲线如图 4.4 所示。注意我选择的 mu 值在 –1 到 2 之间。你可以在图 4.4 中看到曲线的中心点, 以及 1

到 3 之间的标准差（sig），因此曲线的宽度也应该与这些值相对应。代码绘制了 120 个线性间隔的点，X 值在 –3 到 3 之间，Y 值在 0 到 1 之间。根据 mu 和 sig 的正态分布，输出如图 4.4 所示。

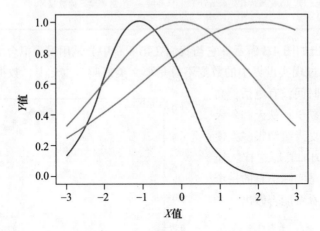

图 4.4　3 条钟形曲线均值在 –1 和 2 之间（中心点应该在这些点附近），标准差在 1 和 3 之间。曲线由 –3 和 3 之间线性分布的 120 个点构成

清单 4.3　生成若干高斯分布并可视化

根据mu和sig产生高斯分布
```
def gaussian(x, mu, sig):
    return np.exp(-np.power(x - mu, 2.) / (2 * np.power(sig, 2.)))
x_values = np.linspace(-3, 3, 120)         在–3到3之间取120个线性
for mu, sig in [(-1, 1), (0, 2), (2, 3)]:  间隔的样本
    plt.plot(x_values, gaussian(x_values, mu, sig))
plt.showl)
```

4.4　训练呼叫回归预测器

现在，你已经准备好使用 TensorFlow 对 NYC 311 数据拟合此模型。你可能通过观察清楚地发现，它们自然符合 NYC 311 数据，特别是如果 TensorFlow 可以找出将曲线的中心点放在春天和夏天附近的 mu 值，那时有相当大的呼叫量，以及一个接近最优标准差的 sig 值。

清单 4.4 创建 TensorFlow 训练的会话、相关的超参数、学习率和训练 epoch 数。我使用了一个相当大的学习率步长，这样 TensorFlow 就可以在收敛之前采用足够大的步伐来合适地扫描 mu 和 sig 的值。epoch 的数量——5000，给予算法足够的训练次数来确定最优值。在我的笔记本计算机上进行本地测试时，这些超参数达到了很高的准确性（99%），所花费的时间不到 1 分钟。但是我本可以选择其他超参数，比如 0.5 的学习率，并给训练过程更多的训练次数（epoch）。机器学习的一部分乐趣来自超参数训练，与其说

是科学，不如说是艺术，尽管元学习等技术和 HyperOpt 等算法未来可以简化此过程。关于超参数调优的详细讨论超出了本章的范畴，但是通过在线搜索就可以得到许多相关的介绍。

设置超参数之后，定义占位符 X 和 Y，分别用于输入周数和呼叫数（归一化）。前面，我在清单 4.2 中提到了归一化 Y 值并创建 nY_train 变量，便于训练。原因是，我们尝试学习的高斯函数模型的 Y 为 e 的指数，其值仅在 0 ~ 1 之间。函数 model 定义要学习的高斯模型，相关的变量 mu 和 sig 被初始化为 1。cost 函数定义为 L2 范数，训练采用梯度下降算法。在你的回归模型训练了 5 000 个 epoch 之后，清单 4.4 的最后一步打印出学习得到的 mu 和 sig。

清单 4.4　为你的高斯曲线设置和训练 TensorFlow 模型

```
learning_rate = 1.5            ◁—— 为每个epoch设置学习率
training_epochs = 5000         ◁—— 训练5000个epoch

X = tf.placeholder(tf.float32)
Y = tf.placeholder(tf.float32)      创建输入(X)和要预测的值(Y)

def model(X, mu, sig):
    return tf.exp(tf.div(tf.negative(tf.pow(tf.subtract(X, mu), 2.)),
    ➥ tf.multiply(2., tf.pow(sig, 2.))))

mu = tf.Variable(1., name="mu")       为模型定义要学习的参数mu和sig
sig = tf.Variable(1., name="sig")
y_model = model(X, mu, sig)      ◁—— 基于TensorFlow图创建模型

cost = tf.square(Y-y_model)
train_op = tf.train.GradientDescentOptimizer(learning_rate).minimize(cost)

sess = tf.Session()
init = tf.global_variables_initializer()    初始化TensorFlow会话     定义代价函数
sess.run(init)                                                      为L2范数并创
                                                                   建训练操作

for epoch in range(training_epochs):
    for(x, y) in zip(X_train, nY_train):
        sess.run(train_op, feed_dict={X:x, Y:y})  ◁——
                                              运行训练学习mu和sig的值

mu_val = sess.run(mu)
sig_val = sess.run(sig)
print(mu_val)
print(sig_val)          打印学习得到的mu和sig
sess.close()     ◁—— 关闭会话
```

清单 4.4 的输出大致应该是这样，具体取决于学习得到的 mu 和 sig：

```
27.23236
4.9030166
```

当你完成值的打印并将它们保存在局部变量 mu_val 和 sig_val 中时，不要忘记

关闭 TensorFlow 会话，这样可以释放 5000 个训练迭代所使用的资源。你可以通过调用 `sess.close()` 完成任务。

提示　清单 4.4 向你展示了如何使用 TensorFlow 1.x 构建呼叫中心体量预测算法。如果你想知道如何在 TensorFlow 2.x 中实现，在附录中，我已经在 TensorFlow 2.x-speak 中讨论并重新实现了模型。它们有一些小的区别，但值得一看。到目前你看到的其他数据清洗和准备的代码，以及即将看到的验证和误差计算的代码都是相同的。

4.5　可视化结果并绘制误差

你的线性回归预测每周的 311 呼叫量效果如何？从 mu_val 和 sig_val 中获取 mu 和 sig 的值并使用它们绘制从清单 4.4 和图 4.5 中学得的模型。Matplotlib 根据初始的周数（*x* 轴）和归一化的呼叫量（*y* 轴）绘制散点图。然后将学习得到的 mu_val 和 sig_val 参数代入清单 4.4 中展开的模型方程中。这样做而不是重用模型函数并传入 mu_val 和 sig_val 作为参数的原因是，你不需要再创建一个 TensorFlow 图或者传递一个会话来评估模型。相反，你可以使用 NumPy 及其类似的函数，如 np.exp（指数）和 np.power。这些函数等价于 TensorFlow 的同名函数，只是 NumPy 不需要 TensorFlow 会话及其相关的资源来计算每个节点的值。trY2 是最终学习到的呼叫量预测，由于它们被归一化为 0 到 1 之间的值来学习高斯函数，因此你必须将学到的值乘以 maxY 得到实际的非归一化的每周呼叫量预测。用曲线在原始训练数据中间画出结果，并打印出任意一周的呼叫量预测，并与原始训练数据值进行比较来测试模型。

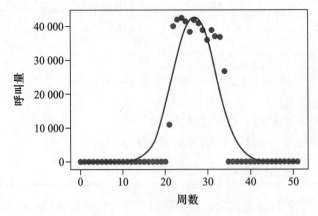

图 4.5　对于 1～52 周（索引从 0 开始），学得的 TensorFlow 模型（曲线）对一年（0～51）中每周的呼叫量预测。每周呼叫量的实际值用点表示

清单 4.5 可视化学习到的模型

将训练数据的周数(X)和呼叫量
(Y)绘制为蓝色散点

```
plt.scatter(X_train, Y_train)
trY2 = maxY * (np.exp(-np.power(X_train - mu_val, 2.) / (2 *
       np.power(sig_val, 2.)))))
plt.plot(X_train, trY2, 'r')
plt.show()
print("Prediction of week 35", trY2[33])
print("Actual week 35", Y_train[33])
```

用学得的参数mu和sig
拟合高斯函数

用红色曲线绘制学得的模型

清单 4.5 的结果大致如下：

```
Prediction of week 35 21363.278811768592
Actual week 35 36967
```

虽然你的模型预测出的呼叫量与实际值差了大约 15 000，这看起来很疯狂，但是请记住在第 3 章讨论的方差和偏差。你并不是在寻找一个过于拟合了数据的模型，并且以各种方式扭曲以确保通过了每一个点。这些模型表现出高方差和低偏差，因此说，它们在训练数据上过拟合了。相反，你希望模型显示出低偏差和低方差，并在未见过的数据上表现良好。

当提供未见过的新数据时，只要 NYC 311 总量似乎都集中在季节性的春季和夏季，你的模型就表现得不错。只要输入在标准差之内或者特定的中心平均值对应了最大的呼叫量，模型甚至可以处理分布的移动（呼叫量在季节间移动）。你可以更新你的模型，让其学习新的 mu 和 sig 值即可。

不过你可能对这个讨论有疑问。通过研究预测值与实际值之间的距离来评估模型的性能，你可以使用一些已经见过的工具——Jupyter 和 Matplotlib——来定量地测量误差。运行清单 4.6 来计算模型的误差、平均误差和准确率，并将其可视化，如图 4.6 所示。变量 error 被定义为预测数据和训练数据之间平方差的平方根（你可以回忆第 1 章，这是 L2 范数）。这个误差变量得到每一个按周预测呼叫量与训练数据的距离，并且最好用条形图可视化。变量 avg_error 为 trY2 中每个预测值与 Y_train 之间的方差除以总的周数，从而得到预测每周呼叫量的平均误差。该算法的总体准确率为 1（每周预测呼叫平均误差除以周最大呼叫量）。结果保存在 acc 变量中并在清单的最后打印出来。

清单 4.6 计算误差并可视化

误差是预测值和实际值的
平方差的平方根

通过MapReduce求和误差并
除以总周数计算总体平均误
差（每周的呼叫误差）

```
error = np.power(np.power(trY2 - Y_train, 2), 0.5)
```

```
plt.bar(X_train, error)
plt.show()                                          以每周误差直方图显示误差

avg_error = functools.reduce(lambda a,b: a+b, (trY2-Y_train))
avg_error = np.abs(avg_error) / len(X_train)
print("Average Error", avg_error)
acc = 1. - (avg_error / maxY)              用1减去平均误差并除以
print("Accuracy", acc)                     最大呼叫量得到准确率
```

结果的绘图展示了每周的呼叫预测误差，也类似于预测曲线。

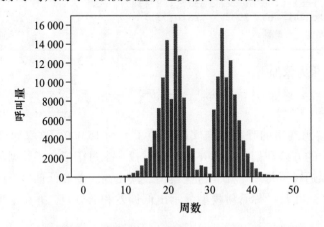

图 4.6   可视化每周的呼叫预测误差。模型在高呼叫量的周里面表现非常好

尽管看起来总体误差很高，并且分布在两侧，但由于该模型的准确预测，在呼叫量大的周里面总体的平均误差只有 205 次。你可以在清单 4.6 的输出中看到模型的平均误差和准确率（99%）：

```
Average Error 205.4554733031897
Accuracy 0.9951853520187662
```

你在第 3 章学习了正则化和拆分训练测试集。我将在 4.6 节中简要介绍它们。

4.6   正则化和训练测试集拆分

图 4.7 或许最好地描述了正则化的概念。在训练过程中，一个机器学习模型（M），对代价函数给定一些输入数据（X），训练过程探索参数空间（W），目标是最小化模型响应（预测）和实际训练输入值（X）之间的误差。代价被定义到函数 M（X，W）。挑战在于，在训练和参数探索过程中，算法可能选择局部表现最优而全局表现较差的参数 W。正则化可以通过惩罚较大的 W 权重值来影响这种选择，并将权重搜索范围保持在图 4.7 所示的最优区域（白色圆形区域）。

当模型在输入数据上欠拟合或者过拟合时，或者在训练期间权重搜索过程中需要一些辅助以惩罚参数空间中较大或者灰色的参数空间 W 时，你应该考虑使用正则化。你的高斯

钟形曲线模型显示出较高的准确率，尽管它在呼叫量分布的头尾位置有误差。正则化有助于消除这些误差吗？

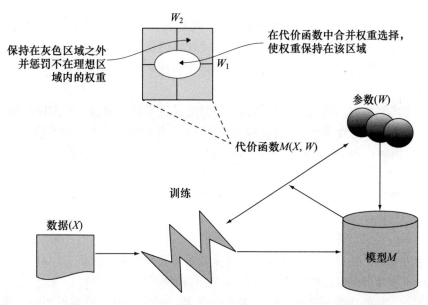

图 4.7　回顾正则化的概念。训练过程中提供的输入数据（X）通过学习参数（W）与测量代价函数 $M(X, W)$ 来学习参数（W），从而拟合为模型（M）。在训练过程中，你希望参数空间 W（左上角）的探索集中在白色区域，远离灰色区域。正则化使这个结果成为可能

这可能与直觉不符，但是答案是否定的，基于四个概念：我们训练时的超参数、学习率、训练的迭代次数（epoch），以及清单 4.4 中 mu 和 sig 的初始值。为了方便，我把它们拷贝到这里：

```
learning_rate = 1.5
training_epochs = 5000
mu = tf.Variable(1., name="mu")
sig = tf.Variable(1., name="sig")
```

这是模型的超参数以及学得的参数。初始值非常重要，并不是凭空选择的。了解 mu 和 sig 的最优值（分别是～ 27 和～ 4.9）是很有帮助的，但是你并不知道。相反，你将它们设置为默认值（都是 1）并通过 1.5 的学习率控制搜索步长。如果将学习率设置得过低（比如 0.1 或 0.001），算法可能需要成千上万 epoch 的训练但仍然无法得到参数的最优值。将学习率设置为超过 1.5（比如 3.5），算法又将在某个特定的训练步骤中跳过最优值。

提示　尽管不能事先知道 mu（均值）和 sig（标准差）的值，但是可以通过肉眼观察并部分推导它们。在第 27 周附近是分布的峰值或均值。至于标准差，肉眼观察出大约为 5 很难，但并非不可能。标准差是每个单元与均值距离的测量。低的

标准差意味着分布的头尾与均值更靠近。能够通过肉眼观察输入和期望值，并调整模型的初始参数，将大大节省你的时间和训练次数。

这种特殊情况下不需要正则化，因为你直观地观察了训练数据，可视化并归一化呼叫量为 0 到 1 之间的值，以便于学习。而且由于选择的模型适合数据，没有发生过拟合或欠拟合。在这种情况下，惩罚参数探索步骤将产生负面影响，可能会阻碍你更精确地拟合模型。

此外，考虑到数据的稀疏性，有些信息你只能通过可视化和执行探索性数据分析过程才能发现，将数据分割为训练/测试是不合理的，因为你的模型将丢失很多信息。假设你的 70/30 分割中去除了分布的尾部之外的部分，缺失信息会使你的模型看上去不是钟形曲线，而是直线或小型多项式曲线，从而学习了错误的模型，或者更糟，在错误的数据上学习了正确的模型，例如图 4.2。训练/测试分割在这里没有意义。

值得欣慰！你已经训练了一个现实世界的回归模型，并且它在可用数据上有 99% 的准确率以及合理的误差。你帮助 311 开发了准确的季节性呼叫量预测器，帮助其预估需要多少座席来接听电话，并通过每周接听的呼叫量证明了它对社会的价值。你觉得机器学习和 TensorFlow 可以帮助完成这些任务吗？是的，它们做到了。

在第 5 章，我们将使用 TensorFlow 构建分类器，开发针对离散输出的强大预测能力。继续前进！

小结

❑ 在 TensorFlow 中针对直线或多项式应用线性回归时，我们假设了所有数据都是干净整洁的拟合线和点。本章向你展示了现实世界的数据看起来并不像第 3 章那样，并解释了如何使用 TensorFlow 拟合模型。

❑ 可视化输入数据点可以帮助你选择一个合适的回归模型——在本例中，选择高斯模型。

❑ 学习如何通过可视化来评估模型的偏差和误差是使用 TensorFlow 和优化机器学习模型的一个关键部分。

❑ 在这个模型上看正则化并不能更好地帮助拟合模型。当训练出的参数偏离你的模型学习的参数范围太远时，选择使用正则化。

第 **5** 章

分类问题基础介绍

本章内容

- 编写正式表示
- 使用逻辑回归
- 使用混淆矩阵
- 理解多分类

想象一家广告代理公司正在收集用户交互的相关信息以决定展示哪类广告。这并非罕见。谷歌、Twitter、Facebook 以及其他依赖广告的大型科技巨头都拥有极好的用户画像以帮助其发布个性化广告。一个最近搜索过游戏键盘或显卡的用户有更大概率点击关于最新和最酷视频游戏的广告。

为每个人投放专门制作的广告比较困难，所以将用户分组是一项常用的技巧。例如，一个用户可以被归类为游戏玩家，以接收视频游戏相关的广告。

机器学习是完成此类任务的首选工具。在最基本的层面上，机器学习实践者希望构建一个工具来帮助理解数据。为数据打上标签将其归属于独立的类别，根据特定的需求来描述数据，是一种非常好的办法。

第 4 章讨论了回归，即在数据上拟合一条曲线。你应该还记得，最佳拟合曲线是一个函数，它将数据项作为输入，并从连续分布中取出一个数值。创建一个为输入指定离散标签的机器学习模型称为**分类**。分类是一种处理离散输出的监督学习算法。（每个离散的值称为一个**类**。）输入通常是一个特征向量，输出是一个类。如果只有两个类标签（True/False、On/Off、Yes/No），我们称这种学习算法为**二分类器**，否则，我们称之为**多分类器**。

有很多种分类器，但本章主要聚焦在表 5.1 中列举的几种。每种方法都有优缺点，我们在 TensorFlow 中实现每种分类器后再进行深入讨论。

线性回归是最容易实现的类型，因为我们在第 3 章和第 4 章已经完成了其大部分的工作，但是你会看到，这是一个糟糕的分类器。一个更好的分类器是逻辑回归（logistic regression）算法。顾名思义，它通过对数性质来定义一个更好的代价函数。最后，softmax 回归是解决多分类问题的一种直接方法。它是逻辑回归的自然泛化，之所以被称为 softmax 回归是因为在最后一步调用了一个被称为 softmax 的函数。

表 5.1　分类器

类型	优点	缺点
线性回归	易于实现	不能保证效果 仅支持二分类
逻辑回归	高准确率 用户可调节的灵活的模型调整方式 模型的响应是概率度量 易于使用新数据更新模型	仅支持二分类
softmax 回归	支持多分类 模型的响应是概率度量	实现起来更复杂

5.1　形式化表示

在数学表示中，分类器是 $y = f(x)$ 的方程，x 是输入数据项，y 是输出类别（图 5.1）。借鉴传统科学文献说法，我们通常将输入变量 x 作为**自变量**，输出向量 y 作为**因变量**。

形式上，类别标签被限制在一个可能的取值范围内。你可以认为二值标签类似于 Python 中的布尔变量。当输入特征只有一组固定的可选值的时候，你需要确保你的模型能够理解并处理这些值。因为模型中的函数通常处理连续的实数，你需要对数据集做预处理以考虑离散变量，它们既可以是有序的也可以是标称的（nominal），见图 5.2。

有序类型的值，顾名思义，可以被排序。例如，一组从 1 到 10 的偶数值是有序的，因为整数之间可以相互比较大小。另一方面，一组水果中的元素 {banana, apple, orange} 可能没有自然的顺序。我们从这样

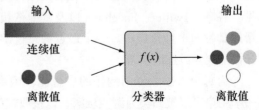

图 5.1　分类器产生离散的输出，但可以接收连续或离散的输入

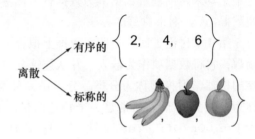

图 5.2　有两种类型的离散集：可排序值的离散集（有序）和不可排序值的离散集（标称）

一个标称**数据集**中取值，因为只能通过它们的名称来描述。

　　一种表示标称数据集中变量的简单方法是为每个标签分配一个数字。集合 {banana, apple, orange} 可以被处理为 {0,1,2}。但是有些分类模型对数据会有很强的偏差。例如，线性回归会将我们的苹果解释为介于香蕉和橘子之间，这是没有意义的。

　　表示标称数据类型的因变量的简单变通方式是为标称变量的每个值增加虚拟变量。在本例中，变量 fruit 将被替换为三个独立的变量：banana、apple 和 orange。每个变量的值为 0 或 1（如图 5.3 所示），取决于哪种水果类型为真。这个过程通常被称为独热编码。

　　同第 3 章及第 4 章中的线性回归一样，学习算法必须遍历底层模型（称为 M）支持的可能的函数。在线性回归中，模型用参数 w 表示。所以可以尝试用函数 y = M(w) 度量代价。最后，我们选择一个最小化代价的 w 值。分类和回归之间唯一的区别就是分类的输出不是一个连续值，而是离散的类标签集。

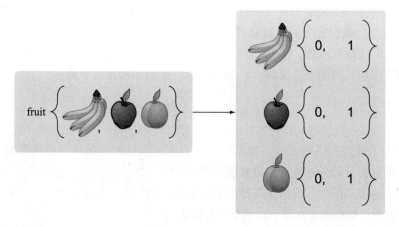

图 5.3　如果变量的值是标称的，则它们可能需要预处理。一种解决方案是将每个标称上的值作为一个布尔变量，如右图所示：banana、apple、orange 是三个新增变量，值为 0 或 1。最初的 fruit 变量被移除了

练习 5.1

下列问题是当作回归任务还是分类任务处理更好？

（a）预测股票价格

（b）决定应该买入、卖出或持有哪一只股票

（c）用 1～10 的等级评价计算机质量

答案

（a）回归

（b）分类

（c）二者均可

由于回归的输入 / 输出类型比分类的更具有一般性，所以没有什么可以阻止你在分类任务上运行线性回归算法。事实上，这正是我们在 5.3 节中要做的。

然而，在你开始实现 TensorFlow 代码之前，评估分类器的强弱是很重要的。5.2 节将介绍衡量分类器成功与否的最新方法。

5.2　衡量性能

在开始编写分类算法之前，你应该学会检验结果是否成功。本节介绍在分类问题中衡量模型性能的基本技巧。

5.2.1　准确率

还记得你在高中或大学时候的多项选择题吗？机器学习分类问题是类似的。对于给定的陈述，你的任务就是把它归类为多个选项答案中的一个。如果你只有两个选择，就像判断对错的判断题，我们称之为**二分类器**。在学校的评级考试中，典型的评分方法是用正确答案的数量除以问题的总数。

机器学习采用相同的评分策略，称为**准确率**。准确率由下式计算：

$$准确率 = \frac{正确数}{总数}$$

这个公式提供了性能的粗略总结，如果你只关心算法整体的正确性，这可能就足够了。但是准确率并没有揭示每个标签的正确和错误结果。

为了解决这个局限性，混淆矩阵提供了分类器成功与否的详细报告。一种描述分类器性能表现的有效方法是检查它在每个类别上的性能表现。

例如，考虑一个带有正负标签的二分类器。如图 5.4 所示，**混淆矩阵**是一个将预测响应和实际值进行对比的表格。数据项被正确预测为正的称为**真阳性**（True Positive，TP）。数据项被错误预测为正的称为**假阳性**（False Positive，FP）。如果算法意外地预测一个元素为负，但实际上它为正，我们称这种情况为**假阴性**（False Negative，FN）。最后，当预测和实际一致都是负的时候，这种情况称为**真阴性**（True Negative，TN）。如你所见，混淆矩阵使你能够很容易地看到模型将两种类别弄混的频率有多高。

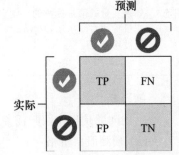

图 5.4　你可以通过一个使用正（对勾标记）负（禁止标记）的标签矩阵来对比预测结果和实际结果

5.2.2　精度和召回率

尽管真阳性（TP）、假阳性（FP）、真阴性（TN）、假阴性（FN）的定义都有其单独的用途，但把它们放在一起会更有用。

真阳性数量与所有预测阳性数量的比值称作**精度**——一个衡量预测阳性正确的可能性的分数。图 5.4 中左边的列是所有阳性预测（TP+FP），所以精度的方程为

$$精度 = \frac{TP}{TP+FP}$$

真阳性数量与所有可能为阳性的数量的比值称作**召回率**，它衡量阳性样本被发现的比率。这是计算有多少真正的阳性被成功地预测到（即召回）的分数。图 5.4 的上面一行是所有阳性样本的数量（TP+FN），所以召回率的方程为

$$召回率 = \frac{TP}{TP+FN}$$

简单地说，**精度**是算法正确预测的度量，而召回率是算法在最终集合中识别正确事物的度量。当精度高于召回率时，模型成功获取正确项的能力优于不能获取错误项的能力，反之亦然。

这里有一个简单的例子。假设你试图在 100 张图片中识别猫，其中 40 张是猫，另外 60 张是狗。当你运行分类器时，有 10 只猫被认为是狗，有 20 只狗被认为是猫。你的混淆矩阵如图 5.5 所示。

混淆矩阵		预测	
		猫	狗
实际	猫	30 真阳性	20 假阳性
	狗	10 假阴性	40 真阴性

图 5.5 一个评估分类算法性能表现的混淆矩阵的例子

你可以在预测的左边列看到猫的总数：30 只被准确识别，10 只没有，共 40 只。

练习 5.2

猫的识别精度和召回率分别是多少？这个系统的准确率是多少？

答案

对于猫来说，精度为 30/（30+20）或 3/5，或 60%。召回率为 30/（30+10）或 3/4 或 75%。准确率为（30+40）/100，或 70%。

5.2.3   受试者操作特征曲线

由于二分类器是最流行的工具之一，因此存在许多成熟的技术来衡量它们的性能，例如**受试者操作特征（ROC）曲线**，这是一个可以让你在假阳性和真阳性之间比较权衡的图。x 轴衡量假阳性的值，y 轴衡量真阳性的值。

二分类器将其输入的特征向量归结为一个数值并根据此数值是否大于一个指定的阈值来决定其归属类别。当调整机器学习分类器的阈值时，你可以绘制出在不同数值下的假阳性和真阳性率。

比较不同分类器的鲁棒方法是对比它们的 ROC 曲线。当两条曲线不相交时，其中一条一定比另一条好。越好的算法越远高于基线。对于两个选择，这种方法比随机选或者 50/50 的猜测要好。一种比较分类器的定量方法是测量 ROC 曲线之下的面积。如果一个模型的曲线下面积（AUC）值大于 0.9，则它是一个非常优秀的分类器。随机猜测输出的模型的 AUC 值大约为 0.5。示例如图 5.6 所示。

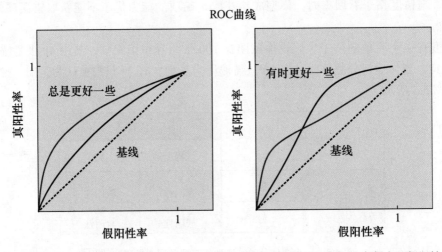

图 5.6   原则上比较算法的方式是对比它们的 ROC 曲线。当在任何情况下真阳性率都大于假阳性率时，就可以直接断定一个算法在性能方面占据优势。如果真阳性率小于假阳性率，则该图会下降到虚线所示的基线以下

练习 5.3
一个 100% 正确（全部真阳性，没有假阳性）的点在 ROC 曲线图上如何表示？
答案
一个 100% 正确的比率出现在 ROC 曲线图的 y 轴上，如图 5.7 所示。

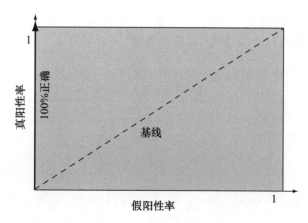

图 5.7　一个 100% 正确的分类器是沿着垂直的真阳性 (y) 轴的 ROC 曲线

5.3　使用线性回归进行分类

实现一个分类器的最简单方法是修整一个线性回归算法，如第 3 章讨论的。提醒一下，线性回归模型是一组看起来是线性的方程：$f(x)=wx$。方程 $f(x)$ 以连续的实数值作为输入，并产生连续的实数值作为输出。记住分类是关于离散值的。因此，强制回归模型产生二值输出的方法是将大于某一阈值的值设置为一个数字（如 1），而小于该阈值的值设置为另一个数字（如 0）。

我们看下面这个例子。假设爱丽丝是个狂热的棋手，你有她的历史输赢记录。此外，每局比赛都有一个从 1 到 10 分钟的时间限制。你可以如图 5.8 所示绘制出每局的结果。x 轴表示比赛的时间限制，y 轴表示她赢（y = 1）还是输（y = 0）。

正如你在数据中所见，爱丽丝是一个思维敏捷的人：她总是在短时间比赛中取胜。但她通常在较长时间限制的比赛中输掉。从这些点中，你可以预测一个决定她比赛胜负的关键性时间限制。

你想向她挑战一局比赛，并确保自己能赢。如果你选择一个明显长时间的比赛，比如 10 分钟，她会拒绝比赛。让我们将比赛时间设置得尽可能短，使得她会愿意同你比赛，同时优势又偏向于你。

对数据的线性拟合给了你一些东西。图 5.9 展示了使用清单 5.1（在本节后面出现）的线性回归计算出的最佳拟合曲线。对于爱丽丝可能获胜的比赛，这条线的值更接近于 1 而不是 0。看起来，你选择一个对应的线上的值小于 0.5（即爱丽丝输的可能性大于赢的可能性）的时间，你获胜的机会更大。

这条直线在尽可能地拟合数据。由于训练数据的特性，对于正例，模型的响应值将接近于 1；对于负例，模型的响应值将接近于 0。由于你通过一条直线来对数据建模，所以有些输入会产生介于 0 到 1 之间的值。你会想到，当某个值过于偏向一个类别时会得到大于 1 或者小于 0 的值。你需要一个办法来决定一个对象属于一个类别而不是另一个。通常，你选择中点（0.5）作为判决的边界（也称作**阈值**）。如你所见，这个过程使用线性回归来分类。

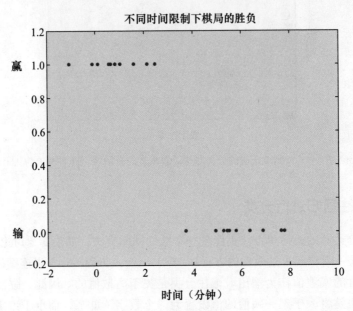

图 5.8   一个二分类训练集的可视化。数值被分为两类：所有 $y = 1$ 的点和所有 $y = 0$ 的点

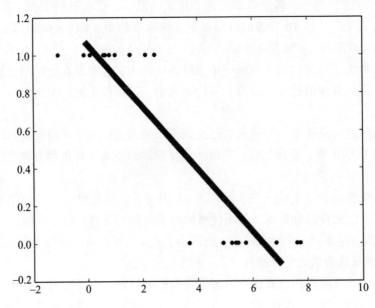

图 5.9   对角线是对分类数据集的最佳线性拟合。很显然，这条线对数据的拟合并不好，但是它提供了一个分类新数据的不精确方法

练习 5.4

使用线性回归作为分类的工具有哪些缺点？（提示：参见清单 5.4）

答案

线性回归对数据中的异常值很敏感，所以它不是一个很准确的分类器。

让我们编写第一个分类器！打开一个新的 Python 源文件并将其命名为 linear.py。使用清单 5.1 的代码。在 TensorFlow 代码中，你需要首先定义占位符，然后在 session.run() 语句向它们注入值。

清单 5.1   使用线性回归进行分类

```python
import tensorflow as tf          导入TensorFlow用于核心学习算法，NumPy
import numpy as np               用于处理数据，Matplotlib用于可视化
import matplotlib.pyplot as plt

x_label0 = np.random.normal(5, 1, 10)
x_label1 = np.random.normal(2, 1, 10)          分别以中心点为5和2、标准差
xs = np.append(x_label0, x_label1)             为1初始化10个模拟数据
labels = [0.] * len(x_label0) + [1.] * len(x_label1)
                                               初始化相对应的
plt.scatter(xs, labels)    ←—— 绘制数据          标签值

learning_rate = 0.001
training_epochs = 1000      声明超参数

X = tf.placeholder("float")
Y = tf.placeholder("float")       为输入/输出数据创建占位符

def model(X, w):
    return tf.add(tf.multiply(w[1], tf.pow(X, 1)),      定义一个线性模型
                  tf.multiply(w[0], tf.pow(X, 0)))       y=w1*x+w0
设置参数
变量
  → w = tf.Variable([0., 0.], name="parameters")      定义一个辅助变量，你会多次使用
y_model = model(X, w)
cost = tf.reduce_sum(tf.square(Y-y_model))    ←—— 定义代价函数

train_op = tf.train.GradientDescentOptimizer(learning_rate).minimize(cost) ←
                                               定义学习参数的规则
```

在设计好 TensorFlow 图之后，参见清单 5.2 以了解如何打开一个新的会话并运行图。train_op 更新模型的参数以得到更好的猜测。在循环中多次运行 train_op，因为每一步都迭代地改进了参数估计。清单 5.2 的输出类似于图 5.8。

清单 5.2　执行图

```
sess = tf.Session()                              打开新的会话
init = tf.global_variables_initializer()         并初始化变量
sess.run(init)
                                                              多次运行
for epoch in range(training_epochs):                          学习操作
    sess.run(train_op, feed_dict={X: xs, Y: labels})
    current_cost = sess.run(cost, feed_dict={X: xs, Y: labels})
    if epoch % 100 == 0:                                       记录以当前
        print(epoch, current_cost)                            参数计算出
                                                              的代价

w_val = sess.run(w)                  打印出学习
print('learned parameters', w_val)   到的参数

sess.close()      ←——  在不用时关闭会话

all_xs = np.linspace(0, 10, 100)              展示最佳
plt.plot(all_xs, all_xs*w_val[1] + w_val[0])  拟合曲线
plt.show()
```

在代码执行过程中打印出日志信息

为了衡量成功，你可以计数正确预测的次数并计算成功率。在清单 5.3 中，为前面的 **linear.py** 代码新增了两个节点：`correct_prediction` 和 `accuracy`。你可以打印出 `accuracy` 的值来查看成功率。这段代码可以在会话关闭之前执行。

清单 5.3　计算准确率

当模型的响应值大于 0.5 时，就打上正标签，反之亦然

计算成功的比例

```
correct_prediction = tf.equal(Y, tf.to_float(tf.greater(y_model, 0.5)))
accuracy = tf.reduce_mean(tf.to_float(correct_prediction))

print('accuracy', sess.run(accuracy, feed_dict={X: xs, Y: labels}))
print('correct_prediction', predict_val)
```

打印正确的预测

打印在提供的输入数据上的成功率

清单 5.3 的执行结果如下：

```
('learned parameters', array([ 1.2816, -0.2171], dtype=float32))
('accuracy', 0.95)
correct_prediction [ True False  True  True  True  True  True  True  True
  True  True  True
  True  True  True  True  True  True  True False]
```

如果分类如此容易的话，那么本章到这就结束了。遗憾的是，如果你的训练数据有**异常值**，线性回归算法就会惨败。

假设爱丽丝输掉了一场花了 20 分钟的比赛。你在包含了新的异常数据点的数据集上面训练分类器。清单 5.4 将一次比赛的时间替换为 20。让我们看看一个异常数据对分类器性能的影响。

清单 5.4   线性回归在分类问题上的失败

```
x_label0 = np.append(np.random.normal(5, 1, 9), 20)
```

当你用这些更新重新运行代码时，你会得到类似图 5.10 的输出。

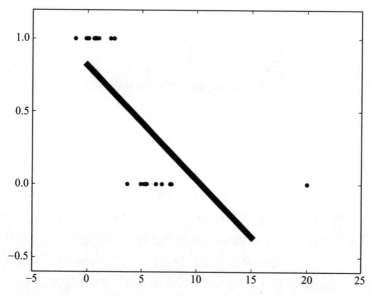

图 5.10   新的元素值 20 极大地影响了最佳拟合曲线。曲线对异常数据过于敏感，因此，线性回归是一种不稳定的分类器

原来的分类器给出的建议是你可以在 3 分钟的比赛中击败爱丽丝，她也很可能接受这样一个短程的比赛。但是在修正后的分类器中，如果你坚持使用 0.5 作为阈值，给出的建议是爱丽丝要输掉比赛的最短时间是 5 分钟。她可能不会参加这么长时间的比赛！

5.4   使用逻辑回归

逻辑回归提供了一个分析函数，在理论上对准确率和性能有所保证。除了使用了一个不同的代价函数以及稍微调整了模型的响应函数，它与线性回归类似。

让我们在这里回顾一下线性函数：

$$y(x) = wx$$

在线性回归中，一条斜率为非零值的直线值域可以是负无穷到正无穷。如果有意义的分类结果只有 0 或者 1，那么用这个属性来拟合一个函数会很直观。幸运的是，图 5.11 中描述的 sigmoid 函数可以很好地做到这点，因为它可以很快地收敛到 0 或 1。

当 x 为 0 时，sigmoid 函数的值为 0.5。当 x 增加时，函数收敛于 1。当 x 趋向于负无穷时，函数收敛于 0。

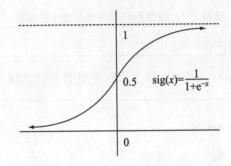

图 5.11 sigmoid 函数的可视化

在逻辑回归中，我们的模型是 sig(linear(x))。结果表明，该函数的最佳拟合参数意味着两个类别的线性分隔。这条分界线也称为**线性决策边界**。

5.4.1 解决 1 维逻辑回归

逻辑回归中使用的代价函数与线性回归中使用的有些不同。尽管你可以使用与之前相同的代价函数，但是它不能很快或保证得到最优解。在这里 sigmoid 函数是罪魁祸首，它造成代价函数有很多"碰撞"。TensorFlow 和其他大多数机器学习库一样，擅长处理简单的代价函数。学者们找到了一个巧妙的办法修改代价函数，使用 sigmoid 函数进行逻辑回归。

实际值（y）与模型响应（h）之间的新的代价函数是一个两段式的方程：

$$Cost(y, h) = \begin{cases} -\log(h), & \text{若 } y = 1 \\ -\log(1 - h), & \text{若 } y = 0 \end{cases}$$

你可以把两个方程浓缩为一个长的方程：

$$Cost(y, h) = -y \log(h) - (1 - y)\log(1 - h)$$

这个方程恰好有高效和最优学习所需的特质。具体来说，它是凸函数，但不要太担心这意味着什么。你要尝试将代价最小化：将代价函数理解为地形，将代价看作海拔高度。你要找到地形中的最低点。如果没有上坡的地方，那么更容易找到地势的最低点。这样的性质就称为**凸函数**，即没有山坡。

你可以把这个函数想象成一个球滚下山。最终，球会落在底部，这就是**最优点**。一个非凸的函数可能有一个崎岖的地形，这导致很难预测球会滚到哪里。甚至可能它停留的地方不是最低点。你的函数是凸的，所以算法可以容易地找出如何最小化代价并"将球滚到山底"。

凸性质很好，但正确性在选择代价函数时也是一条重要标准。你如何知道代价函数做的正是你想要做的事情？为了更直观地回答这个问题，请见图 5.12。当期望值为 1 时，使用 -log(x) 计算代价（注意：-log(1)=0）。算法会设置值远离 0，因为代价趋近于无穷。把方程加到一起得到一条在 0 和 1 附近都趋近于无穷的曲线，值为负的部分消掉了。

当然，图形以一种非形式化的方式向你解释在选择代价函数时凸性质的重要性，但是为何此代价函数是最优的技术讨论超出了本书的范畴。如果你对数学感兴趣，你会有兴趣学习代价函数是由最大熵原理推导出来的，你可以在网上任何地方查到。

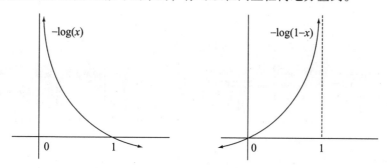

图 5.12　可视化地展示两个代价函数在 0 和 1 时的惩罚值。注意，左边的代价函数在 0 附近有很重的惩罚值但是在 1 时没有惩罚。右边的代价函数的情况则相反

1 维数据集上的逻辑回归的最佳拟合结果如图 5.13 所示。生成的 sigmoid 曲线会提供比线性回归更好的线性决策边界。

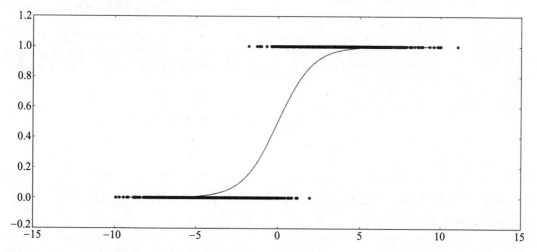

图 5.13　这是二分类数据集的 sigmoid 最佳拟合曲线。注意，曲线位于 y = 0 和 y = 1 之间，这样曲线对异常值就不会太敏感

你将开始注意到代码清单中的一个模式。在 TensorFlow 的简单 / 典型应用中，生成模拟数据集，定义占位符，定义变量，定义一个模型，定义模型上的代价函数（通常是均方误差或者均方对数误差），创建一个 `train_op` 用于梯度下降，迭代地输入样本数据（可能带有标签或输出），最后获得最优值。创建一个名为 logistic_1d.py 的文件，拷贝清单 5.5 的代码，它将产生图 5.13 的输出。

清单 5.5   使用 1 维逻辑回归

```
import numpy as np                                  ← 导入相关的库
import tensorflow as tf
import matplotlib.pyplot as plt
learning_rate = 0.01                                ← 设置超参数
training_epochs = 1000

def sigmoid(x):                                     ← 定义一个辅助函数来
    return 1. / (1. + np.exp(-x))                     计算 sigmoid 函数


x1 = np.random.normal(-4, 2, 1000)                  ← 初始化模拟数据
x2 = np.random.normal(4, 2, 1000)                   ← 定义输入/输出
xs = np.append(x1, x2)                                占位符
ys = np.asarray([0.] * len(x1) + [1.] * len(x2))

                                                    ← 定义参数节点
plt.scatter(xs, ys)          ← 可视化数据

X = tf.placeholder(tf.float32, shape=(None,), name="x")      ← 使用 TensorFlow
Y = tf.placeholder(tf.float32, shape=(None,), name="y")        的 sigmoid 函数
w = tf.Variable([0., 0.], name="parameter", trainable=True)  ← 定义模型
y_model = tf.sigmoid(w[1] * X + w[0])
cost = tf.reduce_mean(-Y * tf.log(y_model) - (1 - Y) * tf.log(1 - y_model))
                                                    ← 定义交叉熵损失函数
train_op = tf.train.GradientDescentOptimizer(learning_rate).minimize(cost)
                                                    ← 定义最小值
with tf.Session() as sess:
    sess.run(tf.global_variables_initializer())
    prev_err = 0                                    ← 定义变量保存之前的误差
    for epoch in range(training_epochs):
        err, _ = sess.run([cost, train_op], {X: xs, Y: ys})  ← 迭代直到收敛或
        print(epoch, err)                             达到最大 epoch 数
        if abs(prev_err - err) < 0.0001:            ← 计算误差并更新模型参数
            break
        prev_err = err                              ← 检查收敛。如果
    w_val = sess.run(w, {X: xs, Y: ys})               每个迭代变化小
                              ← 获取学得的参数值         于 0.01% 则完成
all_xs = np.linspace(-10, 10, 100)
plt.plot(all_xs, sigmoid((all_xs * w_val[1] + w_val[0])))  ← 绘制出学习到
plt.show()                                              的 sigmoid 函数
```

打开一个会话并定义所有变量

更新之前的误差值

现在你掌握了！如果你与爱丽丝对弈，现在你有了一个二分类器来决定阈值，指示何时会赢得或输掉比赛。

TensorFlow 中的交叉熵损失

如清单 5.5 所示，使用 `tf.reduce_mean` 操作对每个输入/输出对平均交叉熵损失。TensorFlow 库还提供了另外更为方便和通用的函数，被称为 `tf.nn.softmax_cross_entropy_with_logits`。你可以在 http://mng.bz/8mEk 官方文档中获得更多相关信息。

5.4.2　解决 2 维逻辑回归

下面我们将要探讨如何使用具有多个自变量的逻辑回归。自变量的个数对应于维数。在我们的例子中，是一个尝试标记一对自变量的 2 维逻辑回归问题。你在本节中学习到的概念可以推广到任意维度。

注意　假设你在考虑买一部手机。你关心的属性只有（1）操作系统；（2）大小；（3）价格。目标是决定一部手机是否值得购买。在这种情况下，有 3 个自变量（手机的属性）和 1 个因变量（手机是否值得购买）。所以我们把此问题看作一个输入为 3 维向量的分类问题。

考虑图 5.14 所示的数据集，它表示一个城市中两个帮派的犯罪活动。第一个维度是 x 轴，代表纬度；第二个维度是 y 轴，代表经度。在（3，2）附近有一处集群，在（7，6）附近有另一处。你的任务是判断在（6，4）位置的一起新的犯罪事件更有可能是哪个帮派所为。

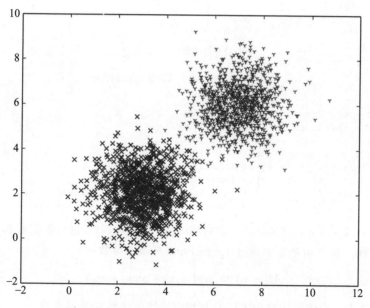

图 5.14　x 轴和 y 轴分别表示两个自变量。因变量有两个可能的标签，在图中用不同形状的点表示

另一种可视化图 5.14 的方法是将自变量 x=latitude 和 y=longitude 投影为一个 2 维平面，然后画一个垂直的轴作为独热编码表示类别的 sigmoid 函数结果。你可以想象这个函数如图 5.15 所示。

按照下面清单 5.6 所示创建一个名为 logistic_2d.py 的文件。

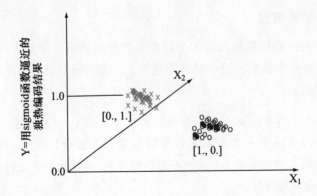

图 5.15　另一种可视化两个自变量的方法。这次考虑了由 sigmoid 函数定义的因变量，它代表帮派 1（叉）
　　　　和帮派 2（圈）的独热编码类

清单 5.6　为 2 维逻辑回归创建数据

```
import numpy as np                              导入相关库
import tensorflow as tf
import matplotlib.pyplot as plt

learning_rate = 0.1                             设置超参数
training_epochs = 2000
def sigmoid(x):                                 定义辅助sigmoid函数
    return 1. / (1. + np.exp(-x))

x1_label1 = np.random.normal(3, 1, 1000)
x2_label1 = np.random.normal(2, 1, 1000)
x1_label2 = np.random.normal(7, 1, 1000)
x2_label2 = np.random.normal(6, 1, 1000)        初始化模拟数据
x1s = np.append(x1_label1, x1_label2)
x2s = np.append(x2_label1, x2_label2)
ys = np.asarray([0.] * len(x1_label1) + [1.] * len(x1_label2))
```

你有两个自变量（x1 和 x2）。一个对输入 x 和输出 M(x) 进行映射建模的简单方法是
使用下面的方程，其中 w 是需要通过 TensorFlow 寻找的参数：

$$M(x, v) = sig(w_2 x_2 + w_1 x_1 + w_0)$$

在清单 5.7 中，你将实现这个方程及其相应的代价函数来学习参数。

清单 5.7　使用 TensorFlow 进行多维逻辑回归

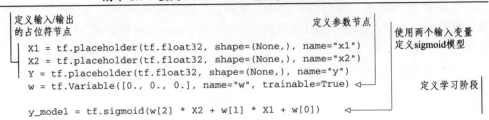

```
cost = tf.reduce_mean(-tf.log(y_model * Y + (1 - y_model) * (1 - Y)))
train_op = tf.train.GradientDescentOptimizer(learning_rate).minimize(cost)

with tf.Session() as sess:
    sess.run(tf.global_variables_initializer())
    prev_err = 0
    for epoch in range(training_epochs):
        err, _ = sess.run([cost, train_op], {X1: x1s, X2: x2s, Y: ys})
        print(epoch, err)
        if abs(prev_err - err) < 0.0001:
            break
        prev_err = err
    w_val = sess.run(w, {X1: x1s, X2: x2s, Y: ys})

x1_boundary, x2_boundary = [], []
for x1_test in np.linspace(0, 10, 100):
    for x2_test in np.linspace(0, 10, 100):
        z = sigmoid(-x2_test*w_val[2] - x1_test*w_val[1] - w_val[0])
        if abs(z - 0.5) < 0.01:
            x1_boundary.append(x1_test)
            x2_boundary.append(x2_test)

plt.scatter(x1_boundary, x2_boundary, c='b', marker='o', s=20)
plt.scatter(x1_label1, x2_label1, c='r', marker='x', s=20)
plt.scatter(x1_label2, x2_label2, c='g', marker='1', s=20)

plt.show()
```

创建新的会话，
初始化变量，学
习参数直到收敛

定义数组保
存边界点

在关闭会话之前获得
学得的参数值

循环遍历
一组点

如果模型响应接近0.5，
则更新边界点

通过数据显
示边界线

　　图 5.16 描述了从训练数据中学习得到的线性边界线。在这条线上发生的犯罪事件，由两个帮派的任何一方所为的概率是相等的。

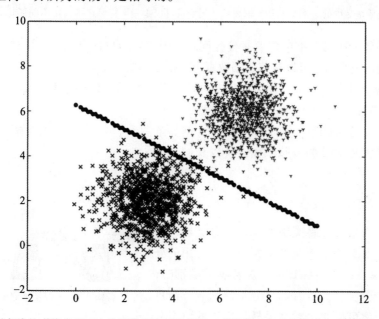

图 5.16　对角线的虚线表示两个决策的概率是均等的。当数据远离这条线时，对决策的信心会增加

5.5　多分类器

到目前为止，你已经处理了多维度输入但是还没有涉及多变量输出，如图 5.17 所示。如果数据上有 3 个、4 个，或者 100 个标签类别，而不是两个标签，该怎么办？逻辑回归只有两个标签——不能更多了。

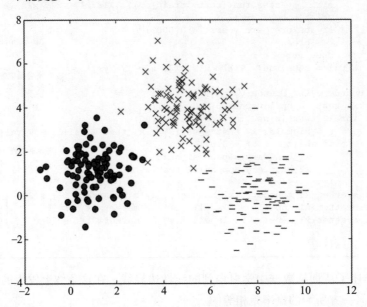

图 5.17　自变量是 2 维的，用 x 轴和 y 轴表示。因变量可以是三个标签之一，用不同形状的数据点表示

例如，图像分类是典型的多变量分类问题，因为它的目标是从一个候选图像集合中确定图像的类别。一张图片可以被归属到数百个类别之中的一个。

要处理两个以上的标签，你可以以一种聪明的方式重复使用逻辑回归（使用"一对所有"或者"一对一"方法），或者开发一种新的方法（softmax 回归）。我们在下面的章节中逐一介绍。逻辑回归的方式需要大量的特殊工作，所以我们聚焦在 softmax 回归。

5.5.1　一对所有

首先，你为每个标签类别训练一个分类器，如图 5.18 所示。如果有三个标签，则有三个可用的分类器：f1、f2、f3。要测试一个新数据的类别时，分别运行每个分类器，看看哪个分类器的响应最可信。直觉上，你可以使用对结果最为确信的那个分类器来标记新数据的标签。

一对所有

鞋检测器　　眼镜检测器　　铅笔检测器

图 5.18　一对所有是一种多分类器方法，它要求每个类别有一个检测器

5.5.2　一对一

然后，你可以为每对标签训练一个分类器（见图 5.19）。如果有三个标签，那就有三个针对每个标签对的分类器。但是对于 k 个标签来说，就会有 $k(k-1)/2$ 个标签对。在新数据上，运行所有的分类器并选择获胜最多的那个标签类别。

5.5.3　softmax 回归

softmax 回归以传统的 max 函数命名，该函数接收一个向量并返回最大值。但是 softmax 并不完全等同于 max 函数，因为它附加了连续性和可微的优点。因此，它具有使梯度下降有效工作的特性。

在多分类问题中，对于每个输入向量，每个类别都有一个置信（或概率）得分。softmax 过程选择最高的得分输出。

按照清单 5.8 内容新建一个名为 softmax.py 的文件。首先，可视化模拟数据以重现图 5.17（也出现在图 5.20 中）。

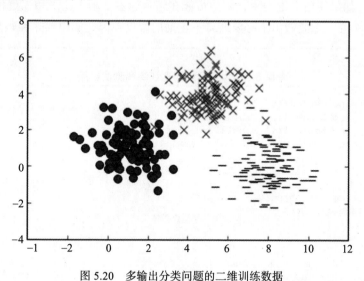

一对一

鞋对眼镜　　铅笔对鞋　　眼镜对铅笔
分类器　　　分类器　　　分类器

图 5.19　在一对一的多分类中，每个类别对有一个分类器

图 5.20　多输出分类问题的二维训练数据

清单 5.8　可视化多分类数据

```
import numpy as np                          导入NumPy和Matplotlib
import matplotlib.pyplot as plt

x1_label0 = np.random.normal(1, 1, (100, 1))    生成(1,1)附近的点
x2_label0 = np.random.normal(1, 1, (100, 1))
```

```
x1_label1 = np.random.normal(5, 1, (100, 1))       生成(5,4)附近的点
x2_label1 = np.random.normal(4, 1, (100, 1))
x1_label2 = np.random.normal(8, 1, (100, 1))
x2_label2 = np.random.normal(0, 1, (100, 1))       生成(8,0)附近的点

plt.scatter(x1_label0, x2_label0, c='r', marker='o', s=60)
plt.scatter(x1_label1, x2_label1, c='g', marker='x', s=60)   可视化散点图上
plt.scatter(x1_label2, x2_label2, c='b', marker='_', s=60)   的三个标签
plt.show()
```

接下来，在清单 5.9 中创建训练和测试数据，为 softmax 回归做准备。标签必须表示为一个向量，其中只有一个元素是 1，其他元素都是 0。这种表示称为独热编码。如果有三个标签，它们将表示为以下向量：[1, 0, 0]、[0, 1, 0] 和 [0, 0, 1]。

练习 5.5

独热编码似乎并不是必需的。为什么不直接使用 1 维的输出 1、2、3 来表示三个类别呢？

答案

回归可以在输出中包含语义上的结构。如果输出是相似的，则意味着它们的输入也是相似的。如果使用 1 维表示，则你可能在暗示标签 2 和 3 比 1 和 3 更相似（距离更近）。必须要小心，不能做出不必要或者不正确的假设，因此使用独热编码是安全的。

清单 5.9   为多分类创建训练和测试数据

```
xs_label0 = np.hstack((x1_label0, x2_label0))
xs_label1 = np.hstack((x1_label1, x2_label1))       将所有输入合并到
xs_label2 = np.hstack((x1_label2, x2_label2))       一个大矩阵中
xs = np.vstack((xs_label0, xs_label1, xs_label2))
labels = np.matrix([[1., 0., 0.]] * len(x1_label0) + [[0., 1., 0.]] *
➡ len(x1_label1) + [[0., 0., 1.]] * len(x1_label2))
                                                    创建对应的独热标签

arr = np.arange(xs.shape[0])
np.random.shuffle(arr)
xs = xs[arr, :]                                     打乱数据集
labels = labels[arr, :]


test_x1_label0 = np.random.normal(1, 1, (10, 1))
test_x2_label0 = np.random.normal(1, 1, (10, 1))    创建测试数据和标签
test_x1_label1 = np.random.normal(5, 1, (10, 1))
test_x2_label1 = np.random.normal(4, 1, (10, 1))
test_x1_label2 = np.random.normal(8, 1, (10, 1))
test_x2_label2 = np.random.normal(0, 1, (10, 1))
test_xs_label0 = np.hstack((test_x1_label0, test_x2_label0))
test_xs_label1 = np.hstack((test_x1_label1, test_x2_label1))
test_xs_label2 = np.hstack((test_x1_label2, test_x2_label2))
```

```
test_xs = np.vstack((test_xs_label0, test_xs_label1, test_xs_label2))

test_labels = np.matrix([[1., 0., 0.]] * 10 + [[0., 1., 0.]] * 10 + [[0., 0.,
➡ 1.]] * 10)

train_size, num_features = xs.shape   ◄    数据集的形状告诉你样本的数量和特征
```

你可以在清单 5.9 中看到 hstack 和 vstack 的用法，分别对应在水平方向和垂直方向上的堆叠。这两个函数从 NumPy 库中获得。hstack 函数接收数组并按水平方向（列顺序）堆叠，vstack 函数接收数组并按垂直方向（行顺序）堆叠。例如，清单 5.8 中的 x1_label0 和 x2_label0 打印输出大致如下：

```
print(x1_label0)
 [[ 1.48175716]
 [ 0.34867807]
 [-0.35358866]
 ...
 [ 0.77637156]
 [ 0.9731792 ]]

print(x2_label0)
 [[ 2.02688   ]
 [ 2.37936835]
 [ 0.24260849]
 ...
 [ 1.58274368]
 [-1.55880602]]
```

变量 xs_label0 的结果应该看上去是这样的：

```
array([[ 1.48175716,  2.02688   ],
       [ 0.34867807,  2.37936835],
       [-0.35358866,  0.24260849],
       [ 0.60081539, -0.97048316],
       [ 2.61426058,  1.8768225 ],
       …
       [ 0.77637156,  1.58274368],
       [ 0.9731792 , -1.55880602]])
```

最后，在清单 5.10 中使用 softmax 回归。不同于逻辑回归中的 sigmoid 函数，这里使用 TensorFlow 库提供的 softmax 函数。softmax 函数与 max 函数类似，它从一组数字中输出最大值。它之所以称为 softmax 是因为它是对 max 函数的"软化"或"平滑"近似，max 函数是不平滑或连续的（这很糟糕）。连续和平滑的函数有助于通过反向传播学习神经网络的正确权重值。

练习 5.6
下面哪个函数是连续的？

```
f(x) = x2
f(x) = min(x, 0)
f(x) = tan(x)
```

答案

前两个是连续的。最后一个 tan(x) 有周期性的渐近线，所以它有一些值是没有结果的。

清单 5.10   使用 softmax 回归

```
import tensorflow as tf

learning_rate = 0.01
training_epochs = 1000                      定义输入/输出
num_labels = 3            定义超参数       的占位符节点
batch_size = 100
                                                    定义模型参数

X = tf.placeholder("float", shape=[None, num_features])
Y = tf.placeholder("float", shape=[None, num_labels])
                                                    定义操作来
W = tf.Variable(tf.zeros([num_features, num_labels]))    衡量成功率
b = tf.Variable(tf.zeros([num_labels]))
y_model = tf.nn.softmax(tf.matmul(X, W) + b)      创建学习算法
                                     设计softmax模型
cost = -tf.reduce_sum(Y * tf.log(y_model))
train_op = tf.train.GradientDescentOptimizer(learning_rate).minimize(cost)

correct_prediction = tf.equal(tf.argmax(y_model, 1), tf.argmax(Y, 1))
accuracy = tf.reduce_mean(tf.cast(correct_prediction, "float"))
```

现在，已经定义了 TensorFlow 的计算图，那么从一个会话中执行它。这次你将尝试一种新的更新参数的方式，称作**批量学习**（batch learning）。你将在一批数据上运行优化器，而不是一个一个地传入数据。这种技术加快了速度，但是也带来了收敛到局部最优解而不是全局最优解的风险。使用清单 5.11 批量运行优化器。

清单 5.11   执行图

```
打开一个新的会话并
初始化所有变量                                          仅循环足够的次数来完成
                                                        对数据集的一次遍历
    with tf.Session() as sess:
        tf.global_variables_initializer().run()

        for step in range(training_epochs * train_size // batch_size):
            offset = (step * batch_size) % train_size
            batch_xs = xs[offset:(offset + batch_size), :]
检索数据       batch_labels = labels[offset:(offset + batch_size)]
集中与本       err, _ = sess.run([cost, train_op], feed_dict={X: batch_xs, Y:
批次对应    ➡ batch_labels})
的子集         print (step, err)                               在本批数据上
                             打印进行中的结果                运行优化器
```

```
W_val = sess.run(W)
print('w', W_val)                        打印最终学习
b_val = sess.run(b)                       到的参数
print('b', b_val)
print("accuracy", accuracy.eval(feed_dict={X: test_xs, Y:
➥ test_labels}))                         打印成功率
```

在数据集上运行 softmax 回归算法得到的最终输出如下：

```
('w', array([[-2.101, -0.021,  2.122],
             [-0.371,  2.229, -1.858]], dtype=float32))
('b', array([10.305, -2.612, -7.693], dtype=float32))
Accuracy 1.0
```

你已经学习了模型的权重和偏差。你可以重新使用学得的这些参数来推断测试数据。一个简单的实现方法是使用 TensorFlow 的 Saver 对象（参见 https://www.tensorflow.org/guide/saved_model）来保存和加载变量。你可以运行模型（我们的代码中称为 y_model）来获得在测试数据上的模型响应。

5.6 分类的应用

情绪是难以捉摸的概念。情绪有快乐、悲伤、愤怒、兴奋、恐惧，都是主观的。一个人觉得兴奋的事情，在另一个人看来可能是讽刺的。一段文本在一些人看来似乎在表达愤怒，但在另一些人看来可能在表达恐惧。如果人类都有这么多麻烦，那么计算机又能有什么好运气？

至少，机器学习研究人员已经找到了将文本中的积极情绪和消极情绪分类的方法。假设你正在建设一个类似亚马逊的网站，上面的每个商品都有用户评价。你希望你的智能搜索引擎更倾向于那些有正面评价的商品。或许你拥有的最好的度量方式是平均星级或者点赞数。但是如果你拥有的是许多的粗字体评价而不是明确的评级，那么该怎么办？

情感分析可以被看作一个二分类问题。输入是自然语言文本，输出是代表积极或消极情绪的二元分类。以下是你在网上可以找到的解决这类问题的数据集：

❑ 大型电影评论数据集——http://mng.bz/60nj
❑ 情感标注语句数据集——http://mng.bz/CzSM
❑ Twitter 情感分析数据集——http://mng.bz/2M4d

最大的障碍是找出如何将原始文本表示为分类算法的输入。在本章中，分类算法的输入一直是一个特征向量。一个将原始文本转化为特征向量的最古老方法是词袋模型。你可以在 http://mng.bz/K8yz 找到很好的教程和代码实现。

小结

❑ 有很多方法来解决分类问题，但逻辑回归和 softmax 回归是在准确性和性能方面表

现最稳定的两种算法。

❑ 在运行分类算法之前预处理数据非常重要。例如，离散的独立变量可以重新调整为二进制变量。

❑ 到目前为止，你已经从回归的角度学习了分类。在后面章节中，将使用神经网络重新讨论分类。

❑ 有多种方式实现多分类。没有明确的答案应该先尝试哪一种：一对一、一对所有、softmax 回归。但是 softmax 回归方式更方便一些，并且允许你调整超参数。

第 **6** 章

情感分类：大型影评数据集

本章内容

- 使用文本和词频（词袋模型）来表示情感
- 使用逻辑回归和 softmax 回归构建情感分类器
- 测量分类器的准确性
- 计算 ROC 曲线并测量分类器的效果
- 提交你的结果到 Kaggle 的电影评论挑战赛

如今，机器学习给人留下深刻印象的神奇应用之一是教计算机从文本中学习。随着社交媒体、短信、Facebook Messenger、WhatsApp、Twitter，以及其他来源每天产生数千亿条的信息，我们不缺乏可以学习的文本。

提示 查看这张著名的信息图表，它展示了每天从各种媒体平台接收到的大量文本数据：http://mng.bz/yrXq。

社交媒体公司、手机提供商、App 提供商都在试图通过你发出的消息作出决定或者给你分类。你是否曾经给你的另一半发过一条关于你午餐吃的泰国菜的短信，随后就在社交媒体上看到推荐新的泰国菜馆的广告？大佬们试图识别并理解你的饮食习惯很可怕，然而在线流媒体服务公司也在使用实际应用程序来试图确定你是否喜欢他们的产品。

看完一部电影，你是否会花时间发布一条简单的评论，例如"哇，这部电影真棒！喜欢比尔的表演！"或者"那部电影太差劲了，足足有三个小时长，在第一次被血腥场面恶心到之后，我就睡着了，因为里面根本就没有情节！"（好吧，无可否认，最后那句话可能是我在某个网络平台上写的。）YouTube 的著名之处是它的用户不仅能观看视频和病毒式传播的内容，还能参与阅读评论——查看对电影、视频和其他数字媒体内容的评论。这些评论含义很简单，你可以扔出一两句话之后就不管了，释放你的感受，继续你的生活。有时，评论是滑稽的、愤怒的或相当积极的。最终，它们体现了在线参与者在观看内容时可能经历的情绪。

这些情绪对于网络媒体服务公司来说非常有用。如果有一种简单的方法来分类情绪，这些公司就可以确定一个名人的某个视频是引起了极度悲伤的反应还是非常积极的反应。反过来，如果这些公司能够先进行分类并将情绪和你接下来的行为联系起来——如果，你在看完一部电影后提供了几句积极的评论，并点击了一个链接购买了更多这个主角主演的电影——这就有完整的因果关系。电影公司可能生产更多这样的内容，或者向你展示更多这种你感兴趣的类型的内容。这样做可能增加收入，例如，你的积极反应导致了你后续购买了关于这个明星的其他东西。

你在学习一种方法，使用机器学习对输入数据进行分类，并通过分类为输入数据生成一些标签。情感可以以两种方式来理解：一种是二元的情感（例如积极 / 消极反应），另一种是多元的情感（例如憎恨、悲伤、中立、喜欢或者热爱）。下面两种技术可以用来应对这些情况，你已经学习过它们，并将在本章中尝试：

❑ 逻辑回归用于二元情感分类

❑ softmax 回归用于多元情感分类

在这种情况下，挑战在于输入是文本，而不是友好的数字向量，就像我们在第 5 章中用 NumPy 库生成的随机数据点那样。幸运的是，文本和信息检索社区开发了一种将文本映射为数字特征向量的技术——非常适合机器学习。这种技术被称为词袋模型。

6.1 使用词袋模型

词袋（Bag of Words）模型是自然语言处理（NLP）中的一种方法，它以语句形式的文本作为输入，并通过抽取单词及其出现的频率，将其转化为特征向量。之所以这样命名，是因为单词的频率计数好像一个"袋子"，而单词的每次出现都向袋子中放入一次。词袋模型是一个先进的模型，它可以让你将一条电影评论转化为特征向量，并用于情感分类。看看下面这段关于迈克尔·杰克逊的电影的评论片段：

```
With all this stuff going down at the moment with MJ i've started listening
to his music, watching the odd documentary here and there, watched The Wiz
and watched Moonwalker again.
```

应用词袋模型处理这段评论的第一步是对文本进行预处理，只提取有实际意义的单词。通常，这个过程包含删除那些非字母的字符——如数字、HTML 标记等注释和标点符号——并将文本剥离为单词。在此之后，该过程将剩余的单词缩减为名词、动词、形容词，并删除冠词、连接词和其他**停止词**——这些词不是文本本身的显著特征。

注意 有许多固定的停止词列表可用。使用 Python 的自然语言工具包（NLTK）是一个很好的开始，你可以在 https://gist.github.com/sebleier/554280 上找到它们。

停止词通常是特定语言的，所以你需要确保使用的是适合你正在处理的语言的列表。幸运的是，NLTK 目前可以处理 21 种语言的停止词。你可以在 http://mng.bz/MoPn 上了解更多。

当这个过程完成时，词袋模型产生了一个剩余词汇的计数直方图，该直方图成为输入文本的指纹。通常，指纹的归一化方法是将计数除以最大计数值，从而得到一个值介于 0 和 1 之间的特征向量。整个过程如图 6.1 所示。

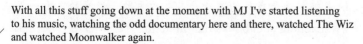

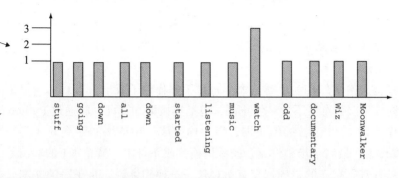

图 6.1 词袋模型的可视化描述。对文本进行分析和清理，并将单词计数形成直方图，然后归一化得到输入文本的特征向量表示

6.1.1 在影评中应用词袋模型

在开始词袋模型之前，你需要一些评论文本。Kaggle 的 Bag of Words Meets Bags of Popcorn 是一个优秀的、已经完成的挑战比赛，它查看 5 万条来自互联网电影数据库（IMDb.com）的电影评论，并从其中产生情感分类。你可以在 http://mng.bz/aw0B 上了解更多关于该比赛的信息。你将在本章中使用这些评论构建情感分类。

首先，从 http://mng.bz/ggEE 获取 labeledTrainData.tsv 文件，并保存在本地驱动器。你还需要从 http://mng.bz/emWv 下载 testData.tsv 文件，后面会使用到该文件。这些文件被格式化为制表符分割（TSV）的文件，每列对应唯一标识（id），情感（1 表示积极，0 表示消极)，以及 HTML 格式的影评本身，按行显示。

让我们试试我们的词袋模型，创建一个函数从输入的 labeledTrainData.tsv 文件创建为机器学习准备的特征向量。新建一个名为 sentiment_classifier.ipynb 的笔记本文件，创建一个名为 `review_to_words` 的函数。函数要做的第一件事是调用 Python 的 Tika 库将 IMDb 中的 HTML 评论转为文本评论。Tika Python 是一个内容分析库，它的主要功能包括文件类型识别、从 1400 多种格式中抽取文本和元数据，以及语言识别。

提示　关于 Tika 的完整解读是我写的另外一本书的主题。说真的，看一下 *Tika in Action*（https://www.manning.com/books/tika-in-action）这本书吧。在这里，你使用 `parser` 接口和 `from_buffer` 方法将文本中的所有 HTML 标记去除，该方法以一个字符串缓冲区为输入并输出 HTML 解析器中提取的相关文本。

对提取的评论文本使用 Python 的 `re`（**正则表达式**）模块，用一个共同的模式 `[^a-zA-z]`，这意味着从字符串的开始（ ^ 符号）扫描并识别只有大写或小写字母 *a* 到 *z*，其他都替换为空格。

下一步是将文本全部转为小写。大小写对于解释句子或语言有意义，但是对于独立结构的统计单词出现次数意义不大。停止词，包括连接词和冠词，将通过 Python 的 NLTK 库去除。这个库支持 21 种语言的停止词，所以你应该使用英语的停止词，因为你处理的是 IMDb 的英文评论。最后一步是将剩余的单词连接成字符串。清单 6.1 的输出是原始清单的简化版本，只有富有意义的单词，没有 HTML——换句话说，是**干净的文本**。这个干净的文本将作为词袋模型的实际输入。

清单 6.1　从输入的评论文本中创建特征

```
from tika import parser
from nltk.corpus import stopwords          ┌ 函数通过Apache Tika将原始
import re                                   └ 评论转换为字符串

def review_to_words( raw_review ):
    review_text = parser.from_buffer( "<html>" + raw_review + "</html>"
    ➡ )["content"]
移除非
字符项 └▷ letters_only = re.sub("[^a-zA-Z]", " ", review_text)
    words = letters_only.lower().split()              ◁─ 转化为全小写并分割
                                                          为独立的单词
移除
停止词   stops = set(stopwords.words("english"))
      └▷ meaningful_words = [w for w in words if not w in stops]   ◁─ 将停止词转化为
    return( " ".join( meaningful_words ))  ◁                           集合，这样比列
                                                                        表搜索快得多
            将单词连接成为一个空格分割开的字符串
```

有了我们生成干净的评论文本的功能，你可以开始在 labeledTrainData.tsv 中的 25 000 条评论上运行该功能。但首先，你需要将这些评论加载到 Python 中。

6.1.2 清洗所有的电影评论

Pandas 是一个将 TSV 文件加载到 Python 的方便的库，用于创建、操作和保存数据帧（dataframe）。你可以把数据帧看作为机器学习准备的表。表中的每列是一个你可以在机器学习中使用的特征，每行是用于训练或验证的输入。Pandas 提供用于添加和删除特征列的函数，以及以复杂的方式增加行和替换行的值的函数。很多书以 Pandas 为主题，谷歌上也有成千上万关于这个主题的结果，出于本文的目的，你可以使用 Pandas 从输入的 TSV 文件中创建适用于机器学习的数据帧。之后，Pandas 还可以帮助你查阅输入中特征、行、列的数量。

通过数据帧，你就可以运行评论文本清洗代码来产生干净的评论，并对其应用词袋模型。首先，调用 Pandas 的 read_csv 函数，告诉函数你在读取一个没有标题行、以制表符（\t）作为分隔符的 TSV 文件，并且你不希望它引用特征值。当训练数据被加载时，打印出它的形状和列值，这显示了使用 Pandas 查阅数据帧的便利性。

由于清洗 25 000 条影评可能需要一些时间，所以你会用到 Python 的 TQDM 辅助库来跟踪你的进度。TQDM 是一个可扩展的进度条库，可以将状态打印到命令行或者 Jupyter Notebook。将你的迭代步骤，清单 6.2 中的 range 函数，包装成一个 tqdm 对象。之后，每个迭代步骤在进度条上的增量都会对用户可见，无论是通过命令行还是笔记本。TQDM 是一种很好的方法，它可以让你触发执行一个长时间运行的机器学习操作之后去做其他事情，并在回来检查的时候依旧了解发生了什么。

清单 6.2 打印训练数据的形状（25000，3）对应 25 000 条影评和 3 列（id，sentiment，review），以及输出 array(['id','sentiment','review'],dtype=object) 对应列的值。将清单 6.2 中的代码添加到你的 sentiment_classifier.ipynb 文件中，产生 25 000 个干净的评论文本并跟踪进展过程。

清单 6.2 使用 Pandas 读取电影评论并应用你的清洗函数

```
从TSV文件中读取25 000
条评论数据
    import pandas as pd
    from tqdm import tqdm_notebook as tqdm

    train = pd.read_csv("labeledTrainData.tsv", header=0,
                        delimiter="\t", quoting=3)
    print(train.shape)                          打印训练数据的形状
    print(train.columns.values)                 和值的数量

    num_reviews = train["review"].size          基于数据帧上列的大小
                                                获取评论数量

    clean_train_reviews = []                     初始化空列表存储
                                                清洗后的评论
    for i in tqdm(range( 0, num_reviews )):
        clean_train_reviews.append( review_to_words( train["review"][i] ) )
遍历每个评论并使用
你的函数清洗
```

现在你已经有了清洗好的评论数据，是时候应用词袋模型了。Python 的 SK-learn 库（https://scikit-learn.org）是一个可扩展的机器学习库，它提供了许多补充 TensorFlow 的特性。尽管有些功能重叠，但我在本书中使用 SK-learn 的数据清洗功能很多。你不必成为一个纯粹主义者。例如，SK-learn 提供了一个词袋模型的美妙实现，被称为 CountVectorizer。你会在清单 6.3 中使用它来应用词袋模型。

首先，通过一些初始超参数创建 CountVectorizer。这些超参数告诉 SK-learn 你是否希望它做一些文本分析，例如标记化、预处理，或者移除停止词。我在这里省略它，因为你已经在清单 6.1 中编写了你自己的文本清洗函数，并在清单 6.2 中应用在了输入文本上。

一个值得注意的参数是 max_features，它控制从文本中学习到的词汇量的大小。选择 5000 的大小可以确保你构建的 TensorFlow 模型有足够的丰富性，并且可以在不扩展计算机 RAM 数量的情况下学习到每条评论的词袋模型指纹。显然，如果有更大的机器并给予更多的时间，你可以稍后通过这个参数调优本示例。一般的经验法则是，对于英文电影来说数千大小的词汇量可以提供足够的学习能力。然而，对于新闻、科学文献和其他领域来说，你可能需要通过实验找到最优的值。

调用 fit_transform，输入清单 6.2 中生成的干净的评论并返回向量化的词袋模型，每个评论一行，并且每行内容为评论中包含的每个词汇的计数。接下来将向量转换为一个 NumPy 数组，打印它的形状，确保你看到 (25000,5000)，对应于 25 000 个输入行，每行 5000 个特征。将清单 6.3 中的代码加入你的笔记本。

清单 6.3　应用词袋模型获取训练数据

```
from sklearn.feature_extraction.text import CountVectorizer
vectorizer = CountVectorizer(analyzer = "word",       \
                             tokenizer = None,          \
                             preprocessor = None,       \
                             stop_words = None,         \
                             max_features = 5000)
train_data_features = vectorizer.fit_transform(clean_train_reviews)
train_data_features = train_data_features.toarray()
print(train_data_features.shape)
```

导入CountVectorizer并实例化词袋模型

拟合模型、学习词汇，并将训练数据转化为向量

打印输入特征的形状 (25 000, 5000)

将结果转化为NumPy的数组

6.1.3　在词袋模型上进行探索性数据分析

做一些探索性数据分析总是件好事情，你可能想查阅从 CountVectorizer 返回的词汇表的值，以了解评论中出现的词汇。你想看看这里有没有东西可以发掘。你要寻找的是一些关于单词的统计分布，以及分类器从这些分布中识别出的相关模式。如果在每个评论中的统计计数都是相同的，并且你用肉眼无法区分它们，那么机器学习算法也会有同样的困难。

SK-learn 和 CountVectorizer 的优点在于，它们不仅提供了一两行就能创建词袋模型的 API，并且允许方便地查阅结果。你可以获取学习到的词汇并打印它们，然后看看前 100 个单词和它们在所有评论中的计数总和。完成这些任务的代码如清单 6.4 所示。

清单 6.4   在返回的词袋模型上进行探索性数据分析

```
vocab = vectorizer.get_feature_names()        获取学得的词汇表并打印
print("size %d %s " % (len(vocab), vocab))    其大小和学得的单词

dist = np.sum(train_data_features, axis=0)  ◁—— 对词汇表中每个单词的计数求和

for tag, count in zip(vocab, dist):           打印词汇表中单词以及它在训练
    print("%d, %s" % (count, tag))            集中出现的次数

plt.scatter(vocab[0:99], dist[0:99])          绘制前100个单词
plt.xticks(vocab[0:99], rotation='vertical')  的计数
plt.show()
```

图 6.2 显示了 25 000 条评论中的前 100 个单词的输出集。我可以从词汇表中随机选择 100 个单词，但为了保持示例简单，我选择前 100 个。即便是在前 100 个单词中，这些单词在评论中出现的次数也具有统计意义。它们的计数不完全相同，也没有一致性。有一些单词比其他词使用得更频繁，而且有明显的离群值，看起来有一个信号可以学习用于分类。你将在 6.2 节中开始构建逻辑回归分类器。

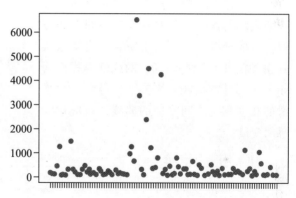

图 6.2   所有 25 000 条评论中提取的 5000 个词汇的前 100 个单词计数求和

6.2   使用逻辑回归构建情感分类器

在第 5 章处理逻辑回归时，你确定了自变量和因变量。在情感分析中，你的自变量是每条评论的 5000 维的词袋模型特征向量，你有 25 000 的数据可训练。因变量是情感值：1 对应 IMDb 中的正面评论，0 对应用户对该电影的负面评论。

电影名称呢

你是否注意到你使用的 IMDb 数据是评论和情感，而没有名称？名称的单词在哪里？如果这些单词中包含与电影观众在评论中使用的词相关的触发词，那么这些词就可以成为情感因素。但是总的来说，你不需要名称——只需要一种情感（要学习的东西）和评论。

给定训练数据和特征空间的情况下，尝试描绘你的分类器将要探索的解空间。你可以想象一个向量平面——称它为**地面**——把垂直的轴称为距离地面的海拔高度，就像你站在地面仰望星空——代表**情感**。在地平面上，你有一个向量从你站立的原点出发，向各个方向进发，每个方向对应于你词汇表中的一个单词——5000 个轴，轴上距离对应特定单词的计数。这个平面上的数据点是每个单词轴上的特定计数，y 值是特定点在每个平面上的计数的集合代表的 1 或 0 的情绪。你的想象应该类似于图 6.3。

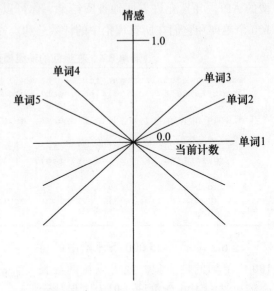

基于这个结构，我们可以用下面的方程来表示与这个分类器对应的逻辑回归方程。目标是得到一个关于所有的自变量及其相关权重（1 到 5000）的线性方程作为 sigmoid 函数（sig）的参数，得到一个平滑的在 0 到 1 之间波动的曲线，对应于情感因变量：

图 6.3　描绘出使用逻辑回归的分类器的结构。你的特征空间是像三维平面一样排列的单词的数量，值是单词出现的次数。y 轴对应情感结果（0 或 1）

$$M(x, w) = sig(wx + w)$$

$$sentiment = sig(w_1 x_1 + w_2 x_2 + \ldots + w_{5000} x_{5000} + w_0)$$

6.2.1　模型训练的创建

你已经准备好创建 TensorFlow 逻辑回归分类器了。以任意值的学习率（如 0.1）开始，训练 2000 个 epoch（这在我的笔记本上运行得很好），尤其是你将执行早停。**早停**技术测量当前 epoch 与上一 epoch 之间的损失（或错误率）的差别。如果两个 epoch 之间的错误率的变化低于一个很小的阈值，模型被认为是稳定的，并且你可以提前中断训练。

还需要创建 sigmoid 函数，这也是模型需要的。如第 5 章所述，该函数在 0 到 1 之间波动，以保证在应用代价函数后，在每个训练步骤中学习合适的模型权重的反向传播过程具有平滑的梯度。sigmoid 函数恰好具有这些性质。

在 TensorFlow 中为即将学习的 Y 值创建占位符、情感标签，以及输入 X 的 $5000 \times 25\,000$ 维特征向量的占位符：每条影评一个词袋模型向量和 25 000 条影评。在清单 6.5 中，通过一个 Python 字典存储每个词袋模型向量，索引为 X0-X4999。每个因变量 X 对应一个变量 w（权重），并且在线性方程的最后加一个常数 w。

cost 函数与第 5 章中使用的凸交叉熵损失函数相同，并使用梯度下降优化器。创建模型的完整代码如清单 6.5 所示。

清单 6.5　创建逻辑回归情感分类器

```
learning_rate = 0.1          为模型初始化设置学习率
training_epochs = 2000       和epoch等超参数
def sigmoid(x):
    return 1. / (1. + np.exp(-x))        ◁——— 创建逻辑回归模型

Y = tf.placeholder(tf.float32, shape=(None,), name="y")
w = tf.Variable([0.] * (len(train_data_features)+1), name="w", trainable=True)

ys = train['sentiment'].values  ◁——提取标签以从Pandas      定义TensorFlow
Xs = {}                             数据帧中学习           占位符来注入实
for i in range(train_data_features.shape[1]):            际输入和标签值

    Xs["X"+str(i)] = tf.placeholder(tf.float32, shape=(None,),
    ⮩ name="x"+str(i))

linear = w[0]
for i in range(0, train_data_features.shape[1]):    构建学习用的
    linear = linear + (w[i+1] * Xs["X"+str(i)])     逻辑回归模型
y_model = tf.sigmoid(linear)

cost = tf.reduce_mean(-tf.log(y_model * Y + (1 - y_model) * (1 - Y)))
train_op = tf.train.GradientDescentOptimizer(learning_rate).minimize(cost)
                          定义每个学习步骤的交叉熵
                          损失函数和训练操作
```

完成模型的创建后，就可以使用 TensorFlow 进行训练了。如我前面所提到的，在 loss 函数和模型响应的代价稳定下来后，你将使用早停技术来节省执行不必要的 epoch。

6.2.2　训练创建的模型

创建一个 tf.train.Saver 来保存模型图以及训练得到的权重，便于以后重新加载它们并使用你的训练模型进行分类预测。训练过程与你之前看到的类似：初始化 TensorFlow，这次使用 TQDM 跟踪并打印训练进展，以便获得一些提示。训练过程可能需要 30 ～ 45 分钟，并占用上 G 的内存——至少在我的 Mac 笔记本计算机上是这样的——所以 TQDM 是必备的，它能让你知道训练过程进行得怎么样了。

训练步骤将 5000 维的特征向量注入你在 TensorFlow 创建的 X 占位符中，并将相对应的情感标签注入 Y 占位符中。你将使用凸 loss 函数作为模型的代价函数，并比较当前 epoch 和前一个 epoch 的损失值来决定是否执行早停动作，以节省宝贵的训练周期。0.0001 这个阈值是随意选择的，如果给定额外的循环次数和时间，可以作为一个超参数进行探索。清单 6.6 展示了完整的逻辑回归情感分类器训练过程。

清单 6.6　执行逻辑回归情感分类器训练过程

创建Saver对象保存模型图和
对应的训练得到的权重

```
saver = tf.train.Saver()
with tf.Session() as sess:
    sess.run(tf.global_variables_initializer())
    prev_err = 0.
    for epoch in tqdm(range(training_epochs)):
        feed_dict = {}
        for i in range(train_data_features.shape[1]):
            feed_dict[Xs["X"+str(i)]] = train_data_features[:, i,
            ➡ None].reshape(len(train_data_features))
        feed_dict[Y] = ys

        err, _ = sess.run([cost, train_op], feed_dict=feed_dict)
        print(epoch, err)
        if abs(prev_err - err) < 0.0001:
            break
        prev_err = err

    w_val = sess.run(w, feed_dict)
    save_path = saver.save(sess, "./en-netflix-binary-sentiment.ckpt")

print(w_val)
print(np.max(w_val))
```

记录上一次损失函数的值用于尝试早停

在模型图仍然加载的情况下获得训练的权重

提供25 000条评论，5000维的特征向量以及情感标签

以一个小的阈值来测试当前损失函数与上次的差值，以决定退出循环

保存模型图和相关的训练好的权重

你已经使用逻辑回归训练了你的第一个文本情感分类器！

接下来，我将向你展示如何应用此情感分类器对未见过的新数据做出预测。你还会学习如何评估分类器的准确性和精度，以及通过在 Kaggle 比赛的测试数据上运行分类器并提交结果给 Kaggle，来了解它的性能。

6.3　使用情感分类器进行预测

现在你已经构建了分类器，如何应用它进行预测？当你调用 tf.train.Saver 来保存检查点文件时，两个关键信息被保存了下来：

❑ 检查点包含了你获取的模型的权重——在本例中，sigmoid 线性部分的权重对应着词袋模型中的每个单词。

❑ 检查点包含了模型图及其当前状态，以便你从上次离开的位置继续进行下一个 epoch 的训练。

进行预测同加载检查点文件并将权重应用到模型一样简单。如我在第 5 章介绍的，没有必要重用清单 6.5 中 TensorFlow 版本的 y_model——tf.sigmoid 函数，因为这样做会加载模型图并需要额外的资源来为 TensorFlow 准备训练。相反，你可以将学习得到的权重应用到一个 NumPy 版本的模型——清单 6.5 中的内置 sigmoid 函数，因为你不会对其进行进一步的训练。

看起来很简单是吧？但是我遗漏了一件重要的事情，我要先说明。这将适用于本书的其他部分，包括：执行机器学习，训练一个模型，并使用它进行预测以帮助自动决策。考

虑在执行训练模型过程中的步骤：

　　1. 对 25 000 条电影评论做数据清洗。

　　　　a. 去除 HTML。

　　　　b. 去除标点符号只考虑 a-zA-z。

　　　　c. 去除停止词。

　　2. 应用词袋模型，限制为一个 5000 个词的特征向量。

　　3. 使用 25 000 个 5000 大小的向量，关联 25 000 个情感标签（1，0），并使用逻辑回归构建分类模型。

　　现在假设你打算使用你的模型对一些新的文本进行预测，例如下面两个语句。第一个语句是明显的负面评论，第二个是正面的：

```
new_neg_review = "Man, this movie really sucked. It was terrible. I could not
    possibly watch this movie again!"
new_pos_review = "I think that this is a fantastic movie, it really "
```

　　如何将这些语句提供给你的模型来进行情感预测？你需要将你在训练过程中使用的数据预处理步骤应用到预测过程中，使得你以与训练时相同的方式对待文本。你在 5000 维的特征向量上训练，所以你需要对输入文本做相同的事情来进行预测。此外，你还需要注意另外一个步骤。训练过程中产生的权重值是通过 CountVectorizer 在一个通用的 5000 个单词的词汇表帮助下产生的。你做预测时输入文本中未见过的单词会与你训练出来的词汇表不同。换句话说，那些未见过的文本可能使用其他单词，可能比你训练的更多或更少。然而，你花了将近 45 分钟来训练的逻辑回归情感分类器，甚至可能花了更长时间来准备训练的输入和标签。这些工作是无效的吗？你需要重新进行训练吗？

　　还记得我在前面提到过，为 CountVectorizer 选择一个 5000 的词汇量值足够用了，但是你可能需要进行调整或探索得到最佳的词汇表。所以词汇量的确很重要，同时用你训练过的模型预测什么也很重要。经过预处理步骤和数据清洗，在一个词汇表中有 5000 个单词可以在训练和未见过的数据上得到很高的准确率——在我的训练中达到 87%，这在本章后面用到受试者操作特征曲线（ROC）的时候还会介绍。但是谁又能说用 10 000 的单词量也不会有更高的准确率呢？反正我不能。

　　的确，在你的词汇表中使用更多的单词量可能得到更高的准确率。结果取决于你要进行预测的数据以及数据的整体情况。它也对训练所需的整体内存、CPU、GPU 有很大影响，因为每个输入的向量使用更多的特征毫无疑问将消耗更多的资源。注意，如果未见过的数据的词汇表与表示训练数据的词汇表之间有足够的重叠，就没有必要增加它的大小。

　　提示　找出最优的词汇量大小是一个最好留给整个学期的统计学科或者 NLP 毕业课程的练习，我只是想说你可能会进一步探索这个超参数。这篇文章有一些关于词汇量大小的好建议：http://mng.bz/pzA8。

为了继续实现本章重点讨论的情感预测功能，你需要找出在新数据上得到的词汇向量与从训练中得到的词汇之间的重合部分。然后，只考虑词袋模型中那些与预测指纹中重叠的单词进行预测。这些计数将与你要根据训练出来的模型进行情感预测的新文本上的进行比较。整个预测过程及其与训练过程之间的关系如图 6.4 所示。

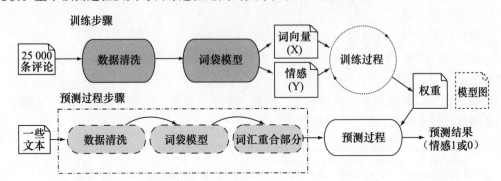

图 6.4 使用机器学习进行预测。在训练过程中（顶部），你通过清洗文本对数据做预处理，将其转换为一个 5000 维的特征向量，并使用它在 25 000 条影评上学习情感标签（1 或 0）。为了使用学习得到的模型（右边）进行预测，你需要执行相同的清洗步骤，并还要找出下一条文本的词汇表与你训练得到的词汇表的重合部分

让我们开始编写 predict 函数，它可以用未修改的评论文本，以及从训练过程中得到的词汇表和权重为输入。你需要应用相同的数据清洗过程，所以按照如下方法清洗文本：

❑ 字符串化。
❑ 移除标点符号和非字符。
❑ 移除停止词。
❑ 重新连接这些符号。

然后，再次应用词袋模型，并生成一个函数，用它来对未见过的输入文本进行情感预测。这个函数主要用于找出在输入中得到的新词汇与训练得到的词汇表的重叠部分。对于每个重叠的单词，考虑它的计数；特征向量中的其他元素则为 0。最终得到的特征向量被传递给你的逻辑回归模型的 sigmoid 函数，使用学习得到的最佳权重。其结果——一个情感在 0 到 1 之间的概率——与值为 0.5 的阈值比较以决定情感是 1 还是 0。清单 6.7 展示了 predict 函数。

清单 6.7   用逻辑回归情感分类器做预测

```
以评论文本、训练词汇表、学习
得到的权重、预测正负的阈值为
参数进行测试
  └─▷ def predict(test_review, vocab, weights, threshold=0.5):

          test_review_c = review_to_words(test_review)   ◁────
```

使用与训练时
相同的函数清
洗评论

```
                       n_vectorizer = CountVectorizer(analyzer = "word",    \
                                                      tokenizer = None,      \      ┌── 创建测试
        ┌ 将词汇表和计数转换为                             preprocessor = None, \      │   词汇表和
        │ NumPy数组                                        stop_words = None,    \    │   计数
        │                                                  max_features = 5000)
        │              ex_data_features = n_vectorizer.fit_transform([test_review_c])
        │              ex_data_features = ex_data_features.toarray()
        │              test_vocab = n_vectorizer.get_feature_names()
        └              test_vocab_counts = ex_data_features.reshape(ex_data_features.shape[1])

                       ind_dict = dict((k, i) for i, k in enumerate(vocab))
                       test_ind_dict = dict((k, i) for i, k in enumerate(test_vocab))
                       inter = set(ind_dict).intersection(test_vocab)          ─┐ 找出评论得到的测试
                       indices = [ ind_dict[x] for x in inter ]                 │ 词汇表与实际全词汇
                       test_indices = [test_ind_dict[x] for x in inter]         ┘ 表的交集

                       test_feature_vec = np.zeros(train_data_features.shape[1])
                       for i in range(len(indices)):
                           test_feature_vec[indices[i]] = test_vocab_counts[test_indices[i]]
                                                                              ─┐ 5000维的特征向量中
        ┌              test_linear = weights[0]                                │ 除了重叠部分已经计
        │              for i in range(0, train_data_features.shape[1]):        │ 数的索引其他都是0
        │                  test_linear = test_linear + (weights[i+1] * test_feature_vec[i])  ┘
        │              y_test = sigmoid(test_linear)

        │              return np.greater(y_test, threshold).astype(float)   ◄──  如果预测概率大于0.5，
        └ 使用学习到的权重应用                                                      情感为1；否则为0
          你的逻辑回归模型
```

在下面的测试评论 `new_neg_review` 和 `new_pos_review` 中试试这个函数。函数正确地预测了负面情感为 0，正面情感为 1。很酷，对吧？

```
new_neg_review = "Man, this movie really sucked. It was terrible. I could not
      possibly watch this movie again!"
new_pos_review = "I think that this is a fantastic movie, it really "
predict(new_neg_review, vocab, w_val)
predict(new_pos_review, vocab, w_val)
```

现在你有了 `predict` 函数，你可以使用它完成一个混淆矩阵（第 5 章）。创建一个真阳性、假阳性、真阴性和假阴性的混淆矩阵，它使你可以测量分类器预测每个类别的性能并计算精度和召回率。另外，你可以生成一条 ROC 曲线并测试你的分类器比基线好多少。

6.4 测量分类器的有效性

现在你可以使用逻辑回归分类器预测未见过的文本的情感了，一个测量其整体有效性的好方法是在大量未见过的文本上进行大规模测试。你使用了 25 000 条 IMDb 电影评论训练了分类器，所以你可以使用另外 25 000 条评论进行测试。当使用 Kaggle 的 TSV 文件训练分类器时，你使用的是原始 IMDb 评论数据的合并版本。你不会一直有这个便利条件，有时你需要预处理原始数据。为了确保你能够应对两种方式的数据预处理和清洗，使用原始的 aclImdb_v1.tar.gz 文件（http://mng.bz/Ov5R），并为测试做好准备。

解压 aclImdb_v1.tar.gz 文件，你会看到一个类似下面的结构的文件夹，里面每项要么是一个文件 (类似 README)，要么是一个目录 (类似 test 和 train)：

```
README      imdb.vocab      imdbEr.txt      test/      train/
```

打开 test 路径，里面有更多的文件 (*.txt 和 *.feat) 和目录 (neg 和 pos)：

```
labeledBow.feat      neg/      pos/      urls_neg.txt      urls_pos.txt
```

pos 文件夹 (代表**正面**) 和 neg 文件夹 (代表**负面**) 包含了 12 500 个电影评论的文本文件，每个文件对应未见过的积极评论和消极评论，所以你将创建两个变量——only_pos_file_contents 和 only_neg_file_contents 来对应它们。使用两个循环将评论读取到两个变量。Python 的内置函数 os.isfile 保证了代码在遍历和评估目录列表对象时，执行一个测试来确定对象是否是文件 (而不是目录)。os.listdir 方法列出路径下的文件。清单 6.8 的代码加载了 IMDb 的测试评论。

清单 6.8　加载 IMDb 的测试评论

```
from os import listdir
from os.path import isfile, join

pos_test_path = "aclImdb/test/pos/"
neg_test_path = "aclImdb/test/neg/"
only_pos_files = [f for f in listdir(pos_test_path) if          迭代并标识正面和负面
➡ isfile(join(pos_test_path, f))]                              评论的文本路径
only_neg_files = [f for f in listdir(neg_test_path) if
➡ isfile(join(neg_test_path, f))]

only_pos_file_contents = []
for i in range(0, len(only_pos_files)):                          读取正面评论到
    with open(pos_test_path + only_pos_files[i], 'r') as file:   12 500个文本对
        r_data = file.read()                                    象的列表中
        only_pos_file_contents.append(r_data)

only_neg_file_contents = []
    for i in range(0, len(only_neg_files)):
读取负面评   with open(neg_test_path + only_neg_files[i], 'r') as file:
论到12 500       r_data = file.read()                            为25 000个
个文本对象       only_neg_file_contents.append(r_data)           情感值创
的列表中                                                         建占位符
    predictions_test = np.zeros(len(only_pos_file_contents) * 2)
```

随着测试评论被加载到 only_pos_file_contents、only_neg_file_contents 和标签占位符 predictions_test 变量中，你可以使用 predict 函数来计数真假阳性和真假阴性，并计算你的分类器的精度和召回率。精度的定义为

$$\frac{TP}{TP+FP}$$

召回率的定义为

$$\frac{TP}{TP+FN}$$

清单 6.9 的代码遍历正面情感的文件，调用你的 `predict` 函数，将结果保存在 `predictions_test` 变量中。它随后在包含负面情感的文件上调用 `predict` 函数。由于每次调用 `predict` 函数会消耗几秒钟的时间，这取决于你的笔记本计算机的运行能力，因此你需要再次使用 `tqdm` 库来跟踪每次循环的进程。清单的最后部分打印你的分类器的精度和召回率，之后分别是真假阳性和真假阴性的计数和。真假阳性和真假阴性是通过将你的分类器应用到未见过的测试评论上测量出来的。运行清单 6.9 的输出为 `precision 0.857993 recall 0.875200`，作为你的第一个分类器来说这是非常好的结果！

清单 6.9 计算混淆矩阵、精度和召回率

```
TP = 0.              初始化真假阳性和
TN = 0.              真假阴性的计数值
FP = 0.
FN = 0.

for i in tqdm(range(0, len(only_pos_file_contents))):        遍历正面情感的文
    sent = predict(only_pos_file_contents[i], vocab, w_val)   件并调用predict
    predictions_test[i] = sent                                函数。计算真阳性
    if sent == 1.:                                            和假阴性值
        TP += 1
    elif sent == 0.:
        FN += 1
                                                              遍历负面情感的文
                                                              件并调用predict
for i in tqdm(range(0, len(only_neg_file_contents))):         函数。计算真阴性
    sent = predict(only_neg_file_contents[i], vocab, w_val)   和假阳性值

    predictions_test[len(only_neg_file_contents)+i] = sent
    if sent == 0.:
        TN += 1
    elif sent == 1.:
        FP += 1

precision = (TP) / (TP + FP)           计算并打印精度
recall = (TP) / (TP + FN)              和召回率
print("precision %f recall %f" % (precision, recall))
print(TP)
print(TN)
print(FP)
print(FN)
```

基于生成的预测结果，你可以采取以下步骤：创建一个 ROC 曲线，以确定你的分类器优于基线多少，并检查曲线下的面积（AUC）。你不需要自己实现这个过程，而是可以使用 SK-learn 的 `roc_curve` 函数，然后通过 Matplotlib 的一些功能绘制结果。

要使用 `roc_curve` 函数，你需要清单 6.9 中的 `predictions_test` 变量，它是在所有真阳性和真阴性样本上运行 `predict` 函数的结果。然后你需要调用 `outcomes_` test 得到一个变量，这是 ground truth。由于 ground truth 包含 12 500 个正面情感样本和 12 500 个负面情感样本，你可以在创建 `outcomes_test` 变量时通过调用 `np.ones` 来初始化它，这是一个 NumPy 函数，创建一个指定大小的数组（12 500 个 1）。然后再调用 `np.zeros`，这是一个 NumPy 函数，创建一个指定大小的数组（12 500 个 0）。

当生成这些变量之后，调用 `roc_curve` 函数获得真阳性率（`tpr`）和假阳性率（`fpr`）；并将其传入 `auc` 函数，它给出 AUC 值并存储在 `roc_auc` 变量中。清单 6.10 的其余部分设置绘图，用虚线在 *x* 轴 0 到 1 和 *y* 轴 0 到 1 的范围内画出基线分类器，以及在虚线之上使用 `tpr` 和 `fpr` 值以实线画出你实际的分类器的结果。如图 6.5 所示。

清单 6.10   通过 ROC 来测量你的分类器相对基线的表现

创建与正负样本文件数量对应的标签数组，1代表正标签，0代表负标签

计算假阳性率（fpr），真阳性率（tpr），以及曲线下面积（roc_auc）

```
from sklearn.metrics import roc_curve, auc

outcome_test = np.ones(len(only_pos_files))
outcome_test = np.append(outcome_test, np.zeros(len(only_neg_files)))

fpr, tpr, thresholds = roc_curve(predictions_test, outcome_test)
roc_auc = auc(fpr, tpr)

plt.figure()
plt.plot(fpr, tpr, color='darkorange', lw=1, label='ROC curve
  (area = %0.2f)' % roc_auc)
plt.plot([0, 1], [0, 1], color='navy', lw=1, linestyle='--')
plt.xlim([0.0, 1.0])
plt.ylim([0.0, 1.05])
plt.xlabel('False Positive Rate')
plt.ylabel('True Positive Rate')
plt.title('Receiver operating characteristic')
plt.legend(loc="lower right")
plt.show()
```

初始化Matplotlib并为基线ROC和分类器结果设置线段风格

创建图例和标题

显示绘制结果

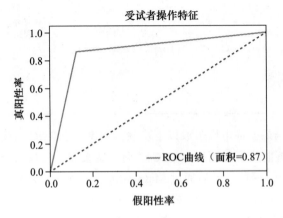

图 6.5   你的逻辑回归情感分类器的 ROC 曲线。其性能远优于基线，其 ROC 曲线 /AUC 值为 0.87，或 87%

你已经评估了逻辑回归分类器的准确率，计算了它的精度、召回率并生成了 ROC 和 AUC 曲线，并将其与基线做了性能对比，结果相当不错（接近 90%）。正如我在第 5 章中提到的，任何具有这种性能的分类器在工作中都可能表现良好，因为它是在一个平衡的数据集上训练，并在同样平衡的未见过的数据上进行评估。

在第 5 章讨论的另一项技术是 softmax 回归，它具有从二分类预测扩展到 N 类预测的天然优势。即便在这里没有 N>2 的类别来训练，但依然有价值去探讨如何创建一个 softmax 版本的情感分类器，以便你获得一些构建它的实际经验。你可以重用你在本章中进行的大部分工作，所以让我们开始吧。

6.5　创建 softmax 回归情感分类器

softmax 回归方法的优点是它可以将分类预测扩展到两个以上的类别。分类方法的结构与逻辑回归类似。有以下方程，其中，你采用一组线性的自变量（权重 w 是要学习的）并通过 sigmoid 函数运行它们，它将快速地得到一个在 0 到 1 之间的平滑曲线上的值。

回忆一下逻辑回归的构造：

$$Y = sig(linear)$$

$$Y = sig(w_1 x_1 + w_2 x_2 + ... + w_0)$$

使用 softmax 回归，你有一个相似的结构，其中要学习的权重数量为 num_features× num_labels。在这种情况下，权重的数量等于 w 数量乘以因变量的个数，类似于逻辑回归。你还需要学习一个大小为 num_labels 的偏置矩阵，同样类似于标准的逻辑回归。softmax 回归的关键区别是使用 softmax 函数代替 sigmoid 函数，来学习你试图预测的 N 个类的概率分布。softmax 的方程为

$$Y = WX + B$$

现在在你的情感分类问题上下文中考虑 softmax 分类器。你尝试学习的是，对于每条你要测试的 25 000 条评论，一组表示两个标签（正或负）的概率 Y。每个评论（25 000 条评论（X）中的一个）的文本被转换成一个 5000 维的特征向量。权重被关联到每个类别（正面或负面）乘以 5000 个自变量，相关的矩阵我们称之为 W。最后，B 是两个类别的偏差——形成用于回归的线性方程。图 6.6 表示了这个结构。

基于这个结构，可以开始编码将这些矩阵放在一起，并用它们准备你的分类器。你将从创建一个 ground truth 的标签矩阵开始，其中的每一项都需要使用独热形式进行编码（第 5 章）。独热编码是一个产生类别标签的过程，例如用 [0,1] 和 [1,0] 表示类别 A 和 B——在本例中是正面情感和负面情感。由于 softmax 回归通过一个有序的矩阵预测特定的类别，如果你希望 1 对应正面，0 对应负面，矩阵的列的顺序可以是第 0 索引代表负面，第 1 索引代表正面，所以你的标签编码应该是 [1,0] 表示负面情感，[0,1] 表示正面情感。

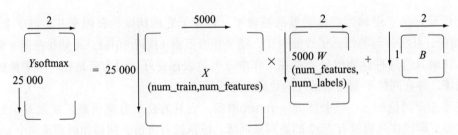

图 6.6   softmax 回归方法。输入 X 是 25 000 条评论的 5000 维的词袋模型特征向量。模型学习 W，这是一个大小为特征数量为 5000，乘以标签类别为 2（对应正面和负面类别）的矩阵

你将重用清单 6.2 中 Pandas 的数据帧，并使用 Pandas 库的一些强大的功能。数据帧类似于 Python 内存关系表，因此你可以使用类似 SQL 的结构查询它们。例如，要选择数据帧中情感为正面（或 1）的所有行，你可以按它的长度遍历数据帧，逐个地选择出情感列的值为 1.0 的行。你将使用此功能生成你的独热编码并创建一个大小为 25 000 × 2 的 NumPy 矩阵。

你的训练输入是清单 6.11 中 CountVectorizer 的输出转换为大小为（25 000 × 5000）的 NumPy 浮点型矩阵。在清单 6.11 中，为 softmax 回归情感分类器创建输入。清单的输出是输入 X 的形状 xs.shape，或（25000，5000），以及标签矩阵的形状 labels.shape，或（25000，2）。

清单 6.11   为你的 softmax 回归分类器创建输入

```
lab_mat = []                                          独热编码正面情感样本
for i in range(len(train['sentiment'])):
    if train['sentiment'][i] == 1.0:  ←
        lab_mat = lab_mat + [[0., 1.]]               独热编码负面情感样本
    elif train['sentiment'][i] == 0.0:  ←
        lab_mat = lab_mat + [[1., 0.]]
                                                      转换标签矩阵为一个NumPy
labels = np.matrix(lab_mat)  ←                        矩阵用于训练
xs = train_data_features.astype(float)  ←
train_size, num_features = xs.shape
                                                      提取训练评论的25 000 × 5000
                                                      词袋模型向量的NumPy数组
print(xs.shape)
print(labels.shape)
打印输入矩阵X(25000, 5000)和
标签矩阵(25000, 2)的形状
```

对训练输入进行编码后，在创建 TensorFlow 的 softmax 回归分类器之前，下一步工作是打乱输入数据。这样做的一个原因是防止分类器记住输入和标签的顺序，相反，重要的是学习输入的词袋模型向量到情感标签的映射。你可以使用 NumPy 的 arange 方法执行这个任务，该方法生成一个给定形状的数字索引范围。

你可以用训练样本的大小（xs.shape[0] 或者 25000）调用 arange，然后使用

NumPy 的 `random` 模块的 `shuffle` 方法 `np.random.shuffle` 随机洗牌这些索引。随机索引数组 `arr` 可以用作对 `xs` 和 `labels` 数组进行索引，以便对它们随机洗牌。通过清单 6.12 的代码可以防止分类器记住数据的顺序，并用它设置你的训练过程。

清单 6.12　防止分类器记住输入数据的顺序

```
生成一个25 000大小
的索引数组
  ┌──▶ arr = np.arange(xs.shape[0])        打乱索引数组的顺序
  │    np.random.shuffle(arr)  ◀───        并将结果存储在arr
  │    xs = xs[arr, :]
  │    labels = labels[arr, :]             使用乱序的索引数组
  │                                        洗牌X和标签
```

你已经基本上准备好编写 softmax 分类器代码了。模型构建和训练前的最后一步是准备好测试数据用于评估准确率，这是你在训练之后想要做的，也是进行 softmax 预测函数所需要的，这看上去有点不同。不需要在评论数据上再次运行整个清洗过程（在清单 6.2 中做过此工作），你需要创建一个函数，假设你已经有了干净的评论数据，只对那些干净的评论运行词袋模型来生成 25 000 × 5000 的测试特征向量。

此外，当在未见过的数据上测试 softmax 分类器的时候，你需要使用在 25 000 条评论上生成的训练词汇表，因此，已经有了训练过的情感分类器，你需要准备用于评估的测试评论和标签。如果使用清单 6.7 中的 `predict` 函数，你可以在一开始单独调用 `review_to_words` 函数并执行相同的步骤。清单 6.13 执行这个任务从 25 000 条测试评论中生成测试特征向量。你将使用这些向量在训练之后测量准确率，并在不久之后测量新的 softmax 分类器的性能。

清单 6.13　为训练之后的评估准备测试评论和标签

```
假设评论是干净的，所以创建
测试词汇表并计数

     def softmax_feat_vec_from_review(test_review, vocab):
  ┌──▶    n_vectorizer = CountVectorizer(analyzer = "word",      \
  │                            tokenizer = None,        \
找出评论得到的测试              preprocessor = None, \         运行CountVectorizer
词汇表和实际全部词              stop_words = None,   \         并产生25 000 × 5000的
汇表之间的交集                  max_features = 5000)           特征矩阵

         ex_data_features = n_vectorizer.fit_transform([test_review])
         ex_data_features = ex_data_features.toarray()
         test_vocab = n_vectorizer.get_feature_names()
         test_vocab_counts = ex_data_features.reshape(ex_data_features.shape[1]).

       ┌ ind_dict = dict((k, i) for i, k in enumerate(vocab))
       │ test_ind_dict = dict((k, i) for i, k in enumerate(test_vocab))
       │ inter = set(ind_dict).intersection(test_vocab)
       │ indices = [ ind_dict[x] for x in inter ]           获取提供的测试
       └ test_indices = [test_ind_dict[x] for x in inter]   评论集的词汇表
                                                            以进行评估
```

```
        test_feature_vec = np.zeros(train_data_features.shape[1])
        for i in range(len(indices)):
            test_feature_vec[indices[i]] = test_vocab_counts[test_indices[i]]


        return test_feature_vec
```

5000 维的特征向量中除了
重叠部分已经计数的索引
其他都是 0

返回单个评论和训练
词汇表的特征向量

```
test_reviews = []
clean_test_reviews = []
test_reviews.extend(only_pos_file_contents)
test_reviews.extend(only_neg_file_contents)
```

创建一个新的数组包含 12 500 个正面
评论并加入 12 500 个负面评论

```
for i in tqdm(range(len(test_reviews))):
    test_review_c = review_to_words(test_reviews[i])
    clean_test_reviews.append(test_review_c)
```

清洗测试评论

```
test_xs = np.zeros((len(clean_test_reviews), num_features))
for i in tqdm(range(len(clean_test_reviews))):
    test_xs[i] = softmax_feat_vec_from_review(clean_test_reviews[i], vocab)
```

创建 (25000, 5000) 的特征
向量用于评估你的分类器

有了评估分类器的数据，已经准备好开始训练过程了。与之前的 TensorFlow 训练过程一样，需要首先定义超参数。主观地为训练选择 1000 个 epoch，使用 0.01 的学习率，批次大小为 100。同样，通过一些试验和超参数调优，你可能会找到更好的起始值，但是清单 6.14 中的参数已经比较好，可以用于试验。在你的笔记本计算机上，训练过程可能需要 30 分钟，所以需要再次使用你的朋友 TQDM 来保证可以在训练时离开电脑并跟踪训练进程。在模型训练完成后，使用 `tf.train.Saver` 保存文件，然后打印测试准确率，其结果为 0.810 64，或 82%。不错！

清单 6.14   使用批量训练 softmax 回归分类器

为输入向量、情感标签、
权重、偏差定义 TensorFlow
占位符

使用 TensorFlow 的
softmax 和矩阵乘法
创建模型 Y=WX+b

```
    learning_rate = 0.01
    training_epochs = 1000
    num_labels = 2
    batch_size = 100
```

定义超参数

定义对数代价函数和
训练操作，当损失为
0 时防止 NaN 问题

```
X = tf.placeholder("float", shape=[None, num_features])
Y = tf.placeholder("float", shape=[None, num_labels])
W = tf.Variable(tf.zeros([num_features, num_labels]))
b = tf.Variable(tf.zeros([num_labels]))
y_model = tf.nn.softmax(tf.matmul(X, W) + b)

cost = -tf.reduce_sum(Y * tf.log(tf.maximum(y_model, 1e-15)))
train_op = tf.train.GradientDescentOptimizer(learning_rate).minimize(cost)
```

创建一个
saver来保
存模型图
和权重

以100为批量在输入
的词袋模型向量和
情感标签上训练

```
saver = tf.train.Saver()
with tf.Session() as sess:
    tf.global_variables_initializer().run()
    for step in tqdm(range(training_epochs * train_size // batch_size)):
        offset = (step * batch_size) % train_size
        batch_xs = xs[offset:(offset + batch_size), :]
        batch_labels = labels[offset:(offset + batch_size)]
        err, _ = sess.run([cost, train_op], feed_dict={X: batch_xs, Y:
        ➡ batch_labels})
        print (step, err)

W_val = sess.run(W)
print('w', W_val)
b_val = sess.run(b)
print('b', b_val)
print("accuracy", accuracy.eval(feed_dict={X: test_xs, Y: test_labels}))
save_path = saver.save(sess, "./softmax-sentiment.ckpt")
print("Model saved in path: %s" % save_path)
```

计算并打印250 000个每个
批量步骤的损失

打印学习到的
权重和偏差

打印在25 000条未见过的
评论上评估出来的准确率

保存softmax回归模型

除了准确性（还是相当不错的），你还可以看到 softmax 分类器的表现略低于逻辑回归二分类器。别担心，你没有做任何参数调优。尽管如此，可以通过生成 ROC 曲线并计算 AUC 对其进行评估，增加自己对分类器能力的信心。接下来我将介绍这个过程。不过在进行 ROC 之前，你需要一个新的函数来执行预测。

这个函数与清单 6.7 中展示的内容仅有一点区别，这个细微的差别是你在未来的机器学习任务中选择逻辑回归还是 softmax 回归的关键点之一。在清单 6.7 中，predict 函数的最后一步使用一个阈值来决定你的 sigmoid 函数的输出应该被映射到 0 还是 1。你应该还记得，sigmoid 函数在 0 和 1 之间波动。你需要定义一个阈值——通常是中间值 0.5——来决定中间的点是落在 0 这边还是 1 这边。因此二元逻辑回归的输出是 0 或 1，随之的是实际值与定义的阈值之间的距离。你可以把这个距离看作算法决定将其分类为 1 或 0 的决心。

Softmax 回归有点不同。它的输出是一个矩阵，大小为（样本数量，类别数量）或者（行，列）。当你给算法一个评论或者一行并尝试将输出分为两类或两列时，你会得到一个类似 [[0.02 98.4]] 的矩阵。该矩阵表明该算法对输入是负面情绪（第 0 列）有 0.02% 的置信度，对其是正面情绪（第 1 列）有 98.4% 的置信度。对于 25 000 个评论，你会得到一个 25 000 行和两列的矩阵，每列的值对应每个类别的置信度。softmax 的输出不像逻辑回归，不是 0 或者 1。predict_softmax 函数需要考虑这一事实并计算出列维度中的最大值。

NumPy 提供了 np.argmax 函数来完成这个事情。你提供一个 NumPy 数组作为第一个参数；第二个参数表示按哪个坐标轴方向检测。函数返回具有最大值的坐标轴索引。对于 np.argmax([[0.02 98.4]], 1)，函数将返回 1。清单 6.15 与清单 6.7 类似，唯一的区别就是通过 np.argmax 的方式解释输出。

清单 6.15   为你的 softmax 回归分类器创建 `predict` 函数

清洗评论

创建测试词汇表
并计数

对测试评论
应用词袋模
型并生成词
汇表

找出评论得到的测试
词汇表与实际全词汇
表的交集

```
def predict_softmax(test_review, vocab):
    test_review_c = review_to_words(test_review)

    n_vectorizer = CountVectorizer(analyzer = "word",        \
                                   tokenizer = None,          \
                                   preprocessor = None,       \
                                   stop_words = None,         \
                                   max_features = 5000)
    ex_data_features = n_vectorizer.fit_transform([test_review_c])
    ex_data_features = ex_data_features.toarray()
    test_vocab = n_vectorizer.get_feature_names()
    test_vocab_counts = ex_data_features.reshape(ex_data_features.shape[1])

    ind_dict = dict((k, i) for i, k in enumerate(vocab))
    test_ind_dict = dict((k, i) for i, k in enumerate(test_vocab))
    inter = set(ind_dict).intersection(test_vocab)
    indices = [ ind_dict[x] for x in inter ]
    test_indices = [test_ind_dict[x] for x in inter]

    test_feature_vec = np.zeros(train_data_features.shape[1])
    for i in range(len(indices)):
        test_feature_vec[indices[i]] = test_vocab_counts[test_indices[i]]

    predict = y_model.eval(feed_dict={X: [test_feature_vec], W: W_val,
    ➡ b: b_val})
    return np.argmax(predict, 1)
```

5000维的特征向量中
除了重叠部分已经计
数的索引其他都是0

进行预测并得到
softmax矩阵

使用np.argmax得到预测类别
为0列的负面或1列的正面

有了新的 `predict_softmax` 函数，可以生成 ROC 曲线并评估你的分类器，类似于清单 6.10。加载保存的 softmax 回归模型，而不是对每条评论调用 `predict` 函数。使用学习到的权重和偏差，对整个测试评论集进行预测。然后使用 np.argmax 同时获得 25 000 条评论的预测结果。当使用你的 softmax 分类器在测试数据上测试时，按照下面清单 6.16 输出 ROC 曲线，并显示 81% 的准确率。如果你有更多的时间和运行周期，试试这些超参数，看看调整这些参数是否会得到比逻辑回归更好的结果。研究机器学习算法是不是很有趣？

清单 6.16   生成 ROC 曲线并评估你的 softmax 分类器

加载softmax回归模型

同时对25 000条评论预测
情感并使用np.argmax
得到所有情感结果

```
saver = tf.train.Saver()
with tf.Session() as sess:
    saver.restore(sess, save_path)
    print("Model restored.")
    predict_vals = np.argmax(y_model.eval(feed_dict={X: test_xs, W: W_val,
    ➡ b: b_val}), 1)

outcome_test = np.argmax(test_labels, 1)
```

使用np.argmax得到测试集
情感分类

```
predictions_test = predict_vals        ⟵──┐  设置预测的情感进行测试

fpr, tpr, thresholds = roc_curve(predictions_test, outcome_test)
roc_auc = auc(fpr, tpr)
                                                使用真假阳性率生成
plt.figure()                                    ROC曲线和AUC
plt.plot(fpr, tpr, color='darkorange', lw=1,
➡   label='ROC curve (area = %0.2f)' % roc_auc)
plt.plot([0, 1], [0, 1], color='navy', lw=1, linestyle='--')
plt.xlim([0.0, 1.0])
plt.ylim([0.0, 1.05])
plt.xlabel('False Positive Rate')
plt.ylabel('True Positive Rate')
plt.title('Receiver operating characteristic')
plt.legend(loc="lower right")
plt.show()
```
绘制基线分类器和你的softmax
分类器结果

你可以在图 6.7 中看到运行清单 6.16 的结果，它描述了评估你的分类器的 ROC 曲线。本着比赛的精神，为什么不把你的结果提交到机器学习比赛平台 Kaggle 上面的 Bag of Words Meets Bags of Popcorn 挑战赛呢？这个过程非常简单，我将在 6.6 节介绍。

6.6　向 Kaggle 提交结果

Bag of Words Meets Bags of Popcorn 挑战赛几年前就结束了，但是 Kaggle 依然允许你上传你的机器学习算法来看看它在排行榜上的位置。这个简单的过程向你展示了你的机器学习怎么样。完成所有工作的 Python 代码相当简单。

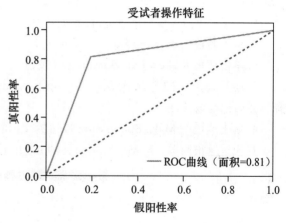

图 6.7　softmax 情感分类器的 ROC 曲线和 AUC 曲线。它的表现比你的逻辑回归分类器稍微差一点，有 81% 的准确率

调用你最初的二元逻辑回归情感分类器的 predict 函数。因为它的表现比 softmax 好一些——87% 对 81%——你应当提交你最好的成绩。如果你使用清单 6.2 中加载的原始 Kaggle 测试 CSV，你可以生成测试的 Pandas 数据帧并在其上运行 predict 函数。之后，可以使用 Pandas 的另一伟大特性来增加一整列，并将其与相关的行映射。只要新列的内容个数与其他列相同，就可以用一行函数来创建一个带有新增列的新数据帧。基于新的数据帧，你可以使用 Pandas 的内置函数将数据帧输出到 CSV，并得到 Bag_of_Words_model.csv 结果上传到 Kaggle。清单 6.17 中的代码生成这个 CSV 文件。

清单 6.17　将你的情感分类器的结果提交给 Kaggle

生成空的**Kaggle提交列表**
并逐个添加评论

```
num_reviews = len(test["review"])
result = []
for i in tqdm(range(0, num_reviews)):
    r = predict(test["review"][i], vocab, w_val)     调用predict函数得到
    result.append(r)                                  情感值1或0

output = pd.DataFrame( data={"id":test["id"], "sentiment":result} )
output.to_csv( "Bag_of_Words_model.csv", index=False, quoting=3 )
```

使用**Pandas**写入CSV文件

将结果拷贝到一个带有**id**列
和情感列的**Pandas**数据帧

现在已经生成了 Kaggle 提交物，可以将结果 CSV 文件上传到 Kaggle。假设你已经创建了账户，你可以访问 https://www.kaggle.com/c/word2vec-nlp-tutorial 进行提交。使用以下说明，这些也可以在以后的 Kaggle 比赛中使用：

1. 单击蓝色的 Join the Competition 功能。

2. 单击蓝色 Make a Late Submission 按钮。

3. 运行清单 6.17 并生成 Bag_of_Words_model.csv 文件后，单击窗口区域进行文件选择，然后选择该文件。

4. 单击蓝色的 Make Submission 按钮提交你的预测并查看你在排行榜上的位置。

我说过这很简单，对吧？你可以在图 6.8 中看到你的 Kaggle 提交结果。

图 6.8　进行 Kaggle 提交

就是这样！你已经将你的结果提交给 Kaggle，并将你的结果输入给全世界的机器学习专家查看。这些合理的结果应该会让你在比赛中位居前列。（可惜比赛已经结束了。）

你已经非常出色地完成了任务，应用逻辑回归和 softmax 回归进行了文本分析。在接下来的几章中，你将了解如何使用无监督学习方法，从没有标签的数据中学习。

小结

❑ 你可以通过创建一个词汇表并计数其中单词出现的频率将文本转换为 N 维特征。

❑ 使用文本和词频率，你可以使用 NLP 中著名的词袋模型来表示 IMDb 电影评论文本语料库中的情感。

❑ 使用 Pandas 数据帧，你可以使用 Python 的机器学习库以内存表的形式表示矩阵和向量，来存储分类器的输出和相关的文本。

❑ 你使用逻辑回归和相关的过程为文本形式的电影评论构建了一个基于 TensorFlow 的情感分类器，还使用 softmax 回归构建了一个基于 TensorFlow 的情感分类器。它们在数据准备和模型响应的解释方式上都有所不同。

❑ 通常通过定义并计数真阳性、假阳性、真阴性、假阴性的方式测量分类器的准确率。

❑ 通过计算 ROC 曲线使你可以测量你训练的两个模型的效果。

❑ 将结果提交到 Kaggle 的影评比赛中，查看与其他尝试自动文本情感预测的机器学习研究者的分数相比，你的分数如何。

第 7 章

自动聚类数据

本章内容

- 使用 *k*-means 执行基本的聚类
- 表示音频
- 分割音频
- 使用自组织映射聚类

假设你的硬盘上有一些非盗版、完全合法的 MP3,所有歌曲都挤在一个巨大的文件夹里面。或许自动地将相似歌曲归类会有助于组织它们,例如乡村、说唱、摇滚。这种以无监督的方式将项目分组(例如 MP3 到播放列表)的方式称为**聚类**。

第 6 章假设你有一个带有正确标签的数据集。不幸的是,在现实世界中收集数据的时候你并不总是有这样的待遇。假设你想将大量音乐划分为感兴趣的播放列表。如果不能直接访问元数据,你将怎样对歌曲进行分类?

Spotify、SoundCloud、谷歌音乐、Pandora 和许多其他流媒体音乐服务都试图解决这个问题,向他们的客户推荐相似的歌曲。他们的方法包含了各种机器学习技术的混合运用,但聚类往往是核心的解决方案。

聚类是对数据集进行智能分类的过程。其总体想法是,聚类到同一集群中的两项比归属在不同集群的两项更"接近"。这是一般性的定义,接近的解释是开放性的。当接近是通过两个物种在生物分类层级(科、属、种)中的相似性来衡量时,也许猎豹和豹子属于相同的集群,而大象属于另外的集群。

你能想象存在很多聚类算法,本章重点介绍两类算法:*k*-means 算法和**自组织映射**。这些方法是**无监督的**,这意味着它们不使用 ground truth 的数据来拟合模型。

首先,你将学习如何将音频文件加载到 TensorFlow 并将其表示为特征向量。接下来你会应用各种聚类技术解决现实世界的问题。

7.1　使用 TensorFlow 遍历文件

　　机器学习算法中的一些常见输入类型是音频和图像文件。这不足为奇，因为录音和图片是语义概念的最原始、冗余，以及带有噪声的表示。机器学习就是帮助处理这些复杂问题的工具。

　　这些数据文件有各种各样的实现。例如，图像可以被编码为 PNG 或 JPEG 文件，音频文件可以被编码为 MP3 或 WAV 格式。在本章中，你将研究如何读取音频文件作为聚类算法的输入，这样你就可以自动地对相似音乐进行归类。

练习 7.1

MP3 和 WAV 的优缺点是什么？ PNG 和 JPEG 呢？

答案

MP3 和 JPEG 极大地压缩了数据，所以这些文件更容易存储和传输。但由于这些文件是有损的，WAV 和 PNG 更接近原始内容。

　　从磁盘中读取文件并不是机器学习特有的能力。你可以使用各种 Python 库，例如 NumPy 或 SciPy，将文件加载到内存，就像我在前面章节中向你展示的那样。一些开发者喜欢将数据预处理步骤与机器学习步骤分开对待。没有绝对正确或错误的方法来管理整个流程，这里你将尝试用 TensorFlow 进行数据预处理和学习。

　　TensorFlow 提供了一个名为 tf.train.match_filenames_once 的操作来列出路径下的文件。你可以将此信息传递给队列操作 tf.train.string_input_producer。这样，你可以一次访问一个文件，而不必同时加载所有文件。给定一个文件，可以解码文件并获取有用的数据。图 7.1 概述了使用队列的过程。

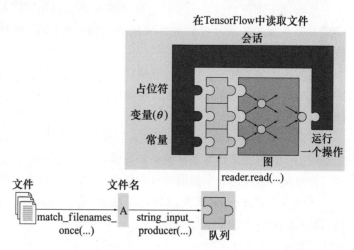

图 7.1　你可以使用 TensorFlow 中的队列读取文件。队列内建在 TensorFlow 的框架中，你可以使用 reader.read(...) 函数来访问（和退出）它

清单 7.1 展示了 TensorFlow 中从磁盘读取文件的实现。

清单 7.1   遍历路径下的数据

```
import tensorflow as tf                                          保存与模式匹配
                                                                 的文件名
filenames = tf.train.match_filenames_once('./audio_dataset/*.wav')
count_num_files = tf.size(filenames)
filename_queue = tf.train.string_input_producer(filenames)       运行reader来抽取
reader = tf.WholeFileReader()                                    文件数据
filename, file_contents = reader.read(filename_queue)   在TensorFlow中读取原生文件

with tf.Session() as sess:                               设置一个随机检索
    sess.run(tf.local_variables_initializer())           文件名的管道
    num_files = sess.run(count_num_files)               计数文件数量

coord = tf.train.Coordinator()                           为文件名队列
threads = tf.train.start_queue_runners(coord=coord)      初始化线程

for i in range(num_files):
    audio_file = sess.run(filename)      逐个遍历数据
    print(audio_file)
```

7.2   音频特征提取

机器学习算法通常被设计为以特征向量为输入，但音频文件是不同的格式。你需要一种方法，从音频文件中提取特征并创建特征向量。

这有助于理解如何表示文件。如果你曾经见过黑胶唱片，你可能会注意到音频的表示形式是磁盘上的凹槽。我们的耳朵从空气的一系列振动中解读声音。通过记录振动特征，算法可以以数据格式存储声音。

现实世界是连续的，但是计算机以离散值存储数据。声音通过模数转换器（ADC）被数字化成离散的表示。你可以把声音想象成一段时间内的波动，但是这样的数据太嘈杂且难以理解。

一种等效的表示波的方法是检查它在每个时间间隔内的频率。这个角度被称为**频域**。通过使用一种称为**离散傅里叶变换**的数学运算（通常使用一种称为**快速傅里叶变换**的算法实现，你将使用它从声音中提取特征向量），可以很容易地在时域和频域之间进行转换。

一个方便的 Python 库可以帮助你在频域内查看音频。从 http://mng.bz/X0J6 下载、解压，然后运行以下命令进行安装：

```
$ python setup.py install
```

Python2 要求

在 Python 2 中正式支持 BregmanToolKit。如果你正在使用 Jupyter Notebook，你可以

按照 Jupyter 官方文档（http://mng.bz/ebvw）中列出的说明来访问这两个版本的 Python。
特别是，你可以用下面的命令来包含 Python 2：

```
$ python2 -m pip install ipykernel
$ python2 -m -ipykernel install --user
```

一个声音可以产生 12 种音阶。在音乐术语中，12 种音阶是 C、C#、D、D#、E、F、F#、G、G#、A、A#、B。清单 7.2 展示了如何以 0.1 秒的间隔检索每个音阶，得到一个 12 行的矩阵。它的列数量随着音频文件长度的增加而增加。具体来说，对于 t 秒长的音频将对应 $10 \times t$ 列。这个矩阵也被称为音频色度图。

清单 7.2　在 Python 中表示音频

```
传入文件名
      from bregman.suite import *
                                                              通过这些参数每0.1秒
                                                              描述12个音阶
      def get_chromagram(audio_file):
          F = Chromagram(audio_file, nfft=16384, wfft=8192, nhop=2205)
          return F.X
                                    按每秒10次将值表示为
                                    12维的向量
```

chromagram 的输出是一个矩阵，如图 7.2 所示。声音剪辑可以用色度图来阅读，色度图是一个生成声音剪辑的方法。现在你有了一种在音频和矩阵之间转换的方法。正如你所了解的，大多数机器学习算法接收特征向量作为有效的数据格式。下面，你将看到的第一个机器学习算法是 k-means 聚类。

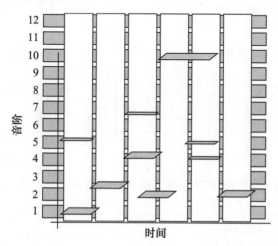

图 7.2　色度图矩阵，其中 x 轴代表时间，y 轴代表音阶。平行四边形表示当前时间存在的音阶

要想在你的色度图上运行机器学习算法，首先你需要决定如何表示特征向量。一个想法是简化音频，只检查每个时间片中最有影响力的音阶，如图 7.3 所示。

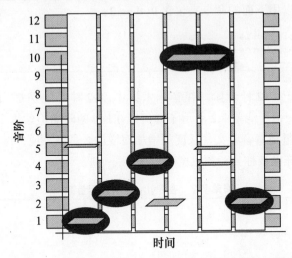

图 7.3   每个时间片中最有影响力的音阶被高亮。你可以把它理解为每个时间片内声音最大的音阶

然后你计数每个音阶在音频文件中出现的次数。图 7.4 以直方图的形式显示该数据，形成一个 12 维的向量。如果你归一化向量，使其所有计数加起来为 1，你就可以很容易地比较不同长度的音频。注意，这个方法类似于你在第 6 章使用的词袋模型方法，从任意长度的文本中生成一个单词计数的直方图。

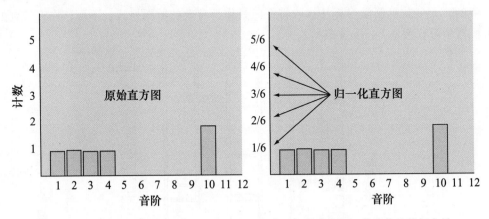

图 7.4   计数每个时间片中声音最大的音阶的频率，生成直方图，作为你的特征向量

练习 7.2

还有哪些方法可以将音频剪辑表示为特征向量？

> **答案**
>
> 你可以将音频剪辑可视化为图像（例如声谱图），并使用图像分析技术来提取特征向量。

查看清单 7.3 的代码生成图 7.4 中的直方图，即你的特征向量。

清单 7.3　获取 *k*-means 的数据集

```python
import tensorflow as tf
import numpy as np
from bregman.suite import *


filenames = tf.train.match_filenames_once('./audio_dataset/*.wav')
count_num_files = tf.size(filenames)
filename_queue = tf.train.string_input_producer(filenames)
reader = tf.WholeFileReader()
filename, file_contents = reader.read(filename_queue)

chroma = tf.placeholder(tf.float32)              创建一个操作来识别
max_freqs = tf.argmax(chroma, 0)                 贡献度最大的音阶

def get_next_chromagram(sess):
    audio_file = sess.run(filename)
    F = Chromagram(audio_file, nfft=16384, wfft=8192, nhop=2205)
    return F.X
                                                 将色度图转换为
                                                 特征向量
def extract_feature_vector(sess, chroma_data):   ◁
    num_features, num_samples = np.shape(chroma_data)
    freq_vals = sess.run(max_freqs, feed_dict={chroma: chroma_data})
    hist, bins = np.histogram(freq_vals, bins=range(num_features + 1))
    return hist.astype(float) / num_samples
                                                 构造一个矩阵，其中
                                                 每行是一条数据
def get_dataset(sess):                           ◁
    num_files = sess.run(count_num_files)
    coord = tf.train.Coordinator()
    threads = tf.train.start_queue_runners(coord=coord)
    xs = []
    for _ in range(num_files):
        chroma_data = get_next_chromagram(sess)
        x = [extract_feature_vector(sess, chroma_data)]
        x = np.matrix(x)
        if len(xs) == 0:
            xs = x
        else:
            xs = np.vstack((xs, x))
    return xs
```

> **注意**　所有代码清单可以从本书的网站 http://mng.bz/yrEq 和 GitHub 网站 http://mng.bz/MoJn 获得。

为了与其他章展示的内容保持一致，在准备好数据集之后，自己先确认一下色度图中是否存在某些相关性，清单 7.1 的代码帮助你从磁盘读取数据，清单 7.3 帮助生成数据集。该数据集由 5 种声音组成，分别对应 2 种不同的咳嗽声和 3 种不同的尖叫声。你可以在清单 7.4 中使用友好的 Matplotlib 库来可视化数据并检查**可学习性**（数据背后的特有属性）。如果你能在声音文件中找到一些相关联的东西，那么机器学习算法也有很大的机会找到。

在清单 7.4 中你将创建一组标签，P1-P12，对应 12 个音阶。然后，由于你在清单 7.3 中将数据转换为 5 个大小为 1×12 的矩阵，因此可以将这些矩阵展开为 12 个数据点，以可视化 5 个色度图。清单 7.4 的结果如图 7.5 所示。

清单 7.4   探索你的声音文件色度图

```
labels=[]
for i in np.arange(12):                        为12个音阶频率创建标签
    labels.append("P"+str(i+1))

fig, ax = plt.subplots()
ind = np.arange(len(labels))
width = 0.15
colors = ['r', 'g', 'y', 'b', 'black']         为5个声音的每个声音
plots = []                                      选择不同的颜色

for i in range(X.shape[0]):                     展开1×12的矩阵为12个点，
    Xs = np.asarray(X[i]).reshape(-1)           每个音阶一个
    p = ax.bar(ind + i*width, Xs, width, color=colors[i])
    plots.append(p[0])

xticks = ind + width / (X.shape[0])
print(xticks)
ax.legend(tuple(plots), ('Cough1', 'Cough2', 'Scream1', 'Scream2', 'Scream3'))
ax.yaxis.set_units(inch)                        为5个声音创建图例：2个咳嗽
ax.autoscale_view()                             声音，3个尖叫声音
ax.set_xticks(xticks)
ax.set_xticklabels(labels)

ax.set_ylabel('Normalized freq coumt')
ax.set_xlabel('Pitch')
ax.set_title('Normalized frequency counts for Various Sounds')
plt.show()
```

通过图 7.5 中的可视化探索让自己看看不同声音之间是否有音阶上的相似性。很明显，咳嗽音的竖条与音阶 P1 和 P5 有一定的关联，尖叫音与音阶 P5、P6 和 P7 的竖条有很强的相关性。音阶 P5 和 P6 中咳嗽和尖叫之间的相似性不太明显。如图 7.5 所示，你将看到，如果一次可视化一个声音，有些时候更容易看到相关性，但这个示例是一个很好的开始。这里肯定有东西能够学习，所以让我们看看，关于如何聚类这些文件，计算机能告诉我们什么。

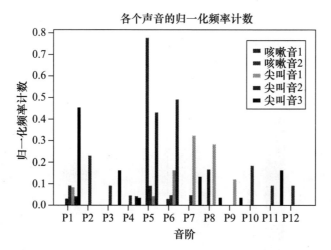

图 7.5　探索 5 个声音文件——2 个咳嗽音和 3 个尖叫音——以及它们在 12 个音阶上的相关性。如果你能观察发现一个模式，那么计算机有很大的机会也可以发现

7.3　使用 *k*-means 聚类

k-means 算法是最古老、也是最鲁棒的集群数据算法之一。*k*-means 中的 *k* 是一个代表自然数的变量，所以你可以想象 3-means 聚类、4-means 聚类，以及任意 *k* 值的聚类。因此，*k*-means 聚类的第一步就是选择一个 *k* 值。具体来说，我们取 *k* = 3。按这个考虑，3-means 聚类的目标是将数据集划分为三个类别（也称为集群）。

选择集群的数量

选择正确数量的集群通常取决于任务。假设你在计划一场几百人的活动，包括年轻人和老人。如果你的预算只够两个娱乐选项，你可以使用 *k* = 2 的 *k*-means 聚类将客人分成两个年龄组。在其他时候，确定 *k* 的值就不那么明显了。自动找出 *k* 的值有些复杂，所以我们在本章不会涉及太多。简而言之，确定最佳 *k* 值的一种直接方法是遍历一系列 *k*-means 并通过一个代价函数来确定哪个 *k* 值可以得到集群之间的最佳差异（且 *k* 最小）。

---

k-means 算法将数据样本视为空间中的点。如果你的数据集是某个活动里的客人，你可以通过年龄表示每个客人。因此，你的数据集是特征向量的集合。在这种情况下，每个特征向量都是 1 维的，因为你只考虑了人的年龄。

通过音频数据聚类音乐，数据样本是音频文件的特征向量。如果两个样本靠得很近，它们的音频特征是相似的。你希望发现哪些音频文件有相同的"邻居"，因为这些集群可能是组织你的音乐文件的好方法。

集群中所有点的中点称为集群的**中心点**。根据你选择抽取的音频特征，中心点可能捕获诸如音量、高音阶，或类似萨克斯管等声音概念。需要注意的是，*k*-means 算法分配的是不可描述的标签，例如集群 1、集群 2、集群 3。图 7.6 展示了声音数据的例子。

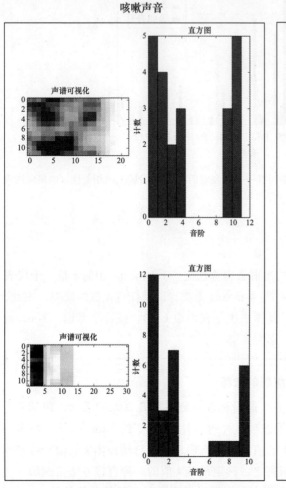
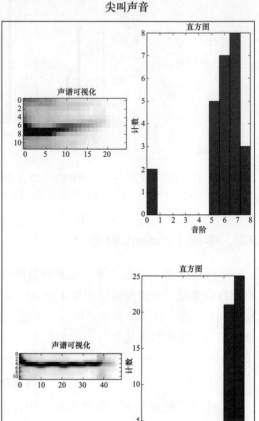

图 7.6　四个音频文件的例子。右边的两个看起来有相似的直方图，左边的两个也有相似的直方图。你的聚类算法将能够对这些音频分组

k-means 算法通过选择特征向量到集群中心点距离最近的集群，为特征向量分配一个集群。算法首先猜测一个集群的位置，并随着时间推移不断迭代优化。算法在猜测不再优化中收敛，或者在尝试次数到达最大值后停止。

算法的核心包括两个任务：

❑ **分配**——将每个数据样本（特征向量）分配到距离其中心点最近的类别。

❑ **重定位**——计算更新后的集群的中心点。

重复两个步骤可得到越来越好的聚类结果。当算法重复执行了期望的次数后，或者类别的分配不再变化时，算法停止，如图 7.7 所示。

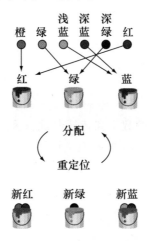

图 7.7　*k*-means 算法的一次迭代。假设你将颜色分成三个桶（类别的非正式说法）。你可以先假设红、绿、蓝三个类别并开始分配步骤。然后将属于每个桶的颜色取平均值，更新桶的颜色。重复这个过程，直到桶的颜色不再明显改变，达到代表每个集群的中心点的颜色

清单 7.5 展示了如何通过清单 7.3 中生成的数据集实现 *k*-means 算法。为了简单起见，选择 *k* = 2，这样你就可以轻松地验证你的算法将音频文件划分为两个不同的类别。使用前 *k* 个向量作为初始猜测的中心点。

清单 7.5　实现 *k*-means 算法

决定集群的数量

声明运行*k*-means的最大迭代次数

选择初始猜测的集群的中心点

将每个数据样本分配到距离它最近的集群

更新集群的中心点

```
k = 2
max_iterations = 100

def initial_cluster_centroids(X, k):
    return X[0:k, :]

def assign_cluster(X, centroids):
    expanded_vectors = tf.expand_dims(X, 0)
    expanded_centroids = tf.expand_dims(centroids, 1)
    distances = tf.reduce_sum(tf.square(tf.subtract(expanded_vectors,
     expanded_centroids)), 2)
    mins = tf.argmin(distances, 0)
    return mins

def recompute_centroids(X, Y):
    sums = tf.unsorted_segment_sum(X, Y, k)
    counts = tf.unsorted_segment_sum(tf.ones_like(X), Y, k)
    return sums / counts
```

```
with tf.Session() as sess:
    sess.run(tf.global_variables_initializer())
    X = get_dataset(sess)
    centroids = initial_cluster_centroids(X, k)
    i, converged = 0, False
    while not converged and i < max_iterations:    ← 迭代以得到最佳的
        i += 1                                        集群位置
        Y = assign_cluster(X, centroids)
        centroids = sess.run(recompute_centroids(X, Y))
    print(centroids)
```

就是这样！如果你知道集群的数量和特征向量表示，你就可以使用清单 7.5 对任何东西集群。在 7.4 节，你将对音频文件中的片段进行聚类。

7.4 分割音频

在 7.3 节中，你对各种音频文件进行集群以便对其进行自动分组。本节介绍在单个音频文件中使用聚类算法。前者的过程称为**聚类**，后者称为**分割**。**分割**是聚类的另一种说法，但是当我们把一个图像或音频文件分割成独立的部分时，我们经常说分割而不是集群。分割类似于把一个句子分解成单词，但不同于把单词分成字母。尽管分割和聚类的一般思想都是将较大的片段分解成较小的部分，但是单词与字母不同。

假设你有一个很长的音频文件，可能是播客或者脱口秀。想象编写一个机器学习算法，来识别两个人在音频采访中哪一个在讲话。分割音频文件的目标是将音频碎片关联到相同的类别。在这种情况下，你将为每个人设置一个类别，每个人的发言应该收敛到适当的类别中，如图 7.8 所示。

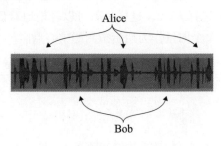

图 7.8 音频分割是对音频片段进行自动标注的过程

按清单 7.6 的内容创建一个新的源文件，它将帮助你开始组织音频数据以进行分割。代码将音频文件分割成多个大小为 segment_size 的片段。一个长音频文件将包含成百上千的片段。

清单 7.6 为分割组织数据

```
                     决定集群的数量
    import tensorflow as tf
    import numpy as np
    from bregman.suite import *         片段的大小越小，效果越好
                                        （但性能表现得越慢）
→ k = 2
    segment_size = 50        ←
    max_iterations = 100                ←
                                              决定何时停止迭代
    chroma = tf.placeholder(tf.float32)
```

```
    max_freqs = tf.argmax(chroma, 0)

def get_chromagram(audio_file):
    F = Chromagram(audio_file, nfft=16384, wfft=8192, nhop=2205)
    return F.X

def get_dataset(sess, audio_file):                    ◁────  提取音频片段为独立的
    chroma_data = get_chromagram(audio_file)                 数据以得到数据集
    print('chroma_data', np.shape(chroma_data))
    chroma_length = np.shape(chroma_data)[1]
    xs = []
    for i in range(chroma_length / segment_size):
        chroma_segment = chroma_data[:, i*segment_size:(i+1)*segment_size]
        x = extract_feature_vector(sess, chroma_segment)
        if len(xs) == 0:
            xs = x
        else:
            xs = np.vstack((xs, x))
    return xs
```

现在在这个数据集上运行 *k*-means 聚类，以识别片段的相似性。其目的是，*k*-means 将用相同的标签对听上去相似的音频片段进行分类。如果两个人的声音有明显不同，那么他们的音频片段将归属不同的标签。清单 7.7 展示了如何将分割应用在音频片段上。

清单 7.7　分割一段音频剪辑

```
with tf.Session() as sess:
    X = get_dataset(sess, 'TalkingMachinesPodcast.wav')
    print(np.shape(X))
    centroids = initial_cluster_centroids(X, k)
    i, converged = 0, False                                      运行k-means算法
    while not converged and i < max_iterations:  ◁──────┘
    i += 1
    Y = assign_cluster(X, centroids)
    centroids = sess.run(recompute_centroids(X, Y))
    if i % 50 == 0:
        print('iteration', i)
                                                       打印每个时间片
segments = sess.run(Y)                                 的标签
for i in range(len(segments)):               ◁────────┘
    seconds = (i * segment_size) / float(10)
    min, sec = divmod(seconds, 60)
    time_str = '{}m {}s'.format(min, sec)
    print(time_str, segments[i])
```

运行清单 7.7 的结果是一系列的时间戳及其集群的 ID，每个集群对应在播客中说话的人：

```
('0.0m 0.0s', 0)
('0.0m 2.5s', 1)
('0.0m 5.0s', 0)
('0.0m 7.5s', 1)
('0.0m 10.0s', 1)
```

```
('0.0m 12.5s', 1)
('0.0m 15.0s', 1)
('0.0m 17.5s', 0)
('0.0m 20.0s', 1)
('0.0m 22.5s', 1)
('0.0m 25.0s', 0)
('0.0m 27.5s', 0)
```

> **练习 7.3**
> 如何检测聚类算法已经收敛（以便可以提前停止算法）？
> **答案**
> 一种方法是监视集群的中心点的变化情况，在不需要继续更新时（例如在两个迭代之间误差大小的差异没有显著变化）宣布收敛。为了实现这一点，你需要计算误差的大小并决定什么最重要。

7.5　使用自组织映射进行聚类

自组织映射（SOM）是一种在低维空间表示数据的模型。在这个过程中，SOM 自动地将相似的数据样本移动到一起。假设你在为一大群人点比萨，你不会想为每个人都点一份同样的比萨，因为有人可能更喜欢美味的菠萝配蘑菇和辣椒作为配料，你可能更喜欢芝麻菜和洋葱配凤尾鱼。

每个人对配料的偏好可以用一个 3 维向量表示。SOM 允许你将这些 3 维向量嵌入到 2 维空间（只要你定义了比萨之间如何测量距离）。接下来，一个可视化的 2D 图揭示了好的集群数量选择。

尽管它可能比 k-means 需要更长的时间收敛，但 SOM 方法没有关于集群的数量的假设。在现实世界中，很难为集群的数量选择一个值。考虑一群人，其中集群随着时间而变化，如图 7.9 所示。

SOM 只是将数据重新解释为有利于聚类的结构。算法按以下方式工作：

1）设计一个节点网格，每个节点持有一个权重向量，其维度与数据样本的维度相同。每个节点的权重初始化为随机值，通常来自标准正态分布。

2）逐一提交样本给网络。对于每条数据，识别出网络中权重向量与它最接近的节点。这个节点被称为**最佳匹配单元**（Best Matching Unit，BMU）。

当网络识别出 BMU 之后，该 BMU 的所有邻居都会更新，使其权重向量向接近 BMU 的值移动。距 BMU 较近的节点比距离较远的节点受到的影响更大。此外，BMU 周围的邻居的数量按照一个比率随着时间推移而减少，比率通常是反复试验确定的。图 7.10 说明了该算法。

图 7.9　在现实世界中，我们总能看到一群群的人。应用 *k*-means 算法需要提前知道集群的数量。更灵活的
工具是 SOM，它不需要关于集群的数量的设想

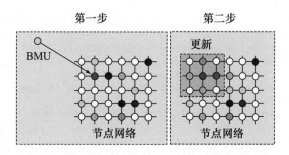

图 7.10　SOM 算法的一次迭代。第一步是识别 BMU，第二步更新邻居节点。使用训练数据不断迭代这两
个步骤，直到达到某种收敛标准

清单 7.8 展示了如何在 TensorFlow 中开始实现 SOM。按照下面打开一个新文件。

清单 7.8　创建 SOM 算法

```
import tensorflow as tf
import numpy as np

class SOM:
    def __init__(self, width, height, dim):
        self.num_iters = 100
        self.width = width
        self.height = height
        self.dim = dim
        self.node_locs = self.get_locs()

        nodes = tf.Variable(tf.random_normal([width*height, dim]))
        self.nodes = nodes
```

> 每个节点是一个dim维的向量。对于一个
> 2维网格来说，有width×height个节点；
> get_locs的定义在清单7.11

```
x = tf.placeholder(tf.float32, [dim])        这两个操作符是
iter = tf.placeholder(tf.float32)            每次迭代的输入

self.x = x           你需要从另一个
self.iter = iter     方法访问它们
                                                      找到与输入最接近的节点
                                                      （在清单7.10中）
bmu_loc = self.get_bmu_loc(x)

self.propagate_nodes = self.get_propagation(bmu_loc, x, iter)
                                                      更新邻居的值
                                                      （在清单7.9中）
```

在清单 7.9 中，将定义在给定当前时间间隔和 BMU 位置的情况下，如何更新邻居的权重。随着时间推移，BMU 的邻居权重受到的影响越来越小。这样，权重会随着时间逐渐稳定下来。

清单 7.9   定义如何更新邻居的值

```
def get_propagation(self, bmu_loc, x, iter):        比率随着迭代增加而减小。
    num_nodes = self.width * self.height            这个值影响到参数alpha
    rate = 1.0 - tf.div(iter, self.num_iters)       和sigma
    alpha = rate * 0.5
    sigma = rate * tf.to_float(tf.maximum(self.width, self.height)) / 2.
    expanded_bmu_loc = tf.expand_dims(tf.to_float(bmu_loc), 0)
    sqr_dists_from_bmu = tf.reduce_sum(
        tf.square(tf.subtract(expanded_bmu_loc, self.node_locs)), 1)
    neigh_factor =
        tf.exp(-tf.div(sqr_dists_from_bmu, 2 * tf.square(sigma)))
    rate = tf.multiply(alpha, neigh_factor)
    rate_factor =                                   扩展bmu_loc以便将其
        tf.stack([tf.tile(tf.slice(rate, [i], [1]),  与node_locs中的每个
                 [self.dim]) for i in range(num_nodes)])  元素进行高效的比较
    nodes_diff = tf.multiply(
        rate_factor,
        tf.subtract(tf.stack([x for i in range(num_nodes)]), self.nodes))
    update_nodes = tf.add(self.nodes, nodes_diff)
    return tf.assign(self.nodes, update_nodes)      定义更新
                                                    返回一个操作来执行更新
```

确保距离 BMU 更近的节点变化更大

清单 7.10 展示了对于给定一个输入数据，如何找到 BMU 的位置。它在节点网格中寻找匹配最近的节点。这个步骤类似于 k-means 聚类中的分配步骤，网格中的每个节点都是一个潜在的集群的中心点。

清单 7.10   获得最佳匹配节点的位置

```
def get_bmu_loc(self, x):
    expanded_x = tf.expand_dims(x, 0)
    sqr_diff = tf.square(tf.subtract(expanded_x, self.nodes))
    dists = tf.reduce_sum(sqr_diff, 1)
    bmu_idx = tf.argmin(dists, 0)
```

```
bmu_loc = tf.stack([tf.mod(bmu_idx, self.width), tf.div(bmu_idx,
➥ self.width)])
return bmu_loc
```

在清单 7.11 中，创建一个辅助函数来产生网格中所有节点的 (x, y) 位置列表。

清单 7.11　生成一个点的矩阵

```
def get_locs(self):
    locs = [[x, y]
            for y in range(self.height)
            for x in range(self.width)]
    return tf.to_float(locs)
```

最后，让我们定义一个名为 train 的方法来运行算法，如清单 7.12 所示。首先，必须创建会话并执行 global_variables_initializer 操作。接下来，逐个地使用输入数据，执行一定次数的 num_iter 循环更新权重。当循环结束时，记录最终的节点权重及其位置。

清单 7.12　运行 SOM 算法

```
def train(self, data):
    with tf.Session() as sess:
        sess.run(tf.global_variables_initializer())
        for i in range(self.num_iters):
            for data_x in data:
                sess.run(self.propagate_nodes, feed_dict={self.x: data_x,
                ➥ self.iter: i})
        centroid_grid = [[] for i in range(self.width)]
        self.nodes_val = list(sess.run(self.nodes))
        self.locs_val = list(sess.run(self.node_locs))
        for i, l in enumerate(self.locs_val):
            centroid_grid[int(l[0])].append(self.nodes_val[i])
        self.centroid_grid = centroid_grid
```

就是这样！现在让我们看看算法的实际应用。通过给 SOM 一些输入来验证实现。在清单 7.13 中，输入是一个 3 维的特征向量列表。通过训练 SOM，你将发现数据中的集群。你使用的是一个 4×4 的网格，但最好尝试不同的值来交叉验证最佳的网格大小。图 7.11 显示了代码的输出。

SOM 在 2 维空间中嵌入高维数据，使聚类变得容易。这个过程扮演了一个方便的预处理步骤。你可以通过观察 SOM 的输出手动的指定集群的中心点，但是也可以通过观察权重的梯度自动地找出很好的中心点。如果你想进一步探索，我建议你阅读 Juha Vesanto 和 Esa Alhoniemi 的著名论文 "Clustering of the Self-Organizing Map"，网址在 http://mng.bz/ XzyS。

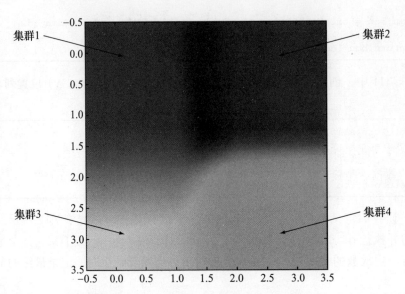

图 7.11　SOM 将所有的 3 维数据样本放入 2 维网格。你可以从中选择集群的中心点（自动或手动），并在直观的低维空间中实现聚类

清单 7.13　验证实现并可视化结果

```
from matplotlib import pyplot as plt
import numpy as np
from som import SOM
  colors = np.array(
        [[0., 0., 1.],
         [0., 0., 0.95],
         [0., 0.05, 1.],
         [0., 1., 0.],
         [0., 0.95, 0.],
         [0., 1, 0.05],
         [1., 0., 0.],
         [1., 0.05, 0.],
         [1., 0., 0.05],
         [1., 1., 0.]])                    网格大小为4×4，输入
                                           的维度为3
  som = SOM(4, 4, 3)  ◁
  som.train(colors)

  plt.imshow(som.centroid_grid)
  plt.show()
```

7.6　应用聚类

　　你已经看到了聚类的两个实际应用：组织音乐和分割音频剪辑做相似声音的标记。当训练数据不包含相应的标签时，聚类尤其有用。如你所知，这种情况正是无监督学习。有

时，标注数据很不方便。

假设你希望了解手机或智能手表中加速度计传感器的数据。在每个时刻，加速度计提供一个 3 维向量，但是你不知道这个人是在走路、站立、坐着、跳舞、慢跑，等等。你可以在 http://mng.bz/rTMe 上获得这样的数据集。

为了聚类时间序列数据，你需要将加速度计向量列表总结为一个简洁的特征向量。一种方法是生成连续大小的加速度之差的直方图。加速度的导数称为急动度，你也可以用相同的方法获得反映急动度大小差异的直方图。

这个从数据中生成直方图的过程就像本章中对音频数据的预处理步骤一样。将直方图转换为特征向量后，就可以使用本章中的代码（例如 TensorFlow 中的 *k*-means）。

注意 　前几章讨论了监督学习，本章着重在无监督学习。在第 9 章你会看到一个机器学习算法，这两者都不属于。这个算法是一个建模框架，没有得到太多程序员的关注，但却是统计学家揭示数据中隐藏信息的必要工具。

小结

❑ 聚类是一种发现数据中的结构的无监督学习算法。

❑ *k*-means 聚类是最容易实现和理解的算法之一，它的速度及准确率表现也很好。

❑ 如果没有指定集群的数量，你可以使用 SOM 算法在简单视图中查看数据。

第 **8** 章

从 **Android** 的加速度计数据推断用户活动

本章内容

- 按三个维度沿时间可视化你手机上的位置数据
- 进行探索性数据分析并发现 Android 手机用户活动模式
- 使用聚类通过 Android 手机用户位置数据自动分组用户
- 可视化 *k*-means 聚类算法

如今，我们几乎离不开一种又小又薄、通常是黑色的设备，它将我们与他人及世界连接在一起：手机。这些设备是计算的奇迹，带有强大微处理器的微型芯片，比十年前的台式电脑强大得多。此外，通过 Wi-Fi 网络的大容量连接能力，可以与世界各地的用户进行广泛连接，而蓝牙则可以与边缘设备进行窄带近距离的安全连接。很快，Wi-Fi 5G 和蓝牙 6 将带来不同地域的网络连接，形成 TB 级别的数据量和数以百万设备组成的物联网。

与这些功能强大的手机相连的还有各种传感器，包括摄像头、温度传感器、光感屏幕，还有一些你在本章之前可能不大了解的东西：加速度计。**加速度计**可以检测和监测旋转机器上的振动，并可以用来获取随时间变化的 3 维空间中的位置数据，这是一个 4 维数据。所有的手机都装有这些传感器，它提供以下形式的位置数据：

(X, Y, Z, t)

当你走路、交谈、爬楼梯、开车时，加速度计收集并记录这些数据到手机的内存中，通常是一个几百 GB 的固态设备，很快就会发展到 TB 级别。这些数据——你在时空中进行各种活动时的位置，例如走路、说话、爬山——会被记录下来，并以无监督学习的模式，根据你在时间和空间中的位置来推断这些活动。如图 8.1 所示，你可以将手机捕获的位置数据概念化。一个人在平面上以正或负的 X, Z 方向移动，Y 轴表示垂直方向上的位置。

如我们在第 7 章讨论的，机器学习不需要标签来进行预测。通过在能够自然拟合到一起的数据上应用 k-means 聚类和自组织映射（SOM）等无监督学习方法，你可以做很多事情。就像你的孩子把蓝光光盘扔得到处都是一样（等等，这不会发生在你身上，对吗），需要组织并仔细地放回你的媒体柜，这里有一个自然的秩序，为了管理目的你将东西归类。对于那些蓝光光盘，秩序可能是类型或演员。

但如何对手机上的位置数据进行分类或组织呢？这些数据似乎有一个自然的组织形式，你可以自己确认一下。当你跑步、跳跃或开车时，你的所有位置数据可能都符合某种趋势或模式。或许 t_i 位置和 t_i+1 位置之间的差异涉及速度或加速度的急剧变化。速度和加速度是图 8.1 中位置（X，Y，Z）相对时间（t）的一阶导数和二阶导数。许多研究人员发现，急动度——位置相对时间的三阶导数——表示作用在物体上的力的变化率。急动度被证明很适当地反映了当你改变活动时动作的变化和趋势，正如位置数据所捕获的那样。急动度的大小差异为以无监督学习方式聚类时间序列位置数据

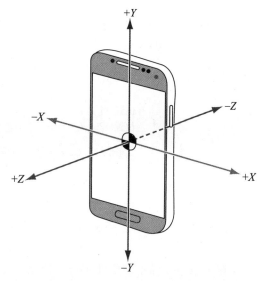

图 8.1　手机捕获的（X，Y，Z）位置在现实世界中的样子。一个人随着时间在正或负的 X 或 Z 方向上行走，当他跳跃或弯腰时，运动体现在 Y 轴上

提供了良好的统计，这些聚类代表你的运动活动，例如跑步、爬山、散步。

在本章中，你将以学习过的 k-means 和 SOM 技术为基础，并将其应用于实际的位置数据。这些数据来自加州大学欧文分校（UCI）及其机器学习资源库，这是一个开放数据集的大杂烩，你可以应用机器学习技术产生有用的见解。来自 Walking 数据集的用户活动数据正是你可以应用 TensorFlow 和无监督聚类技术的数据类型。让我们开始吧！

8.1　Walking 数据集中的用户活动数据

来自 Walking 数据集的用户活动数据包含 22 个参与者及其关联的基于 Android 的位置数据。这些数据于 2014 年 3 月捐赠，已被访问超过 6.9 万次。该数据集是由放置在参与者胸前口袋中的 Android 手机中的加速度计收集的位置和时间数据（X，Y，Z，t）形成的。参与者在野外行走，并沿着预先设定好的路径进行各种活动。该数据可被用于活动类型的无监督学习推理。该数据集是机器学习领域中经常使用的基准，因为它为通过运动模式来识别和验证人提出了挑战。

你可以从 http://mng.bz/aw5B 下载该数据集。该数据集在文件夹结构中解压缩为一组文件，如下所示：

1.csv	10.csv	11.csv	12.csv	13.csv	14.csv	15.csv	16.csv	17.csv
	18.csv	19.csv	2.csv	20.csv	21.csv	22.csv	3.csv	4.csv
	5.csv	6.csv	7.csv	8.csv	9.csv	README		

每个 CSV 文件对应 22 个参与者中的一个，CSV 文件的内容类似于图 8.2 所示的 (t, X, Y, Z) 形式的位置数据。

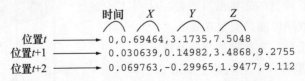

图 8.2   CSV 文件中的参与者数据，一系列的数据点

第一步是将这个 CSV 数据转换为 TensorFlow 可以用于机器学习的东西：NumPy 数据集。要实现这一点，你可以使用 TensorFlow 的 FileReader API。你在第 7 章中用到了这个 API，从音频文件色度图中提取特征向量，并合并到 NumPy 数据集中进行聚类。

在本章中，你不需要使用快速傅立叶变换将声音转换成数字来创建特征向量，而是将已有的位置数据 (X, Y, Z) 转换成急动度大小。你可以使用 Pandas 及其漂亮的数据帧 API 将参与者 CSV 文件读取到内存中一个大的表结构中，然后从这个结构中得到 NumPy 数组。就像我在前面的章节中向你展示的那样，通过 NumPy 数组可以更容易地使用 TensorFlow 和机器学习，因为你可以将 22 个参与者及其位置数据合并到一个 TensorFlow 兼容的 NumPy 矩阵中。工作流可以概括为以下形式（如图 8.3 所示）：

1 使用 TensorFlow 的 FileReader API，获取文件内容和相关文件名。

2 使用色度图的快速傅立叶变换或者计算位置的 N 阶导数得到的急动度大小，从每个文件中提取特征向量到一个 NumPy 数组。

3 将 NumPy 数组垂直堆叠为一个 NumPy 矩阵，创建一个 $N \times M$ 的数组，N 是样本数量，M 是特征数量。

4 在 $N \times M$ 的 NumPy 矩阵上使用 k-means、SOM 或其他技术进行聚类。

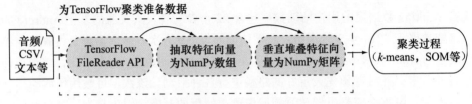

图 8.3   TensorFlow 聚类准备数据的一般方法，从左到右为输入到聚类的过程

清单 8.1 执行此工作流的第一步，使用 TensorFlow 遍历 CSV 文件并创建文件名及其内容的成对集合。

清单 8.1　获取 22 个参与者 CSV 文件的文件名和位置内容

```
import tensorflow as tf
filenames = tf.train.match_filenames_once('./User Identification From Walking
➡ Activity/*.csv')

count_num_files = tf.size(filenames)
filename_queue = tf.train.string_input_producer(filenames)
reader = tf.WholeFileReader()
filename, file_contents = reader.read(filename_queue)
```

创建一个参与者CSV文件名的列表

对CSV文件名的个数计数

为所有参与者创建文件名/内容对

使用TensorFlow的WholeFileReader接口读取文件内容

要开始对参与者的位置数据进行聚类,你需要一个 TensorFlow 的数据集。让我们使用 TensorFlow 的 `FileReader` API 创建一个。

8.1.1　创建数据集

按照我在第 7 章中向你展示的内容,你可以通过创建一个 `get_dataset` 函数构造你的代码,该函数依赖 `get_feature_vector` 函数(图 8.3 中所示的工作流的第 2 步)将原始 CSV 中的位置数据转换为用于聚类的特征向量。这个函数的实现计算急动度并使用它作为特征向量,急动度是位置数据对时间的三阶导数。当你完成所有参与者的急动度计算时,你需要将这些特征向量垂直堆叠为一个大的可以进行集群的矩阵(图 8.3 中所示的工作流的第 3 步),这就是 `get_dataset` 函数的要点。

在开始抽取你的特征向量并计算急动度之前,一个好的机器学习实践通常是做一些探索性的数据分析,并通过视图观察你要处理的是什么类型的信息。为了得到一些位置数据样本以便查看,你应该首先尝试勾画出 `get_dataset` 函数。如图 8.2 所示,CSV 文件有 4 列(Time、XPos、YPos 和 ZPos),因此你可以让 Pandas 在其数据帧中对应地为列命名。不用担心你还没有编写 `extract_feature_vector` 函数。从清单 8.2 中的代码开始。

清单 8.2　将文件名和内容转换为 NumPy 矩阵数据集

```
def get_dataset(sess):
    sess.run(tf.local_variables_initializer())
    num_files = sess.run(count_num_files)

    coord = tf.train.Coordinator()
    threads = tf.train.start_queue_runners(coord=coord)
    accel_files = []
    xs = []
    for i in range(num_files):
        accel_file = sess.run(filename)
        accel_file_frame = pd.read_csv(accel_file, header=None, sep=',',
            names = ["Time", "XPos", "YPos", "ZPos"])
        accel_files.append(accel_file_frame)
        print(accel_file)
        x = [extract_feature_vector(sess, accel_file_frame.values)]
        x = np.matrix(x)
```

创建一个TensorFlow会话,并计算需要遍历的文件数量

将文件内容读取到一个带有列命名的Pandas数据帧,并将它们收集到一个列表

使用TensorFlow获得文件名

提取特征向量

```
                    if len(xs) == 0:
                        xs = x
                    else:
                        xs = np.vstack((xs, x))
            return xs
```

垂直堆叠向量为NumPy矩阵

在深入计算特征向量之前，你可以查看你在 `accel_files` 变量中创建的 Pandas 数据帧中的数据。例如，可以使用 Matplotlib 轻松地绘制前两个参与者的位置数据的 X 值，如下所示：

```
accel_files[0]["XPos"].plot.line()
accel_files[1]["XPos"].plot.line()
```

结果如图 8.4 所示，即使只沿着 X 维度，也显示出重叠的模式，至少在前 5000 左右的时间步中是如此。机器学习算法需要学习一些东西。

如果你能发现一个模式，机器学习算法也应该能通过所有维度发现相似的模式。例如，算法应该能够识别出参与者 1 和 2 在前 5000 个时间步中有相似的 X 位置。你可以利用这些信息，使用 TensorFlow 轻松地扩展到所有位置维度，在下一节我将向你展示这一点。

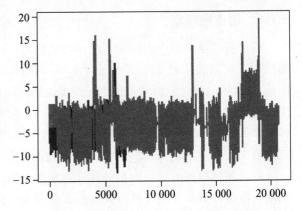

图 8.4 使用 Pandas 和 Matplotlib 展示前两个参与者的 X 维位置数据。在大约前 5000 个时间步左右出现大量的重叠

8.1.2 计算急动度并提取特征向量

让我们从计算你所有数据的急动度开始。你可以使用 NumPy 的 `np.diff` 函数，对于你的数据中的所有 n，它计算 out = a[n+1]-a[n]，结果为一个 n-1 大小的数组。如果有 foo = [1.,2.,3.,4.,5.] 并执行 np.diff(foo)，将返回结果 [1.,1.,1.,1.]。使用 np.diff 计算一次得到输入位置数据的一阶导数（速度），再计算一次得到二阶导数（加速度），以此类推。由于急动度是位置对时间的三阶导数，所以你需要调用 np.diff 三次，将前一次调用的结果作为后一次调用的输入。由于 np.diff 适用于多维度输入，它计算你输入的 $N \times M$ 矩阵中 M 维的每个维度的差异，这里你的输入 M 维度为 3，一个构成位置的样本 X、Y 和 Z。

探索 CSV 数据的下一个重要步骤是理解每个参与者的样本数量，这对应 $N \times 3$ 的参与者矩阵中的参数 N。通过使用清单 8.1 的结果（22 个参与者的文件名及其内容的成对集合），并绘制出每个参与者数据样本的快速直方图（如图 8.3 所示），你可以计算出每个参与者数据的样本数量。结果如图 8.5 所示，显示了 22 个参与者的位置数据的非均匀分布，这意味着 N 对于所有参与者及其输入不是均等的（至少在开始的一段时间）。别担心，我将向你展示如何将样本归一化。

清单 8.3　解读每个参与者的位置数据

导入 Matplotlib

```
import matplotlib.pyplot as plt
num_pts = [len(a_f) for a_f in accel_files]
plt.hist(num_pts)
```

统计 accel_files 中每个文件的数据点数

绘制每个参与者文件数据点数的统一宽度直方图

这个结果有一个问题，如第 7 章所述，聚类的目标是通过一个 $1 \times M$ 的特征向量来代表你要聚类的每个参与者。一个你可以做的观察是，在位置数据的所有时间步中，X、Y、Z 的每个位置维度上都有一个最大或主要的急动度。回到急动度的定义——作用在物体上的力的变化率——选择急动度在三个位置维度上的最大或主要值，可以给你在三个维度轴上最大的力以及切换活动动作的主要原因。选择每个样本在每个维度上的最大急动度可以使矩阵缩减为 $N \times 1$ 的大小，从而得到每个参与者的 1 维的点集。

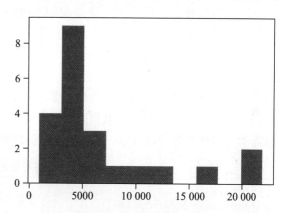

图 8.5　参与者样本在所有 22 个参与者 CSV 文件中的分布。其中 9 个参与者拥有大约 5000 个位置样本，1 个拥有大约 17 000 个，还有参与者拥有 20 000 个，等等

为了将矩阵转换回 3 维的 1×3 矩阵，你可以执行一个直方图来计数 N 个样本在三个维度上的最大急动度并接下来除以样本数量 N 以归一化，得到每个参与者的一个 1×3 的矩阵。这样做的结果是产生一个独立于参与者样本数量的、可用于聚类的、表示每个参与者数据的有效的动作签名。执行此转换的代码是 get_feature_vector 函数，清单 8.4 给出了详细信息。

清单 8.4　选择并计算每个维度上的最大急动度

定义急动度矩阵和计算每个维度上最大急动度和 TensorFlow 操作

```
jerk = tf.placeholder(tf.float32)
max_jerk = tf.reduce_max(jerk, keepdims=True, axis=1)

def extract_feature_vector(sess, x):
    x_s = x[:, 1:]
```

我们不需要时间变量，所以丢弃 t，只包括 (t, X, Y, Z) 中的 (X, Y, Z)

```
                    v_X = np.diff(x_s, axis=0)
                    a_X = np.diff(v_X, axis=0)
                    j_X = np.diff(a_X, axis=0)

                    X = j_X
                    mJerk = sess.run(max_jerk, feed_dict = {jerk: X})
                    num_samples, num_features = np.shape(X)
                    hist, bins = np.histogram(mJerk, bins=range(num_features + 1))
                    return hist.astype(float) / num_samples
```

计算速度(v_X)，加速度(a_X)
和急动度(j_X)

运行TensorFlow
计算最大急动度

样本数量为1，
特征数为3

返回使用所有样本
数量归一化之后的
急动度大小

在执行这种数据操作时，通过 Matplotlib 绘制归一化之后的急动度大小，并查看每个参与者的样本，仍然有一些东西可以学习。清单 8.5 创建绘图进行这种探索性数据分析。第一步是为每个参与者以及他们的 3 维归一化急动度大小 *X*、*Y*、*Z* 创建子图，为每个参与者的三个柱状随机选择一个不同的颜色。从图 8.6 中可以看到，存在明确的模式。对于一些参与者来说，这些柱状在特定的维度上紧凑对齐，这意味着参与者要么改变动作来执行相同的活动，要么离开他们正在共同进行的某个活动。换句话说，你可以发现一些趋势，那么机器学习的聚类算法也可以。现在已经准备好对相似的参与者进行集群。

清单 8.5　可视化归一化的急动度

```
labels=['X', 'Y', 'Z']
fig, ax = plt.subplots()
ind = np.arange(len(labels))
width = 0.015
plots = []
colors = [np.random.rand(3,1).flatten() for i in range(num_samples)]

for i in range(num_samples):
    Xs = np.asarray(X[i]).reshape(-1)
    p = ax.bar(ind + i*width, Xs, width, color=colors[i])
    plots.append(p[0])

xticks = ind + width / (num_samples)
print(xticks)
ax.legend(tuple(plots), tuple(['P'+str(i+1) for i in range(num_samples)]),
    ncol=4)
ax.yaxis.set_units(inch)
ax.autoscale_view()
ax.set_xticks(xticks)
ax.set_xticklabels(labels)

ax.set_ylabel('Normalized jerk count')
ax.set_xlabel('Position (X, Y, Z)')
ax.set_title('Normalized jerk magnitude counts for Various Participants')
plt.show()
```

位置的三个维度*X*、*Y*、*Z*

为每个参与者增加
一个3条柱的子图

为每个参与者选择
一个随机的颜色

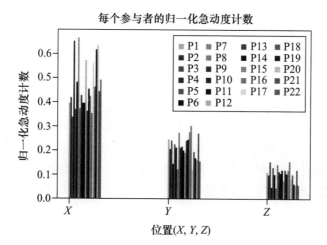

图 8.6　22 个参与者在 X、Y、Z 维度上的归一化急动度大小。可以看到明显的模式：参与者的动作随他们在 X、Y、Z 方向上的活动而变化

8.2　基于急动度大小聚类相似参与者

正如你在第 7 章学习的，k-means 聚类是一种无监督聚类方法，通过一个超参数 K 设定所期望的聚类数量。通常，你可以选择不同的 K 值以观察发生什么以及集群结果与你所提供的数据的拟合程度。由于我们将每位参与者的数千个时间点的最大急动度进行归一化，我们得到了那段时间位置变化（急动度）的简单总结。

一个 K 的简单选择是从 2 开始，看看在参与者中间是否存在一条自然的分割线。可能有些参与者的位置变化剧烈，他们快速地奔跑然后停下来，或者跑着跳到空中。这些随时间突然变化的动作，相对于那些逐渐改变动作（比如停下来之前先减速，或者一直走路或慢跑）的参与者来说，会产生更高的急动度。

因此，选择 $K = 2$ 意味着我们的参与者可能有两个自然的动作分类。让我们用 TensorFlow 来试一试。在第 7 章中，我向你展示了如何使用 TensorFlow 实现 k-means 算法，并在输入的 NumPy 特征向量矩阵上运行。你可以使用相同的代码并应用到调用清单 8.2 中 get_dataset 函数得到的数据集。

清单 8.6 增加了第 7 章中定义的函数来实现 k-means，在你的参与者数据上运行该函数，并对输入数据集群。回忆一下，先定义以下内容：

❑ 超参数 k 和 max_iterations
❑ 集群的数量
❑ 更新中心点并基于距离分配数据到中心点的最大次数

initial_cluster_centroids 函数取数据集中的前 K 个点作为初始集群的猜测，这可能是随机的。然后 assign_cluster 函数使用 TensorFlow 的 expand_dims 函数创建一个额外的维度用于计算数据集 X 中的点与最初猜测的中心点之间的差异。距离中心点远的数据点与那些距离近的点很可能不在同一个集群中。

创建一个维度允许你将距离划分为 K 个集群（最初在 expanded_centroids 变量中选择的），它存储算法每次迭代中 X 点与集群中心点之间的平方和距离。

接下来使用 TensorFlow 的 argmin 函数来确定哪个下标（0 到 K）是最小距离，并将其作为掩码来标识一条特定数据及其归属的组。按掩码标识的组将数据样本点求和并除以数据的数量，得到新的中心点，它是该组中所有点的平均。TensorFlow 的 unsorted_segment_sum 通过中心点对应的掩码得到组中的点。然后 ones_like 创建每个集群中数据样本点的计数，并作为组中所有样本求和的除数，得到新的中心点。

清单 8.6　在所有参与者的急动度数据上运行 *k*-means 算法

```
定义超参数
    k = 2
    max_iterations = 100
                                          最初使用X的前K个元素
                                          作为每个集群的中心点
    def initial_cluster_centroids(X, k):

        return X[0:k, :]
                                          创建扩展维度来计算每个
                                          样本点到中心点的距离
    def assign_cluster(X, centroids):
        expanded_vectors = tf.expand_dims(X, 0)
        expanded_centroids = tf.expand_dims(centroids, 1)
        distances = tf.reduce_sum(tf.square(tf.subtract(expanded_vectors,
          expanded_centroids)), 2)
计算距离  mins = tf.argmin(distances, 0)        通过选择到每个      创建扩展维度将到每个
        return mins                          中心点的最小距      中心点的距离分为K组
                                             离得到组的掩码

    def recompute_centroids(X, Y):
        sums = tf.unsorted_segment_sum(X, Y, k)
        counts = tf.unsorted_segment_sum(tf.ones_like(X), Y, k)
        return sums / counts
                                                             将求和的距离
                   初始化TensorFlow                          除以数据个数
    groups = None                      得到归一化参与者      以重新计算新
    with tf.Session() as sess:         急动度22×3初始        的中心点
使用掩码   X = get_dataset(sess)       数据集
对每个数   centroids = initial_cluster_centroids(X, k)
据样本点   i, converged = 0, False
的最小距   while not converged and i < max_iterations:     持续聚类100个迭代，
离求和        i += 1                                       并计算新的中心点
            Y = assign_cluster(X, centroids)
            centroids = sess.run(recompute_centroids(X, Y))
        print(centroids)
        groups = Y.eval()          打印中心点和组
        print(groups)
```

在运行 *k*-means 和清单 8.6 中的代码之后，你得到两个中心点数据和集群的掩码：0 代表第一组；1 代表另一组。你还可以通过一些简单的 Matplotlib 散点图功能来可视化参与者和两个集群。你可以使用组的掩码 0 和 1 来索引数据集 X 中的数据，并将中心点绘制为 X，

代表每个组的中心。清单 8.7 给出了代码，图 8.7 绘制了结果。尽管你不能确定每个集群是什么标签，但是很明显参与者的运动符合这两种不同的类别，因为每个参与者都很好地分离在各自的组中。

```
[[0.40521887 0.23630463 0.11820933]
 [0.59834667 0.14981037 0.05972407]]
[0 0 0 1 0 0 1 0 0 0 0 1 0 0 0 0 1 0 1 1 0 1]
```

清单 8.7 可视化两集群不同参与者的动作

```
使用组的掩码
索引数据X                                               绘制中心点X
  └──> plt.scatter([X[:, 0]], [X[:, 1]], c=groups, s=50, alpha=0.5)
       plt.plot([centroids[:, 0]], [centroids[:, 1]], 'kx', markersize=15)  <──
       plt.show()
```

你已经使用无监督聚类和急动度大小的指示将参与者的动作分成了两类。你不能确定哪一类表示短的、突然的动作，哪一类表示缓和的动作，但是你可以把它留给后续的分类活动。

接下来，我将向你展示如何使用 k-means 将单个参与者的动作分成多个动作类别，而不是去查看每一个参与者的动作。我们继续！

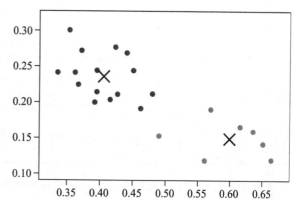

图 8.7 两组参与者的动作集群。虽然你不知道每个集群的准确标签，你可以清楚地看到随时间推移，相似动作参与者的轮廓

8.3 单个参与者的不同类别活动

我在第 7 章中展示了如何将一个音频文件分割，在特定的时间段里将音频文件中的说话者分开并放入不同的组中。通过使用 TensorFlow 和 k-means 聚类，你可以对每个参与者的位置点数据做一些相似的事情。

UCI 机器学习资源库，也是本章中 Walking 数据集的用户活动数据来源，指向了一篇题为 "Personalization and User Verification in Wearable Systems Using Biometric Walking Patterns" 的论文。该论文指出对研究中的参与者活动分为 5 类：攀爬、站立、行走、交谈和工作。（你可以在 http://mng.bz/ggQE 上获得原始论文。）

逻辑上讲，你可以对 N 个参与者数据样本中的单个参与者位置数据做分割，并尝试自动划分和集群这些数据（代表特定时间内的加速度计取值）分类到在野外活动中发生的不同动作中。使用 segment_size 超参数你可以从数据集中取一个 CSV 文件并对其进行位置分割。在分割文件时，你可以重用清单 8.4 中的 `extract_feature_vector` 方法来计算每 50 个位置点位大小的分段的急动度大小及其直方图，以获得具有代表性的位置急动度大小，从而按 5 个可能的活动类别集群。清单 8.8 使用 `segment_size` 变量创建了一个修改的 `get_dataset` 版本，因此命名为 `get_dataset_segmented`。

清单 8.8　分割单个参与者的 CSV

```
segment_size = 50                           ←── 定义超参数
def get_accel_data(accel_file):
    accel_file_frame = pd.read_csv(accel_file, header=None, sep=',',
                names = ["Time", "XPos", "YPos", "ZPos"])
    return accel_file_frame.values

def get_dataset_segmented(sess, accel_file):
    accel_data = get_accel_data(accel_file)    ←── 获取CSV的位置数据
    print('accel_data', np.shape(accel_data))
    accel_length = np.shape(accel_data)[0]    ←── 样本数量
    print('accel_length', accel_length)
    xs = []

    for i in range(accel_length / segment_size):
        accel_segment = accel_data[i*segment_size:(i+1)*segment_size, :] ←┐
        x = extract_feature_vector(sess, accel_segment)
        x = np.matrix(x) ←──┐
                        堆叠急动度为一个N×3的
                        矩阵，其中N为样本数量/      对于每个segment_size
                        分段大小（segment_size）   大小，切片该数目的数据
        if len(xs) == 0:                           点并抽取急动度大小
            xs = x
        else:
            xs = np.vstack((xs, x))
    return accel_data, xs
```

在准备好你的分割数据集之后，就可以再次运行 TensorFlow 了，这次是一个 $N \times 3$ 的矩阵，其中 N 是 `number of samples/segment_size`。当这次执行 k = 5 的 *k*-means 时，你在要求 TensorFlow 将时间中代表 50 个位置点的数据集群为一个参与者可能执行的不同动作：攀爬、站立、行走、交谈或工作。清单 8.9 中的代码类似于清单 8.6，但做了细微的修改。

清单 8.9　将单个参与者文件聚类为不同的动作

```
k = 5                               ←──┐  论文中的攀爬、站立、
with tf.Session() as sess:             │  行走、交谈和工作
    tf.global_variables_initializer()
    accel_data, X1 = get_dataset_segmented(sess, "./User Identification From
    ➡ Walking Activity/11.csv")
                                          ┌─ 只需要一个
                                          │  参与者
    centroids = initial_cluster_centroids(X1, k)
    i, converged = 0, False
    while not converged and i < max_iterations:
        i += 1
        Y1 = assign_cluster(X1, centroids)
        centroids = sess.run(recompute_centroids(X1, Y1))
        if i % 50 == 0:
```

```
        print('iteration', i)
segments = sess.run(Y1)
print('Num segments ', str(len(segments)))
for i in range(len(segments)):
seconds = (i * segment_size) / float(10)
seconds = accel_data[(i * segment_size)][0]
min, sec = divmod(seconds, 60)
time_str = '{}m {}s'.format(min, sec)
print(time_str, segments[i])
```

打印分段的数量，
本例中是112

遍历分段并打印其
动作标签，0-4

你会想可视化运行清单 8.9 的结果。看，这 112 个 50 时间点步长的分段似乎有一个有趣的分布。在左下角的 X 组似乎只有几个分段属于它。中间的三个 X 组代表活动的组看起来是最密集的，右下角较远的那组中的位置分段比左下角的稍微多一点点。你可以通过运行代码来生成图 8.8。

```
plt.scatter([X1[:, 0]], [X1[:, 1]], c=segments, s=50, alpha=0.5)
plt.plot([centroids[:, 0]], [centroids[:, 1]], 'kx', markersize=15)
plt.show()
```

当然，挑战是如何确定每个 X 对应的准确组标签，但是该活动会完好地保存，直到你可以通过每个动作组的属性来检查或者通过 ground truth 描绘它们。或许接近左下角的急动度对应着加速度的缓和变化，活动可能是行走。只有通过单独的分析，才能识别出每一类的标签（0-4）对应着什么——行走、跳跃、跑步，等等——但是机器学习和 TensorFlow 能够在没有 ground truth 的前提下自动地将位置数据划分为这些组，这是非常酷的！

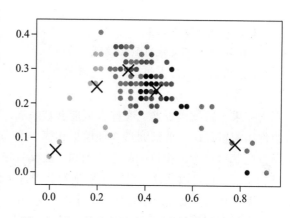

图 8.8　基于单个参与者提供的位置数据的不同活动

小结

☐ 根据你手机的位置数据，机器学习算法使用无监督学习和 k-means 聚类算法可以推断你正在进行的活动。

☐ TensorFlow 可以轻松地计算 k-means，你可以在数据转换后应用第 7 章的代码。

☐ 位置数据指纹类似于文本指纹。

☐ 准备和清洗数据是机器学习中的关键步骤。

☐ 在较大的群体中发现模式并不容易，使用 k-means 聚类并分割现有参与者的数据可以容易地发现活动模式。

第**9**章

隐马尔可夫模型

本章内容

- 定义可解释性模型
- 使用马尔可夫链对数据建模
- 使用隐马尔可夫模型推断隐藏状态

如果火箭发生爆炸，有些人可能会被解雇，所以火箭科学家和工程师们必须确信所有组件和配置无误。他们通过物理模拟和第一原理的数学推导来做到这一点。你也一样曾经通过纯逻辑思考解决科学问题。例如，波义耳定律：在固定温度下，气体的压力和体积成反比关系。你可以从这些已经被发现的关于这个世界的简单法则中做出深刻的推断。最近，机器学习开始扮演演绎推理重要助手的角色。

火箭科学和机器学习这两个词通常不会同时出现。但是现在，在航天工业中通过使用智能的数据驱动算法更加容易实现对现实世界的传感器数据建模。此外，机器学习技术在医疗健康和汽车行业中正蓬勃发展。这是什么原因呢？

这可能部分归因于更容易理解的**可解释性**模型，即学习得到的模型参数具有明确的解释。例如，如果火箭爆炸，一个可解释性模型或许可以帮助追踪到根因。

练习 9.1

使模型可解释的因素可能有点主观。你对可解释模型的标准是什么？

答案

我们喜欢把数学证明作为事实上的解释技术。如果一个人要说服另一个人相信一条数学定理，一个无可辩驳的推理步骤的证明就足够了。

本章内容是关于揭示观察背后隐藏的解释。假设一个木偶大师拉线操控木偶栩栩如生。只分析木偶的动作，会对无生命的物体如何运动得出过于复杂的结论。当你注意到附着的线时，你会意识到木偶大师是这些逼真动作的最好解释。

关于这一点，本章介绍**隐马尔可夫模型**（HMM），它揭示被研究问题的直观性质。HMM 是"木偶大师"，它解释了观察结果。在 9.2 节中，你会使用马尔可夫链对观察建模。

在阅读马尔可夫链和 HMM 的细节之前，考虑一下其他模型。在 9.1 节中，你会看到一个不可解释模型。

9.1　一个不可解释模型的例子

一个不具备解释性的黑盒机器学习算法的经典例子是图像分类。在图像分类任务中，目标是为每个输入图像分配一个标签。更简单地说，图像分类通常是一个选择题：给出的类别列表中哪一个最能描述图像？机器学习从业者在解决这一问题方面取得了巨大的进展，以至于今天最好的图像分类算法在某些数据集上的表现与人类水平相当。

在第 14 章，你将学习如何使用卷积神经网络（CNN）解决图像分类问题，这是一种学得很多参数的机器学习模型。但是这些参数是 CNN 的一个问题：这些成千上万的参数，每个代表什么意思？一个图像分类器很难回答它根据什么给出分类判断。我们可用的只有这些学习到的参数，但是它们不能解释分类背后的原因。

机器学习有时被认为是一个黑盒工具，它解决特定的问题同时又不透露如何得出结论。本章的目的是揭开一个可解释性模型的机器学习领域。具体地说，你将学习 HMM 并使用 TensorFlow 实现它。

9.2　马尔可夫模型

安德雷·马尔可夫（Andrey Markov）是一位俄罗斯数学家，他研究了系统在随机情况下随时间变化的方式。想象在空中跳跃的气体粒子。用牛顿物理学跟踪每个粒子的位置会使问题变得太复杂，所以引入随机性有助于简化物理模型。

马尔可夫意识到进一步简化随机系统的方法是只考虑气体粒子周围的有限区域对其建模。可能欧洲的一个气体粒子对一个美国的粒子根本没有影响，那么为什么不忽略它呢？**当你只看附近的区域而不是整个系统时，数学就简化了。**这个概念被称为**马尔可夫性质**。

考虑建模天气。气象学家用温度计、气压计和风速计来评估各种情况，以帮助预测天气。他们利用卓越的洞察力和多年的经验来完成工作。

让我们使用马尔可夫性质从一个简单的模型开始。首先，确定你关心并研究的可能发生的情况或**状态**。图 9.1 用图中的节点展示了三种天气状态：阴天、雨天和晴天。

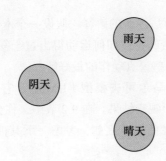

图 9.1   图中节点表示的天气情况（状态）

现在有了状态，需要定义如何从一个状态迁移到另一个状态。将天气作为确定性系统进行建模是困难的。如果今天是晴天，那么明天肯定也是晴天的结论是不对的。相反，可以引入随机性，假设今天是晴天，那么明天有 90% 的可能性是晴天，10% 的可能性是阴天。当你只使用今天的天气情况来预测明天的天气（而不是用历史）时，马尔可夫性质就起作用了。

练习 9.2

如果一个机器人仅根据当前状态来决定执行哪个动作，那么它就遵循了马尔可夫性质。这种决策过程的优缺点是什么？

答案

马尔可夫性质在计算上很容易处理，但马尔可夫模型不能推广到需要积累历史知识的情况。例如，随时间推移的趋势对模型非常重要，或者了解过去不止一个的状态可以更好地给出接下来会发生什么。

图 9.2 演示了节点之间的有向边的转移关系，箭头指向未来下一个状态。每条边对应一个代表概率的权重（例如，如果今天是雨天，那么明天有 30% 的概率是阴天）。两个节点之间没有边，则以一种优雅的方式表达这种转换的概率几乎为零。转移概率可以从历史数据中学得，但现在我们假设它是已知的。

如果你有三个状态，那么可以通过一个 3×3 矩阵表示这种转移关系。矩阵中的每个元素（第 i 行和第 j 列）对应从节点 i 到节点 j 之间的边的概率。一般来说，如果你有 N 个状态，那么转移矩阵的大小会是 $N \times N$，如图 9.4 所示。

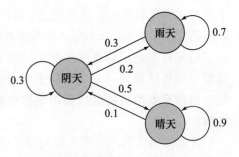

图 9.2   通过有向边表示的不同天气条件之间的转移概率

我们称这个系统为**马尔可夫模型**。随时间推移，状态通过图 9.2 定义的转移概率变化。在我们的例子中，有 90% 的概率晴天之后也是晴天，所以我们看到一条概率为 0.9 的边，循环指回到自己。有 10% 的概率晴天之后是阴天，在图中为一条概率为 0.1 的边从晴天指向阴天。

图 9.3 是给定转移概率的另一种可视化表示状态的方式。这种描述通常被称为**网格图**，这是一个必要的工具，在我们稍后实现 TensorFlow 算法时你会看到。

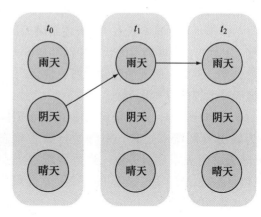

图 9.3　马尔可夫系统随时间变化的网格化表示

你已经看到 TensorFlow 代码如何构建一个图来表示计算。把马尔可夫模型中的节点看作 TensorFlow 中的节点很诱人。虽然图 9.2 和图 9.3 很好地说明了状态转移，但图 9.4 展示了用代码实现它们的一种更有效的方法。

记住，TensorFlow 图中的节点是张量，所以你可以将转移矩阵（我们称之为 T）表示为 TensorFlow 中的节点。然后，你可以对 TensorFlow 中的节点应用数学运算得到有趣的结果。

假设你更喜欢晴天而不是雨天，所以你有一个同每天关联的分数。使用一个名为 s 的 3×1 矩阵代表每个状态的分数。然后在 TensorFlow 中使用 `tf.matmul(T*s)` 将两个矩阵相乘，得到每个状态转换的预期偏好。

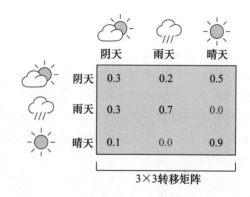

图 9.4　表达从左边（行）状态到顶部（列）状态转移概率的转移矩阵

用马尔可夫模型表示一个场景可以让你极大地简化看待世界的方式。但通常，很难直接测量世界中的状态。通常，你必须通过使用多重观察的迹象来发现隐藏的含义。这正是 9.3 节要解决的问题。

9.3　隐马尔可夫模型简介

当所有的状态都可观察时，9.2 节中定义的马尔可夫模型是方便的，但情况并不总是如此。考虑只获得了一个城镇的温度数据。温度不是天气，但它们是相关的。那么，如何从这一间接的测量数据中推断天气呢？

雨天的时候很可能是较低的气温，而晴天的时候很可能是较高的气温。仅通过气温知识和转移概率，你仍然能够智能推断出最有可能的天气。

这样的问题在现实世界中很常见。一个状态可能留下一些线索，而这些线索是你拥有的全部内容。

由于世界的真实状态（雨天还是晴天）无法直接测量，像这样的模型就是隐马尔可夫模型（HMM）。这些隐藏的状态遵循马尔可夫模型，每个状态都以一定的概率产生可测量的观察结果。例如，晴天的隐藏状态通常会产生较高的气温读数，但偶尔也会因这样或那样的原因产生较低的气温读数。

在 HMM 中，你必须定义输出观测概率（也称为发射概率），通常表示为一个矩阵，称为**输出观测概率**矩阵。矩阵的行数为状态（晴天、阴天或雨天）数，列数为观察类型（热、温暖、冷）数。矩阵的每个元素即观测到此类型的概率。

可视化 HMM 的经典方法是将观察结果附加到网格中，如图 9.5 所示。

差不多就是这样了。转移概率、输出观测概率以及**初始概率**描述了 HMM。初始概率是每个状态在模型预先不知道的情况下发生的概率。如果你在建模洛杉矶的天气，也许晴天的初始概率会大很多。或者假设建模西雅图的天气，你知道应该将雨天的初始概率设置得高一点。

HMM 使你理解一个观察序列。在这个天气建模的场景中，你可能会问观察到某个温度读数序列的概率。我将用前向算法来回答这个问题。

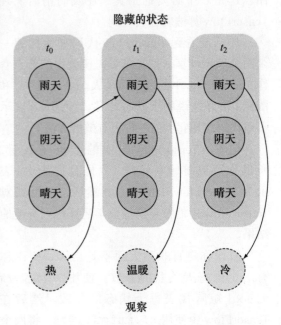

图 9.5　HMM 网格展示天气情况如何产生气温读数

9.4　前向算法

前向算法计算一个观测的概率。许多排列都能够产生一个特定的观测结果，所以通过原始的方法穷举出所有的可能性将花费指数级的计算时间。

相反，你可以使用**动态规划算法**来解决这个问题，这是一种将复杂问题分解为小的简单问题并通过查找表缓存结果的策略。在你的代码中，把查找表保存为 NumPy 数组并将其提供给 TensorFlow 操作符不断更新。

如清单 9.1 所示，创建一个 HMM 类来持有 HMM 参数，包括初始概率向量、转移概率矩阵、输出观测概率矩阵。

清单 9.1　定义 HMM 类

```
import numpy as np            导入需要的库
import tensorflow as tf


class HMM(object):
    def __init__(self, initial_prob, trans_prob, obs_prob):
        self.N = np.size(initial_prob)
        self.initial_prob = initial_prob
        self.trans_prob = trans_prob          保存参数为方法变量
        self.emission = tf.constant(obs_prob)

        assert self.initial_prob.shape == (self.N, 1)
        assert self.trans_prob.shape == (self.N, self.N)    复查所有矩阵的
        assert obs_prob.shape[0] == self.N                  形状都是对的

        self.obs_idx = tf.placeholder(tf.int32)      定义前向算法中
        self.fwd = tf.placeholder(tf.float64)        使用到的占位符
```

接下来，定义一个快速辅助函数来访问观测矩阵中的一行。清单 9.2 中的代码是一个辅助函数，它可以有效地从任意矩阵中获取数据。slice 函数提取原始张量的一部分。这个函数需要输入相关的张量，以及相关张量指定的起始位置和切片大小。

清单 9.2　创建辅助函数访问观测概率矩阵

```
def get_emission(self, obs_idx):          在哪里切片          执行切片
    slice_location = [0, obs_idx]         观测矩阵            动作
    num_rows = tf.shape(self.emission)[0]
    slice_shape = [num_rows, 1]           切片形状
    return tf.slice(self.emission, slice_location, slice_shape)
```

你需要定义两个 TensorFlow 操作。第一个在清单 9.3 中，只会运行一次，用来初始化前向算法的缓存。

清单 9.3　初始化缓存

```
def forward_init_op(self):
    obs_prob = self.get_emission(self.obs_idx)
    fwd = tf.multiply(self.initial_prob, obs_prob)
    return fwd
```

第二个操作在每次观察时更新缓存，如清单 9.4 所示。运行此代码通常称为**执行前向步骤**。虽然这个 forward_op 函数看起来不接受任何输入，但是它使用需要提供给会话的占位符变量。具体来说，self.fwd 和 self.obs_idx 是这个函数的输入。

清单 9.4　更新缓存

```
def forward_op(self):
    transitions = tf.matmul(self.fwd,
 tf.transpose(self.get_emission(self.obs_idx)))
```

```
weighted_transitions = transitions * self.trans_prob
fwd = tf.reduce_sum(weighted_transitions, 0)
return tf.reshape(fwd, tf.shape(self.fwd))
```

在 HMM 类之外，我们定义一个函数来运行前向算法，如清单 9.5 所示。前向算法对每个观测结果运行前向步骤。最后，它输出观测的概率。

清单 9.5　定义 **HMM** 的前向算法

```
def forward_algorithm(sess, hmm, observations):
    fwd = sess.run(hmm.forward_init_op(), feed_dict={hmm.obs_idx:
➡ observations[0]})
    for t in range(1, len(observations)):
        fwd = sess.run(hmm.forward_op(), feed_dict={hmm.obs_idx:
        ➡ observations[t], hmm.fwd: fwd})
    prob = sess.run(tf.reduce_sum(fwd))
    return prob
```

在主函数中，我们通过输入初始概率向量、转移概率矩阵、观测概率矩阵创建 HMM 类。为了保持一致性，清单 9.6 中的例子直接取自维基百科 http://mng.bz/8ztL 上关于 HMM 的文章，如图 9.6 所示。

```
states = ('Rainy', 'Sunny')

observations = ('walk', 'shop', 'clean')

start_probability = {'Rainy': 0.6, 'Sunny': 0.4}

transition_probability = {
    'Rainy'  : {'Rainy': 0.7, 'Sunny': 0.3},
    'Sunny' : {'Rainy': 0.4, 'Sunny': 0.6},
}

emission_probability = {
    'Rainy'  : {'walk': 0.1, 'shop': 0.4, 'clean': 0.5},
    'Sunny' : {'walk': 0.6, 'shop': 0.3, 'clean': 0.1},
}
```

图 9.6　HMM 样例场景截图

总的来说，这三个概念的定义如下：

❏ **初始概率向量**——最初状态的概率

❏ **转移概率矩阵**——给定当前状态，切换到下一个状态对应的概率

❏ **输出观测概率矩阵**——代表你感兴趣的状态被观察到的可能已发生的概率

基于这些矩阵，可以按清单 9.6 调用前向算法。

清单 9.6　定义 **HMM** 并调用前向算法

```
if __name__ == '__main__':
    initial_prob = np.array([[0.6],
                             [0.4]])
```

```
trans_prob = np.array([[0.7, 0.3],
                       [0.4, 0.6]])

obs_prob = np.array([[0.1, 0.4, 0.5],
                     [0.6, 0.3, 0.1]])

hmm = HMM(initial_prob=initial_prob, trans_prob=trans_prob,
➡  obs_prob=obs_prob)

observations = [0, 1, 1, 2, 1]
with tf.Session() as sess:
    prob = forward_algorithm(sess, hmm, observations)
    print('Probability of observing {} is {}'.format(observations, prob))
```

当你运行清单 9.6 时，算法输出如下：

```
Probability of observing [0, 1, 1, 2, 1] is 0.0045403
```

9.5　维特比解码

维特比解码算法根据给定的观察序列，找出最可能的隐藏状态序列。它需要一个类似于前向算法的缓存。将缓存命名为 viterbi。在 HMM 构造函数中，添加清单 9.7 所示的代码行。

清单 9.7　增加维特比缓存为成员变量

```
def __init__(self, initial_prob, trans_prob, obs_prob):
    ...
    ...
    ...
    self.viterbi = tf.placeholder(tf.float64)
```

在清单 9.8 中，定义一个 TensorFlow 操作来更新 viterbi 缓存。这个操作是 HMM 类中的一个方法。

清单 9.8　定义操作来更新前向缓存

```
def decode_op(self):
    transitions = tf.matmul(self.viterbi,
        tf.transpose(self.get_emission(self.obs_idx)))
    weighted_transitions = transitions * self.trans_prob
    viterbi = tf.reduce_max(weighted_transitions, 0)
    return tf.reshape(viterbi, tf.shape(self.viterbi))
```

还需要定义一个操作来更新后向指针（如清单 9.9 所示）。

清单 9.9　定义一个操作来更新后向指针

```
def backpt_op(self):
    back_transitions = tf.matmul(self.viterbi, np.ones((1, self.N)))
    weighted_back_transitions = back_transitions * self.trans_prob
    return tf.argmax(weighted_back_transitions, 0)
```

最后，在清单 9.10 中[⊖]，在 HMM 之外定义维特比解码函数。

清单 9.10　定义维特比解码算法

```
def viterbi_decode(sess, hmm, observations):
    viterbi = sess.run(hmm.forward_init_op(), feed_dict={hmm.obs:
     observations[0]})
    backpts = np.ones((hmm.N, len(observations)), 'int32') * -1
    for t in range(1, len(observations)):
        viterbi, backpt = sess.run([hmm.decode_op(), hmm.backpt_op()],
                                    feed_dict={hmm.obs: observations[t],
                                               hmm.viterbi: viterbi})
        backpts[:, t] = backpt
    tokens = [viterbi[:, -1].argmax()]
    for i in range(len(observations) - 1, 0, -1):
        tokens.append(backpts[tokens[-1], i])
    return tokens[::-1]
```

你可以在主函数中运行清单 9.11 中的代码来估算一个观察的维特比解码。

清单 9.11　运行维特比解码

```
seq = viterbi_decode(sess, hmm, observations)
print('Most likely hidden states are {}'.format(seq))
```

9.6　使用 HMM

现在你已经实现了前向算法和维特比算法，让我们来看看这些新功能的有趣用途。

9.6.1　对视频建模

想象一下，仅仅通过走路的方式来辨别一个人。根据步态来识别人是一个很酷的想法，但首先你需要一个模型来识别步态。考虑一个 HMM，其中步态的隐藏状态序列为：（1）休息位置，（2）右脚向前，（3）休息位置，（4）左脚向前，（5）休息位置。观察到的状态是从视频剪辑中截取的一个人的走路/慢跑/跑步的剪影。（这类例子的数据集可以在 http://mng.bz/Tqfx 上找到。）

9.6.2　对 DNA 建模

DNA 是一个核苷酸序列，我们逐渐对其结构有了更多了解。如果你知道它们出现的顺序的一些概率，理解 DNA 长链的一种聪明办法是建立这个区域的模型。由于阴天通常在雨天之前，也许在 DNA 序列的某些区域（**起始密码子**）也通常在另一些区域（**终止密码子**）之前。

⊖ 代码中 hmm.obs 应为 hmm.obs_idx。——译者注

9.6.3 对图像建模

在手写识别中，我们的目标是从手写文字的图像中检索出明文。一种方法是每次解析一个字，然后连接成结果。你可以利用字符是按顺序（一个单词里）书写的这一见解来构建一个 HMM。了解前一个字符可能有助于你排除下一个字符的可能性。隐藏状态是明文，观察值是包含单个字符的裁剪图像。

9.7 HMM 的应用

HMM 适用于当你知道隐藏的状态以及它们如何随时间变化时。在自然语言处理领域，HMM 可以用来标记句子的词性：

❑ 一个句子中的单词序列对应 HMM 的观察序列。例如句子 "Open the pod bay doors, HAL,"包含 6 个观察单词。

❑ 隐藏状态是词性：动词、名词、形容词等。前面例子中的观察单词 open 对应的隐藏状态为动词。

❑ 转移概率可以由程序员指定或者通过数据得到。这些概率代表了词性的规则。例如，两个动词接连出现的概率应该很低。通过设置一个转移概率矩阵，可以避免算法暴力执行的所有可能性。

❑ 单词的观察概率可以从数据获得。一个传统的词性标注数据集被称为 Moby，你可以在 www.gutenberg.org/ebooks/3203 上找到它。

注意 你现在已经有了使用 HMM 设计自己的实验所需的东西。这些模型是强大的工具，我强烈建议你在自己的数据上尝试它们。预定义转移矩阵和观察矩阵，看看能否恢复隐藏的状态。希望本章是你的开始。

小结

❑ 一个复杂、纠缠的系统可以使用马尔可夫模型简化。

❑ HMM 在现实世界的应用程序中特别有用，因为大多数观察都是隐藏状态的测量。

❑ 前向算法和维特比算法是 HMM 中最常用的算法。

第 **10** 章

词性标注和词义消歧

本章内容

- 从过往数据中预测名词、动词和形容词来实现消除语言歧义
- 使用隐马尔可夫模型（HMM）进行决策和解释
- 使用 TensorFlow 对可解释问题进行建模并收集证据
- 从现有数据中计算 HMM 的初始概率、转移概率和输出观测概率
- 使用你自己的数据和更大的语料库创建词性标注器

　　你每天都使用语言同他人交流，如果你像我一样，有时候你会挠头，尤其是当你使用英语的时候。众所周知，英语有很多例外，使得很难教给非母语人士，以及你的正在成长中学英语的孩子。

　　上下文很重要。在交谈中，你可以使用手势、面部表情和长时间停顿来传递额外的信息或意思，但当你阅读书面文字时，很多上下文就会缺失，而且存在很多歧义。**词性**（PoS）可以帮助填充缺失的上下文，消除单词的歧义，使它们在文本中有意义。PoS 告诉你一个单词是一个动作（动词），是指一个物体（名词），还是描述一个名词（形容词），等等。

　　考虑图 10.1 中的两个句子。第一个句子—— "I am hoping to engineer a future Mars rover vehicle !" ——某个人说他们希望设计（建造）下一代火星探测器。现实生活中说这句话的人，除了火星和行星科学之外，对其他事情绝对都不感兴趣。第二句话—— "I love being an engineer and working at NASA JPL on Earth Science !" ——肯定是另外一个人说的，一个享受在喷气推进实验室工作的人，那是我工作所在的国家航空航天局（NASA）的一部分。第二句话是一个喜欢在美国国家航空航天局做地球科研项目工程师的人说的。

I am hoping to engineer a
future Mars rover vehicle!

I love being an engineer and working
at NASA JPL on earth science!

图 10.1　两个需要消除歧义的句子

现在问题是：两个句子以不同的方式都使用了 engineer 这个单词。第一个句子用 engineer 作为动词——一个动作；第二个句子用 engineer 作为名词表示他的角色。在英语中动词和名词是不同的词性，动词和名词的区分不是英语独有的。词性存在于许多语言中，它描绘了文本中单词和字符的意义。但是如你所见，问题是这些单词以及它们的意思——**词义**，经常需要消除歧义，以提供通常在语言或视觉的交流中能够理解的上下文线索。记住，在阅读文本的时候，你无法获得别人声音的变化。你得不到视觉上的线索来判断这个人是在说他们要做个到火星的东西（用类似锤子的手势），还是在说他们喜欢从事地球科研项目（用手势指周围的世界）。

好消息是，语言学家长期以来一直在研究人文学科中的词性，主要通过阅读文学作品并对单词能够扮演的词性提供有帮助的指导和规则。多年来，学者们研究了许多文本并做了记录。这些努力的一个例子是 Gutenberg 项目（http://mng.bz/5pBB），它包含超过 200 000 的单词和许多词性类，是各种英文书面文本中的单词用到的。你可以把 Gutenberg 语料库想象为一个包含 200 000 个英文单词的表格，每个单词一行，作为索引，列值是单词能够扮演的不同词性（例如形容词或名词）。

试着将 Gutenberg 应用到图 10.1 的 engineer 的句子中，你会发现其中的歧义。为了便于说明，我已经用 Gutenberg 的词性标签对句子进行了标注（为了简洁省去了地球科学部分）：

```
I<Noun/> love<Adverb/> being<Verb/> an engineer<Noun/><Verb/>
and<Conjunction/> working at<Preposition/> NASA<Noun/> JPL<Noun/>.
I<Noun/> am<Adverb/> hoping<Verb/> to engineer<Noun/><Verb/> a future
Mars<Noun/> rover<Noun/> vehicle<Noun/>.
```

可以清晰地看到，Gutenberg 告诉我们 engineer 既可以作为名词也可以作为动词。你如何基于周围的上下文语境或者阅读大量类似的文本，通过查看文本而不是靠猜测，自信地判定一个特定单词的词性类？

机器学习和概率模型，如你在第 9 章中学习的隐马尔可夫模型（HMM），可以通过将词性标注过程建模为 HMM 问题来帮助填补某些上下文。作为最简单的构思草图，**初始概率**是特定词性类在一组给定输入语句中出现的概率。**转移概率**是一个特定词性类以特定顺序出现在另一个或一组词性类之后的概率。最后，**发射概率**或**输出观测概率**是基于程序所看到的其他语句，一个有歧义的类例如 Noun/Verb 作为名词或者动词的概率。

好消息是你在第 9 章中的代码在这里可以重用。在本章中的主要工作是为机器学习准备数据、计算模型，并设置 TensorFlow 来做这些事情。让我们开始吧。不过，在我们进入词性标注之前，先通过第 9 章中雨天晴天的例子快速回顾一下 HMM 做的事情。跟我一起来！

10.1 HMM 示例回顾：雨天或晴天

在第 9 章雨天 / 晴天的例子中，如果你只能观察到如散步、购物、清洁等间接活动，那么可以使用 HMM 对隐藏的天气状态建模。代码实现一个 HMM 模型，你需要天气是雨天还是晴天的初始概率——一个 2×1 的矩阵。还需要天气从雨天接下来变为晴天的转移概率（反之亦然）——一个 2×2 的矩阵。并且需要看到这些间接活动的概率，雨天或晴天的隐藏状态下观测到散步、购物、清洁等间接活动的概率，输出观测概率——一个 3×2 的矩阵。图 10.2 的左边部分展示了这个问题的结构。

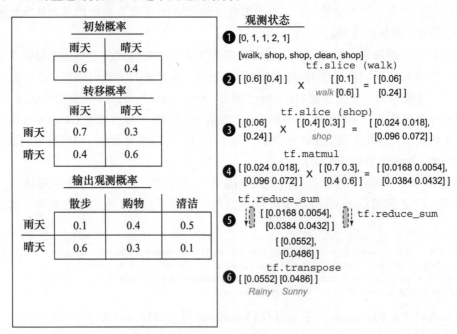

图 10.2　左边是雨天 / 晴天例子中的 HMM 的结构。右边展示了 TensorFlow 和 HMM 类如何获取一组观测状态并累积这些观测状态发生的概率

同样在第 9 章，我向你展示了在 Python 和 TensorFlow 中如何创建一个 HMM 类来表示

初始概率、转移概率、输出观测概率，以及运行前向算法计算一个事件序列（例如散步、购物、购物、清洁）发生的总体概率和下一个事件（如购物）的概率。这个计算过程在图 10.2 的右边展示。TensorFlow 操作在 HMM 类的开发中表现突出，特别是它的惰性求值和图构造过程。具体如下：

❑ HMM 类作为构造 `tf.slice` 操作图的代理，给出基于所提供的观察结果和累积前向模型概率的 `tf.matmul` 操作（图 10.2 中的步骤 1-2、2-3 和 3-4）得到的特定输出观测概率。

❑ 算法从初始概率开始，根据图 10.2（步骤 2）右侧的第一个观测指示散步事件，将初始概率乘以输出观测概率。

❑ 接下来，算法累积前向模型概率并准备遍历剩余的观测结果（图 10.2 中的步骤 4-6）。

对每一个观测来说，HMM 类都会执行前向模型，重复执行以下步骤：

❑ 根据观测到的指示使用 `tf.slice` 取出特定的雨天或晴天时的输出观测概率，并同前向模型相乘（图 10.2 中步骤 1-3）。

❑ 通过前向模型乘以转移概率累积（通过矩阵乘法或 `tf.matmul`）每个隐藏状态的前向模型概率（图 10.2 中步骤 4）。

❑ 通过 `tf.reduce_sum` 对每一个选择（雨天或晴天）进行累积，这些状态最终凝集的概率是基于观测结果的，并通过 `tf.transpose` 将雨天 / 晴天矩阵返回为最初的前向模型结构（图 10.2 中的步骤 5-6）。

清单 10.1 创建 HMM 类并运行前向模型。该清单代码对应图 10.2 的可视化步骤 1-6，你可以在图 10.2 中看到雨天到晴天的第一次迭代，这是一系列的转换。

清单 10.1　HMM 类和前向模型

```
class HMM(object):
    def __init__(self, initial_prob, trans_prob, obs_prob):
        self.N = np.size(initial_prob)                         使用初始概率、输出
        self.initial_prob = initial_prob                       观测概率、转移概率
        self.trans_prob = trans_prob                           初始化模型
        self.emission = tf.constant(obs_prob)
        assert self.initial_prob.shape == (self.N, 1)
        assert self.trans_prob.shape == (self.N, self.N)
        assert obs_prob.shape[0] == self.N
        self.obs_idx = tf.placeholder(tf.int32)
        self.fwd = tf.placeholder(tf.float64)                  使用tf.slice功能提取
                                                               基于观测指示对应的
    def get_emission(self, obs_idx):                           输出观测概率
        slice_location = [0, obs_idx]
        num_rows = tf.shape(self.emission)[0]
        slice_shape = [num_rows, 1]
        return tf.slice(self.emission, slice_location, slice_shape)
```

```
def forward_init_op(self):
    obs_prob = self.get_emission(self.obs_idx)
    fwd = tf.multiply(self.initial_prob, obs_prob)
    return fwd

def forward_op(self):
    transitions = tf.matmul(self.fwd,
        tf.transpose(self.get_emission(self.obs_idx)))
    weighted_transitions = transitions * self.trans_prob
    fwd = tf.reduce_sum(weighted_transitions, 0)
    return tf.reshape(fwd, tf.shape(self.fwd))

def forward_algorithm(sess, hmm, observations):

    fwd = sess.run(hmm.forward_init_op(),
     feed_dict={hmm.obs_idx:observations[0]})
    for t in range(1, len(observations)):
        fwd = sess.run(hmm.forward_op(),
     feed_dict={hmm.obs_idx:observations[t], hmm.fwd: fwd})
    prob = sess.run(tf.reduce_sum(fwd))
    return prob
```

对第一个观测值运行前向算法并累积前向模型

通过输出观测概率和转移概率相乘，对一次观测进行累积

在第2次及以后的观测上运行前向模型并累积概率

要使用前向模型，你需要创建初始概率、转移概率和输出观测概率，并将其输入给 HMM 类，如清单 10.2 所示。程序的输出是那些按照特定顺序的间接观测的累积概率。

清单 10.2　用雨天 / 晴天的例子运行 HMM 类

```
initial_prob = np.array([[0.6],[0.4]])
trans_prob = np.array([[0.7, 0.3],
                       [0.4, 0.6]])
obs_prob = np.array([[0.1, 0.4, 0.5],
                     [0.6, 0.3, 0.1]])
hmm = HMM(initial_prob=initial_prob, trans_prob=trans_prob,
➡ obs_prob=obs_prob)
observations = [0, 1, 1, 2, 1]
with tf.Session() as sess:
    prob = forward_algorithm(sess, hmm, observations)
    print('Probability of observing {} is {}'.format(observations, prob))
```

创建代表初始概率、输出观测概率、转移概率的NumPy数组

散步、购物、购物、清洁、购物的观测序列

运行前向模型并打印出这些事件发生的累积概率

回顾第 9 章，维特比算法是 HMM 模型和类的简单特化，给定一组观测，它通过后向指针跟踪状态之间的转换并累积状态之间的转换概率。维特比算法不是计算一组状态发生的概率，而是为每个间接观测的状态提供最有可能的隐藏状态。换句话说，它对散步、购物、购物、清洁、购物的每一个间接观测提供最有可能的状态（雨天或晴天）。在本章后面你将直接应用维特比算法，预测一个带有歧义的类的词性。具体地，给定一个带歧义的 Noun/Verb 类，你想知道它的词性是动词还是名词。

我们的 HMM 就回顾到这里，是时候回到我们最初的歧义词性标注问题了。

10.2　词性标注

词性标注可以推广到给定输入语句后尝试消除歧义部分的问题。Moby 项目是最大的免费语音数据库之一，是 Gutenberg 项目的一部分。Moby 包含了 mobypos.txt 文件，这是一个包含了英文单词及其可以扮演的词性的数据库。文件（在 http://mng.bz/6Ado 上获取）需要解析，它其中的每一行以一个单词开始，随后是一组对应到语言中词性的标记（如 \A\N）——本例中是形容词（\A）和名词（\N）。词性标签与 mobypos.txt 注释的映射如清单 10.3 所示，你将在本章的其余部分重用这个映射。在 mobypos.txt 中，文字以下形式出现：

```
word\PoSTag1\PoSTag2
```

具体的例子如下：

```
abdominous\A
```

根据 mobypos.txt 文件，英文单词 abdominous 有一个单一的词性，形容词。

清单 10.3　mobypos.txt 文件中词性标签映射

```
pos_tags = {                          ← Gutenberg项目中mobypos.txt
    "N" : "Noun",                        文件定义的词性标签
    "p" : "Plural",
    "h" : "Noun Phrase",
    "V" : "Verb (usu participle)",
    "t" : "Verb (transitive)",
    "i" : "Verb (intransitive)",
    "A" : "Adjective",
    "v" : "Adverb",
    "C" : "Conjunction",
    "P" : "Preposition",
    "!" : "Interjection",
    "r" : "Pronoun",
    "D" : "Definite Article",
    "I" : "Indefinite Article",
    "o" : "Nominative"

}                              词性标签的值
pos_headers = pos_tags.keys()        ← 添加结束标签，
pt_vals = [*pos_tags.values()]  ←      因为稍后将使用
pt_vals += ["sent"]    ←               它计算初始概率
```

词性标签的键（指向 pos_headers = pos_tags.keys()）

你可以在 http://mng.bz/oROd 数据库图例标题下找到关于 Gutenberg 词性数据库的完整文档。

为了开始运用 TensorFlow 和 HMM 消除单词歧义，你需要一些单词。幸运的是，我认识一群成长中的年轻人，和一个讲话时充满了需要消除歧义的谚语和短语的妻子。在编写

这本书的时候，我听了他们说的一些话并草草记录下来供你阅读。如果你有未满十岁的孩子，希望他能从中得到乐趣：

- ❑ "There is tissue in the bathroom！"
- ❑ "What do you want it for？"
- ❑ "I really enjoy playing Fortnite，it's an amazing game！"
- ❑ "The tissue is coming out mommy，what should I use it for？"
- ❑ "We are really interested in the Keto diet，do you know the best way to start it？"

现在我将向你展示如何开始使用 Gutenberg 项目和 mobypos.txt 来标记词性。第一步是创建一个函数来解析完整的 mobypos.txt 文件，并将其加载到 Python 变量中。由于解析文件相当于逐行读取文件，所以创建一个单词及其词性的表，清单 10.4 中的简单函数实现这一点。该函数返回 pos_words——英文单词及其词性的数据库，以及 pos_tag_counts——词性标签及其总体出现情况的汇总。

清单 10.4   解析 mobypos.txt 文件到词性数据库

```
import tqdm

def parse_pos_file(pos_file):
    with open(pos_file, 'r') as pf:
        ftext = pf.readlines()
        for line in tqdm(ftext):
            l_split = line.split('\\')
            word = l_split[0]
            classes=[]
            u_classes = l_split[1].strip()
            for i in range(0, len(u_classes)):
                if not u_classes[i] in pos_tags:
                    print("Unknown pos tag: "+u_classes[i]+" from line "+line)
                    continue
                classes.append(u_classes[i])

            pos_words[word] = classes
            for c in classes:
                if c in pos_tag_counts:
                    cnt = pos_tag_counts[c]
                    cnt = cnt + 1
                else:
                    cnt = 1
                pos_tag_counts[c] = cnt
```

逐行读取 mobypos.txt → ftext = pf.readlines()

在解析每行时使用 TQDM 打印进展

在 '\' 符号后按单词及其保存的类分割行 → l_split = line.split('\\')

有时有些词类需要忽略或使其未知，所以跳过它们

将英语单词及其词性类连接起来 → pos_words[word] = classes

累计语料库中的词性标签的总数

当你执行 parse_pos_file 函数并获得 pos_words 和 pos_tag_counts 时，你可以分析词性标签在整个 Gutenberg 语料库中的分布情况，并看看有什么异常。特别是，在标记语句文本时，你会看到一些经常出现的词性标签，而可能不会看到许多不常出现的词性。清单 10.5 中的简单 Matplotlib 代码显示了词性标签的分布（图 10.3）。

清单 10.5　整个 Gutenberg 语料库中的词性分布情况

```
pos_lists = sorted(pos_tag_counts.items())    ←—— 按key存储，返回一个列表
plists = []
for i in range(0, len(pos_lists)):
    t = pos_lists[i]
    plists.append((pos_tags[t[0]], t[1]))    ←┐ 创建一个（tag, count）
                                                └ 元组的列表

x, y = zip(*plists)    ←┐ 将一个数对列表
plt.xticks(rotation=90)  └ 压缩为两个元组
plt.xlabel("PoS Tag")
plt.ylabel("Count")
plt.title("Distribution of PoS tags in Gutenberg corpus")
plt.bar(x, y)
plt.show()    ←—— 可视化绘图
```

注意　形容词、名词、名词短语、动词（分词）、复数、动词（及物）和副词是语料库中出现频率最高的词性标签。

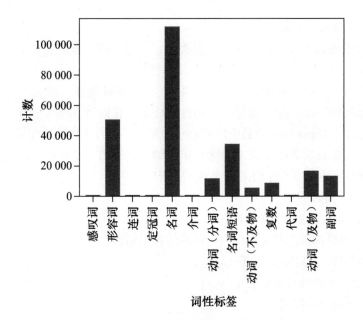

图 10.3　Gutenberg 语料库中的词性分布情况

你可能认为，根据 Gutenberg 项目知道了有多少比例的英文单词拥有多个词性类，这样你就可以大致了解什么需要消歧。清单 10.6 提供的答案可能会让你惊讶：比例大约是 6.5%。

清单 10.6   计算拥有多词性类的英文单词的占比

```
统计拥有多于1个词性类
的单词数量
pc_mc = 0
for w in pos_words:                          多于1个词性类的单词
    if len(pos_words[w]) > 1:                数量除以总的单词数量
        pc_mc = pc_mc +1
                                             打印结果百分比
pct = (pc_mc * 1.) / (len(pos_words.keys()) * 1.)
print("Percentage of words assigned to multiple classes: {:.0%}".format(pct))
```

需要注意的是，在 6.5% 的拥有多个词性类的单词中，许多类包含了在语言中出现频率相当高的单词。总的来说，需要进行词义消歧。你很快会看到它有多重要。在开始讨论这个话题之前，我想先请大家看一个重点。

10.2.1   重点：使用 HMM 训练和预测词性

我们有必要回过头来看看 HMM 和 TensorFlow 为词性标注提供了什么。正如我在前文提到的，词性标注可以被泛化为当不能确定一个单词是名词、动词或者其他词性时，试图消除语言中有歧义部分的问题。

同你在本书中遇到的其他机器学习过程类似，创建 HMM 来预测明确的词性的标签过程涉及一组训练的步骤。在这些步骤中，你需要创建一个基于 TensorFlow 的 HMM 模型，并依次学习初始概率、转移概率和输出观测概率。为 HMM 提供一些文本（例如一组语句）作为输入。训练的第一部分包含运行一个词性标注器，它以带有歧义的方式标注句子中的单词，就像我之前在 Gutenberg 项目中向你展示的那样。运行该词性标注器并得到带标注的歧义文本之后，可以请求人工反馈来消除标记出的歧义输出。这样可以得到三个并行的语料库组成的数据集，你可以用它们来构建 HMM 模型：

❑ 输入文本，例如语句。

❑ 带有歧义词性标注的注释语句。

❑ 基于人工反馈的消除歧义的词性标注的注释语句。

基于这些语料库，HMM 模型可以计算如下：

❑ 构造一个二元的转移次数的矩阵。

❑ 计算每个词性标签的转移概率。

❑ 计算输出观测概率。

构造一个计数每个词性标签转移的二元矩阵，或者一个计数成对的词性标签从一个变为另一个（反之亦然）的次数的矩阵。矩阵的行和列都是词性标签——因此使用术语**二元**（一对连续的单元、单词或短语）。该表可能类似于图 10.4。

接下来将一个词性标签出现在另一个之后的次数加起来。转移概率是单元格的值除以该行的值之和。然后，对于初始概率，取图 10.4 中对应于句尾标签（sent）的行计算的转移概率。这行的概率值是最佳的初始概率集，因为出现在这行的词性标签的概率等于它出现在句子开头或结尾的概率，例如图 10.5 中突出显示的最后一行。

转移计数矩阵							
第一个词性标签	下一个词性标签						
	verb	noun	det	prn	pr	adj	sent
verb	0	1	1	0	2	1	0
noun	1	0	0	0	1	1	3
det	0	4	0	0	0	0	0
prn	0	0	0	0	0	0	0
pr	0	1	2	0	0	0	0
adj	0	0	0	0	0	0	2
sent	3	0	1	0	0	0	0

图 10.4　一个词性转移计数的二元矩阵例子

转移概率矩阵(A)							
第一个词性标签(γ_i)	下一个词性标签(γ_j)						
	verb	noun	det	prn	pr	adj	sent
verb	0	0.2	0.2	0	0.4	0.2	0
noun	0.16	0	0	0	0.16	0.16	0.5
det	0	1	0	0	0	0	0
prn	0	0	0	0	0	0	0
pr	0	0.3	0.6	0	0	0	0
adj	0	0	0	0	0	0	1
sent	0.75	0	0.25	0	0	0	0

图 10.5　初始概率即词性标签在语句结尾 / 开头标记位置（sent）计算出的转移概率

最后，通过计算歧义词性标签及其在语料库中出现的次数，与用户提供的消歧语料库中的标签的比例来计算输出观测概率。如果在一个用户提供的消歧语料库中，一个单词应该被标注为名词 7 次，而歧义词性语料库中标注为 Noun/Verb 3 次，Adjective 2 次，

Noun 2 次，那么隐藏的真实状态为 Noun 时的 Noun/Verb 输出观测概率为 3/7 或者 43%，等等。

根据这种构造，你可以构建初始概率矩阵、转移矩阵和输出观测矩阵，并使用清单 10.1 中的 TensorFlow 代码运行 HMM 和维特比算法，该算法可以告诉我们给定观测状态下的真实隐藏状态。在本例中，隐藏状态是真实的词性标签，观测值是带歧义的词性标签。图 10.6 对这一讨论进行总结并指出 TensorFlow 和 HMM 如何帮助你消除文本歧义。

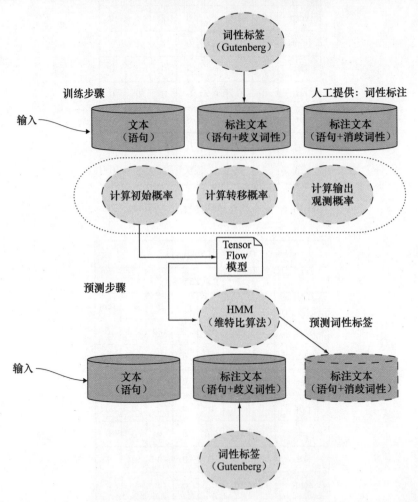

图 10.6　基于 HMM 的词性标注器的训练和预测步骤。两个步骤都需要输入文本（语句），词性标注器对其进行有歧义标注。在训练部分，人工地为输入语句提供无歧义的词性标注以训练 HMM。在预测阶段，HMM 模型预测无歧义的词性。输入文本、歧义标注文本、无歧义标注文本构成了训练隐马尔可夫模型所需的三个语料库

现在我已经讨论了机器学习的创建问题，你可以准备编写函数来执行初始化词性标注并生成歧义语料库。

10.2.2　生成带歧义的词性标注数据集

在自然语言处理领域，对输入文本进行词性分析的过程称为**词法分析**。如果考虑前面我的孩子说过的句子，然后对其进行词法分析，就得到了进行词性标注所需的三个语料库的前两个。记住，词法分析的输出是带歧义词性的文本。

在执行分析时，你可以使用 Python 的自然语言工具包（NLTK），它提供方便的文本分析代码以供重用。`word_tokenize` 函数将一个句子分解为单个单词，然后可以根据清单 10.4 中计算出的 `pos_words` 字典检查每个单词。对每个歧义，你得到一个拥有多个词性标签的单词，因此需要收集它们并作为输入单词的一部分输出。在清单 10.7 中，你将创建一个 `analyse` 函数执行词法分析步骤并返回带歧义标注的语句。

清单 10.7　对输入语句执行词法分析

```
import nltk
from nltk.tokenize import word_tokenize          ←──  导入NLTK并将输入
                                                       语句字符化
def analyse(txt):
    words = word_tokenize(txt)                    ←──
    words_and_tags = []
                                                       如果单词在Gutenberg项目
    for i in range(0, len(words)):                     中已知词性，查看其可能
        w = words[i]                                    的词性
        w_and_tag = w
        if w in pos_words:
            for c in pos_words[w]:
                w_and_tag = w_and_tag + "<" + pos_tags[c] + "/>"
        elif w in end_of_sent_punc:
            w_and_tag = w_and_tag + "<sent/>"     ←──  如果单词是句尾结束标签，
                                                       添加特殊的词性
        words_and_tags.append(w_and_tag)
    return " ".join(words_and_tags)               ←──  返回分析后的单词以及
                                                       按空格连接的词性
```

迭代遍历每个单词

创建单词及其词性标签的组合字符串

运行清单 10.7 中的代码将生成一个 Python 字符串列表。你可以对每一个字符串运行 `analyse` 得到前两个并行语料库。对于第三部分语料库，需要一位专家来消除词性标签中的歧义并给出正确答案。对于少量的句子来说，识别这个人说的是名词、动词或者其他词性类，其工作微不足道。由于我已经为你收集了数据，所以我也提供了用于 TensorFlow 学习的消歧词性标注（在 `tagged_sample_sentences` 列表中）。稍后，你将看到拥有更多的知识和标注数据是有帮助的，但是现在你不会有任何问题。清单 10.8 为你准备好了三个并行语料库。构建了三个语料库之后，你可以使用 Python 的 Pandas 库创建一个数据帧，然后使用它来抽取 NumPy 的概率数组。接着，在抽取了概率之后，清单 10.9 中的代码帮助将每个语料库的初始概率、转移概率、输出观测概率变为集合并保存在一个数据帧中。

清单 10.8　创建语句及分析并标注了的并行语料库

我收集的
输入语句

```
sample_sentences = [
    "There is tissue in the bathroom!",
    "What do you want it for?",
    "I really enjoy playing Fortnite, it's an amazing game!",
    "The tissue is coming out mommy, what should I use it for?",
    "We are really interested in the Keto diet, do you know the best way to
    start it?"
]
```

对语句进行分析
并将结果保存在
一个数据列表中

```
sample_sentences_a = [analyse(s) for s in sample_sentences]
tagged_sample_sentences = [
    "There is<Verb (usu participle)/> tissue<Noun/> in<Preposition/>
    the<Definite Article/> bathroom<Noun/> !<sent/>",
    "What do<Verb (transitive)/> you<Pronoun/> want<Verb (transitive)/>
    it<Noun/> for<Preposition/> ?<sent/>",
    "I<Pronoun/> really<Adverb/> enjoy<Verb (transitive)/> playing Fortnite ,
    it<Pronoun/> 's an<Definite Article/> amazing<Adjective/> game<Noun/>
    !<sent/>",
    "The tissue<Noun/> is<Verb (usu participle)/> coming<Adjective/>
    out<Adverb/> mommy<Noun/> , what<Definite Article/> should<Verb (usu
    participle)/> I<Pronoun/> use<Verb (usu participle)/> it<Pronoun/>
    for<Preposition/> ?<sent/>",
    "We are<Verb (usu participle)/> really<Adverb/> interested<Adjective/>
    in<Preposition/> the<Definite Article/> Keto diet<Noun/> , do<Verb (usu
    participle)/> you<Pronoun/> know<Verb (usu participle)/> the<Definite
    Article/> best<Adjective/> way<Noun/> to<Preposition/> start<Verb (usu
    participle)/> it<Pronoun/> ?<sent/>"
]
```

我提供的无歧义的词性标注

清单 10.9　创建一个并行语料库的数据帧

创建一个构建数据帧的函数

```
import pandas as pd
def build_pos_df(untagged, analyzed, tagged):
    pos_df = pd.DataFrame(columns=['Untagged', 'Analyzed', 'Tagged'])
    for i in range(0, len(untagged)):
        pos_df = pos_df.append({"Untagged":untagged[i],
    "Analyzed":analyzed[i], "Tagged": tagged[i]}, ignore_index=True)

    return pos_df

pos_df = build_pos_df(sample_sentences, sample_sentences_a,
    tagged_sample_sentences)
```

迭代遍历5个语句并添加3个
语料库中的每个元素

←—— 返回数据帧

　　使用 Pandas 数据帧结构允许你在 Jupyter Notebook 中调用 df.head 并交互式地查看
语句、词法分析标注，以及人工提供的标注来持续跟踪你正在处理的数据。你可以轻松地
切片出一行或一列来使用。更好的是，你还可以取回 NumPy 数组。在图 10.7 中可以看到
一个调用 df.head 的例子。

	Untagged	Analyzed	Tagged
0	There is tissue in the bathroom!	There is<Verb (usu participle)/> tissue<Noun/>...	There is<Verb (usu participle)/> tissue<Noun/>...
1	What do you want it for?	What do<Verb (usu participle)/><Verb (transiti...	What do<Verb (transitive)/> you<Pronoun/> want...
2	I really enjoy playing Fortnite, it's an amazi...	I<Pronoun/> really<Adverb/><Interjection/> enj...	I<Pronoun/> really<Adverb/> enjoy<Verb (transi...
3	The tissue is coming out mommy, what should I ...	The tissue<Noun/><Verb (transitive)/> is<Verb ...	The tissue<Noun/> is<Verb (usu participle)/> c...
4	We are really interested in the Keto diet, do ...	We are<Verb (usu participle)/><Noun/> really<A...	We are<Verb (usu participle)/> really<Adverb/>...

图 10.7　使用 Pandas 轻松地查看三个并行语料库：未标注的原始语句、(词法) 分析的歧义语料库、人工提供的无歧义标注语料库

接下来，我将向你展示如何处理数据帧并创建初始概率、转移概率和输出观测概率。然后你将应用 HMM 类来预测消歧的词性类。

10.3　构建基于 HMM 的词性消歧算法

给定 Pandas 数据帧，计算输出观测、转移、初始等概率矩阵被证实是一个相当简单的事情。你可以从其中切片出一列 (如图 10.7 中的 Analyzed) 对应于词法分析的语句，并提取所有的标签。事实证明，需要一个效用函数来提取分析标注语句及其词性标签。清单 10.10 中的函数 compute_tag 枚举你的数据帧中分析和标注的所有语句并按位置提取词性标签。

清单 10.10　从语句数据帧中提取标签

```
def compute_tags(df_col):
    all_tags = []                          ◁── 初始化用于返回的
                                               标签列表——按遇
    for row in df_col:                         到它们的顺序排列
        tags = []
        tag = None
        tag_list = None

        for i in range(0, len(row)):                                    捕获结束标签值并判断
            if row[i] == "<":                                           是否存在下一个标签以
                tag = ""                                                及是否添加此标签
            elif i+1 < len(row) and row[i] == "/" and row[i+1] == ">":  ◁──
                if i+2 < len(row) and row[i+2] == "<":
                    if tag_list == None:                                如果有两个标签 (歧义)
                        tag_list = []                                   <Noun><Verb>，两个标
                                                                        签都添加
                    tag_list.append(tag)

                    tag = None
                else:
                    if tag_list != None and len(tag_list) > 0:
                        tag_list.append(tag)
                        tags.append(tag_list)
                        tag_list = None
                        tag = None
                    else:
                        tags.append(tag)
                        tag = None
```

捕获结束标签值并判断是否存在下一个标签以及是否添加此标签

遍历数据帧中的语句并对每个语句遍历其中的字符

```
            else:
                if tag != None:                  收集所有的
                    tag = tag + row[i]           标签值
        all_tags.append(tags)
        tags = None
        tag = None
        tag_list = None

    return all_tags                      对所有并行语句提取分析后的
                                         标签（a_all_tags）以及人
    a_all_tags = compute_tags(pos_df['Analyzed'])    工标注后的标签（t_all_tags）
    t_all_tags = compute_tags(pos_df['Tagged'])
```

有了 `compute_tags` 和提取出来的分析后的标签（`a_all_tags`）和人工标注的标签（`t_all_tags`），就可以计算转移概率矩阵了。你将使用 `t_all_tags` 构建一个二元词性语句出现次数的矩阵，如图 10.4 所示。Pandas 可以帮助构建这样的矩阵。你在 Gutenberg 项目中已经得到了一组有效的词性标签（如清单 10.3 所示）：`pt_vals` 变量。如果打印出该变量的值，你会看到如下内容：

```
print([*pt_vals])
['Noun',
 'Plural',
 'Noun Phrase',
 'Verb (usu participle)',
 'Verb (transitive)',
 'Verb (intransitive)',
 'Adjective',
 'Adverb',
 'Conjunction',
 'Preposition',
 'Interjection',
 'Pronoun',
 'Definite Article',
 'Indefinite Article',
 'Nominative',
 'sent']
```

词性标签出现次数矩阵是一个二元矩阵，它的列为标签。`FirstPOS` 列以及后面的 `pt_vals` 中的词性标签构成了这些列，行的值与图 10.4 中所示相同。如果以 `FirstPoS` 的值为数据帧的索引，那么可以很容易地使用词性标签作为数据帧切片的键，例如按列除以它们的求和值。清单 10.11 构建了未初始化（所有单元值为 0）的转移概率矩阵。

清单 10.11   计算转移概率矩阵

```
        def build_trans(pt_vals):
            trans_df = pd.DataFrame(columns=["FirstPoS"] + pt_vals)    构建数据帧，
            trans_df.set_index('FirstPoS')                            FirstPoS 列
            for i in range(0, len(pt_vals)):      以词性标签         表示两个词性
                pt_data = {}                      为索引创建         标签中的前一个
返回转移概率     pt_data["FirstPoS"] = pt_vals[i]  数据帧
矩阵数据帧       for j in range(0, len(pt_vals)):
```

```
                        pt = pt_vals[j]
                        pt_data[pt] = 0            初始化计数为0
                    trans_df = trans_df.append(pt_data, ignore_index=True)
            return trans_df
```

当你有未初始化的数据帧时，你需要计算标注语句语料库中词性标签出现的次数。幸运的是，这些数据在清单 10.10 计算出的 t_all_tags 中。一个简单的算法可以从标注语料库中获得词性标签的计数给转移计数矩阵。你需要迭代所有标注词性的语句，获取出现的标签并对其出现次数求和。两种特殊情况是前一语句之后的句子开头（前面是句尾标签）和最后一个语句（以 sent 词性标签结束）。由于数据帧是引用传递的，你可以更新它的计数值（变量 cnt 在数组的 [row_idx,col_idx] 位置）来填充单元格的计数。清单 10.12 中的函数 compute_trans_matrix 为你完成了繁重的工作。

清单 10.12　计算标注语料库中词性标签出现次数

迭代词性标注语料库数据帧中的每个语句

初始化行、列索引（tt_idx）为空列表，列索引只有两个词性标签

从已标注语料库中遍历此语句的标签

对于第一个语句和标签之后的任何语句，开头的元素总是上一语句的句尾标签

添加行列的第一个元素作为本语句当前的词性标签

在行和列索引位置增加计数

如果行和列索引有两个元素，就可以对其增加计数

如果到达句尾结束词性标签，我们取前一个标签为行索引并增加计数

```
def compute_trans_matrix(t_df, tags):
    for j in range(0, len(pos_df['Tagged'])):
        s = pos_df['Tagged'][j]
        tt_idx = []

        for i in range(0, len(tags[j])):
            tt_idx.append(tags[j][i])
            if j > 0 and i == 0:
                row_idx = "sent"
                col_idx = tags[j][i]
                cnt = t_df.loc[t_df.FirstPoS==row_idx, col_idx]
                cnt = cnt + 1
                t_df.loc[t_df.FirstPoS==row_idx, col_idx] = cnt

            if len(tt_idx) == 2:
                row_idx = tt_idx[0]
                col_idx = tt_idx[1]
                cnt = t_df.loc[t_df.FirstPoS==row_idx, col_idx]
                cnt = cnt + 1
                t_df.loc[t_df.FirstPoS==row_idx, col_idx] = cnt
                tt_idx.clear()
            elif len(tt_idx) == 1 and tags[j][i] == "sent":
                row_idx = tags[j][i-1]
                col_idx = tags[j][i]
                cnt = t_df.loc[t_df.FirstPoS==row_idx, col_idx]
                cnt = cnt + 1
                t_df.loc[t_df.FirstPoS==row_idx, col_idx] = cnt
                tt_idx.clear()
```

当你有了矩阵中的词性标签出现计数时，需要做一些后处理来将它们转换为概率。将词性矩阵中的每一行计数求和，然后将该行的每个单元格除以总和。这个过程计算转移概率和

初始概率。由于涉及很多步骤，我在图 10.8 中摘出关键部分作为清单 10.13 的便捷参考。

清单 10.13　后处理转移概率矩阵

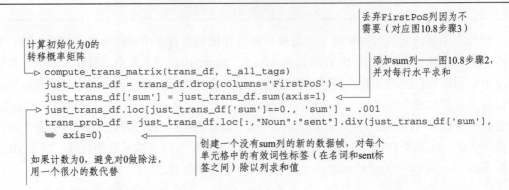

哇，真是一项大工程。现在需要研究输出观测概率。除了几个算法之外，这个过程相当简单，并且是运行 HMM 之前要做的最后一件事。

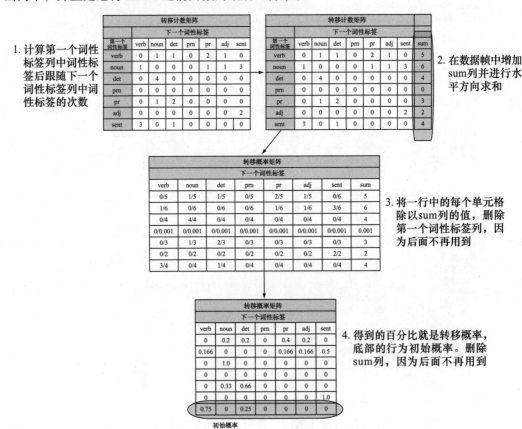

图 10.8　以 Pandas 数据帧从转换次数计算出转移概率和初始概率的第 1～4 操作步骤

生成输出观测概率

你可以通过创建一个观测的二元矩阵来生成输出观测概率，与在 10.3 节中的类似。主要的区别是除了为每一行列出有效的词性标签外，还列出了有歧义的类——例如 Noun/Verb、Noun/Adjective/Verb 和 Verb/Adverb。HMM 的全部意义就在于处理歧义。你无法直接观察隐藏状态的 Noun 或 Verb，只能通过输出观测概率观测有歧义的类别，输出观测概率可以从结构中学习。输出观测概率计数矩阵的构造如下。

行是带有歧义的类，其后跟随来自标注语料库的有效词性标签。每行是你观察到的输出观测变量，而不是隐藏状态。列是来自标注语料库的有效词性标签，如果能够直接观测，它对应于隐藏状态的无歧义词性类。

第一个和下一个词性标签单元格的值为词法分析语料库中一个带歧义的类（第一个词性标签）被观察到的次数除以标注语料库中实际词性标签出现的总次数。因此，如果 Noun/Verb 在词法分析语料库中出现了 4 次，并且在标注语料库中被明确标记为 Verb，那么取 Verb 在标注语料库中出现的总次数，例如 6 次，可以得到 4/6 或 0.66。在标注语料库中，词性标签为 Verb 6 次，在词法分析中 4 次模糊地认为该词为 Noun/Verb。

其余的歧义类可以按照相同的方式计算。在清单 10.14 中快速地创建一个函数 build_emission，使用占位符 0 创建初始发射矩阵。然后像之前一样，创建一个函数来处理分析和标注语料库并填充输出观测概率。

清单 10.14　构建初始输出观测计数矩阵

```
为数据帧添加第一部分的语音（词性）索引，
列值对应于标注语料库的有效词性标签

def build_emission(pt_vals, a_all_tags):
    emission_df = pd.DataFrame(columns=["FirstPoS"] + pt_vals)
    emission_df.set_index('FirstPoS')

    amb_classes = {}
    for r in a_all_tags:
        for t in r:
            if type(t) == list:
                am_class = str(t)
                if not am_class in amb_classes:
                    amb_classes[am_class] = "yes"

    amb_classes_k = sorted(amb_classes.keys())

    for ambck in amb_classes_k:
        em_data = {}
        em_data["FirstPoS"] = ambck
        for j in range(0, len(pt_vals)):
            em = pt_vals[j]
            em_data[em] = 0
        emission_df = emission_df.append(em_data, ignore_index=True)
```

提取所有的标签之后，将它们作为键保存在字典中

对收集到的歧义类（字典 amb_classes 中的键）进行排序

添加歧义类为输出观测概率矩阵中的行

```
    for i in range(0, len(pt_vals)):
        em_data = {}
        em_data["FirstPoS"] = pt_vals[i]
        for j in range(0, len(pt_vals)):
            em = pt_vals[j]
            em_data[em] = 0
        emission_df = emission_df.append(em_data, ignore_index=True)

    return (emission_df, amb_classes_k)
```

将其余词性类作为行添加，并标记为1，因为你只需要歧义类

给定 build_emission 的输出，即 emission_df，以及已经识别的歧义类，你可以执行前面讨论的简单算法来填充清单 10.15 中所示的输出观测概率矩阵。总结一下，你将计算标注语料库中的一个标签（例如 Verb）被识别为 Noun/Verb 的次数，该标签在词法分析语料库中由于模型不明确而出现歧义。该次数与给定标注语料库中 Verb 的所有出现次数的比率，即观察到歧义类 Noun/Verb 的输出观测概率。清单 10.15 在歧义词性类矩阵中创建了初始计数。

清单 10.15   构建输出观测计数矩阵

```
def compute_emission(e_df, t_tags, a_tags):
    for j in range(0, len(t_tags)):
        for i in range(0, len(t_tags[j])):
            a_tag = a_tags[j][i]
            t_tag = t_tags[j][i]

            if type(a_tag) == list:
                a_tag_str = str(a_tag)
                row_idx = a_tag_str
                col_idx = t_tag
                cnt = e_df.loc[e_df.FirstPoS==row_idx, col_idx]
                cnt = cnt + 1
                e_df.loc[e_df.FirstPoS==row_idx, col_idx] = cnt
            else:
                if a_tag != t_tag:
                    continue
                else:
                    row_idx = a_tag
                    col_idx = t_tag
                    cnt = e_df.loc[e_df.FirstPoS==row_idx, col_idx]
                    if (cnt < 1).bool():
                        cnt = cnt + 1
                        e_df.loc[e_df.FirstPoS==row_idx, col_idx] = cnt
                    else:
                        continue
```

分析带歧义词性标签

人工标注语料库的词性标签

歧义类是列表类型因为可能有多个标签。转换为字符串并用其索引row_idx/col_idx来更新计数

应该不会发生，分析标签与标注语料库标签不一致

仅更新歧义词性类1次，否则跳过更新

要将输出观测计数矩阵转换为输出观测概率矩阵，需要再进行一些后处理。因为你需要计算标注语料库中标签的总数，所以有必要编写一个辅助函数，并将结果保存为一个 tag name：count 的字典。清单 10.16 中的 count_tagged 函数执行此任务。该函数是通用的，可以从标注语料库和分析语料库中进行计数（这在后面会有用）。

清单 10.16　计算标注语料库中的标签计数

```
def count_tagged(tags):
    tag_counts = {}
    cnt = 0
    for i in range(0, len(tags)):
        row = tags[i]
        for t in row:
            if type(t) == list:
                for tt in t:
                    if tt in tag_counts:
                        cnt = tag_counts[tt]
                        cnt = cnt + 1
                        tag_counts[tt] = cnt
                    else:
                        tag_counts[tt] = 1
            else:
                if t in tag_counts:
                    cnt = tag_counts[t]
                    cnt = cnt + 1
                    tag_counts[t] = cnt
                else:
                    tag_counts[t] = 1
    return tag_counts
```

获取一个语句的所有标签 → `row = tags[i]`

如果是一个列表，迭代其中的标签，对歧义类获取子标签计数

否则，求和计数 → `else:`

在少量后处理之后，你就完成了数据帧中输出观测概率的计算。此过程（如清单 10.17 所示）在每个单元格中使用计算的标签计数执行除法操作。

清单 10.17　每个输出观测歧义类计数除以标注语料库标签计数

```
def emission_div_by_tag_counts(emission_df, amb_classes_k, tag_counts):
    for pt in pt_vals:
        for ambck in amb_classes_k:
            row_idx = str(ambck)
            col_idx = pt

            if pt in tag_counts:
                tcnt = tag_counts[pt]
                if tcnt > 0:
                    emission_df.loc[emission_df.FirstPoS==row_idx, col_idx] =
                    ➡ emission_df.loc[emission_df.FirstPoS==row_idx,
                    ➡ col_idx] / tcnt
```

获取行索引（歧义类）和列索引（词性标签）

获取特定词性标签计数

用歧义类计数除以标注语料库词性标签计数

现在你已经完全准备好计算输出观测概率数据帧了。这个过程很琐碎，将处理步骤串联起来，如清单 10.18。以标注语料库的词性标签为列，以分析语料库的歧义类为行，创建初始化为 0 的输出观测数据帧。然后将歧义类出现的计数与标注语料库进行比较，并计算这些计数与歧义词性类在标注语料库中出现的总次数的比率。代码如清单 10.18 所示。

清单 10.18　计算输出观测概率数据帧

构建初始化为0的输出观测计数数据帧

计算歧义类的次数

```
→ (emission_df, amb_classes_k) = build_emission(pt_vals, a_all_tags)
    compute_emission(emission_df, t_all_tags, a_all_tags)  ←
```

```
tag_counts = count_tagged(t_all_tags)
emission_div_by_tag_counts(emission_df, amb_classes_k, tag_counts)
just_emission_df = emission_df.drop(columns='FirstPoS')
```

计算词性标签在标注　　　　　　　　　　　　移除FirstPoS索引列　　　　　将歧义类计数除以
语料库中的总次数　　　　　　　　　　　　　　　　　　　　　　　　　无歧义词性类的总
　　　　　　　　　　　　　　　　　　　　　　　　　　　　　　　计数并移除求和列

现在已经完成所有三个概率的计算，可以最终运行 HMM 了！我将在 10.4 节中向你展示。

10.4　运行 HMM 并评估其输出

你已经编写了所有必需的代码（事实上相当多）来准备三个并行语料库，并使用这些语料库作为在 TensorFlow 中训练 HMM 的输入。是时候看看你的劳动成果了。回想一下，此时你有两个 Pandas 数据帧：`just_trans_df` 和 `just_emission_df`。如前所述，`just_trans_df` 中语句（sent）标签对应的行是初始概率，因此你拥有 HMM 模型所需的所有三部分数据。

但正如你记得的，TensorFlow 需要 NumPy 数组才能发挥它的魔力。好消息是，通过便捷的辅助函数 `.values` 可以非常简单地从 Pandas 数据帧中提取出这些数组，该函数返回一个含有矩阵值的 NumPy 数组。再加上 `.astype('float64')` 函数，你就可以很方便地获取所有三个所需的 NumPy 数组。清单 10.19 中的代码为你处理这个任务。唯一有技巧的部分是转换输出观测概率的值，以确保它是以词性标签为索引而不是以歧义类索引（简而言之即翻转行和列）。

清单 10.19　为 HMM 获取 NumPy 数组

获取sent行的值并返回一个(16,1)的NumPy数组

```
initial_prob = trans_prob_df.loc[15].values.astype('float64')
initial_prob = initial_prob.reshape((len(initial_prob), 1))
trans_prob = trans_prob_df.values.astype('float64')
obs_prob = just_emission_df.T.values.astype('float64')
```

获取转移概率为
一个(16, 16)的
NumPy数组

通过转换(36, 16)的词性歧义类为以词性类为索引的
(16, 36)数组获取输出观测概率

清单 10.19 中的代码分别给出了三个大小为（16，1）、（16，16）、（16，36）的初始概率、转移概率、输出观测概率的 NumPy 数组。通过这些数组，你可以使用 TensorFlow 的 HMM 类并运行维特比算法来发现隐藏的状态，即存在歧义时的实际词性标签。

你需要编写一个辅助函数，用一个简单方法将语句转换为词性歧义类观察值。你可以使用创建的初始观测数据帧从词法分析语料库中查看特定观察到的词性标签 / 歧义类的索引，然后将这些索引放入一个列表中。你还需要使用转换函数将预测的索引转换为相应的

词性标签。清单 10.20 为你处理这些任务。

清单 10.20　将语句转换为词性歧义类观察值

```
def sent_to_obs(emission_df, pos_df, a_all_tags, sent_num):
    obs = []
    sent = pos_df['Untagged'][sent_num]          获取语句及其词性
    tags = a_all_tags[sent_num]                  标签/歧义类
    for t in tags:
        idx = str(t)
        obs.append(int(emission_df.loc[emission_df.FirstPoS==idx].index[0]))
    return obs
                                                        从输出观测数据帧获取
                                                        观察值的索引
def seq_to_pos(seq):        接收一组预测的词性索引
    tags = []               并返回词性标签名
    for s in seq:
        tags.append(pt_vals[s])
                            计算词性标签名并以列表形式
    return tags             返回所有预测的观察值
```

现在你可以从我最初为你准备的 5 个语句中随机取一个来运行你的 HMM。我选择语句索引 3，先显示它的歧义分析形式，然后显示它的标注的无歧义标签形式：

```
The tissue<Noun/><Verb (transitive)/> is<Verb (usu participle)/>
coming<Adjective/><Noun/>
out<Adverb/><Preposition/><Interjection/><Noun/><Verb (transitive)/><Verb
(intransitive)/> mommy<Noun/> , what<Definite
Article/><Adverb/><Pronoun/><Interjection/> should<Verb (usu participle)/>
I<Pronoun/> use<Verb (usu participle)/><Verb (transitive)/><Noun/>
it<Pronoun/><Noun/> for<Preposition/><Conjunction/> ?<sent/>
The tissue<Noun/> is<Verb (usu participle)/> coming<Adjective/> out<Adverb/>.
mommy<Noun/> , what<Definite Article/> should<Verb (usu participle)/>
I<Pronoun/> use<Verb (usu participle)/> it<Pronoun/> for<Preposition/>
?<sent/>
```

无须更多工作，你可以运行 TensorFlow 的 HMM 类。在清单 10.21 中试一试。

清单 10.21　在你的并行语料库中运行 HMM

```
词法分析并行语料库中的                            将语句的词性歧义类转换为输出
第3语句索引                                       观测矩阵中的观察值索引，或
                                                 [9, 23, 1, 3, 20, 4, 23, 31, 18, 14, 13, 35]
└─> sent_index = 3
    observations = sent_to_obs(emission_df, pos_df, a_all_tags, sent_index)

    hmm = HMM(initial_prob=initial_prob, trans_prob=trans_prob, obs_prob=obs_prob)
    with tf.Session() as sess:
        seq = viterbi_decode(sess, hmm, observations)
        print('Most likely hidden states are {}'.format(seq))  用计算出的初始概率、
        print(seq_to_pos(seq))                                   输出观测概率和转移概
                                                                 率初始化TensorFlow的
    运行维特比算法并预测          将预测的中间                      HMM模型
    最有可能的隐藏状态           状态索引转换
                               为词性标签
```

当运行清单 10.21 时，你会得到一些有趣的结果：

```
Most likely hidden states are [0, 3, 0, 0, 0, 0, 0, 0, 0, 0, 0, 0]
['Noun', 'Verb (usu participle)', 'Noun', 'Noun', 'Noun', 'Noun', 'Noun',
'Noun', 'Noun', 'Noun', 'Noun', 'Noun']
```

如果比较预测的输出，你可以看到前两个标签的预测是正确的，但在那之后，其他每个隐藏状态都被预测为 Noun（名词），这显然是错误的。为何代码会做出这些错误的预测？答案可以归结为数据的缺失使算法缺少正确预测的能力。这是一个由来已久的机器学习问题：没有足够的数据就无法训练好模型。模型可以进行预测，但是没有见过足够的样本来正确地描述词性标签类。如何解决这个问题？

一种方法是记下更多的语句，然后像 Gutenberg 项目一样用词性标注器遍历每一个句子。之后，我可以自己消除歧义类。

鼓励数据收集

在过去十年中鼓励收集标注的过程已经开始了。蒂姆·伯纳斯－李在 2001 年发表的关于语义网（https://www.scientificamerican.com/article/the-semantic-web）的著名《科学美国人》文章中预言，组织一直在试图从用户那里众包有价值的标注。伯纳斯－李认为，拥有一个智能代理来处理你的日程，就像今天的 Siri 一样，其好处就足以让普通的网络用户为网页编写精心编排的 XML 标注，但这一预期却悲惨地失败了。后来，社交媒体公司通过提供一项很酷的服务，让用户与亲戚朋友保持联系，从而说服用户为网络内容提供标注。它们表现出色，通过提供正确的激励，收集了惊人的社会语料。在这种情况下，虽然我爱大家，但我没有时间收集更多的词性标注。幸运的是，很多人已经做了这些。继续往下读，看看如何利用他们的成果。

这个解决方案是这行的，特别是现在孩子们更多地在房子周围活动。但是当有许多其他来源的标注语料库时，为什么要投入精力呢？其中一个来源是布朗语料库，它是 PNLTK 的一部分。

10.5 从布朗语料库获得更多的训练数据

布朗语料库是 1961 年由布朗大学创建的第一个百万单词的电子英文词汇语料库，收集了 500 多个信息源，如新闻和社论。语料库按类型组织，用词性标签和其他结构标注。你可以在 https://www.nltk.org/book/ch02.html 上阅读更多关于语料库的信息。

布朗语料库有各种文本文章，按类型或章节组织，包含有标注的语句。例如，你可以从语料库的第 7 章中抽出 100 个语句及其对应的词性标签（如清单 10.22 所示）。需要注意的是，并不是所有的语料库都带有相同的词性标签集。布朗语料库没有使用 Gutenberg 项目的词性标签集（目前为止在本章中见到的 16 个），而是由通用标签集标注——一组 14 个的词性标签，由 Slav Petrov、Dipanjan Das 和 Ryan McDonald 在 2011 年的一篇论

文（https://arxiv.org/abs/1104.2086）中定义。可以看一个通用标签集输出类的例子，你得
到的是"ADJ" : "Adjective"，而不是像在 Gutenberg 项目中看到的短代码描述那样，例如
"A" : "Adjective"。不过我已经为你完成了繁重的工作，映射了标签集之间的重叠子集并
记录在清单 10.23 中。未来你可以决定映射更多的重叠部分，但是此清单可以让你了解这个
过程。

清单 10.22　布朗语料库中 100 个语句的词性标签研究

在通用标签集中导入布朗
语料库及其词性标签

打印布朗语料库中第7章的
语句的词性标签以识别格式

```
import nltk
nltk.download('brown')
nltk.download('universal_tagset')
from nltk.corpus import brown

print(brown.tagged_sents('ch07', tagset='universal'))
print(len(brown.tagged_sents('ch07', tagset='universal')))
```

打印第7章的语句
数量（122）

清单 10.22 的输出值得一看，以便了解布朗语料库是如何记录的，因为你将在数据帧
中处理并准备它，就像你在我提供的一小组示例语句中所做的那样。输出是一组列表，每
个列表包含一个元组，对应于通用标签集中的单词及其相关的词性标签。由于这些赋值是
无歧义的，你可以将它们视为用户提供的标注语料库，用于训练消歧词性标注器的三个并
行语料库之一。清单 10.23 提供了从通用标签集到 Gutenberg 标签的映射。

```
[[('Special', 'ADJ'), ('districts', 'NOUN'), ('in', 'ADP'), ('Rhode',
'NOUN'), ('island', 'NOUN'), ('.', '.')], [('It', 'PRON'), ('is',
'VERB'), ('not', 'ADV'), ('within', 'ADP'), ('the', 'DET'), ('scope',
'NOUN'), ('of', 'ADP'), ('this', 'DET'), ('report', 'NOUN'), ('to',
'PRT'), ('elaborate', 'VERB'), ('in', 'ADP'), ('any', 'DET'), ('great',
'ADJ'), ('detail', 'NOUN'), ('upon', 'ADP'), ('special', 'ADJ'),
('districts', 'NOUN'), ('in', 'ADP'), ('Rhode', 'NOUN'), ('Island',
'NOUN'), ('.', '.')], ...]
```

清单 10.23　通用标签集到 Gutenberg 标签的映射

```
univ_tagset = {
    "ADJ"     : "Adjective",
    "ADP"     : "Adposition",
    "ADV"     : "Adverb",
    "CONJ"    : "Conjunction",
    "DET"     : "Determiner",
    "NOUN"    : "Noun",
    "NUM"     : "Numeral",
    "PRT"     : "Particle",
    "PRON"    : "Pronoun",
    "VERB"    : "Verb",
    "."       : "Punctuation marks",
    "X"       : "Other",
}
```

通用标签集中的标签标
识符和词性标签全名

```
univ_gutenberg_map = {
    "ADJ"  : "A",
    "ADV"  : "v",
    "CONJ" : "C",
    "NOUN" : "N",
    "PRON" : "r",
    "VERB" : "V",
    "."    : "sent"
}

univ_gutenberg_map_r = {v: k for k, v in univ_gutenberg_map.items()}
```

与 Gutenberg 项目中标签的
重叠部分的映射，以通用
标签集标识符索引

创建一个 Gutenberg 项目中的词性
标签标识符的反向索引

有了 Gutenberg 项目和通用标签集之间重叠部分的映射，就有了带标注的语料库。但是你需要一种方法去除标签得到原始的语句，这样就可以通过 Gutenberg 项目运行它们，得到带歧义的语句用于训练并行语料库。NLTK 提供了一个方便的 untag 函数来处理这个任务。对已标注的语句运行 untag，它返回原始的语句（没有元组）。因此，你有了原始的语句和带注释的标注语料库，但你需要对你的词法分析器做简单的更新以处理 Gutenberg 项目和通用标签集之间的映射。

你在清单 10.7 中编写的方便的 analyse 函数需要在几个位置做一些更新：

❑ white_list 变量——接收 Gutenberg 到通用标签集映射的能力，并使用它从 Gutenberg 歧义词性标注器映射，以便你的 pos_words 映射表示到相应的通用标签集。

❑ tagged_sent 变量——NLTK 标注中已经存在的词性标签标注过的语句，用于确保你只考虑在 Gutenberg 标签中有对应的通用标签集的 ground-truth 标签。

❑ map_tags 变量——一些通用标签集中的有效词性标签在 Gutenberg 中没有对应，所以我冒昧地为你映射了它们。例如，DET（决定性的）在 Gutenberg 中没有很好地映射，我将其映射为 CONJ（连接词）。本例可以改进，但用于演示目的它工作得很好。

清单 10.24 提供了更新后的 analyse 函数，它处理和创建来自布朗语料库的所有三个并行语料库。

清单 10.24   更新 analyse 函数从布朗语料库中学习三个并行语料库

```
def analyse(txt, white_list=None, tagged_sent=None):
    map_tags = {
        "ADP" : "ADJ",
        "DET" : "CONJ",
        "NUM" : "NOUN",
        "PRT" : "CONJ"
    }
    words = word_tokenize(txt)
    words_and_tags = []
    wl_keys = None
```

重新映射通用标签集中
与 Gutenberg 项目标签不
等的标签

使用 NLTK 将句子
标记为单词

```
if white_list != None:
    wl_keys = white_list.keys()
    white_list_r = {v: k for k, v in white_list.items()}
    wlr_keys = white_list_r.keys()

for i in range(0, len(words)):
    w = words[i]
    w_and_tag = w
    if w in pos_words:
        for c in pos_words[w]:
            if wl_keys != None:
                if c not in wl_keys:
                    continue
                else:
                    if tagged_sent != None:
                        if tagged_sent[i][1] in white_list_r:
                            ttag = white_list_r[tagged_sent[i][1]]
                            if ttag != "sent":
                                if ttag in pos_words[w]:
                                    w_and_tag += "<"+pos_tags[ttag]+"/>"
                                else:
                                    w_and_tag += "<"+pos_tags[c]+"/>"
                            else:
                                if tagged_sent[i][0] == ".":
                                    w_and_tag += "<"+ttag+"/>"
                            break
                        else:
                            mt = map_tags[tagged_sent[i][1]]
                            ttag = white_list_r[mt]
                            if ttag in pos_words[w]:
                                w_and_tag += "<"+pos_tags[ttag]+"/>"
                            else:
                                w_and_tag += "<"+pos_tags[c]+"/>"
                            break
                    else:
                        w_and_tag = w_and_tag + "<" + pos_tags[c] + "/>"
            else:
                w_and_tag = w_and_tag + "<" + pos_tags[c] + "/>"

    elif w in end_of_sent_punc:
        w_and_tag = w_and_tag + "<sent/>"

    words_and_tags.append(w_and_tag)
return " ".join(words_and_tags)
```

白名单是Gutenberg项目和通用标签集都识别允许的标签集

按标识符创建白名单的反向索引

tagged_sent是这个语句的实际真实标签集

词性标签不在白名单中，所以跳过

如果标签在白名单中，则考虑它

带标签的语料库标签与标签集不一致，因此在Gutenberg项目中选择对应标识符的词性标签

带标签的注释与Gutenberg不一致

　　现在可以创建三个并行语料库了。我从布朗语料库中取 132 个语句中的前 100 个来进行训练。这个过程可能需要大量计算，因为这些语句是你之前使用的数据的 20 倍，而且有更多要使用的标签更新 HMM 模型。在实践中，如果你为它提供了各个章节的所有布朗语料库，它会变得更好，但用本示例方法你将获得一个真实的示例并且不需要等待它运行数个小时。清单 10.25 建立并行语料库并为训练创建了新的词性标签数据帧。

清单 10.25　为训练准备布朗语料库

```
brown_train = brown.tagged_sents('ch07', tagset='universal')[0:100] first
➡ 100 sentences
brown_train_u = [" ".join(untag(brown_train[i])) for i in range(0,
➡ len(brown_train))]
brown_train_a = [analyse(" ".join(untag(brown_train[i])),
➡ white_list=univ_gutenberg_map_r) for i in range(0, len(brown_train))]
brown_train_t = [analyse(" ".join(untag(brown_train[i])),
➡ white_list=univ_gutenberg_map_r, tagged_sent=brown_train[i]) for i in
➡ range(0, len(brown_train))]

new_pos_df = build_pos_df(brown_train_u, brown_train_a, brown_train_t)
all_n_a_tags = compute_tags(new_pos_df['Analyzed'])
all_n_t_tags = compute_tags(new_pos_df['Tagged'])
```

　　为了提醒你现在处于做出更好的词性消歧预测的进程的什么位置，这里有必要概括一下。你已经看到了我有限的语句没有足够的词性标签和标注语料库来学习。通过使用 NLTK 以及像布朗语料库（拥有数以千计的标注语句）这样的数据集，你可以从 100 个布朗语句开始着手学习并行语料库。

　　你不能直接使用语句，考虑到布朗和其他语料库使用不同于 Gutenberg 语料库标签集的实际情况，analyse 函数需要更新。我向你展示了如何创建一个映射来考虑这一情况，并确保 Gutenberg 词性标注器分析的语句和输出的标签都出现在布朗标签集中。在清单 10.25 中，使用该信息返回三个并行语料库的数据帧，并提取分析和标注的语料库词性标签。你已经完成了图 10.9 中的步骤 1 和步骤 2。

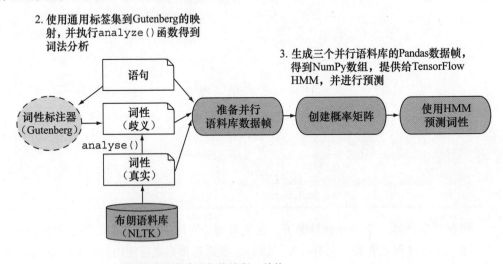

图 10.9　使用真实的数据集和词性标签来创建和训练 TensorFlow HMM 实现词性消歧

要进行图 10.9 中的步骤 3，你需要在表示三个并行语料库的 Pandas 数据帧上运行算法，并生成转移、初始和输出观测矩阵。你在 5 个语句的小数据集上做过此操作，因此可以使用那些现有函数在数据帧上再次运行它们，为 HMM 做好准备（如清单 10.26 所示）。

清单 10.26　生成转移和输出观测计数矩阵

```
n_trans_df = build_trans(pt_vals)                    ←—— 构建转移矩阵
compute_trans_matrix(n_trans_df, all_n_t_tags)
n_just_trans_df = n_trans_df.drop(columns='FirstPoS')
n_just_trans_df['sum'] = n_just_trans_df.sum(axis=1)
n_just_trans_df.loc[n_just_trans_df['sum']==0., 'sum'] = .001   ←— 避免除0
n_trans_prob_df =
➥  n_just_trans_df.loc[:,"Noun":"sent"].div(n_just_trans_df['sum'], axis=0)

(n_emission_df, n_amb_classes_k) = build_emission(pt_vals, all_n_a_tags) ←
compute_emission(n_emission_df, all_n_t_tags, all_n_a_tags)
n_tag_counts = count_tagged(all_n_t_tags)                    构建输出
emission_div_by_tag_counts(n_emission_df, n_amb_classes_k, n_tag_counts)  观测矩阵
n_just_emission_df = n_emission_df.drop(columns='FirstPoS')
```

构建了转移矩阵和输出观测矩阵之后，可以提取 NumPy 数组并加载 HMM 模型。同样，获取最后一个词性标签的位置。由于有 16 列且数据帧的索引从 0 开始，所以初始概率行的索引是 15。然后分别从数据帧中提取转移和输出观测概率的值（如清单 10.27 所示）。

清单 10.27　生成 NumPy 数组

```
从转移概率的sent标签行提取初始
概率，形状为(16, 1)
                                                            提取形状为(16,16)
    n_initial_prob = n_trans_prob_df.loc[15].values.astype('float64')  的转移概率
    n_initial_prob = n_initial_prob.reshape((len(n_initial_prob), 1))
    n_trans_prob = n_trans_prob_df.values.astype('float64')  ←
    n_obs_prob = n_just_emission_df.T.values.astype('float64')

                                                            提取形状为(16,50)的
                                                            输出观测概率
```

接下来在清单 10.28 中，我再次随机选择一个语句。我选择了索引 3 的句子作为说明，但也可以从布朗语料库中选择任何一个。句子以原始形式、歧义分析形式和标注形式呈现，供你细读：

```
There are forty-seven special district governments in Rhode Island (excluding
two regional school districts, four housing authorities, and the Kent County
Water Authority).

There are<Verb (usu participle)/><Noun/> forty-seven<Noun/><Adjective/>
special<Adjective/><Noun/> district<Noun/> governments
in<Adverb/><Adjective/><Noun/> Rhode<Noun/> Island<Noun/> ( excluding
two<Noun/> regional<Adjective/> school<Noun/> districts , four<Noun/>
housing<Noun/> authorities , and<Conjunction/><Noun/> the<Adverb/>
Kent<Noun/> County Water Authority ) .<sent/>
```

```
There are<Verb (usu participle)/> forty-seven<Noun/> special<Adjective/>
district<Noun/> governments in<Adjective/> Rhode<Noun/> Island<Noun/>
( excluding two<Noun/> regional<Adjective/> school<Noun/> districts ,
four<Noun/> housing<Noun/> authorities , and<Conjunction/> the<Adverb/>
Kent<Noun/> County Water Authority ) .
```

清单 10.28 中的代码通过 TensorFlow HMM 词性消歧步骤运行语句。它看上去应该很熟悉，因为它与清单 10.21 基本相同。

清单 10.28　选择一个语句运行 HMM

```
选择索引                         从它们的索引中将歧义词性标签转换为明确的观察值
3的语句                        [33, 23, 7, 34, 11, 34, 34, 34, 40, 34, 34, 34, 34, 21, 41, 34, 49]
  └─> sent_index =
     observations = sent_to_obs(n_emission_df, new_pos_df, all_n_a_tags,
     ➡ sent_index)                                            ◄──────

     hmm = HMM(initial_prob=n_initial_prob, trans_prob=n_trans_prob,
     ➡ obs_prob=n_obs_prob)      ◄───── 使用布朗语料库的初始、转移、
     with tf.Session() as sess:        输出观测概率创建HMM
         seq = viterbi_decode(sess, hmm, observations)
         print('Most likely hidden states are {}'.format(seq))   输出预测的隐藏状态
         print(seq_to_pos(seq))
运行TensorFlow并
预测歧义词性标签
```

本次运行 HMM 会生成一些 Nouns 之外的有效预测元素，特别是另外两个词性预测：

```
Most likely hidden states are [3, 0, 6, 0, 6, 0, 0, 0, 6, 0, 0, 0, 0, 0, 0, 0]
['Verb (usu participle)', 'Noun', 'Adjective', 'Noun', 'Adjective', 'Noun',
'Noun', 'Noun', 'Adjective', 'Noun', 'Noun', 'Noun', 'Noun', 'Noun', 'Noun',
'Noun']
```

HMM 的挑战与任何机器学习模型一样：你展示的样例越多，表征变量就能越好地表示未见过的情况。由于 Nouns 在句子结构中往往围绕着许多其他词性标签，所以它们是被选择最多或猜测概率最高的。也就是说，我们来自布朗语料库的 HMM 模型似乎要比 5 个语句样本的模型表现更好，这个例子代表了一些词性标签和它们的共现（co-occurrence）。与第一个示例中的 36 个标签相比，这次有 50 个词性标签和歧义类，因此你可以推断你已经看到了更多的歧义样例并训练了 TensorFlow 模型来识别它们。

然而，通过显示模型性能，你可以在用更多的数据提升模型性能方面做得更好。让我们测量它！

10.6　为词性标注定义评估指标

计算词性标注器性能的一种简单方法是定义几个简单的指标。第一个指标是每行或每句的错误率，它可以归结为词性标注器正确预测了多少个标签。这个指标测量方式为

$$\frac{\min(|TL_p \cap TL_t|, |TL_t|)}{TL_t}$$

其中，TL_p 是语句或行 L 的预测词性标签，TL_t 是语句或行 L 的实际标注词性标签。方程从可能的标签总数中取正确预测的标签数量，然后除以要预测的有效标签总数。这种类型的方程通常被称为**包含方程**，因为分子代表预测结果从有效标签中捕获了多少分母中**包含**的内容。每个语句的错误率对于测量算法的准确率很有用，你可以增加一个超参数，它是你允许一个语句被接受的阈值。在使用布朗语料库进行实验之后，我决定使用 0.4 或 40% 作为每个句子可接受的阈值。如果算法正确预测了至少 60% 的词性标签，那么这个语句就被认为是正确的。

另一个可以用来评估词性标注器的指标是捕获所有语句的所有差异，然后将所有差异的总数与所有要预测的语句的词性标签总数进行比较。这种技术可以为算法提供一个总体准确率评估。运行清单 10.29 得到你的 HMM 模型在阈值为 40% 错误率时正确预测了总数 100 个语句中的 73 个（73%），而从总体上看，算法只错误地识别了它可能预测的 1219 个词性标签中的 254 个，总体准确率为 79%。不错！你是对的，你的模型表现很好。

尝试再次运行 TensorFlow 和你的 HMM，这次如清单 10.29 所示捕获这些指标。

清单 10.29　捕获和打印每个语句的错误率、差异和总体准确率

重新初始化TensorFlow

为每行记录每行/每语句错误率结果

```
with tf.Session() as sess:
    num_diffs_t = 0          定义你希望捕获的指标
    num_tags_t = 0
    line_diffs = []
    for i in tqdm(range(0, len(brown_train))):
        observations = sent_to_obs(n_emission_df, new_pos_df, all_n_a_tags, i)
        seq = viterbi_decode(sess, hmm, observations)
        sq_pos = seq_to_pos(seq)
        diff_list = intersection(sq_pos, all_n_t_tags[i])
        line_diffs.append((min(len(diff_list),len(all_n_t_tags[i]))  * 1.) /
➡          (len(all_n_t_tags[i]) * 1.))
        num_diffs_t += min(len(diff_list), len(all_n_t_tags[i]))
        num_tags_t += len(all_n_t_tags[i])
    p_l_error_rate = 0.4
    num_right = len([df for df in line_diffs if df < p_l_error_rate])
    print("Num Lines Correct(threshold=%f) %d" % (p_l_error_rate, num_right))
    print("Accuracy {0:.0%}".format(num_right*1. / 100.))

    print("Total diffs", num_diffs_t)
    print("Num Tags Total", num_tags_t)
    print("Overall Accuracy {0:.0%}".format(1 - (num_diffs_t*1. /
    num_tags_t*1.)))
```

为布朗语料库中的 100 个语句运行 TensorFlow 和 HMM

计算每行的错误率并添加到 line_diffs

保存差异词性标签的数量

保存可能的词性标签数量

定义每行的错误率阈值

计算在此错误率阈值下有多少语句被正确预测

打印差异总数、可能的词性标签总数，以及总体准确率你可以做的最后一件事是可视化你的劳动成果，使用 Matplotlib 以图形方式查看每一行的错误率。在你开发了一个好的词性标注器后，在某些语句上寻找任何特定趋势是值得的。清单 10.30 和图 10.10 展示了 Matplotlib 的 Python 代码和错误率的可视化输出。

大约每 20 个语句评估这个图表，词性标注器表现很糟糕。但总体而言表现不错。这种情况值得进一步评估。例如，你可以打散布朗语料库中的语句，或者检查表现不佳的语句，以确定它们是否代表了那些还没有学习好的词性标签。但我将把这些分析留到以后。

清单 10.30　使用 Matplotlib 可视化每行错误率

```
l_d_lists = sorted([(i, line_diffs[i]) for i in range(0, len(line_diffs))])
d_lists = []
for i in range(0, len(l_d_lists)):
    t = l_d_lists[i]
    d_lists.append((t[0], t[1]))

x, y = zip(*d_lists)
plt.xlabel("Line Number")
plt.ylabel("Error rate")
plt.title("Distribution of per sentence error rate")
plt.bar(x, y)
plt.show()
```

按索引排序，返回一个格式为（行号，错误率）的元组列表

将成对列表解压缩为两个元组

显示绘图

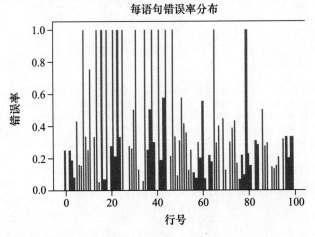

图 10.10　你的词性消歧标注器的每行错误率

小结

❑ 词义消歧发生在日常生活中，你可以使用机器学习和 TensorFlow 来实现它。

❑ 有可用的带标记数据，你需要使用 HMM 为其建立机器学习问题的方法。

❑ HMM 是可解释的模型，它累积概率证据并根据概率证据所代表的可能状态指导决策。

第三部分

神经网络范式

在过去的 10 年里，一些聪明的研究人员将其注意力转向大脑及其工作方式，这对机器学习的研究产生了深远的影响。大容量计算和图形处理单元（GPU）在数量级上优化了机器学习代码的速度和部署，使那些难以通过计算实证检验的老模型和新方法得到广泛使用，通过云计算的普及，它们不再隐藏或仅用于大型网络公司中。

事实证明，基于大脑如何思考、听、看、说建模，并将这些模型简单地部署、分享、重新训练调整以及使用，已经取得了许多进展，例如，智能手机上的智能数字助手，或者能点餐，或根据你和它的对话内容挑选你喜欢的节目的家庭辅助设备。

这些机器学习模型被称为**神经网络**。神经网络是在大脑结构基础上建模的，它包含了相连的神经元组成的网络。最近发布的模型（如 GPT-3），可自动生成可信的新闻稿、演奏、Twitter，以及你能想到的，就像进化的开始。

TensorFlow 在创建神经网络，以及部署和评估它们方面做了优化。本书的这一部分将展示如何创建、训练和评估当前最常用于触摸、看、说、听等方面的神经网络。

第 11 章

自编码器

本章内容

- 了解神经网络
- 设计自编码器
- 使用自编码器表示图像

你是否曾听别人哼出的旋律并识别出了那首歌？这对你来说可能很容易，但提到音乐我属于五音不全。哼唱是对一首歌的近似。唱歌则可能是更好的近似。配上一些乐器，有时一首歌的翻唱听起来与原版并无二致。

本章要讨论近似函数而不是歌曲。函数是输入和输出之间关系的一般概念。在机器学习领域，你通常希望找到关联输入和输出的函数。找到最优的拟合函数是困难的，但是找到近似函数要容易得多。

人工神经网络（ANN）是一种机器学习模型，能够模拟任何函数。正如你所了解的，模型是一个函数，在给定输入的情况下给出输出。用机器学习的术语来说，给定训练数据，你希望构建一个神经网络模型，来最大限度地近似产生这些数据的隐藏函数。这个函数可能不会给出精准的答案，但是足够管用。

到目前为止，你已经通过明确地定义一个函数生成了模型，不管它是线性的、多项式的，或者更复杂的，比如 softmax 回归或者隐马尔可夫模型（HMM）。神经网络在选择正确的函数以及模型方面有一定的灵活性。理论上讲，神经网络可以对通用类型的转换进行建模，这种情况下你根本不需要知道被模拟的函数。

在 11.1 节介绍神经网络之后，你会学习如何使用自编码器，它将数据编码为更小、更快的表示（11.2 节）。

11.1 神经网络简介

如果你听说过神经网络，那么你可能见过复杂网格中节点和边互相连接的图。这种视觉表示主要是受生物学的启发——特别是大脑中的神经元。这是一种将函数可视化的简便方法，例如 $f(x)=wx+b$，如图 11.1 所示。

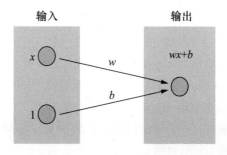

提醒一下，**线性模型**是线性方程的集合，如 $f(x)=wx+b$，其中 (w, b) 为参数向量。学习算法围绕 w 和 b 的值尝试，直到找到与数据最匹配的组合。当算法成功收敛时，它会得到最可能描述数据的线性方程。

图 11.1 线性方程 $f(x)=wx+b$ 的图形表示。节点用圆表示，边用箭头表示。边上的值通常称为权重，它们对输入做乘法。当两个箭头指向同一个节点时，即对它们求和

线性模型是很好的起点，但是现实世界并不总是那么美好。因此，我们深入研究了促使 TensorFlow 诞生的机器学习类型。本章向你介绍被称为 ANN 的模型，它可以近似模拟任意函数（不仅仅是线性函数）。

练习 11.1

$f(x)=|x|$ 是一个线性函数吗？

答案

不是，它是两条在 0 点相交的直线，而不是一条直线。

为了引入非线性的概念，有效的方式是将一个称为**激活函数**的非线性函数应用于每个神经元的输出。有三种最常用的激活函数：sigmoid（sig）、**双曲正切**（tan）和一种被称为**线性整流函数**（ReLU）的斜坡函数，它们绘制在图 11.2 中。

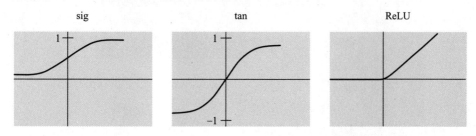

图 11.2 使用非线性函数（如 sig、tan 和 ReLU）引入非线性到你的模型

不必过于担心哪个激活函数在什么情况下表现更好。这个答案仍然是一个活跃的研究问题。可以随意试用图 11.2 中的三个函数。通常，根据你使用的数据集，通过交叉验证来确定哪个模型最好，从而确定最佳函数。还记得第 5 章中的混淆矩阵吗？你要测试哪个模

型给出的假阳性或假阴性最少，或者其他任何最适合你的标准。

sigmoid 对你而言并不陌生。你可能还记得，第 5 章和第 6 章中的逻辑回归分类器中将 sigmoid 函数应用于线性函数 $wx+b$。图 11.3 中的神经网络模型表示函数 $f(x)=\text{sig}(wx+b)$。这个函数是一个输入、一个输出的网络，其中 w 和 b 是模型中的参数。

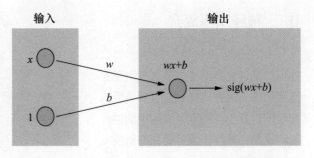

图 11.3   非线性函数（如 sigmoid）应用于输出节点

如果有两个输入（$x1$ 和 $x2$），你可以更新模型使其看上去如图 11.4 所示。给定训练数据和代价函数，要学习的参数是 $w1$、$w2$ 和 b。当你尝试对数据建模时，一个函数有多个输入是很常见的。例如，图像分类取整个图像（逐个像素）为输入。

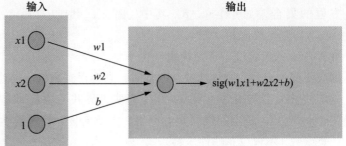

图 11.4   两个输入的网络会有 3 个参数（$w1$，$w2$，b）。指向同一节点的多条线表示求和

自然地，你可以推广到任意数量的输入（$x1$，$x2$，…，xn）。对应的神经网络表示的方程为 $f(x1,\ \cdots,\ xn)=\text{sig}(wnxn+\cdots+w1x1+b)$，如图 11.5 所示。

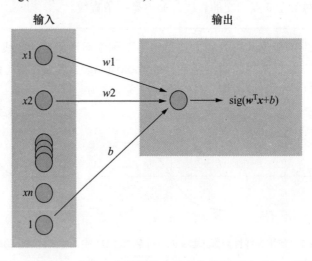

图 11.5   输入维度可以是任意大小。例如，灰度图像中的每个像素可以对应一个输入 $x1$。神经网络使用所有的输入生成一个输出，你可以用它进行回归或分类。符号 $\boldsymbol{w}^{\mathrm{T}}$ 表示将一个 $n \times 1$ 的向量转置为 $1 \times n$ 的向量。通过这种方法，你可以将其与 $\boldsymbol{x}$（其维度为 $n \times 1$）相乘。这种矩阵相乘也称为点积，它得到一个标量（1D）值

到目前为止，你只处理了输入层和输出层。没什么能阻止你在它们中间添加神经元。既不作为输入也不作为输出的神经元称为**隐藏神经元**。这些神经元与神经网络的输入层和输出层接口相连，所以无法直接影响它们的值。**隐藏层**是不相连的隐藏神经元的集合，如图 11.6 所示。增加隐藏层可以大大提高网络的表达能力。

只要激活函数是非线性的，具有至少一个隐含层的神经网络就可以逼近任意函数。在线性模型中，不管学习到的参数是什么，函数仍然是线性的。相反，具有隐藏层的非线性神经网络模型具有足够的灵活性，可以近似表达任何函数。多么美好的时代！

TensorFlow 自带许多辅助函数，帮助你高效地获取神经网络的参数。你将在本章中看到如何使用这些工具开始你的第一个神经网络架构：自编码器。

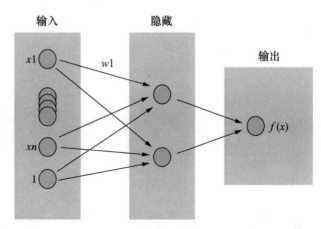

图 11.6 既不是输入也不是输出的神经元称为隐藏神经元。隐藏层是不相连的隐藏神经元的集合

11.2 自编码器简介

自编码器是试图学习模型参数使输出尽可能接近输入的一类神经网络。一种明显的方式是直接返回输入值，如图 11.7 所示。

但自编码器比这更有趣。它包含一个小的隐藏层！如果隐藏层的维度小于输入层，那么隐藏层就是对数据的压缩，称为**编码**。

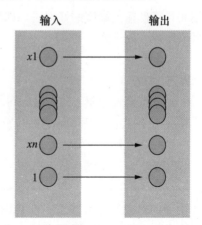

图 11.7 如果你想创建一个输出等于输入的网络，可以直接将对应的节点相连并将每个权重参数都设置为 1

现实世界中的数据编码

有多种音频格式，但可能最流行的是 MP3，因为它的文件相对较小。你可能已经猜到这样高效的存储是有代价的。生成 MP3 文件的算法将原始的未压缩音频压缩为更小的文件，同时使其听起来和原来差不多。但它是有损的，即你不能从编码的版本中完全恢复出原始未压缩的音频。

同样，在本章中，我们希望降低数据的维度使其更便于使用，而不是完全复制。

从隐藏层重建输入的过程称为**解码**。图 11.8 展示了一个夸张的自编码器示例。

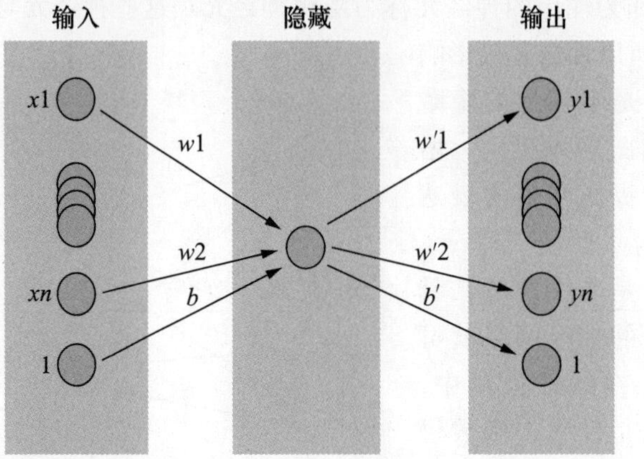

图 11.8   这里，你向一个试图重建输入的网络引入一个限制条件。数据要通过一个狭窄的通道，如图所示隐藏层。在本例中，隐藏层中只有一个节点。网络试图将一个 *n* 维输入信号编码（并从其中解码）为 1 维，这在实践中可能会很困难

编码是降低输入维度的好方法。如果你能用 100 个隐藏节点表示 256×256 的图像，就将数据项缩减了数千倍。

练习 11.2

令 *x* 表示输入向量（*x1*, *x2*, …, *xn*），*y* 表示输出向量 (*y1*, *y2*, …, *yn*)。最后，令 *w* 和 *w'* 分别表示编码和解码的权重。训练这个神经网络可能的代价函数是什么？

答案

参见清单 11.3 中的代价函数。

使用面向对象编程方式来实现自编码器是有意义的。这样，你就可以在其他应用程序中重用该类，而不必担心紧耦合的代码。按清单 11.1 所示创建代码可以帮助构建更深的架构，如**堆栈自编码器**，它在经验上性能更好。

提示   通常，对于神经网络来说，只要你有足够多的数据使模型不会过拟合，增加更多的隐藏层可能有助于提升性能。

清单 11.1   Python 类模式

```
class Autoencoder:
    def __init__(self, input_dim, hidden_dim):    ◁—— 初始化变量

    def train(self, data):    ◁—— 在数据集上训练

    def test(self, data):    ◁—— 在新数据上做测试
```

打开一个新的 Python 源文件并命名为 autoencoder.py。此文件将定义 autoencoder 类，使你可以在独立代码段中使用。

构造函数将创建所有的 TensorFlow 变量、占位符、优化器和运算符。任何不需要立即使用会话的内容都可以放到构造函数中。由于需要处理两组权重参数（一个用于编码阶段另一个用于解码阶段），你可以使用 TensorFlow 的 tf.name 区域来区分变量名。

清单 11.2 展示了在一个命名区域中定义变量的例子。现在你可以无缝地保存和恢复变量，而不用担心命名冲突。

清单 11.2　使用命名区域

```
with tf.name_scope('encode'):
    weights = tf.Variable(tf.random_normal([input_dim, hidden_dim],
    ➥ dtype=tf.float32), name='weights')
    biases = tf.Variable(tf.zeros([hidden_dim]), name='biases')
```

继续实现构造函数，如清单 11.3 所示。

清单 11.3　autoencoder 类

```
import tensorflow as tf
import numpy as np

class Autoencoder:
    def __init__(self, input_dim, hidden_dim, epoch=250,
        learning_rate=0.001):
        self.epoch = epoch
        self.learning_rate = learning_rate

        x = tf.placeholder(dtype=tf.float32, shape=[None, input_dim])

        with tf.name_scope('encode'):
            weights = tf.Variable(tf.random_normal([input_dim, hidden_dim],
            ➥ dtype=tf.float32), name='weights')
            biases = tf.Variable(tf.zeros([hidden_dim]), name='biases')
            encoded = tf.nn.tanh(tf.matmul(x, weights) + biases)
        with tf.name_scope('decode'):
            weights = tf.Variable(tf.random_normal([hidden_dim, input_dim],
            ➥ dtype=tf.float32), name='weights')
            biases = tf.Variable(tf.zeros([input_dim]), name='biases')

            decoded = tf.matmul(encoded, weights) + biases

        self.x = x
        self.encoded = encoded
        self.decoded = decoded

        self.loss = tf.sqrt(tf.reduce_mean(tf.square(tf.subtract(self.x,
        ➥ self.decoded))))
        self.train_op =
    tf.train.RMSPropOptimizer(self.learning_rate).minimize(self.loss)
        self.saver = tf.train.Saver()
```

优化器超参数

在一个命名区域中定义权重和偏置以便与解码部分的权重和偏置分开

学习的循环次数

定义输入层数据集

在这个命名区域中定义解码的权重和偏置

这些是方法变量

定义重建代价函数

创建saver保存训练出的模型参数

选择优化器

现在，在清单 11.4 中，定义一个名为 train 的类方法，它接收数据集并学习参数使代价最小化。

清单 11.4　训练自编码器

```
def train(self, data):
    num_samples = len(data)
    with tf.Session() as sess:
        sess.run(tf.global_variables_initializer())
        for i in range(self.epoch):
            for j in range(num_samples):
                l, _ = sess.run([self.loss, self.train_op],
                    feed_dict={self.x: [data[j]]})
            if i % 10 == 0:
                print('epoch {0}: loss = {1}'.format(i, l))
                self.saver.save(sess, './model.ckpt')
        self.saver.save(sess, './model.ckpt')
```

遍历在构造函数中定义的循环次数

一次一个样本，在数据上训练神经网络

启动一个TensorFlow会话并初始化所有变量

每10个循环打印一次重建的误差

保存学得的参数到文件中

现在你已经有足够的代码来从任意数据中学习一个自编码器的算法了。在开始使用这个类之前，再创建一个方法。如清单 11.5 所示，test 方法可以在新数据上评估自编码器。

清单 11.5　在数据上测试模型

```
def test(self, data):
    with tf.Session() as sess:
        self.saver.restore(sess, './model.ckpt')
        hidden, reconstructed = sess.run([self.encoded, self.decoded],
    feed_dict={self.x: data})
    print('input', data)
    print('compressed', hidden)
    print('reconstructed', reconstructed)
    return reconstructed
```

加载学得的参数

重建输入数据

最后，创建一个新的 Python 文件，命名为 main.py，并使用 autoencoder 类，如清单 11.6 所示。

清单 11.6　使用 autoencoder 类

```
from autoencoder import Autoencoder
from sklearn import datasets

hidden_dim = 1
data = datasets.load_iris().data
input_dim = len(data[0])
ae = Autoencoder(input_dim, hidden_dim)
ae.train(data)
ae.test([[8, 4, 6, 2]])
```

运行 train 函数将输出训练中代价随 epoch 增加而减少的调试信息。test 函数展示了编码和解码过程：

```
('input', [[8, 4, 6, 2]])
('compressed', array([[ 0.78238308]], dtype=float32))
('reconstructed', array([[ 6.87756062,  2.79838109,  6.25144577,
➡ 2.23120356]], dtype=float32))
```

注意，你可以将一个 4 维向量压缩为 1 维，再解压回 4 维向量，其中带有一些数据损失。

11.3 批量训练

如果时间允许，那么一次训练一个网络一个样本的方式是最安全的选择。但如果网络训练花费时间超过预期，一个解决方案是一次使用多条输入数据训练它，这称为**批量训练**。

通常，随着批量大小的增加，算法的速度会提升，但成功收敛的可能性变低。批量大小和成功收敛之间的比较是一把双刃剑。如清单 11.7 所示，稍后你将使用该辅助函数。

清单 11.7 批量辅助函数

```
def get_batch(X, size):
    a = np.random.choice(len(X), size, replace=False)
    return X[a]
```

为了使用批量学习，你需要修改清单 11.4 中的 train 方法。如清单 11.8 所示的批处理版本，为每批数据插入一个额外的内部循环。通常，批量循环的次数应该足够多，以便在一个 epoch 内覆盖所有数据。

清单 11.8 批量学习

```
def train(self, data, batch_size=10):
        with tf.Session() as sess:
            sess.run(tf.global_variables_initializer())
            for i in range(self.epoch):
                for j in range(500):
                    batch_data = get_batch(data, self.batch_size)
                    l, _ = sess.run([self.loss, self.train_op],
                    ➡ feed_dict={self.x: batch_data})
                if i % 10 == 0:
                    print('epoch {0}: loss = {1}'.format(i, l))
                    self.saver.save(sess, './model.ckpt')
            self.saver.save(sess, './model.ckpt')
```

循环遍历每个批量选择

在一个随机选择的批量上运行优化器

11.4 处理图像

大多数神经网络（如自编码器）只接收 1 维输入。另一方面，图像的像素由行和列索引。此外，如果像素是彩色的，它就有红、绿、蓝浓度值，如图 11.9 所示。

管理图像的高维度的一个简单办法包含两个步骤：

1）将图像转换为灰度。将红、绿、蓝的值合并到**像素强度**中，像素强度是颜色值的加权平均值。

图像

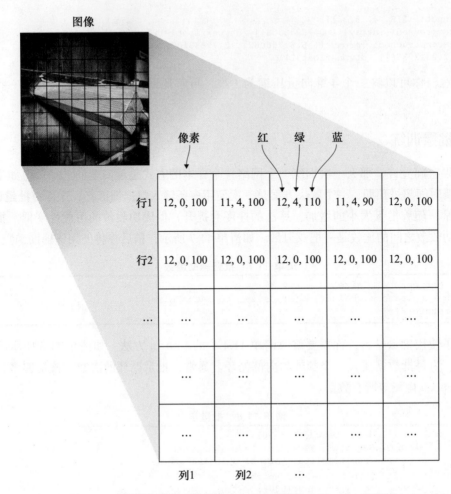

图 11.9　一个彩色图像由像素组成，每个像素包含红、绿、蓝的值

2）将图像按行顺序重新排列。**行主顺序**将数组保存为一个长的、只有 1 维的集合，将数组的所有维度放在第一个维度的后面，这样可以用一个数字来索引图像，而不是两个。如果图像是 3×3 像素的，则将其重新排列组成如图 11.10 所示的结构。

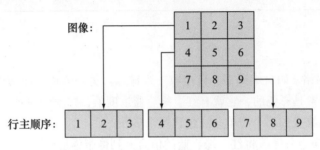

图 11.10　图像可以按行主顺序表示。这样可以用 1 维结构来表示 2 维结构

在 TensorFlow 中，你可以以多种方式使用图像。如果你的硬盘上有一些图片，你可以使用 TensorFlow 自带的 SciPy 加载它们。清单 11.9 向你展示了如何加载灰度图像、调整其大小，并按行主顺序表示。

清单 11.9 加载图像

```
from scipy.misc import imread, imresize
                                                      加载灰度图像
gray_image = imread(filepath, True)          ◁──────┘
small_gray_image = imresize(gray_image, 1. / 8.)   ◁── 调整大小将其变小
x = small_gray_image.flatten()               ◁──────┐
                                                      转换为1维结构
```

图像处理是一个活跃的研究领域，因此很容易有可用的数据集，而不是使用自己有限的图像。例如，一个名为 CIFAR-10 的数据集包含约 60 000 张带标签的图像，都是 32×32 大小。

练习 11.3

你能说出其他在线数据集吗？在线搜索更多信息。

答案

也许深度学习社区中最常用的数据集是 ImageNet（www.image-net.org）。你也可以在 http://deeplearning.net/datasets 上找到一个很好的清单。

从 www.cs.toronto.edu/ ~ kriz/cifar.html 下载 Python 数据集。将解压后的 cifar-10-batches-py 文件夹放入你的工作路径中。清单 11.10 来自 CIFAR-10 网页，将此代码添加到一个名为 main_imgs.py 的文件中。

清单 11.10 读取解压的 CIFAR-10 数据集

```
import pickle
                                  读取CIFAR-10文件，
                                  返回加载的字典
def unpickle(file):           ◁──┘
    fo = open(file, 'rb')
    dict = pickle.load(fo, encoding='latin1')
    fo.close()
    return dict
```

可以使用清单 11.10 中创建的 unpickle 函数读取每个数据集文件。CIFAR-10 数据集包含 6 个文件，每个文件的前缀都是 data_batch_，后面跟一个数字。每个文件包含图像数据和对应的标签的信息。清单 11.11 展示了如何循环遍历所有文件并将数据集加载到内存。

每张图像都被表示为一个红色像素、绿色像素和蓝色像素的序列。清单 11.12 创建一个辅助函数通过平均红色、绿色和蓝色值将图像转换为灰度。

清单 11.11   读取所有 CIFAR-10 文件到内存

```
import numpy as np

names = unpickle('./cifar-10-batches-py/batches.meta')['label_names']
data, labels = [], []
for i in range(1, 6):                        ◁── 循环遍历6个文件
    filename = './cifar-10-batches-py/data_batch_' + str(i)
    batch_data = unpickle(filename)                        数据样本的每行表示
    if len(data) > 0:                                      一个样本,所以可以
        data = np.vstack((data, batch_data['data']))   ◁── 将其垂直堆叠起来
        labels = np.hstack((labels, batch_data['labels']))
    else:                                                 标签是1维的,所以可以
        data = batch_data['data']                         将其水平堆叠起来
        labels = batch_data['labels']
```
加载文件并获得Python字典

注意   你可以通过其他方法实现更真实的灰度,但这种将三个值平均的方法可以完成任务。人类的感知对绿光更敏感,所以在其他版本的灰度中,绿色值在取平均时可能有更高的权重。

清单 11.12   将 CIFAR-10 图像转换为灰度

```
def grayscale(a):
    return a.reshape(a.shape[0], 3, 32, 32).mean(1).reshape(a.shape[0], -1)

data = grayscale(data)
```

最后,收集所有特定类别的图像,如 horse(马)的图像。你将在所有马的图像上运行自编码器,如清单 11.13 所示。

清单 11.13   创建自编码器

```
from autoencoder import Autoencoder

x = np.matrix(data)
y = np.array(labels)
                                        从索引集中选择马的索引
horse_indices = np.where(y == 7)[0]  ◁── (标签7),用来索引到
                                        数据数组x中
horse_x = x[horse_indices]

print(np.shape(horse_x))             ◁── 大小为(5000, 3072)的矩阵,5000张图像,
                                        以及32×32×3通道(R, G, B),
input_dim = np.shape(horse_x)[1]        或3072个值
hidden_dim = 100
ae = Autoencoder(input_dim, hidden_dim)
ae.train(horse_x)
```

现在你可以用 100 个数字编码图像,与训练数据相近。这个自编码器是最简单的,显然,编码是有损的。注意:运行代码可能需要 10 分钟。输出将跟踪每 10 个 epoch 的损失值:

```
epoch 0: loss = 99.8635025024
epoch 10: loss = 35.3869667053
epoch 20: loss = 15.9411172867
epoch 30: loss = 7.66391372681
epoch 40: loss = 1.39575612545
epoch 50: loss = 0.00389165547676
epoch 60: loss = 0.00203850422986
epoch 70: loss = 0.00186171964742
epoch 80: loss = 0.00231492402963
epoch 90: loss = 0.00166488380637
epoch 100: loss = 0.00172081717756
epoch 110: loss = 0.0018497039564
epoch 120: loss = 0.00220602494664
epoch 130: loss = 0.00179589167237
epoch 140: loss = 0.00122790911701
epoch 150: loss = 0.0027100709267
epoch 160: loss = 0.00213225837797
epoch 170: loss = 0.00215123943053
epoch 180: loss = 0.00148373935372
epoch 190: loss = 0.00171591725666
```

参见本书网站（http://mng.bz/nzpa）或 GitHub（http://mng.Bz/v9m7）获取完整输出示例。

11.5 自编码器的应用

本章介绍了最直接的自编码器类型，但也研究了其他变体，每一种都有其优点和应用。让我们来看几个例子：

- ❑ **堆栈自编码器**和普通自编码器的开始时相同。它通过最小化重建时的误差，来学习输入到更小隐藏层的编码。然后，隐藏层被当作一个新的自编码器的输入，将第一层隐藏层神经元编码到更小的层（第二层隐藏神经元）。这个过程根据需要持续进行。通常，在深度神经网络架构中，学习到的编码权重用于解决回归或分类问题的初始值。

- ❑ **去噪自编码器**接收有噪声的输入，而不是原始输入，并试图对其"去噪"。去噪自编码器不再使用代价函数来最小化重建误差。现在你需要尽量减少去噪后的图像和原始图像之间的误差。直觉上，一张照片上有划痕或印记，人类思维依然可以理解它。如果机器也能透过噪声输入恢复原始数据，也许它能更好地理解数据。去噪模型已经被证明能够更好地捕获图像的显著特征。

- ❑ **变分自编码器**可以从直接给定的隐藏层变量生成新的自然图像。假设你将一个男人的照片编码为 100 维向量，将一个女人的照片编码为另一个 100 维向量。你可以取两个向量的平均值，让其通过解码器产生一个合理的图像，代表一个介于男人和女人之间的人。变分自编码器的生成能力来自一个被称为**贝叶斯网络**的概率模型。这也是时髦的 deep fakes（AI 换脸工具）和生成对抗网络中使用的一些技术。

小结

- 当线性模型无法有效描述数据集时，神经网络可以派上用场。
- 自编码器是一种无监督学习算法，它尝试重建输入数据，并在此过程中展示数据中有趣的结构。
- 通过扁平化和灰度，图像可以容易地作为神经网络的输入。

第 12 章

应用自编码器：CIFAR-10 图像数据集

本章内容

- 导航并理解 CIFAR-10 图像数据集的结构
- 构建一个自编码器模型以表示不同的 CIFAR-10 图像类
- 应用 CIFAR-10 自编码器作为图像分类器
- 在 CIFAR-10 图像上实现堆栈自编码器和去噪自编码器

自编码器是强大的工具，可以学习将输入转换为输出的任意函数，而无须使用完整的规则集。自编码器的名称来源于它的功能：学习一种比输入小得多的表示形式。这意味着用更少的知识对输入进行**编码**，以及将内部表示**解码**以近似还原其原始输入。当输入是图像的时候，自编码器有许多有用的应用。压缩是其中之一，例如在隐藏层中使用 100 个神经元并以行主顺序（第 11 章）格式化展开 2 维图像。通过对红、绿、蓝颜色通道进行平均，自编码器学习一个对图像的表示，将一个 $32 \times 32 \times 3$，即高 × 宽 × 颜色通道，或 3072 像素强度值，编码为 100 个数字，这是数据的 30 倍压缩。压缩效果如何？尽管你在第 11 章中训练了一个网络来演示这个用例，但是没有研究学习表示图像的结果，我们将在本章中进行。

使用自编码器的表示也可以用于分类。从标注训练数据集（例如 Canadian Institute for Advanced Research（CIFAR）-10 取出关于马的图像的数据集）训练自编码器，并将自编码器对马的表示（那 100 个数字，在很多样本上训练并加权得到的）与自编码器对另一个图像类别（如青蛙）学习得到的表示进行比较。表示将是不同的，你可以使用它作为一种简洁的方法来分类（或聚类）图像。如果可以对强表示的样本进行分类，那么也可以检测异常样本，从而自动检测数据集合中的不同或执行异常检测。本章将聚焦 CIFAR-10 数据集，探讨自编码器的这些应用。

正如我在第 11 章末尾提到的，自编码器有不同类型。它们包括：堆栈自编码器，它使用多个隐藏层并支持深层架构用于分类；去噪自编码器，它试图对输入（如图像）去噪，并观察网络是否能学到更鲁棒的表示以对图像缺陷有弹性。在本章中你将使用这两个概念。

12.1　什么是 CIFAR-10

CIFAR-10 的名字来源于它的 10 个图像类，包括汽车、飞机和青蛙等。CIFAR-10 是从 8000 万的 Tiny Images 数据集选择出来的大小为 32×32 的 RGB 三通道格式的强大工具。每张图像代表 3072 的全彩像素或 1024 的灰度像素。你可以在 https://people.csail.mit.edu/torralba/publications/80millionImages.pdf 上阅读更多关于 Tiny Images 的信息。

在深入研究自编码器表示之前，有必要详细研究一下 CIFAR-10 数据集。

CIFAR-10 分为训练数据集和测试数据集，正如我一直向你们讲的，这是一个很好的实践。按照大约 80% 的数据用于训练、20% 的数据用于测试的思路，数据集由 60 000 张图像组成，分为 50 000 张训练图像和 10 000 张测试图像。每个图像类别——飞机、汽车、鸟、猫、鹿、狗、青蛙、马、船和卡车——在数据集中有 6000 个代表性样本。训练集包含每个类的 5000 个随机样本，测试集包含 10 个类中每个类的 1000 个随机样本。数据以二进制文件格式磁盘存储，供 Python、Matlab 和 C 语言程序用户使用。50 000 张训练数据集图像被分为 5 批，每批 10 000 张，而测试文件是单独一批包含 10 000 张随机顺序图像的文件。图 12.1 展示了 CIFAR-10 及其 10 个类的可视化表示，采用随机选择的图像。

是否灰度化

你可能会问为什么在第 10 章和第 11 章中使用灰度图像而不是完整的 RGB 值。也许颜色属性是你想让神经网络学习的东西，那为什么要去掉 R（红）G（绿）B（蓝）并用灰度代替呢？答案在于降维。降低到灰度就将所需要学习的参数减少了 3 倍，这有助于在不牺牲太多的情况下进行学习和训练。这并不是说你永远都不想将颜色作为特征来训练神经网络。当你希望在一张有蓝色和红色杯子的图片中找到黄色杯子时，你必须使用颜色。但对于你在本章的学习，自编码器对于参数减小为三分之一的数据会很满意，你的计算机的 CPU 风扇也是如此。

在第 11 章中，你构建了一个 autoencoder 类接收 CIFAR-10 一批 horse 类的图像，然后它学习了一个对图像的表示，从而将 1024（32×32 的灰度）的图像缩减到 100 个数字。编码的效果如何？在 12.1.1 节回忆 autoencoder 类时，你可以探索这个主题。

图 12.1 对于每个 CIFAR-10 图像类随机选择的 10 个样本

评估你的 CIFAR-10 自编码器

你在第 11 章中构建的 CIFAR-10 `autoencoder` 类有一个含有 100 个神经元的隐藏层，接收 5000 × 1024 大小的向量的训练图像为输入，使用 `tf.matmul` 编码输入，以及一个 1024 × 100 的隐藏层，并通过一个 100 × 1024 的输出层解码隐藏层。`autoencoder` 类使用 1000 个 epoch 和一个用户指定的批量大小进行训练，并通过打印隐藏神经元或编码的值和原始输入值的解码表示，提供了测试过程的方法。清单 12.1 展示了该类及其效用方法。

清单 12.1 `autoencoder` 类

```
使用索引从X随机选择size大小的批，
只选择唯一样本因为replace=False
def get_batch(X, size):
    a = np.random.choice(len(X), size, replace=False)
    return X[a]

class Autoencoder:
    def __init__(self, input_dim, hidden_dim, epoch=1000, batch_size=50,
    ➡ learning_rate=0.001):
        self.epoch = epoch
```

创建编码的大小
input_dim，
hidden_dim

使用学到的
权重将编码
从hidden_dim
解码回
input_dim

重用saver
来保存和
加载模型

在编码步骤使用tf.scope结构
重用weights和biases

采用均方根误差（RMSE）
作为损失函数和优化器

对每个epoch按批
量大小（数据集大
小/batch_size）
进行遍历

计算编码和解码
的层以及输出，
并打印它们的值

```python
        self.batch_size = batch_size
        self.learning_rate = learning_rate

        x = tf.placeholder(dtype=tf.float32, shape=[None, input_dim])
        with tf.name_scope('encode'):
            weights = tf.Variable(tf.random_normal([input_dim, hidden_dim],
                dtype=tf.float32), name='weights')
            biases = tf.Variable(tf.zeros([hidden_dim]), name='biases')
            encoded = tf.nn.sigmoid(tf.matmul(x, weights) + biases)
        with tf.name_scope('decode'):
            weights = tf.Variable(tf.random_normal([hidden_dim, input_dim],
                dtype=tf.float32), name='weights')
            biases = tf.Variable(tf.zeros([input_dim]), name='biases')
            decoded = tf.matmul(encoded, weights) + biases

        self.x = x
        self.encoded = encoded
        self.decoded = decoded

        self.loss = tf.sqrt(tf.reduce_mean(tf.square(tf.subtract(self.x,
            self.decoded))))
        self.train_op =
            tf.train.RMSPropOptimizer(self.learning_rate).minimize(self.loss)
        self.saver = tf.train.Saver()
    def train(self, data):
        with tf.Session() as sess:
            sess.run(tf.global_variables_initializer())
            for i in range(self.epoch):
                for j in range(np.shape(data)[0] // self.batch_size):
                    batch_data = get_batch(data, self.batch_size)
                    l, _ = sess.run([self.loss, self.train_op],
                        feed_dict={self.x: batch_data})
                if i % 10 == 0:
                    print('epoch {0}: loss = {1}'.format(i, l))
                    self.saver.save(sess, './model.ckpt')
            self.saver.save(sess, './model.ckpt')

    def test(self, data):
        with tf.Session() as sess:
            self.saver.restore(sess, './model.ckpt')
            hidden, reconstructed = sess.run([self.encoded, self.decoded],
                feed_dict={self.x: data})
        print('input', data)
        print('compressed', hidden)
        print('reconstructed', reconstructed)
        return reconstructed
```

尽管你在第 11 章运行了这个类，但你没有查看输入或解码后的输出，以判断它对输入的表示学习得如何。要做到这一点，你可以使用第 11 章的代码，这是 CIFAR-10 网站上推荐的一种读取 Pickle 格式存储的 Python 形式的数据的简单方法。Pickle 是一个用于压缩二进制表示的 Python 库，它将 Python 对象序列化为字节流，以及提供将该对象从字节流反序列化为活动的 Python 动态对象的方法。你可以使用 unpickle 函数和相关的数据集加载代码，例如 greyscale 函数，该函数通过取每个图像的 RGB 的平均值将 50 000 张 3 通道

RGB 训练数据转换为 1 通道灰度图像。CIFAR-10 的其余加载代码遍历下载的 5 个 10 000 张图像的训练文件。这些文件是 Python pickle 格式的，数据以 data 为键存储在 Python 字典中，以及以 labels 为键保存 10 个图像类别的有效值（0 ～ 9）。这 10 个图像类别名称被填充到从 Python 的 pickle 文件 batches.meta 中读取的 names 变量中，包含汽车、鸟等值。这 5 组 10 000 个图像和标签中的每一组都垂直和水平分别堆叠到两个 NumPy 数组上——大小为 (50000, 1024) 的 data 和 (5000,) 的 labels——并可用于训练。清单 12.2 为 Autoencoder 准备了 CIFAR-10 数据。

清单 12.2　为 Autoencoder 准备 CIFAR-10 数据

```
def unpickle(file):
    fo = open(file, 'rb')                              加载CIFAR-10的批Pickle文件。
    dict = pickle.load(fo, encoding='latin1')          有5个文件用于训练，1个用于
    fo.close()                                         测试。每个大小是10 000张图
                                                       像和标签

                                                                通过平均RGB的值将
    return dict         Pickle加载后返回的是一个Python字典，     输入的3通道图像转换
                        以data和labels为键                     为1通道灰度图像

def grayscale(a):
    return a.reshape(a.shape[0], 3, 32, 32).mean(1).reshape(a.shape[0], -1)

    names = unpickle('./cifar-10-batches-py/batches.meta')['label_names']
    data, labels = [], []
    for i in range(1, 6):
        filename = './cifar-10-batches-py/data_batch_' + str(i)    遍历5批训练文件并
        batch_data = unpickle(filename)                            unpickle数据
        if len(data) > 0:
            data = np.vstack((data, batch_data['data']))
            labels = np.hstack((labels, batch_data['labels']))
        else:
            data = batch_data['data']                      遍历一次之后，data是
            labels = batch_data['labels']                  垂直堆叠的(5000, 1024)
    data = grayscale(data)                                 大小，labels是水平堆
                            在(50 000, 1024)的              叠的(50 000, )
                            图像数据上应用
                            grayscale函数
```

按每个标签索引的图像类名

通过将图像数据从 CIFAR-10 加载到 data 数组，命名相关的 labels 数组以及对应着图像类标签值的 names 数组，你可以查看特定类的图像，例如 horse，向你在第 11 章所做的那样。首先选择标签数组中所有具有 horse 类的索引，在得到了具有 horse 类的索引后选择图像数据，就可以得到标签 ID=7（horse）的数据。然后你可以使用 Matplotlib 展示一些马的图像，数据是 50 000 张的集合——每个训练类 5000 张，以及另外 10 000 用于测试。（如清单 12.3 所示）

输出结果如图 12.2 所示。现在你可以看看你的自编码器学习的对 CIFAR-10 图像的表示。

现在查看清单 12.4，这是一小段训练 100 个神经元的自编码器来学习表示马的图像所需要的代码段。需要运行 TensorFlow 训练自编码器。

清单 12.3   选择 5000 张马的图像集合并展示它们

为后面的Autoencoder将数据
转换为NumPy矩阵

通过显式强制转换将标签
转换为NumPy数组，因此
可以使用np.where

通过np.where选择马的
标签（类ID=7）

```
x = np.matrix(data)
y = np.array(labels)
horse_indices = np.where(y == 7)[0]
horse_x = x[horse_indices]
print('Some examples of horse images we will feed to the autoencoder for
    training')
plt.rcParams['figure.figsize'] = (10, 10)
num_examples = 5
for i in range(num_examples):
    horse_img = np.reshape(horse_x[i, :], (32, 32))
    plt.subplot(1, num_examples, i+1)
    plt.imshow(horse_img, cmap='Greys_r')
plt.show()
```

使用马的索引在(5000, 1024)
的数据集中检索数据

显示马的图像

设置Matplot库打印尺寸为
10, 10的5匹马的图像

一些我们将用于自编码器训练的马的图像的例子

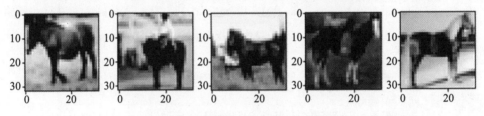

图 12.2   CIFAR-10 训练数据集中返回的 5000 个样本中前 5 匹马的图像

清单 12.4   训练自编码器

输入维度为1024(32 × 32)
的灰度CIFAR-10图像

```
input_dim = np.shape(horse_x)[1]
hidden_dim = 100
ae = Autoencoder(input_dim, hidden_dim)
ae.train(horse_x)
```

在马的图像上使用隐藏神经元
编码大小训练自编码器

接下来，我将向你展示如何使用学习的表示评估编码过程，以及它捕获马的图像的效果。

12.2   自编码器作为分类器

可能值得回顾一下构建自编码器和准备加载 CIFAR-10 数据的步骤。我来总结一下：

1. 加载 CIFAR-10 的 50 000 训练图。其中 10 个类的图像每个类有 5000 个样本。图像以及关联的标签从 Python 的 Pickle 二进制表示形式中读取。

2. 每个 CIFAR-10 图像大小为 32 × 32，以及 3 个颜色通道或红绿蓝像素。可以通过平均 3 个通道值将 3 个通道转换为 1 个通道灰度。

3. 创建一个具有 100 个神经元的单个隐藏层的 autoencoder 类，它以 5000 张 1024 像素的灰度图像作为输入，通过编码步骤将图像大小缩减到隐藏层的 100 个值。编码步骤使用 TensorFlow 训练学习，并使用均方根误差（RMSE）作为损失函数并关联优化器来学习隐藏层的编码权重（W_e）和偏置（B_e）。

4. 自编码器的解码部分也要学习相关的权重（W_d）和偏置（B_d），代码在 test 函数中，本节中会使用该函数。你还将创建一个 classify 函数，它显示你的网络学习的对马的图像的表示。

图像数据的学习表示是自编码器中隐藏层相关的学习权重。整个过程如图 12.3 所示。

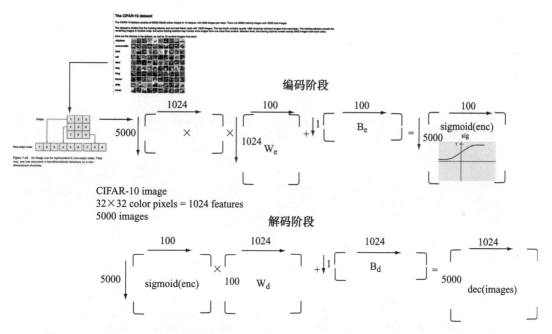

图 12.3　CIFAR-10 自编码器的全部过程。32×32 带 3 通道的图像被修整为 1024 的灰度图像

现在让我们来看一些关于学习的图像编码的信息。可以使用 Autoencoder.test 函数来打印隐藏层的值以及重建输入的值。可以在 CIFAR-10 的 1000 张马的测试图像上尝试，不过你需要先加载图像（如清单 12.5 所示）。CIFAR-10 测试数据是 Python 的 Pickle 格式的。加载并将其转换为灰度，选择 horse 类索引（类 ID=7）并从 1000 张测试图像中选择马的图像。接下来运行 Autoencoder.test 函数看看自编码器的性能如何。你可能还记得清单 12.1，test 函数加载隐藏编码层，运行解码步骤，并显示原始输入值。

清单 12.5　加载 CIFAR-10 测试图像并评估自编码器

通过从反序列化字典中读取 "data" 和 "labels"
键加载 pickle 的 10 000 张测试 CIFAR-10 图像

选择 horse 类 ID=7 的
索引并在图像数据中
检索 1000 张马的图像

```
test_data = unpickle('./cifar-10-batches-py/test_batch')
test_x = grayscale(test_data['data'])
test_labels = np.array(test_data['labels'])
test_horse_indices = np.where(test_labels==7)[0]
test_horse = test_x[test_horse_indices]
ae.test(test horse)
```

运行自编码器的
test 方法评估自
编码器

运行清单 12.5 的输出如下：

```
input [[ 34.            60.66666667  36.33333333 ...    5.          3.66666667
    5.        ]
 [111.66666667 120.          116.        ... 205.66666667 204.33333333
  206.        ]
 [ 48.33333333  66.66666667  86.66666667 ... 135.33333333 133.66666667
  140.        ]
 ...
 [ 29.          43.33333333  58.66666667 ... 151.        151.33333333
  147.33333333]
 [100.66666667 108.66666667 109.66666667 ... 143.33333333 128.66666667
   85.33333333]
 [ 75.33333333 104.66666667 106.33333333 ... 108.33333333  63.66666667
   26.33333333]]
compressed [[0. 1. 1. ... 1. 1. 1.]
 [0. 1. 1. ... 1. 1. 1.]
 [1. 1. 1. ... 1. 1. 1.]
 ...
 [0. 1. 1. ... 1. 1. 1.]
 [0. 1. 1. ... 1. 1. 1.]
 [1. 1. 1. ... 1. 1. 1.]]
reconstructed [[ 88.69392   93.134995   93.69954  ...  49.1538     53.48016
   57.427284]
 [104.61283  101.96864  102.228165 ... 159.11684  158.36711  159.06337 ]
 [205.88844  204.99907  205.80833  ... 106.32716  107.85627  110.11922 ]
 ...
 [ 77.93032   76.28443   76.910736 ... 139.74327  139.15686  138.78288 ]
 [171.00897  170.47668  172.95482  ... 149.24767  148.32034  151.43066 ]
 [185.52625  183.34001  182.78853  ... 125.33179  127.04839  129.3505  ]]
```

概括一下：

❑ 马的测试图像包含 1024 个像素，所以输入（input）的每一行都是 1024 个数字。

❑ 压缩（compressed）层是 100 个神经元，打开为（1.）关闭为（0.）。

❑ 重建（reconstructed）的值为自编码器的解码步骤之后恢复的值。

快速浏览重建图像的值显示了巨大的偏差。原始输入图像中的前三个数值 34、60.66666667、36.33333333 被自编码器重建为 88.69392、93.134995、93.69954。在其他图像和像素中也存在类似的差异，但不要对此太过激动。自编码器只训练了默认的 100 个 epoch，学习率为 0.001。如我在前面几章中所说，超参数调优是一个活跃的研究领域。你可以调整这些超参数并获得更好的结果。当我们学习到卷积神经网络（CNN）和数据增强时，你可以尝试其他优化和技巧，但是目前，使用 test 方法是评估自编码器的一种快速而粗略的方式。更好的方法可能是将学习的图像表示与原始图像图形化，并从视觉上比较它们的匹配程度。我将展示如何实现，但首先，我将演示另一种计算评估自编码器的方法。

使用自编码器通过代价分类

将重建的图像的值与原始输入进行比较，可以显示重建像素值与原始像素值之间的差异。差异可以容易地通过设置代价函数来测量，以在训练期间指导自编码器。使用 RMSE，RMSE 是模型生成的数据与输入之差，平方后通过均值和平方根简化为标量。RMSE 是对训练评估代价的很好的距离度量。更好的是，这是一个很好的分类指示，因为事实证明，属于同一类别的图像其模型值与原始值相比有相似的代价。

马的图像有一个特定的代价，飞机图像有不同的代价，以此类推。可以通过向 autoencoder 类中增加一个简单的函数来验证这个直觉：classify。这个方法的工作是计算 horse 类的代价函数，然后将这些图像产生的代价与其他图像类产生的代价进行比较，看看是否有差异。清单 12.6 向 autoencoder 中增加了 classify 方法，并返回隐藏和重建层供以后使用。

清单 12.6 `Autoencoder.classify` 比较类之间的代价

```
def classify(self, data, labels):
    with tf.Session() as sess:                              ┐ 初始化TensorFlow
        sess.run(tf.global_variables_initializer())        │ 训练的模型并加载
        self.saver.restore(sess, './model.ckpt')           ┘
        hidden, reconstructed = sess.run([self.encoded, self.decoded],
    ➡       feed_dict={self.x: data})                         使用NumPy计算所有
        reconstructed = reconstructed[0]                       图像的RMSE
        loss = np.sqrt(np.mean(np.square(data - reconstructed), axis=1))  ◄┘
        horse_indices = np.where(labels == 7)[0]
        not_horse_indices = np.where(labels != 7)[0]
        horse_loss = np.mean(loss[horse_indices])
        not_horse_loss = np.mean(loss[not_horse_indices])
        print('horse', horse_loss)
        print('not horse', not_horse_loss)
        return hidden
```

获得隐藏（编码）层和重建值以计算代价

计算马的图像的索引和所有其他类的索引，并计算所有图像（马和非马）的平均代价值

从分类器打印马的代价值和非马的代价值

清单 12.6 的输出如下：

```
horse 63.19770728235271
not horse 61.771580430829474
```

尽管不令人惊讶，但 horse 类图像到重建之间的代价值与其他类的图像明显不同，且有统计意义。所以尽管自编码器没有足够的经验以很小的代价重建图像，但它学习了关于马的图像足够多的表示，能够与 CIFAR-10 中其他 9 类图像区分出它们的结构。

现在可以看看一些重建图像的差别。Matplotlib 会有很大帮助。你可以把从 classify

函数返回的隐藏层和一个小的 `decode` 方法加到自编码器，它将生成一个特定编码图像的重建，并将其从 1024 像素重新恢复回 32×32 的灰度图像。代码如清单 12.7 所示。

清单 12.7　将编码的图像转换回 CIFAR-10 的 `decode` 方法

```
def decode(self, encoding):
    with tf.Session() as sess:
        sess.run(tf.global_variables_initializer())
        self.saver.restore(sess, './model.ckpt')
        reconstructed = sess.run(self.decoded, feed_dict={self.encoded:
        ➥ encoding})
        img = np.reshape(reconstructed, (32, 32))
        return img
```

加载 TensorFlow 和自编码器模型来生成图像重建

将重建的 1024 像素数组转换回 32×32 的灰度图像并返回

运行该代码后，可以使用 Matplotlib（如清单 12.8 所示）来生成一组来自 CIFAR-10 测试数据集的前 20 张马的图像的重建，左边是原始图像，右边是自编码器"看到"的图像。

清单 12.8　评估和可视化 CIFAR-10 重建的马的图像

遍历 CIFAR-10 马的测试图像的前 20 个

```
plt.rcParams['figure.figsize'] = (100, 100)
plt.figure()
for i in range(20):
    plt.subplot(20, 2, i*2 + 1)
    original_img = np.reshape(test_horse[i, :], (32, 32))
    plt.imshow(original_img, cmap='Greys_r')

    plt.subplot(20, 2, i*2 + 2)
    reconstructed_img = ae.decode([encodings_horse[i]])
    plt.imshow(reconstructed_img, cmap='Greys_r')
plt.show()
```

设置 Matplotlib 图为一组 100×100 的图形区域（行）

对每个 CIFAR-10 马的测试图像，在列的左边显示

对每个 CIFAR-10 马的测试图像，在列的右边显示对其的重建

绘制图形

图 12.4 展示了输出结果。

现在你已经有了评估自编码器的数值方法和可视化方法，我将向你展示另一种类型的自编码器：去噪自编码器。

如果你仔细想想，就会发现图 12.4 右边的自编码器表示的测试结果非常有趣。基于右边的一些表示，自编码器显然对马匹与背景的对比特征和物体的基本形状有了一些基本的了解。我通常认为自编码器表示的是当你闭上眼睛，试图重新想象你在遥远的过去看到的东西时，你会想到的东西。有时，想象力允许你清晰地回忆起近期的

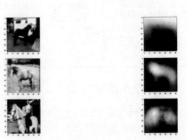

图 12.4　清单 12.8 的输出的子集，显示了 20 张 CIFAR-10 测试马的图像的前 3 个：原始的 CIFAR-10 马的测试图像在左边，自编码器"看到"的图像在右边

事情，但一些遥远的过去的事物看起来就像自编码器生成的那样（图 12.4 右边）——有基本的特征、形状，以及与背景的分化，但并不是完美的重现。如果自编码器在记忆图像时可以学习考虑缺陷，它就能建立一个更有弹性的模型。这就是去噪自编码器发挥作用的地方。

12.3　去噪自编码器

在现实生活中，我们人类会用大脑思考一段时间并提高对某件事情的记忆。假设你在尝试回忆和狗玩捡东西的游戏，你努力回忆起它的长相，或者它玫瑰色鼻子下的黑色皮毛。看到更多的狗在相似区域有黑色的斑块，或者有稍微不同的斑块（可能是不同颜色的），可能更好地触发重建回忆。

一部分原因是我们的大脑会通过看见更多的样例来构建更好的视觉模型。我将在第 14 章更详细地讨论这个话题，第 14 章介绍 CNN，它是一种专注于描绘低级和高级图像特征的学习方法和网络架构。一些额外的图像与你正在回忆的图像非常相似——例如一只老宠物，或许可以帮助你聚焦图像的某些重要特征。更多不相似图像的例子也会有帮助。带有噪声的图像——比如光线、色调、对比度或其他可复现的差异——会建立一个对原始图像更有弹性的回忆模型。

基于这一灵感，去噪自编码器通过高斯函数传入一些像素值或通过关闭（或打开）原始图像随机屏蔽一些像素，来引入一些噪声，从而构建一个更有弹性、更鲁棒的网络学习的图像表示。只需要稍微修改一下原始的 autoencoder 类就可以创建一个去噪自编码器，并尝试在 CIFAR-10 数据上使用。清单 12.9 创建了 Denoiser 类，对获取批量数据的函数做了轻微修改。Denoiser 将保持一个平行的噪声版本的输入，因此需要在批处理函数和整个类的其余部分考虑这一点。其他大多数方法都重用 autoencoder 类——train、test、classify 和 decode 都在本章的其他清单中一样工作，除了 train 函数在清单 12.11 中的高亮部分。

清单 12.9　去噪自编码器

```
def get_batch_n(X, Xn, size):                                   批量获取训练数据输入，
    a = np.random.choice(len(X), size, replace=False)            同时加入噪声版本
    return X[a], Xn[a]


class Denoiser:

    def __init__(self, input_dim, hidden_dim, epoch=10000, batch_size=50,
       learning_rate=0.001):
        self.epoch = epoch                                      创建权重、偏置和编码
        self.batch_size = batch_size                            数据层，使用sigmoid函数
        self.learning_rate = learning_rate

        self.x = tf.placeholder(dtype=tf.float32, shape=[None, input_dim],
           name='x')
        self.x_noised = tf.placeholder(dtype=tf.float32, shape=[None,
           input_dim], name='x_noised')
        with tf.name_scope('encode'):
```

为输入数据的噪声版本创建占位符

创建权重、偏置和
解码数据层，以输
出学到的表示

```
        self.weights1 = tf.Variable(tf.random_normal([input_dim,
        ➡ hidden_dim], dtype=tf.float32), name='weights')
        self.biases1 = tf.Variable(tf.zeros([hidden_dim]), name='biases')
        self.encoded = tf.nn.sigmoid(tf.matmul(self.x_noised,
        ➡ self.weights1) + self.biases1, name='encoded')
    with tf.name_scope('decode'):
        weights = tf.Variable(tf.random_normal([hidden_dim, input_dim],
        ➡ dtype=tf.float32), name='weights')
        biases = tf.Variable(tf.zeros([input_dim]), name='biases')
        self.decoded = tf.matmul(self.encoded, weights) + biases
    self.loss = tf.sqrt(tf.reduce_mean(tf.square(tf.subtract(self.x,
    ➡ self.decoded))))
    self.train_op =
    ➡ tf.train.AdamOptimizer(self.learning_rate).minimize(self.loss) ◄
    self.saver = tf.train.Saver()
```

创建代价函数并使用
AdamOptimizer训练

　　创建 Denoiser 的最大区别是存储平行的 TensorFlow 占位符，用于编码步骤使用的带噪声的输入数据版本而不是原始输入。你可以采取一些方法，例如，可以使用一个高斯函数采样随机像素，然后按每个频率屏蔽输入像素。是的，这些随机像素是机器学习建模过程中的另一个超参数。这没有最佳办法，所以要通过试验然后为你的情况选择一个最优值。Denoiser 将实现两种噪声方法——高斯和随机屏蔽，如清单 12.10 所示。

清单 12.10　Denoiser 的 add_noise 方法

```
    def add_noise(self, data, noise_type='mask-0.2'):
        if noise_type == 'gaussian':
            n = np.random.normal(0, 0.1, np.shape(data))
            return data + n
        if 'mask' in noise_type:
            frac = float(noise_type.split('-')[1])
            temp = np.copy(data)
            for i in temp:
              n = np.random.choice(len(i), round(frac * len(i)), replace=False)
                i[n] = 0
        return temp
```

沿着高斯随机函数向
每个像素添加一个0
到0.1之间的值

选取由frac提供
的整体输入像素
的一些百分比，
随机设置为0

◄—— 返回带噪声的数据

　　对于带噪声的数据，train 调用 get_batch_n 方法，该方法返回用于训练的带噪声的批量输入数据。此外，其余的 test、classify 和 decode 方法都保持不变，只提供带噪声的数据以返回合适的张量。清单 12.11 完成了除 decode 函数以外的 Denoiser 类，decode 函数与清单 12.7 相同。

清单 12.11　Denoiser 类的其余内容

```
    def train(self, data):
        data_noised = self.add_noise(data) ◄
        with tf.Session() as sess:
            sess.run(tf.global_variables_initializer())
            for i in range(self.epoch):
                for j in range(50):
```

通过add_noise函数
创建噪声版本的数据

为训练创建新
的TensorFlow
会话

```
                              batch_data, batch_data_noised = get_batch_n(data,
使用带噪声                        data_noised, self.batch_size)
的数据                          l, _ = sess.run([self.loss, self.train_op],
                                 feed_dict={self.x: batch_data, self.x_noised:
                                 batch_data_noised})
                    if i % 10 == 0:
                        print('epoch {0}: loss = {1}'.format(i, l))
                        self.saver.save(sess, './model.ckpt')
                        epoch_time = int(time.time())
                self.saver.save(sess, './model.ckpt')

    def test(self, data):
        with tf.Session() as sess:
            self.saver.restore(sess, './model.ckpt')

            data_noised = self.add_noise(data)
            hidden, reconstructed = sess.run([self.encoded, self.decoded],
                feed_dict={self.x: data, self.x_noised:data_noised})
        print('input', data)
        print('compressed', hidden)
        print('reconstructed', reconstructed)
        return reconstructed

    def classify(self, data, labels):
        with tf.Session() as sess:
            sess.run(tf.global_variables_initializer())
            self.saver.restore(sess, './model.ckpt')
            data_noised = self.add_noise(data)
            hidden, reconstructed = sess.run([self.encoded, self.decoded],
                feed_dict={self.x: data, self.x_noised:data_noised})
            reconstructed = reconstructed[0]
            print('reconstructed', np.shape(reconstructed))
            loss = np.sqrt(np.mean(np.square(data - reconstructed), axis=1))
            print('loss', np.shape(loss))
            horse_indices = np.where(labels == 7)[0]
            not_horse_indices = np.where(labels != 7)[0]
            horse_loss = np.mean(loss[horse_indices])
            not_horse_loss = np.mean(loss[not_horse_indices])
            print('horse', horse_loss)
            print('not horse', not_horse_loss)
            return hidden
```

获取带噪声的
数据用于测试
和分类

当查看 test 函数的输出时你会发现一件事，使用只有 1000 个测试样本和噪声，Denoiser 已经失去了一些它早期获得的区分图像类的能力，因为马和非马类之间的平均误差的区别已经很小：

```
data (10000, 1024)
reconstructed (1024,)
loss (10000,)
horse 61.12571251705483
not horse 61.106683374373304
```

但是不用担心，随着时间的推移，Denoiser 自编码器将学习到一个更为鲁棒的图像特征模型，对波动和缺陷训练数据有弹性，从而得到一个更可靠的模型。此刻你需

要比 CIFAR-10 更多的 horse 类数据。图 12.5 展示了
Denoiser 从 CIFAR-10 测试集（左边）的前 20 张马的
图像学习的 3 张图像的表示。我们还有一个自编码器要学
习：堆栈或深度自编码器。冲向终点！

图 12.5　原始 CIFAR-10 马的测试
图像（左边）以及自编码器
的噪声版本的表示（右边）

12.4　堆栈自编码器

另一类自编码器被称为**堆栈**或**深度自编码器**。不同于
在输入端处理编码步骤并在输出端用单层隐藏神经元结束
解码的单个隐藏层，堆栈自编码器有多个隐藏层神经元，
使用前一层参数化和优化下一层的学习表示。自编码器中的下一层有更少的神经元。目的
是创建和学习最优化设置以便对输入数据有更深的压缩解释。

在实践中，堆栈自编码器的每个隐藏层都学习一组最优化特征参数，以实现相邻层的
最优压缩表示。你可以将每一层理解为代表一组高阶特征，由于你还不确切知道它们是什
么，这个概念是简化问题复杂性的一种有效方法。在第 14 章，你将探索一些方法来可视化
这些表示，但现在，从第 11 章中学到的是：当你添加更多的非线性隐藏神经元时，自编码
器可以学习并表示任何函数。现在你可以接收输入并使其变小！

StackedAutoencoder 类是对前面的自编码器相当简单的改造，如清单 12.12 所示。
你将创建一个包含一半输入数量的神经元的隐藏层。第一个隐藏层是 input_dim/2，第
二个是 input_dim/4，以此类推。默认情况有三个隐藏层，自编码器学习的是对原始输
入的四分之一编码，所以对于 CIFAR-10，它学习的是用 256 个数字表示输入。最后一个隐
藏层的大小为 input_dim/2，最后输出层的大小为 input_dim。类的方法与前面的自编
码器相似，只是它们在第 $N{-}1$ 编码层架构上操作。

清单 12.12　StackedAutoencoder 类

创建一个3个隐藏层，批量大小
为250，学习率0.01，训练100个
epoch的堆栈自编码器

```
class StackedAutoencoder:
    def __init__(self, input_dim, num_hidden_layers=3, epoch=100,
        batch_size=250, learning_rate=0.01):
        self.epoch = epoch
        self.batch_size = batch_size
        self.learning_rate = learning_rate
        self.idim = [None]*num_hidden_layers
        self.hdim = [None]*num_hidden_layers
        self.hidden = [None]*num_hidden_layers
        self.weights = [None]*num_hidden_layers
        self.biases = [None]*num_hidden_layers
```

每个隐藏层
的隐藏神经
元数量

每个隐藏层
的输入维度

代表每个隐藏层由激活
函数（tf.nn.relu）
激活的张量

每个隐藏层
的权重

每个隐藏层
的偏置

使用 tf.nn.relu（整流线性单元）激活函数

输入维度，最初是输入的大小，然后是前一个隐藏层的输出

对隐藏层执行网络构建输入

每个隐藏层的隐藏神经元数量（input_dim/2）

隐含层是输入×权重加上偏置的矩阵乘法，或者前面一层编码×权重加上偏置

```python
x = tf.placeholder(dtype=tf.float32, shape=[None, input_dim])
initializer=tf.variance_scaling_initializer()
output_dim = input_dim
act=tf.nn.relu

for i in range(0, num_hidden_layers):
    self.idim[i] = int(input_dim / (2*i)) if i else input_dim
    self.hdim[i] = int(input_dim / (2*(i+1))) if i <
    ⮡ num_hidden_layers-1 else int(input_dim/2)
    print('%s, weights [%d, %d] biases %d' % ("hidden layer "
    ⮡ +str(i+1) if i else "input to hidden layer 1", self.idim[i],
    ⮡ self.hdim[i], self.hdim[i]))
    self.weights[i] = tf.Variable(initializer([self.idim[i],
    ⮡ self.hdim[i]]), dtype=tf.float32, name='weights'+str(i))
    self.biases[i] = tf.Variable(tf.zeros([self.hdim[i]]),
    ⮡ name='biases'+str(i))

    if i == 0:
        self.hidden[i] = act(tf.matmul(x, self.weights[i]) +
        ⮡ self.biases[i])
    else:
        self.hidden[i] = act(tf.matmul(self.hidden[i-1],
        ⮡ self.weights[i]) + self.biases[i])

#output layer
print('output layer, weights [%d, %d] biases %d' %
⮡ (self.hdim[num_hidden_layers-1], output_dim, output_dim))
self.output_weight =
⮡ tf.Variable(initializer([self.hdim[num_hidden_layers-1],
⮡ output_dim]), dtype=tf.float32, name='output_weight')
self.output_bias = tf.Variable(tf.zeros([output_dim]),
⮡ name='output_bias')
self.output_layer = act(tf.matmul(self.hidden[num_hidden_layers-1],
⮡ self.output_weight)+self.output_bias)

self.x = x
self.loss = tf.reduce_mean(tf.square(self.output_layer-self.x))
self.train_op =
⮡ tf.train.AdamOptimizer(self.learning_rate).minimize(self.loss)
self.saver = tf.train.Saver()
```

创建输出层，维度 *N*–1 层×输出大小，或原始输入大小

train 方法相当简单，不过我要向你简要介绍 TensorFlow 的 Dataset API，这个强大的系统可以方便地操作和准备训练所需的数据。你可以使用 tf.Dataset 和它的方法做批处理和洗牌数据（随机方式）准备训练，而不是一遍又一遍地重写同样的批处理方法。在第 14 章你会看到其他有用的方法。tf.Dataset 的关键是能够提前自动设置 shuffle 和 batch 参数，并使用迭代器获取 batch_size 大小的批，并自动随机洗牌，这样网络就不会记住输入数据的顺序。当迭代结束时就完成了 epoch，可以捕获 tf.errors.OutOfRangeException 处理这种情况。

TensorFlow 的 Dataset API 非常优雅并简化了常见的批训练技术，如清单 12.13 中的 train 方法所示。StackedAutoencoder 的其余部分或多或少与其他自编码器相同，除了使用 *N*–1 层编码分类和解码。清单 12.14 定义了类的其余内容。

清单 12.13   StackAutoencoder 的 train 方法和 tf.Dataset

从张量切片创建一个新的tf.Dataset，在本例中，输入数据为NumPy数组

```
def train(self, data):
    features = data
    features_placeholder = tf.placeholder(features.dtype, features.shape)
    dataset =
    ➡ tf.data.Dataset.from_tensor_slices((features_placeholder))
    dataset = dataset.shuffle(buffer_size=100)
    dataset = dataset.batch(self.batch_size)

    with tf.Session() as sess:
        sess.run(tf.global_variables_initializer())
        for i in range(self.epoch):
            batch_num=0
            iter = dataset.make_initializable_iterator()
            sess.run(iter.initializer, feed_dict={features_placeholder:
            ➡ features})
            iter_op = iter.get_next()

            while True:
                try:
                    batch_data = sess.run(iter_op)
                    l, _ = sess.run([self.loss, self.train_op],
                    ➡ feed_dict={self.x: batch_data})
                    batch_num += 1
                except tf.errors.OutOfRangeError:
                    break

            print('epoch {0}: loss = {1}'.format(i, l))
            self.saver.save(sess, './model.ckpt')
```

设置每次批训练步骤的批量大小

设置随机抽样大小，以便从输入中选择随机样本

使用迭代器，用每个批处理中的输入数据进行初始化

从原始输入集中获取随机洗牌的下一批

捕获异常，表明数据集已经在本epoch中耗尽，然后保存模型和epoch

清单 12.14   其他 StackedAutoencoder 方法

根据输入计算输出前的最后一层，然后解码该层

```
def test(self, data):
    with tf.Session() as sess:
        self.saver.restore(sess, './model.ckpt')
        hidden, reconstructed = sess.run([self.hidden[num_hidden_layers-1],
        ➡ self.output_layer], feed_dict={self.x: data})
    print('input', data)
    print('compressed', hidden)
    print('reconstructed', reconstructed)
    return reconstructed

def classify(self, data, labels):
    with tf.Session() as sess:
        sess.run(tf.global_variables_initializer())
        self.saver.restore(sess, './model.ckpt')
    hidden, reconstructed = sess.run([self.hidden[num_hidden_layers-1],
    ➡ self.output_layer], feed_dict={self.x: data})
    reconstructed = reconstructed[0]
    print('reconstructed', np.shape(reconstructed))
    loss = np.sqrt(np.mean(np.square(data - reconstructed), axis=1))
    print('loss', np.shape(loss))
    horse_indices = np.where(labels == 7)[0]
```

打印输入数据

打印重建的数据

打印激活的N-1层神经元的值

使用最后的N-1层分类

打印对horse类
测试的损失

```
not_horse_indices = np.where(labels != 7)[0]
horse_loss = np.mean(loss[horse_indices])
not_horse_loss = np.mean(loss[not_horse_indices])
print('horse', horse_loss)
print('not horse', not_horse_loss)
return hidden
```

打印其他图像类
测试的损失

```
def decode(self, encoding):
    with tf.Session() as sess:
        sess.run(tf.global_variables_initializer())
        self.saver.restore(sess, './model.ckpt')
        reconstructed = sess.run(self.output_layer,
    feed_dict={self.hidden[num_hidden_layers-1]: encoding})
        img = np.reshape(reconstructed, (32, 32))
        return img
```

使用*N*-1层
获得输出层
并返回重建
的32×32图像

test 方法的输出表明，StackedEncoder *N*-1 层编码足以区分开马类和其他图像类，尽管编码与原始的自编码器相比没有太多变化。然而有趣的是，重建的图像展示了特征的更紧凑的整体表示，一些颗粒状的高阶特征出现在了图 12.6 右侧原始 CIFAR 测试马的图像表示的被掩盖的伪像中。

```
reconstructed (1024,)
loss (10000,)
horse 65.17236194056699
not horse 64.06345316293603
```

现在，你已经探索了不同类型的自编码器以及它们在图像相关的分类和检测方面的优势和不足，你已经准备好将它们应用到其他真实的数据集了！

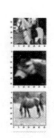

图 12.6　3 张 CIFAR-10 测试图像（左）的堆栈自编码器表示（右）。高阶特征出现在颗粒状区域内

小结

- ❑ 通过带隐藏层的神经网络学习对图像的表示，自编码器可以用于分类、排序和集群图像。
- ❑ CIFAR-10 是一个广泛使用的图像数据集，包含 10 个类（包括马、鸟和汽车）的图像。CIFAR-10 的每个类有 5000 张图像用于训练（一共 50 000 张）以及 1000 张图像用于测试（一共 10 000 张）。
- ❑ 特殊的自编码器可以用来学习对输入更鲁棒的表示，例如通过处理数据特征中的噪声或使用多层紧密网络架构。这类编码器称作去噪自编码器或堆栈自编码器。
- ❑ 你可以通过手工或使用 Matplotlib 和其他辅助库，将学习到的表示值与原始结果进行比较，在图像数据上评估自编码器。

CHAPTER 13

第 13 章

强化学习

本章内容

- 定义强化学习
- 实现强化学习

人类从经验中学习（至少应该这么做）。你如此有魅力并不是偶然的。多年来积极的赞美和消极的批评都帮助塑造了今天的你。本章介绍如何设计一个由批评和奖励驱动的机器学习系统。

例如，通过与朋友、家人甚至陌生人互动，你知道了什么可以使人高兴；通过尝试各种肌肉活动，你掌握了如何骑自行车。当你执行某些动作时，有时会立即获得奖励。例如，在附近找到一家好餐厅可能会让你立刻感到满意。也有些时候，奖励不会立即出现，你可能需要长途跋涉去找到一个特别的地方吃饭。**强化学习**是关于在给定状态下如何选择正确的动作，如图 13.1 所示，它展示了一个人正在决定如何达到他的目的地。

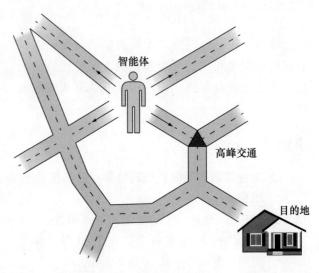

图 13.1　在高峰交通和未知情形之间将一个人导航到达目的地是强化学习要解决的一个问题

此外，假设你总是选择相同的路线从家开车去上班。但是有一天，你的好奇心占了上风，你决定尝试一条不同的路，希望能缩短通勤时间。这种两难境地——尝试新的路线还是坚持最熟悉的路线——是**探索与利用**的一个例子。

注意 为什么将尝试新事物和坚持旧事物之间的权衡称为**探索与利用**？探索是有意义的，而利用可以理解为通过坚持你所知道的来利用你对现状的了解。

所有这些例子都可以通过一个通用公式来概括：在一个场景中执行动作并获得奖励。场景的更专业的术语叫**状态**。我们称所有可能的状态的集合为**状态空间**。执行动作会引起状态的改变。如果你记得第 9 章和第 10 章，这对你来说应该不是很陌生，这两章讨论了隐马尔可夫模型（HMM），基于观察从一个状态迁移到另一个状态。但是哪一系列的动作可以得到最高的奖励？

13.1 相关概念

如果监督学习和无监督学习是线段的两端，则强化学习（RL）就出现在它们之间的某个地方。它不是监督学习，因为训练数据来自算法决定的探索与利用。它也不是无监督学习，因为算法从环境中获得反馈。只要你处在这样的情形中，在某个状态下执行一个动作会产生奖励，就可以使用强化学习来发现良好的动作序列并得到最大化的预期奖励。

你可能会注意到，强化学习的术语涉及将算法拟人化，在**情况**下执行**动作**以获得**奖励**。算法通常涉及在环境中执行动作的**智能体**。很多强化学习理论被应用于机器人领域，这并不奇怪。图 13.2 展示了状态、动作和奖励之间的相互作用。

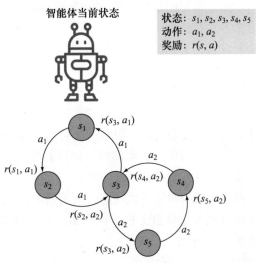

图 13.2　动作用箭头表示，状态用圆表示。在一个状态下执行动作会得到一个奖励。如果从 s_1 状态开始，执行动作 a_1，则获得奖励 $r(s_1, a_1)$

人类使用强化学习（RL）吗

强化学习似乎是如何基于当前情况执行下一个动作的最佳解释方式。或许人类的生物学行为也是如此。但我们还是不要操之过急，考虑下面的例子。

有时候，人类会不假思索地执行动作。比如我渴了，我可能会本能地抓起一杯水来解渴。我不会在头脑中遍历所有可能的关节运动，并在周密计算后选择最优的一个。

最重要的是，我们所做的动作并不仅仅取决于在每个时刻的观测。否则，我们还不如细菌聪明，它们在给定环境下的动作是确定的。这种情况还有很多，或许一个简单的 RL 模型不能完全解释人类的行为。

机器人通过执行动作来改变状态。但它是如何决定执行什么动作的？ 13.1.1 节会介绍一个新的概念来回答这个问题。

13.1.1 策略

每个人打扫房间的方式不一样。有的人喜欢从床开始。我喜欢按顺时针打扫我的房间，这样我就不会遗漏任何一个角落。你见过机器人吸尘器吗，例如 Roomba？有人给机器人编程了一个策略，它可以按这个策略打扫任何房间。用强化学习术语来讲，智能体如何决定执行什么动作是一个**策略**：决定下一个状态的一组动作（如图 13.3 所示）。

图 13.3　给定状态，策略对执行什么行动给出建议

强化学习的目标是发现一个好的策略。创建策略的通常方式是通过观察每个状态下动作的长期后果。**奖励**是衡量动作结果的标准。效果最好的称为**最优策略**，它是强化学习的圣杯。给定任何状态，最优策略给出最优动作——但就像现实生活一样，它可能不会提供当前最大的奖励。

如果你通过观测即时结果（执行动作后的状态回报）来衡量奖励，这很容易计算。这种策略称为**贪心策略**。但是"贪婪地"选择能获得最大即时回报的动作并不总是一个好主意。例如，当你打扫房间时，你可能会先收拾床铺，因为收拾好床后房间看起来更整洁。但是如果另一个目标是洗床单，先收拾床可能不是最好的整体策略。你需要查看接下来几个操作的结果和最终的状态，从而提出最佳路径。类似地，在国际象棋中，吃掉对手的皇后可以最大化棋盘上棋子的点数，但如果它使得你 5 步之后被将死，则不是最好的可行走法。

（马氏）强化学习的局限性

大多数强化学习公式都假设你可以通过了解当前状态来确定最佳动作，而不是考虑达到此状态的历史状态和动作。这种做决策的方式称为马尔可夫式，常规框架通常称为马尔可夫决策过程（MDP）。我之前提到过。

在状态充分包含了下一步可以做何动作的情况下，可以使用本章讨论的强化学习算法建模。但是现实世界中的大部分情况都不是马氏的，因此需要一种更实际的方法，比如分层表示状态和动作。在极度简化的意义上，分层模型就像上下文无关的语法，而 MDP 就像有限状态机。将 MDP 问题建模为更有层次的问题，这种表达飞跃可以显著提高规划算法的有效性。

你还可以任意选择一个动作，这是一个**随机策略**。如果你提出了一个解决强化学习问题的策略，那么通常有一个好主意是确认一下你的学习策略是否比随机策略和贪心策略（通常称为**基线**）表现得更好。

13.1.2　效用

长期的奖励称为**效用**（utility）。如果你知道在一个状态下执行一个动作的效用，那么通过强化学习来学习策略就容易了。要决定执行哪个动作，只需要选择产生最高效用的动作。正如你猜到的，困难的部分是得到这些效用的值。

在状态（s）下执行一个动作（a）的效用记为函数 $Q(s,a)$，称为**效用函数**，如图 13.4 所示。

图 13.4　给定一个状态和采取的动作，应用一个效用函数 Q 来预测期望的总奖励：即时奖励（下个状态）加上后续通过优化策略获得的奖励

练习 13.1

如果给定效用函数 $Q(s, a)$，如何使用它得到策略函数？

答案

Policy(s)=argmax_a $Q(s, a)$

一种计算特定状态 – 动作 (s,a) 的效用的优雅方法是递归地考虑未来动作的效用。你当前动作的效用不仅受即时奖励的影响，也受到后续最佳动作的影响，如下面的公式所示。在公式中，s' 是下一个状态，a' 表示下一个动作。在状态 s 中采取动作 a 的奖励用 $r(s,a)$ 表示：

$$Q(s, a)=r(s, a)+\gamma\max Q(s', a')$$

这里，γ 是一个你可以选择的超参数，称为**折扣因子**。如果 γ 为 0，则智能体选择即时奖励最大的动作。γ 值越高，智能体就越重视考虑长期后果。你可以将公式理解为"该动作的效用是采取该动作的即时奖励，加上折扣因子乘以之后可能出现的最佳结果之和"。

关注未来奖励是一种可以使用的超参数，但还有另一种。在强化学习的某些应用中，新获得的信息可能比历史记录更重要，或者反之。如果期望机器人学习快速解决任务而不必使用最佳方式，那么你可能想设置一个更快的学习率。或者，如果允许机器人有更多时间来探索和利用，那么你可能会降低学习率。我们记学习率为 α，并将效用函数改为如下形式（注意当 α=1 时，方程是恒等的）：

$$Q(s, a) \leftarrow Q(s, a)+\alpha(r(s,a)+\gamma\max Q(s', a')-Q(s, a))$$

如果你知道 Q 函数：$Q(s,a)$，强化学习就可以解决。对于我们来说方便的是，**神经网络**（第 11 章和第 12 章）在给定足够的训练数据时可以近似函数。TensorFlow 是应对神经网络的完美工具，因为它提供了许多简化神经网络实现的基本算法。

13.2　应用强化学习

应用强化学习需要定义一个方法，来检索在一个状态下采取动作之后的奖励。股票交易员很容易满足这些要求，因为买卖股票改变了交易员的状态（手里的现金），每个动作都会产生回报（或损失）。

练习 13.2
使用强化学习来买卖股票有哪些可能的缺点？
答案
在市场上执行动作，比如买卖股票，有可能最终影响市场，导致训练数据发生巨大变化。

在这个情况中的状态是一个向量，包含当前预算、当前股票数量和最近的股票历史价格（最近 200 只股票价格）的信息。每个状态是一个 202 维的向量。

为简单起见，只有三个动作，即买入、卖出、持有：

❑ 以当前股票价格买入股票会减少预算，同时增加当前股票数量。

❑ 卖出股票换取当前股价的现金。

❑ 持有股票即什么都不做。这个动作只等待一个时间周期，不产生任何奖励。

给定股票市场数据，图 13.5 展示了一种可能的政策。

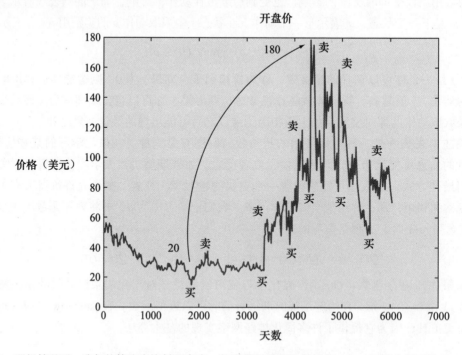

图 13.5 理想情况下，我们的算法应该低买高卖。如图所示位置这样操作一次，可能会得到约 160 美元的收益。但当你更频繁地买卖股票时，真正的利润才会滚滚而来。听说过高频交易这个词吗？这种类型的交易尽可能频繁地低买高卖，以在给定的时期内实现利润最大化

目标是学习一种从股票市场交易中获得最大净值的策略。那不是很酷吗？让我们来实现它！

13.3 实现强化学习

要收集股票价格，你需要使用 Python 的 `ystockquote` 库。你可以使用 `pip` 或按照官方指南 (https://github.com/cgoldberg/ystockquote) 进行安装。使用 `pip` 安装的命令如下：

```
$ pip install ystockquote
```

安装完成之后，我们导入所有相关库（如清单 13.1 所示）。

清单 13.1   导入相关库

用于获取股票价格的原始数据
```
import ystockquote
from matplotlib import pyplot as plt        用于绘制股票价格图
import numpy as np
import tensorflow as tf                      用于数字操作和机器学习
import random
```

创建一个辅助函数，通过使用 `ystockquote` 库获取股票价格。库需要三部分信息：共享符号、开始日期、结束日期。当你选定了这三个值时，你会得到一个数字列表，代表这段时间内每天的股价。

如果你选择的开始日期和结束日期间隔太远，那么获取数据将花费一些时间。将数据保存（缓存）到磁盘是一个好主意，以便你下次本地加载。清单 13.2 展示了使用库和缓存数据。

清单 13.2   获取价格的辅助函数

```
def get_prices(share_symbol, start_date, end_date,
               cache_filename='stock_prices.npy', force=False):
    try:                                    如果已经计算过，则尝试
        if force:                           从本地文件加载数据
            raise IOError
        else:
            stock_prices = np.load(cache_filename)
    except IOError:
        stock_hist = ystockquote.get_historical_prices(share_symbol,
            start_date, end_date)
        stock_prices = []                   仅从原始数据中
        for day in sorted(stock_hist.keys()):   提取相关信息
            stock_val = stock_hist[day]['Open']
            stock_prices.append(stock_val)
        stock_prices = np.asarray(stock_prices)
        np.save(cache_filename, stock_prices)   缓存结果

    return stock_prices.astype(float)
```

从库中获取股票价格

作为一种完整性检查，将股票价格数据可视化是个好主意。创建一个图，并将其保存到磁盘（清单 13.3）。

清单 13.3　绘制股票价格的辅助函数

```
def plot_prices(prices):
    plt.title('Opening stock prices')
    plt.xlabel('day')
    plt.ylabel('price ($)')
    plt.plot(prices)
    plt.savefig('prices.png')
    plt.show()
```

你可以使用清单 13.4 获取一些数据并将其可视化。

清单 13.4　获取数据并可视化

```
if __name__ == '__main__':
  prices = get_prices('MSFT', '1992-07-22', '2016-07-22', force=True)
  plot_prices(prices)
```

图 13.6 展示了运行清单 13.4 的输出。

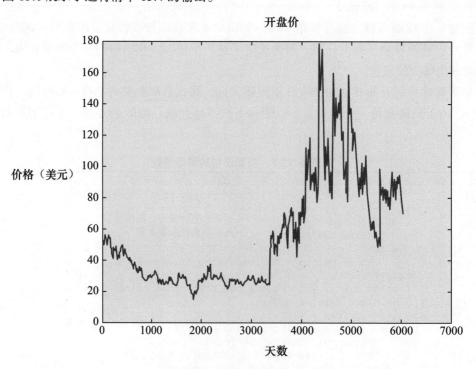

图 13.6　微软（MSFT）从 1992 年 7 月 22 日到 2016 年 7 月 22 日的开盘股价。在第 3000 天左右买进并在第 5000 天左右卖出不是很好吗？让我们看看我们的代码能否学习买入、卖出或持有，以获得最大收益

大多数强化学习算法遵循相似的实现模式。因此，创建一个具有后续引用的相关方法的类是个好主意，比如一个抽象类或接口。清单 13.5 给出了一个示例，图 13.7 给出了说明。强化学习需要两个明确定义的操作：如何选择一个动作以及如何提高效用 Q 函数。

$$Infer(s) => a$$
$$Do(s, a) => r, s'$$
$$Learn(s, r, a, s')$$

图 13.7　大多数强化学习算法可以归结为三个主要步骤：评估、执行和学习。在第一步中，算法使用目前已学得的知识根据已知的状态（s）选择最佳的动作（a）。接下来，执行动作并得到奖励（r）和下一状态（s'）。然后利用新获得的知识（s，r，a，s'）来提高对世界的理解

接下来，我们继承这个超类并实现一个策略，在这个策略中，决策是随机的，也称为**随机决策策略**。你只需要定义 select_action 方法，它不看状态，随机地选择一个动作。清单 13.6 展示了如何实现。

在清单 13.7 中，假设给你提供了一个策略（如清单 13.6 中的随机策略）并在现实世界的股票价格数据上运行。该函数负责在每个时间间隔上探索和利用。图 13.8 展示了清单 13.7 中的算法。

清单 13.5　为所有决策策略定义一个超类

```
class DecisionPolicy:
    def select_action(self, current_state):     ◁─── 给定一个状态，决策策略
        pass                                          将计算下一步要采取的

    def update_q(self, state, action, reward, next_state):   ◁─── 从动作得到的新
        pass                                                      经验中改进Q函数
```

清单 13.6　实现随机决策策略

```
class RandomDecisionPolicy(DecisionPolicy):     ◁─── 继承DecisionPolicy
    def __init__(self, actions):                      并实现它的函数
        self.actions = actions

    def select_action(self, current_state):     ◁─── 随机选择下一个动作
        action = random.choice(self.actions)
        return action
```

为了获得更可靠的成功测量，运行多次模拟并对结果取平均值（如清单 13.8 所示）。这样做会花一点时间（大约 5 分钟），但是你得到的结果会更可靠。

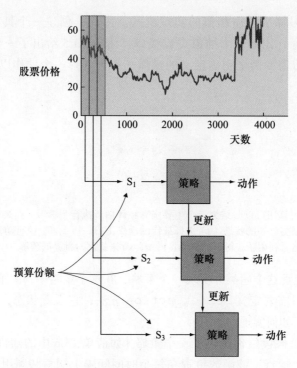

图 13.8　一个特定大小的滑动窗口遍历股票价格。如图所示，划分出的状态 S_1，S_2，S_3。策略给出建议选择的动作：你可以选择利用它或者随机探索其他动作。在你获得执行动作的奖励后，你可以随时间更新策略函数

清单 13.7　使用给定的策略进行决策并返回结果表现

```
def run_simulation(policy, initial_budget, initial_num_stocks, prices, hist):
    budget = initial_budget              初始化依赖于计算
    num_stocks = initial_num_stocks      投资组合净值的值
    share_value = 0
    transitions = list()
    for i in range(len(prices) - hist - 1):
        if i % 1000 == 0:                           状态是一个hist+2
            print('progress {:.2f}%'.format(float(100*i) /   维的向量，你将它变
               (len(prices) - hist - 1)))           为NumPy矩阵
        current_state = np.asmatrix(np.hstack((prices[i:i+hist], budget,
           num_stocks)))
计算投资
组合的值 current_portfolio = budget + num_stocks * share_value
        action = policy.select_action(current_state, i)      从当前策略中
        share_value = float(prices[i + hist])                选择一个动作
     if action == 'Buy' and budget >= share_value:
            budget -= share_value
            num_stocks += 1
根据动作
更新投资 elif action == 'Sell' and num_stocks > 0:
组合的值     budget += share_value
            num_stocks -= 1
     else:                                        计算执行完
            action = 'Hold'                        动作之后的
        new_portfolio = budget + num_stocks * share_value    新投资值
```

计算在某一
状态下执行
动作的奖励

```
reward = new_portfolio - current_portfolio
next_state = np.asmatrix(np.hstack((prices[i+1:i+hist+1], budget,
    num_stocks)))
transitions.append((current_state, action, reward, next_state))
policy.update_q(current_state, action, reward, next_state)

portfolio = budget + num_stocks * share_value
return portfolio
```

在经历新动作后
更新策略

计算最终的投资组合价值

清单 13.8　运行多次模拟并计算平均性能

```
def run_simulations(policy, budget, num_stocks, prices, hist):
    num_tries = 10
    final_portfolios = list()
    for i in range(num_tries):
        final_portfolio = run_simulation(policy, budget, num_stocks, prices,
            hist)
        final_portfolios.append(final_portfolio)
        print('Final portfolio: ${}'.format(final_portfolio))
    plt.title('Final Portfolio Value')
    plt.xlabel('Simulation #')
    plt.ylabel('Net worth')
    plt.plot(final_portfolios)
    plt.show()
```

决定重复运行
模拟的次数

在数组中保存
每次运行的投
资组合价值

运行本次模拟

在 main 函数中，添加清单 13.9 中的代码来定义决策策略，然后运行模拟以查看策略的执行情况。

清单 13.9　定义决策策略

定义智能体可以执行的动作列表

```
if __name__ == '__main__':
    prices = get_prices('MSFT', '1992-07-22', '2016-07-22')
    plot_prices(prices)
    actions = ['Buy', 'Sell', 'Hold']
    hist = 3
    policy = RandomDecisionPolicy(actions)
    budget = 100000.0
    num_stocks = 0
    run_simulations(policy, budget, num_stocks, prices, hist)
```

初始化一个随机
决策策略

设置初始化
可用的资金

设置已经拥有
的股票数量

运行多次模拟来计算
最终净值的预期值

现在你有了一个可以比较结果的基线，我们来实现一个神经网络方法来学习 Q 函数。这个决策策略通常称为 **Q-learning 决策策略**。清单 13.10 引入了一个新的超参数 epsilon，以确保方案在反复应用相同的动作时不会"陷住"。epsilon 的值越低，就越频繁地随机探索新的动作。Q 函数由图 13.9 所示的函数定义。

> **练习 13.3**
>
> 　你的状态空间表示忽略了其他哪些可能影响股票价格的因素？如何在模拟中考虑它们？
>
> **答案**
>
> 　股票价格取决于多种因素，包括总体市场趋势、突发新闻和特定行业趋势。这些因素一旦被量化，就可以作为一个额外的维度应用到模型中。

　　整个脚本的输出如图 13.10 所示。QLearningDecisionPolicy 中的两个关键函数：update_q 和 select_action，它们实现随时间学得的动作值。在 5% 的情况下，函数产生一个随机的动作。在 select_action 中，如 self.epsilon 定义的，每 1000 个价格左右，函数强制执行一个随机动作探索。在 update_q 中，智能体接受当前状态和下一个预期的动作（由那些状态下的 q 策略值 argmax 定义）。由于算法使用 tf.rndom_normal 初始化 Q 函数和权重，智能体需要花时间执行一些动作来意识到真正的长期奖励，再次强调，这种意识才是重点。智能体从随机理解开始，执行动作并在模拟中学习最优的策略。

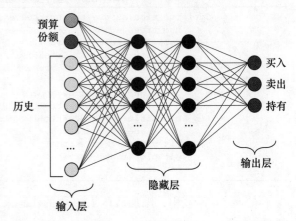

图 13.9　输入是状态空间向量，有三个输出：对应每个输出的 Q 值

清单 13.10　实现更智能的决策策略

```
class QLearningDecisionPolicy(DecisionPolicy):
    def __init__(self, actions, input_dim):
        self.epsilon = 0.95                          设置Q函数
        self.gamma = 0.3                             的超参数
        self.actions = actions
        output_dim = len(actions)                    设置神经网络中
        h1_dim = 20                                  隐藏节点的数量

        self.x = tf.placeholder(tf.float32, [None, input_dim])
        self.y = tf.placeholder(tf.float32, [output_dim])
        W1 = tf.Variable(tf.random_normal([input_dim, h1_dim]))
        b1 = tf.Variable(tf.constant(0.1, shape=[h1_dim]))
        h1 = tf.nn.relu(tf.matmul(self.x, W1) + b1)              定义神经网络
        W2 = tf.Variable(tf.random_normal([h1_dim, output_dim])) 的架构
        b2 = tf.Variable(tf.constant(0.1, shape=[output_dim]))
```

定义输入和输出张量

定义计算
效用的
操作

创建会话
并初始化
变量

以epsilon的
概率利用最
佳选择

设置平方误差
损失

使用优化器更新
模型参数以最小
化损失

以1-epsilon的概率
探索一个随机选择

```python
self.q = tf.nn.relu(tf.matmul(h1, W2) + b2)

loss = tf.square(self.y - self.q)
self.train_op = tf.train.AdagradOptimizer(0.01).minimize(loss)
self.sess = tf.Session()
self.sess.run(tf.global_variables_initializer())

def select_action(self, current_state, step):
    threshold = min(self.epsilon, step / 1000.)
    if random.random() < threshold:
        # Exploit best option with probability epsilon
        action_q_vals = self.sess.run(self.q, feed_dict={self.x:
            current_state})
        action_idx = np.argmax(action_q_vals)
        action = self.actions[action_idx]
    else:
        # Explore random option with probability 1 - epsilon
        action = self.actions[random.randint(0, len(self.actions) - 1)]
    return action

def update_q(self, state, action, reward, next_state):
    action_q_vals = self.sess.run(self.q, feed_dict={self.x: state})
    next_action_q_vals = self.sess.run(self.q, feed_dict={self.x:
        next_state})
    next_action_idx = np.argmax(next_action_q_vals)
    current_action_idx = self.actions.index(action)
    action_q_vals[0, current_action_idx] = reward + self.gamma *
        next_action_q_vals[0, next_action_idx]
    action_q_vals = np.squeeze(np.asarray(action_q_vals))
    self.sess.run(self.train_op, feed_dict={self.x: state, self.y:
        action_q_vals})
```

通过更新
模型参数
更新Q函数

可以想象 Q 策略函数学习的神经网络类似于图 13.11 所示的流程。X 是输入，代表三个历史股票价格以及当前余额和股票数量。第一个隐藏层（20，1）学习特定动作的历史奖励，第二个隐藏层（3，1）将动作映射为任意时刻的 Buy、Sell、Hold 的概率。

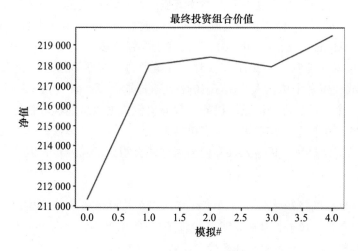

图 13.10　算法学习了一个很好的交易微软股票的策略

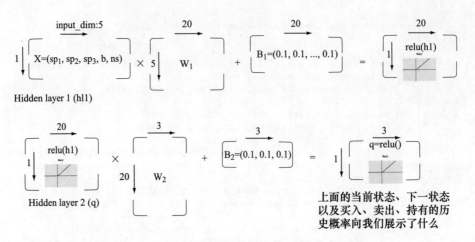

图 13.11   有两个隐藏层的 Q 策略函数的神经网络架构

13.4   探索强化学习的其他应用

强化学习比你想象的更常见。当你学习了监督学习和无监督学习方法之后，很容易忘记它的存在。但下面的例子将向你介绍谷歌对 RL 的成功应用：

❑ **游戏**——2015 年 2 月，谷歌开发了一个名为 Deep RL 的强化学习系统，用来学习如何在雅达利 2600 游戏机上玩街机游戏。与大多数 RL 解决方案不同，该算法有一个高维的输入，它感知电子游戏每一帧的原始图像。这样，同样的算法就可以在任何电子游戏中运行，而无须大量地重新编程或重新配置。

❑ **不止于游戏**——2016 年 1 月，谷歌发布了一篇关于 AI 智能体能够下赢围棋的论文。众所周知，围棋是不可预测的，因为它有大量的可能（甚至比国际象棋还多），但是该算法使用 RL 可以击败人类顶级棋手。最新版本的 AlphaGo Zero 于 2017 年底发布，仅训练了 40 天，就连续击败了之前的版本——100 比 0。当你读到这本书的时候，AlphaGo Zero 将比 2017 年的表现要好得多。

❑ **机器人技术和控制**——2016 年 3 月，谷歌通过许多示例演示了机器人如何抓取物体。谷歌利用多个机器人收集了 80 多万次抓取尝试，并开发了一个模型来抓取任意物体。令人印象深刻的是，机器人仅靠摄像头输入就能抓取物体。要学习抓取一个物体的简单概念，需要聚合许多机器人知识，花费许多天的暴力尝试，直到发现足够的模式。显然，机器人要实现通用性还有很长的路要走，但这个项目是一个有趣的开始。

注意   既然你已经将强化学习应用于股市，那么是时候辍学或辞掉工作来弄一套系统了——亲爱的读者，读到这里有回报了！我在开玩笑。实际的股票市场要复杂得多，但本章的技巧适用于许多情况。

小结

- ❑ 强化学习是一种解决问题的自然工具，这种问题由状态构成，并且状态根据智能体为了发现奖励而执行的动作而改变。
- ❑ 实现强化学习算法需要三个基本步骤：从当前状态评估最佳的动作，执行动作，从结果中学习。
- ❑ Q-learning 是一种解决强化学习的方法。通过它可以开发一个算法来近似效用函数（Q 函数）。当找到一个足够好的近似之后，可以从每个状态下推断出最佳的动作。

第 14 章

卷积神经网络

本章内容

- 查看卷积神经网络的构成
- 使用深度学习对自然图像进行分类
- 提高神经网络的性能——提示和技巧

劳累一天之后去杂货店买东西是一种疲惫的体验。我们的眼球被太多的信息轰炸。销售、优惠券、颜色、蹒跚的孩子、闪烁的灯光和拥挤的过道都是传递到我视觉皮层的信号，不管我是否注意它们。视觉系统接收了大量的信息。

听过"一图胜千言"这句话吗？对于我们来说这可能是对的，但机器也能理解图像中的含义吗？我们视网膜上的感光细胞接收一定波长的光，但这些信息似乎无法传播到我们的意识中。毕竟，我无法用语言精确表达捕获的光的波长。类似地，相机获取像素，而我们却想攫取更高层次的知识，比如物体的名称或位置。我们是如何从像素得到人类感知的？

为了通过机器学习从原始的感官输入实现智能的意义，你将设计一个神经网络模型。在前面的章节中你已经看到了几种神经网络模型，如全连接网络（第 13 章）和自编码器（第 11 章和第 12 章）。在本章中，你将遇见另一种类型的模型：**卷积神经网络**（CNN），它在图像和其他感官数据（如音频）上表现得非常好。例如，CNN 模型可以对图像中显示的物体进行可靠的分类。

你将在本章中实现的 CNN 模型中学习如何对 CIFAR-10 数据集（第 11 章和第 12 章提到过）中的 10 个类别的图像进行分类。事实上，在这 10 种可能性中"一张图只对应一个词"。这是迈向人类感知水平的一小步，但总得有个起点，对吧？

14.1 神经网络的缺点

机器学习伴随着永恒的冲突：设计一个具有足够表达力的模型来表示数据，同时又不能太灵活以至于过拟合和记住模式。神经网络作为一种提高表达力的方式被提出，但像你猜到的那样，它们经常面临过拟合的陷阱。

注意 当你学习的模型在训练数据集上表现得非常好，而在测试数据集上表现很差时，就发生了过拟合。模型可能在少量的可用数据上过于灵活，以至于它或多或少地记住了训练数据。

比较两种机器学习模型的灵活性的一种快速而粗略的启发式方法是计算要学习的参数的数量。如图 14.1 所示，一个全连接的神经网络，取 256×256 像素的图像并将其映射到一个 10 个神经元的层，将有 $256 \times 256 \times 10 = 655\ 360$ 个参数！将其与只有 5 个参数的模型进行比较。全连接的神经网络很可能比只有 5 个参数的模型更加能够表达复杂的数据。

14.2 节介绍 CNN，这是一种减少参数数量的巧妙办法。你可以采用 CNN 的方法，多次重复使用相同的参数以减少学习权重的数量，而不是处理一个全连接网络来学习更多的参数。

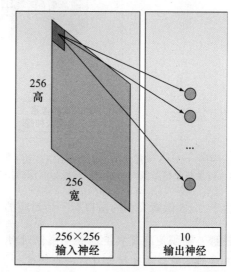

图 14.1 在一个全连接网络中，图像中的每个像素都被作为一个输入。对于一个 256×256 像素的灰度图像来说，就有 256×256 个神经元。连接每个神经元到 10 个输出得到 $256 \times 256 \times 10 = 655\ 360$ 个权重

14.2 卷积神经网络简介

CNN 背后的重要理念是，局部地理解图像就足够了。实际的好处是，更少的参数极大地缩短了学习所需的时间，并减少了训练模型所需的数据量。然而，时间的缩短有时是以准确率为代价的。

CNN 不是一个连接每个像素的全连接网络，而是用足够多的权重来查看图像中的一小块。想象你正在用放大镜看书，最终你将阅读整个书页，但是在任何一个给定时刻你只看到书页中的一小部分。

考虑一个 256×256 像素的图像。你的 TensorFlow 代码可以高效地逐块扫描图像，而不是一次处理整个图像。例如，通过一个 5×5 像素大小的窗口沿图像滑动（通常从左到右从上到下），如图 14.2 所示。滑动的速度多"快"称为步幅。例如，步幅为 2，意思是 5×5

像素大小的滑动窗口每次移动 2 个像素，直到它覆盖了整个图像。在 TensorFlow 中，你可以通过内置的库函数轻松地调整步幅和窗口大小，你很快就会看到。

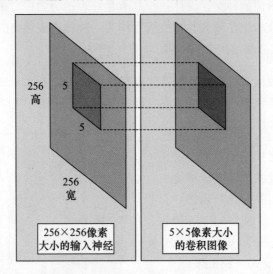

图 14.2   用一个 5×5 像素大小的块对图像（左边）做卷积生成另一张图像（右边）。在这种情况下，生成的图像与原始图像大小相同。将原始图像转换为卷积图像只需要 5×5=25 个参数

这个 5×5 像素大小的窗口有一个对应的 5×5 的权重矩阵。

注意   **卷积**是随窗口滑过整个图像时对图像中像素的加权求和。通过一个权重矩阵对图像的卷积过程生成另一个图像，大小取决于约定。计算的过程称为卷积。

滑动窗口的把戏发生在神经网络的**卷积层**。一个典型的 CNN 有多个卷积层。每个卷积层通常产生多个卷积，所以权重矩阵是一个 $5 \times 5 \times n$ 的张量，其中 n 是卷积个数。

假设一个图像经过一个权重矩阵为 $5 \times 5 \times 64$ 的卷积层。这个层滑动一个 5×5 像素大小的窗口产生 64 个卷积。因此，这个模型有 $5 \times 5 \times 64$（=1600）个参数，明显少于有 256×256(=65 536) 个参数的全连接网络。

卷积的美妙之处在于参数的个数与原始图像的大小无关。你可以在 300×300 像素的图像上运行相同的 CNN，卷积层的参数数量不会改变！

14.3   准备图像

要在 TensorFlow 中实现 CNN，你需要获取一些图片。本节中的代码将帮助你为本章的其余部分建立训练数据集。

首先，从 www.cs.toronto.edu/ ～ kriz/cifar-10-python.tar.gz. 下载 CIFAR-10 数据集。如果你需要，回顾一下第 11 章和第 12 章以获得更多信息。这个数据集包含 60 000 张图片，分为 10 个类别，这使得它成为分类任务的一个很好的资源。将该文件解压缩到你的工作目

录。图 14.3 展示了数据集中的图片示例。

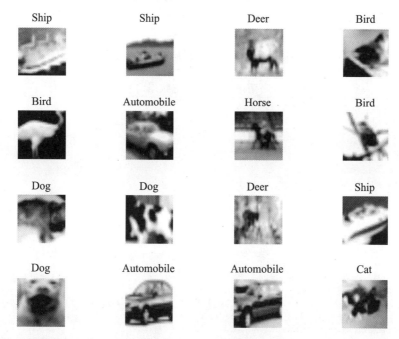

图 14.3 CIFAR-10 数据集中的图片。由于只有 32×32 像素大小，有一些难以看清，但是你能够辨认出一些

你在第 12 章使用过 CIFAR-10 数据集，因此再次调出代码。清单 14.1 直接来自 www.cs.toronto.edu/ ～ kriz/ cifar.html. 中的 CIFAR-10 文档。将代码放在一个名为 cifar_tools.py 的文件中。

清单 14.1　在 Python 中加载 CIFAR-10 图片

```python
import pickle

def unpickle(file):
    fo = open(file, 'rb')
    dict = pickle.load(fo, encoding='latin1')
    fo.close()
    return dict
```

神经网络容易过拟合，所以你必须尽可能地将误差最小化。出于这个原因，始终记得在使用之前先清洗数据。到目前为止，你已经看到数据清洗流程有时是主要工作。

数据清洗是机器学习过程中的核心步骤。清单 14.2 实现了清洗图像数据集的以下三个步骤：

1. 如果有彩色图像，尝试将其转换为灰度图像以降低输入数据维度，以此减少参数个数。

2. 考虑对图像中心裁剪，因为图像的边缘可能提供不了有用的信息。

3. 通过对每个样本减去均值并除以标准差来归一化输入，这样在反向传播过程中的梯度不会变化得太剧烈。

清单 14.2 展示了如何使用这些技巧来清洗图像的一个数据集。

清单 14.2　清洗数据

重新组织数据，它是一个有3个
通道的32×32的矩阵

```
import numpy as np


def clean(data):
    imgs = data.reshape(data.shape[0], 3, 32, 32)
    grayscale_imgs = imgs.mean(1)
    cropped_imgs = grayscale_imgs[:, 4:28, 4:28]
    img_data = cropped_imgs.reshape(data.shape[0], -1)
    img_size = np.shape(img_data)[1]
    means = np.mean(img_data, axis=1)
    meansT = means.reshape(len(means), 1)
    stds = np.std(img_data, axis=1)
    stdsT = stds.reshape(len(stds), 1)
    adj_stds = np.maximum(stdsT, 1.0 / np.sqrt(img_size))
    normalized = (img_data - meansT) / adj_stds
    return normalized
```

通过平均颜色强度
对图像进行灰度化

将32×32像素的图像
裁剪为24×24像素的
图像以减少参数

通过减去均值并
除以标准差来归
一化像素值

将 CIFAR-10 的图像都取到内存中，并对其运行清洗函数。清单 14.3 创建了一个方便的方法来读取、清洗、结构化数据，以在 TensorFlow 中使用。将这些代码也加入 cifar_tools.py 中。

清单 14.3　预处理所有 CIFAR-10 文件

```
def read_data(directory):
    names = unpickle('{}/batches.meta'.format(directory))['label_names']
    print('names', names)

    data, labels = [], []
    for i in range(1, 6):
        filename = '{}/data_batch_{}'.format(directory, i)
        batch_data = unpickle(filename)
        if len(data) > 0:
            data = np.vstack((data, batch_data['data']))
            labels = np.hstack((labels, batch_data['labels']))
        else:
            data = batch_data['data']
            labels = batch_data['labels']

    print(np.shape(data), np.shape(labels))

    data = clean(data)
    data = data.astype(np.float32)
    return names, data, labels
```

在另一个名为 using_cifar.py 的文件中，可以通过导入 cifar_tools 来使用这些方法。清单 14.4 和清单 14.5 展示了如何从数据集中取样一些图像并将它们可视化。

清单 14.4　使用 `cifar_tools` 的辅助函数

```
import cifar_tools

names, data, labels = \
    cifar_tools.read_data('your/location/to/cifar-10-batches-py')
```

你可以随机选择一些图像并按其对应的标签绘制它们。清单 14.5 正是这样做的，它使你对要处理的数据类型有一个更好的了解。

清单 14.5　可视化数据集中的图像

```
import numpy as np
import matplotlib.pyplot as plt
import random

def show_some_examples(names, data, labels):        选择你需要的
    plt.figure()                                     行数和列数
    rows, cols = 4, 4
    random_idxs = random.sample(range(len(data)), rows * cols)    从数据集中
    for i in range(rows * cols):                                  随机选择图
        plt.subplot(rows, cols, i + 1)                            像展示
        j = random_idxs[i]
        plt.title(names[labels[j]])

        img = np.reshape(data[j, :], (24, 24))
        plt.imshow(img, cmap='Greys_r')
        plt.axis('off')
    plt.tight_layout()
    plt.savefig('cifar_examples.png')

show_some_examples(names, data, labels)
```

通过运行此代码，你会生成一个名为 cifar_examples.png 的文件，它看起来类似于本节前面的图 14.3。

14.3.1　生成过滤器

在本节中，你将使用一些随机的 5×5 的块（也称为**过滤器**）对图像进行卷积。这是 CNN 中重要的一步，所以你要仔细地查看数据是如何转换的。为了理解一个用于图像处理的 CNN 模型，观察图像过滤器如何转换图像是明智的方法。过滤器提取有用的图像特征，例如边缘和形状。你可以对这些特征训练一个机器学习模型。

记住，特征向量显示了你如何表示数据样本。当你对图像应用一个过滤器时，图像变换后对应的数据就是一个特征——就是说"当你对样本应用过滤器时，产生这个新的值"。对图像应用的过滤器越多，特征向量的维度就越大。总体的目标是平衡过滤器的数量以减少特征向量的维度，同时又能捕获原始图像的重要特征。

创建一个名为 conv_visuals.py 的新文件。让我们随机初始化 32 个过滤器。你可以定义一个变量 W，大小为 $5 \times 5 \times 1 \times 32$。前两个维度对应过滤器的大小，最后一个维度对应 32 个卷积。变量大小中的 1 代表输入的维度，因为 conv2d 函数能够对多个通道的图像进行卷积。（在本例中，你只关心灰度图像，所以输入的通道数量为 1。）清单 14.6 提供了生成过滤器的代码，如图 14.4 所示。

清单 14.6   生成并可视化随机过滤器

```
W = tf.Variable(tf.random_normal([5, 5, 1, 32]))    ←— 定义代表随机
                                                         过滤器的张量
def show_weights(W, filename=None):
    plt.figure()
    rows, cols = 4, 8
    for i in range(np.shape(W)[3]):        ←— 定义足够的行和列显示
        img = W[:, :, 0, i]                     图14.4中的32张图
        plt.subplot(rows, cols, i + 1)
        plt.imshow(img, cmap='Greys_r', interpolation='none')
        plt.axis('off')
    if filename:
        plt.savefig(filename)
    else:
        plt.show()
```

可视化每个过滤器矩阵

图 14.4   32 个大小为 5×5 的随机初始化矩阵。这些矩阵代表了你将用于对输入图像做卷积的过滤器

练习 14.1

要生成 64 个大小为 3×3 的过滤器，你需要在清单 14.6 中做哪些更改？

答案

```
W=tf.Variable(tf.random_normal([3, 3, 1, 64]))
```

如清单 14.7 所示，使用会话，并通过 global_variables_initializer 操作初始化一些权重。调用 show_weights 函数来可视化随机过滤器，如图 14.4 所示。

清单 14.7 使用会话初始化权重

```
with tf.Session() as sess:
    sess.run(tf.global_variables_initializer())

    W_val = sess.run(W)
    show_weights(W_val, 'step0_weights.png')
```

14.3.2 使用过滤器进行卷积

14.3.1 节展示了如何准备要使用的过滤器。在本节中，你将在随机生成的过滤器上使用 TensorFlow 的卷积函数。清单 14.8 创建代码来可视化卷积的输出。稍后你将像使用 show_weights 一样使用它。

清单 14.8 展示卷积的结果

```
def show_conv_results(data, filename=None):
    plt.figure()
    rows, cols = 4, 8
    for i in range(np.shape(data)[3]):        ◁── 不同于清单14.6，张量的
        img = data[0, :, :, i]                     形状不同，它不是权重而
        plt.subplot(rows, cols, i + 1)             是结果图像
        plt.imshow(img, cmap='Greys_r', interpolation='none')
        plt.axis('off')
    if filename:
        plt.savefig(filename)
    else:
        plt.show()
```

假设你有一个示例输入图像，如图 14.5 所示。你可以使用 5×5 的过滤器对 24×24 像素的图像进行卷积，生成许多卷积图像。所有的卷积都是同一图像上的独特视角。这些视角共同作用来理解图像中的物体。清单 14.9 展示了如何逐步地执行这个任务。

最后，通过在 TensorFlow 中运行 conv2d 函数，得到了图 14.6 中的 32 个图像。卷积图像的思想是 32 个卷积中的每个卷积图像都捕获了原图像中的不同特征。

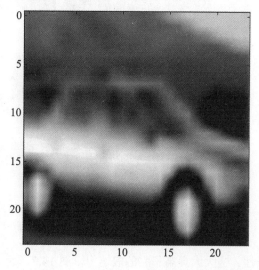

图 14.5 CIFAR-10 数据集中一个 24×24 像素的图像示例

清单 14.9　可视化卷积

```
raw_data = data[4, :]
raw_img = np.reshape(raw_data, (24, 24))        从CIFAR数据集中取
plt.figure()                                     一个图像并可视化
plt.imshow(raw_img, cmap='Greys_r')
plt.savefig('input_image.png')
                                                 定义24×24像素的
                                                 图像的输入张量
x = tf.reshape(raw_data, shape=[-1, 24, 24, 1])  ◄

b = tf.Variable(tf.random_normal([32]))
conv = tf.nn.conv2d(x, W, strides=[1, 1, 1, 1], padding='SAME')   定义过滤器和
conv_with_b = tf.nn.bias_add(conv, b)                             对应的参数
conv_out = tf.nn.relu(conv_with_b)

with tf.Session() as sess:
    sess.run(tf.global_variables_initializer())

    conv_val = sess.run(conv)                                     在选择的图像
    show_conv_results(conv_val, 'step1_convs.png')                上运行卷积
    print(np.shape(conv_val))

conv_out_val = sess.run(conv_out)
    show_conv_results(conv_out_val, 'step2_conv_outs.png')
    print(np.shape(conv_out_val))
```

图 14.6　在一个汽车图像上进行随机过滤器卷积后的结果图像

通过添加偏置项和激活函数（如 `relu`，见清单 14.12 中示例），网络的卷积层表现出非线性，这大大提高了它的表达力。图 14.7 展示了 32 个卷积的输出结果。

图 14.7 在添加了偏置项和激活函数之后，卷积的结果可以捕获图像中更强的模式

14.3.3 最大池化

在卷积层提取了有用的特征之后，减少卷积输出的大小通常是一个好主意。对卷积输出进行重新缩放或者采样有助于减少参数的数量，也有助于防止对数据过拟合。

这个概念是**最大池化**背后的思想，它用一个窗口扫过图像，并选取最大的像素值。根据步幅的不同，得到的图像结果大小是原始大小的分数。这项技术很有用，它减少了数据的维度，并减少了未来步骤中参数的数量。

练习 14.2

假设你想在一个 32×32 像素的图像上做最大池化。如果窗口的大小为 2×2 像素并且步幅是 2，最大池化后的图像将是多大？

答案

2×2 像素大小的窗口需要在每个方向移动 16 次才能跨越 32×32 像素的图像，所以图像将缩减一半，为 16×16 像素。由于它在每个方向上都缩减了一半，所以图像的大小是原来的 1/4（$1/2 \times 1/2$）。

将清单 14.10 中的代码放入 Session 上下文。

清单 14.10　运行最大池化函数采样卷积图像

```
k = 2
maxpool = tf.nn.max_pool(conv_out,
                         ksize=[1, k, k, 1],
                         strides=[1, k, k, 1],
                         padding='SAME')

with tf.Session() as sess:
    maxpool_val = sess.run(maxpool)
    show_conv_results(maxpool_val, 'step3_maxpool.png')
    print(np.shape(maxpool_val))
```

　　运行这段代码的结果是，最大池化函数将图像大小减半并产生低分辨率的卷积输出，如图 14.8 所示。

图 14.8　经过最大池化，卷积输出的大小减半，使得算法在不丢失太多信息的情况下计算速度更快

　　你现在有了实现完整 CNN 的必要工具。在 14.4 节，你最终将训练一个分类器。

14.4　在 TensorFlow 中实现 CNN

　　CNN 有多个卷积层和最大池化层。卷积层提供对图像的不同视角，最大池化层在不丢失太多数据的情况下降低维数，从而简化了计算。

　　考虑一个全尺寸的 256×256 像素的图像，用 5×5 的过滤器生成 64 个卷积。如图 14.9 所示，每个卷积通过最大池化进行下采样，产生 64 张尺寸为 128×128 像素的较小的卷积图像。

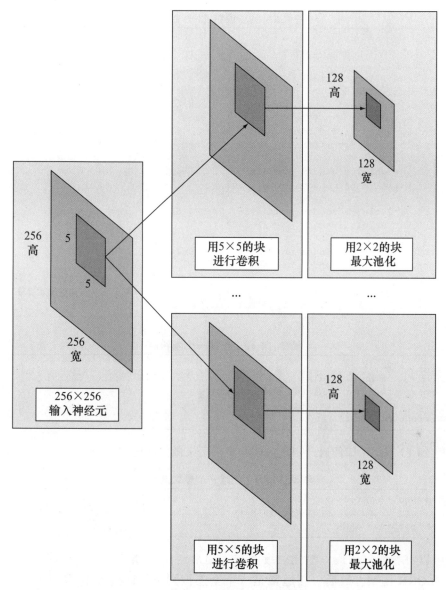

图 14.9 输入图像通过多个 5×5 的过滤器卷积。卷积层包含偏置项和激活函数，产生 5×5+5=30 个参数。接下来，一个最大池化层缩减了数据的维度（不需要额外参数）

现在你知道了如何使用过滤器和卷积操作，我们新创建一个文件。从定义所有变量开始，在清单 14.11 中，导入所有库，加载数据集，并定义所有变量。

在清单 14.12 中，定义一个辅助函数来执行卷积，添加偏置项以及激活函数。这三个步骤一起构成了网络的卷积层。

清单 14.11　设置 CNN 的权重

```python
import numpy as np
import matplotlib.pyplot as plt
import cifar_tools
import tensorflow as tf
names, data, labels = \
    cifar_tools.read_data('/home/binroot/res/cifar-10-batches-py')
```
← 加载数据集

```python
x = tf.placeholder(tf.float32, [None, 24 * 24])
y = tf.placeholder(tf.float32, [None, len(names)])
```
定义输入和输出的占位符

```python
W1 = tf.Variable(tf.random_normal([5, 5, 1, 64]))
b1 = tf.Variable(tf.random_normal([64]))
```
应用64个窗口大小为5×5的卷积

```python
W2 = tf.Variable(tf.random_normal([5, 5, 64, 64]))
b2 = tf.Variable(tf.random_normal([64]))
```
应用另外64个窗口大小为5×5的卷积

```python
W3 = tf.Variable(tf.random_normal([6*6*64, 1024]))
b3 = tf.Variable(tf.random_normal([1024]))
```
引入一个全连接层

```python
W_out = tf.Variable(tf.random_normal([1024, len(names)]))
b_out = tf.Variable(tf.random_normal([len(names)]))
```
定义线性全连接层的变量

清单 14.12　创建一个卷积层

```python
def conv_layer(x, W, b):
    conv = tf.nn.conv2d(x, W, strides=[1, 1, 1, 1], padding='SAME')
    conv_with_b = tf.nn.bias_add(conv, b)
    conv_out = tf.nn.relu(conv_with_b)
    return conv_out
```

清单 14.13 展示了如何通过制定内核和步幅定义最大池化层。

清单 14.13　创建一个最大池化层

```python
def maxpool_layer(conv, k=2):
    return tf.nn.max_pool(conv, ksize=[1, k, k, 1], strides=[1, k, k, 1],
        ➡ padding='SAME')
```

　　你可以将卷积层和最大池化层级联在一起来定义 CNN 架构。清单 14.14 定义了一个可能的 CNN 模型。最后一层通常是一个全连接网络，连接到 10 个输出神经元的每一个。

清单 14.14　完整 CNN 模型

```python
def model():
    x_reshaped = tf.reshape(x, shape=[-1, 24, 24, 1])

    conv_out1 = conv_layer(x_reshaped, W1, b1)
    maxpool_out1 = maxpool_layer(conv_out1)
    norm1 = tf.nn.lrn(maxpool_out1, 4, bias=1.0, alpha=0.001 / 9.0,
        ➡ beta=0.75)
```
构造第一层卷积层和最大池化层

```
conv_out2 = conv_layer(norm1, W2, b2)
norm2 = tf.nn.lrn(conv_out2, 4, bias=1.0, alpha=0.001 / 9.0, beta=0.75)
maxpool_out2 = maxpool_layer(norm2)

maxpool_reshaped = tf.reshape(maxpool_out2, [-1,
➡ W3.get_shape().as_list()[0]])
local = tf.add(tf.matmul(maxpool_reshaped, W3), b3)
local_out = tf.nn.relu(local)

out = tf.add(tf.matmul(local_out, W_out), b_out)
return out
```

构造第二层

构造最后的
全连接层

14.4.1　测量性能

设计好神经网络架构后，下一步是定义一个你想要最小化的代价函数。使用 TensorFlow 的 `softmax_cross_entropy_with_logits` 函数，http://mng.bz/4Blw 的官方文档中对其进行了最好的描述：

[The function `softmax_cross_entropy_with_logits`*] measures the probability error in discrete classification tasks in which the classes are mutually exclusive (each entry is in exactly one class). For example, each CIFAR-10 image is labeled with one and only one label: an image can be a dog or a truck, but not both.*

由于图像属于 10 个可能标签中的一种，用 10 维的向量表示这个选择。向量中的所有元素值都是 0，除了与标签对应的元素值是 1。如你在前面章节中看到的，这种表示方法称为**独热编码**。

如清单 14.15 所示，你将通过我在第 5 章中提到的交叉熵损失函数计算代价。此代码返回你分类的概率错误。注意此代码只适用于简单分类——其中的类是互斥的（例如卡车不可能同时也是狗）。你可以使用多种类型的优化器，但在本例中，坚持使用 AdamOptimizer，这是一个快速、简单的优化器，详见 http://mng.bz/QxJG。

在现实世界应用中可能需要调整一下参数，但现成的 AdamOptimizer 工作得也不错。

清单 14.15　定义测量代价和准确率的操作

```
model_op = model()

cost = tf.reduce_mean(
    tf.nn.softmax_cross_entropy_with_logits(logits=model_op, labels=y)
)

train_op = tf.train.AdamOptimizer(learning_rate=0.001).minimize(cost)

correct_pred = tf.equal(tf.argmax(model_op, 1), tf.argmax(y, 1))
accuracy = tf.reduce_mean(tf.cast(correct_pred, tf.float32))
```

定义分类器的
代价函数

定义最小化代价函数
的训练操作

最后，在 14.4.2 节中，你将执行最小化神经网络代价函数的训练操作。在整个数据集上多次执行此操作将得到最优权重（或参数）。

14.4.2　训练分类器

在清单 14.16 中，你将以小批量循环遍历图像数据集来训练神经网络。随着时间推移，权重值将慢慢收敛到局部最优，从而准确地预测训练图像。

清单 14.16　使用 CIFAR-10 数据集训练神经网络

```
with tf.Session() as sess:
    sess.run(tf.global_variables_initializer())
    onehot_labels = tf.one_hot(labels, len(names), on_value=1., off_value=0.,
    ➡ axis=-1)
    onehot_vals = sess.run(onehot_labels)
    batch_size = len(data) // 200
    print('batch size', batch_size)
    for j in range(0, 1000):                        ◄────  循环1000个epoch
        print('EPOCH', j)
        for i in range(0, len(data), batch_size):   ◄────  批量训练神经网络
            batch_data = data[i:i+batch_size, :]
            batch_onehot_vals = onehot_vals[i:i+batch_size, :]
            _, accuracy_val = sess.run([train_op, accuracy], feed_dict={x:
            ➡ batch_data, y: batch_onehot_vals})
            if i % 1000 == 0:
                print(i, accuracy_val)
        print('DONE WITH EPOCH')
```

就是这样！你已经成功地设计了一个 CNN 来分类图像。注意：训练 CNN 需要的时间可能远远超过 10 分钟。如果你在 CPU 上运行此代码，可能需要几个小时！你能想象在等待一天后发现代码中有一个 bug 吗？这就是为什么深度学习研究人员使用强大的 GPU 来加速计算。

14.5　提高性能的提示和技巧

你在本章中开发的 CNN 是解决图像分类问题的一种简单方法，但在你完成第一个工作原型后，有许多技术可以提高性能：

❑ **数据增强**——你可以容易地从单个图像生成新的训练图像。首先，水平或垂直翻转图像，你可以将数据集增大为 4 倍。你还可以调整图像的亮度或色彩，以确保神经网络可以泛化到其他变动。你甚至还可能向图像中增加随机噪声，使分类器对小遮挡有鲁棒性。放大或缩小图像也很有帮助，都是完全相同大小的训练图像有很大概率会过拟合。

❑ **早停**（early stopping）——在训练神经网络的过程中跟踪训练和测试误差。开始时这两种误差应该会慢慢减少，因为网络正在学习。但有时，测试误差又会上升，这表示神经网络已经开始对训练数据过拟合，无法泛化到之前未见过的输入数据。当你看到这种现象时，应该立即停止训练。

❑ **正则化权重**——另一种对抗过拟合的方法是在代价函数中增加一个正则项。在前面的章节中，你已经看到了正则化，同样的概念在这里也适用。

- ❑ dropout——TensorFlow 附带了一个方便的 `tf.nn.dropout` 函数，可以应用到网络的任何一层，以减少过拟合。该函数在训练过程中随机选择关闭该层的一些神经元，从而使网络预测输出时具有鲁棒性。
- ❑ **更深的架构**——在神经网络中添加更多的隐藏层就可以得到更深层的架构。如果你有足够多的训练数据，添加更多的隐藏层可以提高性能。然而网络也需要更长的时间来训练。

练习 14.3

在完成了 CNN 架构的第一个迭代之后，尝试应用一下本章提到的提示和技巧。

答案

不幸的是，微调也是整个过程的一部分。首先应该调整超参数并重新训练算法，直到找到工作最佳的设置。

14.6　CNN 的应用

CNN 在音频或图像传感器数据输入上蓬勃发展。图像在行业中尤其重要。例如，当你注册一个社交网络的时候，你通常会上传一张个人照片而不是一句"Hello"的录音来识别自己。人类似乎天生喜欢照片，所以你可以试验一下 CNN 如何识别图像中的人脸。

CNN 的整体架构可以是简单的，也可以是复杂的。你应该从简单开始，然后逐步调优模型，直到满意为止。没有一条正确的路径，因为面部识别问题还没有完全解决。研究人员仍在发表领先于之前的最先进解决方案的论文。

你的第一步应该是获取图像数据集。最大的任意图像数据集之一是 ImageNet (http://image-net.org)。在这里，你可以找到二分类器的负面样本。为了获取人脸样本，你可以在以下网站上找到大量专门研究人脸的数据集：

- VGG-Face Dataset (http://www.robots.ox.ac.uk/~vgg/data/vgg_face)
- Face Detection Data Set and Benchmark (FDDB) (http://vis-www.cs.umass.edu/fddb)
- Databases for Face Detection and Pose Estimation (http://mng.bz/X0Jv)
- YouTube Faces Database (www.cs.tau.ac.il/~wolf/ytfaces)

小结

- ❑ CNN 假设捕获信号的局部模式就足以描绘其特征，从而减少了神经网络的参数数量。
- ❑ 清洗数据对大多数机器学习模型的性能至关重要。与神经网络自己学习清洗所需的时间相比，你花在编写清洗数据代码上的时间算不了什么。

第 **15** 章

构建现实世界中的 CNN：
VGG-Face 和 VGG-Face Lite

本章内容

- 为训练卷积神经网络（CNN）进行数据增强
- 通过使用 dropout 和批量归一化以及性能评估调优 CNN
- 构建精确的 CIFAR-10 物体识别和面部识别 CNN

卷积神经网络（CNN）架构是分析图像和区分图像特征的有用工具。直线或曲线可能表明你喜欢的汽车，或者是某个特定的高阶特征指示，例如绿色出现在大多数青蛙的照片中。更复杂的指示可能是你左鼻孔附近的雀斑或你下巴的弯曲度，这是你家族代代相传的。

多年来，人类在挑出这些识别性特征方面已经很熟练了，但我们很想知道为什么。人类从出生就习惯于看大量展示给他们的图像示例，然后接收关于他们在图像中看到内容的反馈。还记得妈妈一边给你看球，一边重复"球"这个词吗？你很有可能还记得她说过这些话。你是否还记得在看到另一个形状或颜色稍微不同的球的时候，也能说出"球"？

也许在你蹒跚学步的时候，拿到一个新的披着斗篷的超级英雄的动作玩偶，并问这个玩偶是不是超人。不是，他是与超人看起来很像的另一个英雄。为什么你会认为他是超人？斗篷、深色的头发、胸部附近有一个带有某种符号的三角形，这些图像特征看起来很熟悉。你的生物神经网络被输入图像激活，检索了父母说给你并不断随着时间强化的标签。当你拿到一个新的玩具时，你说出这些标签，然后父母纠正你。（"哦不，亲爱的，这是沙赞。不过他看上去很像超人，我完全理解你为什么会这么想！"）嗙——基于稍有不同的特征添加了一个新标签，而你将继续学习更多内容。

这个过程类似于你训练 CNN 的方式，让计算机程序自动捕获高阶和低阶特征，并用它们来区分图像。正如你在第 14 章学习的，这些特征通过卷积过滤器表示，它们是网络学习到的参数。

训练 CNN 学习这些参数并非易事，出于多种因素：

❏ **训练数据的获取**——为了真实和准确，CNN 需要大量的有许多特征变化的训练数据，这样过滤器才能捕获到它们。同样，需要许多过滤器来表示这些特征。作为人类，在你的一生中可能看见过数以十亿计的图像，带有大量重复的类、颜色、物体和人。你的标签分配会越来越好，CNN 也是如此。

❏ **更深层的网络架构和更多的特征描绘**——这种架构帮助 CNN 区分具有很大同质性的图像。如果你的 CNN 已经了解了人与鸟的区别，它如何区分不同类型的人类？例如波浪形或卷曲的头发，或白色或棕褐色皮肤的人。深层架构需要你的网络学习更多的参数，它有更强的能力来表示特征的变化，但同时也需要更长的时间来训练。

❏ **防止记忆和学习更有弹性的表示**——训练一个鲁棒的 CNN 意味着阻止网络记住训练数据中的物体或人的特征。这个过程也确保当你的网络在遇到图像特征稍有不同的新数据时，对图像中的人和物体的新解释是开放的，打破其简单训练的理解。

所有这些问题都要求 CNN 成为解决现实世界问题的有用工具，如图 15.1 所示。

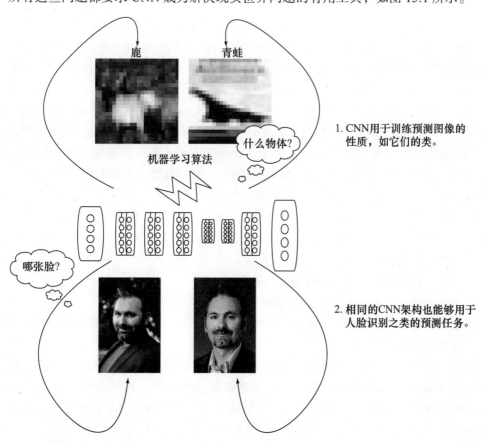

图 15.1 CNN 架构帮助机器学习算法对图像分类。无论你是标注物体还是人脸，相同的 CNN 架构都可以完成任务

　　在本章中，我将向你展示如何使用 TensorFlow 构建具有弹性的 CNN 架构，先从你熟悉的开始：加拿大高级研究所的汽车、飞机、船、鸟类等数据集（CIFAR-10）。这个数据集足够代表现实世界，为了使其准确，需要在第 14 章中向你展示的基本 CNN 架构上进行优化。

　　此外，你将使用 Visual Geometry Group (VGG) Face 模型构建一个面部识别 CNN 系统。当从 2622 张可能的名人面孔中选出一张时，此 CNN 模型能够非常准确地识别出那张面孔属于哪位名人。CNN 甚至可以处理不同的姿势、光线、化妆（或不化妆）、戴眼镜（或不戴）、戴帽子（或不戴），以及图像中的其他大量属性。让我们开始构建现实世界中的 CNN 吧！

15.1　为 CIFAR-10 构建一个现实世界的 CNN 架构

　　你对 CIFAR-10 数据集应该很熟悉，因为你在第 11 章和第 12 章中使用过它。它包含 50 000 张训练图像，代表 10 类物体（飞机、汽车、鸟、猫、鹿、狗、青蛙、马、船和卡车）中每个类 5000 张图像，以及 10 000 张测试图像（每个类 1000 张）。在第 14 章中，我向你展示了如何构建一个具有少量层的浅层 CNN 网络，来将 CIFAR-10 分到 10 个类中。

　　CIFAR-10 数据集是由 Alex Krizhevsky、Vinod Nair 和 Geoffrey Hinton 收集的。Krizhevsky 是一篇关于 CNN 的开创性论文 " ImageNet Classification with Deep Convolutional Neural Networks" (http://www.cs.toronto.edu/~hinton/ absps/ imagenet .pdf) 的作者。这份被引用超过 4 万次的论文提出了后来知名的 AlexNet 方案，这是 Krizhevsky 著名的 CNN 图像处理架构，以他的名字命名。除了用于 CIFAR-10，AlexNet 还赢得了 ImageNet 2012 挑战赛。（ImageNet 是一个由数百万张以 WordNet 分类法标记的图像组成的语料库，包含 1000 个类的物体，CIFAR-10 是它的子集，有 10 个物体类。）

　　除了你在第 14 章中构建的 CNN 之外，AlexNet 还采用了几个重要的优化。特别是，它提出了一个更深层次的架构，使用更多的卷积层来捕获高阶和低阶的特征（如图 15.2 所示）。这些优化包括：

- ❑ 更深层的架构和更多关联过滤器的卷积层。
- ❑ 使用数据增强（旋转图像、左右翻转图像或随机裁剪图像）。
- ❑ 应用一种称为 dropout 的技术，在特定的层随机的关闭神经元使该层学习到对输入更有弹性的表示。

　　你可以从第 14 章创建的浅层 CIFAR-10 CNN 上开始实现这些优化。首先，检查数据读取函数加载 CIFAR-10 的 50 000 张训练图像，然后将其转换为灰度图像以减少要学习的参数数量。别担心，当你在本章的后面建立一个面部识别 CNN 时，会处理彩色图像。

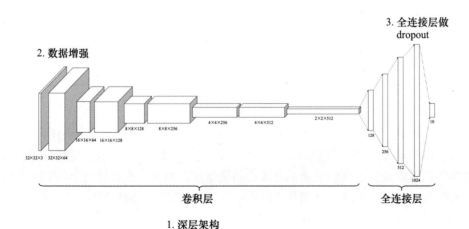

图 15.2　著名的 AlexNet CNN 架构，在 CIFAR 数据上做物体识别

15.1.1　加载和准备 CIFAR-10 图像数据

CIFAR-10 数据是 Python Pickle 格式，因此需要函数将 Pickle 格式读入 Python 字典——一个用于 $32 \times 32 \times 50000$ 的图像数据，另一个用于 1×50000 的标签数据。此外，你还需要准备和清洗数据，这是我重点强调的任务。需要做以下事情：

1. 创建一个函数来清洗数据，并通过除以平均图像值使图像方差归一化。

2. 中心裁剪图像，降低背景噪声。

3. 将图像转换为灰度图像以降低维度并提升网络学习效率。

在清单 15.1 中复制这些函数，并准备好训练的图像和标签。注意，这些优化简化了学习和训练。你可以省略其中的一些，但你的训练可能会花费很长时间来收敛，或者可能永远不会快速收敛到最优的学习参数上。进行这种清洗是为了帮助学习过程。

清单 15.1　加载和准备 CIFAR-10 训练图像和标签

```
def unpickle(file):
    fo = open(file, 'rb')
    dict = pickle.load(fo, encoding='latin1')   ◁── 加载pickle
    fo.close()                                        的字典
    return dict


def clean(data):
    imgs = data.reshape(data.shape[0], 3, 32, 32)   ┐灰度图像是RGB
    grayscale_imgs = imgs.mean(1)              ◁──  ┘的平均值
    cropped_imgs = grayscale_imgs[:, 4:28, 4:28]
    img_data = cropped_imgs.reshape(imgs.shape[0], -1)
    img_size = np.shape(img_data)[1]
    means = np.mean(img_data, axis=1)
    meansT = means.reshape(len(means), 1)
    stds = np.std(img_data, axis=1)                      减去图像均值并
    stdsT = stds.reshape(len(stds), 1)                   除以标准差使图
    adj_stds = np.maximum(stdsT, 1.0 / np.sqrt(img_size)) 像对强烈变化不
    normalized = (img_data - meansT) / adj_stds          会太敏感，便于
    return normalized                                    学习
```
裁剪图像（左侧标注）

如果你已经加载了数据，数据读取函数使用 NumPy 的 npy 压缩二进制格式将现有图像和标签存储于 NumPy 数组。这样，在处理、清洗和加载图像及标签之后，你就不必在训练之前等待这些工作完成，因为它们确实需要一些时间。

但我有 GPU

图形处理单元（GPU）在神经网络训练深度学习任务（如预测和分类任务）中改变了游戏。GPU 最早出现在视频游戏中的相关指令，经过多年的优化，GPU 支持的矩阵乘法操作被渴求矩阵运算的机器学习算法热情接受。然而，在传统的面向 CPU 的操作方面或涉及磁盘读写（I/O）的操作（如从磁盘加载缓存的数据），GPU 并不能真正帮助你。好消息是什么？包括 TensorFlow 在内的机器学习框架知道哪些操作适合 GPU 优化，哪些操作适合 CPU，并相应地分配这些操作。不过不要对 GPU 的数据准备部分过于兴奋，因为你仍然受制于 I/O。

清单 15.2 加载 CIFAR-10 中的图像数据和标签。注意里面包含 augment 函数，我在 15.1.2 节中讨论。

清单 15.2   加载 CIFAR-10 的图像数据和标签

```
def read_data(directory):
    data_file = 'aug_data.npy'           使用文件名缓存图像和标签数据的NumPy数组，
    labels_file = 'aug_labels.npy'       如果文件不存在则加载它们

    names = unpickle('{}/batches.meta'.format(directory))['label_names']
    print('names', names)
    data, labels = [], []

    if os.path.exists(data_file) and os.path.isfile(data_file) and
     os.path.exists(labels_file) and os.path.isfile(labels_file):
            print('Loading data from cache files {} and {}'.format(data_file,
            ➥ labels_file))
            data = np.load(data_file)
            labels = np.load(labels_file)
    else:
        for i in range(1, 6):
            filename = '{}/data_batch_{}'.format(directory, i)
            batch_data = unpickle(filename)
            if len(data) > 0:
                data = np.vstack((data, batch_data['data']))
                labels = np.hstack((labels, batch_data['labels']))
            else:
                data = batch_data['data']
                labels = batch_data['labels']

        data, labels = augment(data, labels)
        data = clean(data)
```

通过正则化
图像方差并
转为灰度图
像清洗图像
数据

执行数据增强，
如15.2节所示

```
                  data = data.astype(np.float32)
                  np.save('aug_data.npy', data)
                  np.save('aug_labels.npy', labels)

              print(np.shape(data), np.shape(labels))

              return names, data, labels
```

将最终加载的数据保存在NPY缓存文件中，这样就不必重新计算它们了

数据加载的函数构建好之后，我将解释如何对你的 CIFAR-10 CNN 做数据增强。

15.1.2 执行数据增强

CIFAR-10 是一个静态数据集。人们收集此数据集花费了巨大的努力，并在全世界范围内使用。现在没有人收集图像并添加到数据集中，相反，每个人都在按原样使用它。CIFAR-10 有 10 个类的物体，例如鸟，对于这些物体，数据集捕获了你能在现实生活中看到的许多变化，比如鸟的起飞、鸟在地上，或者可能是鸟啄等做一些传统的进食动作。然而，数据集并没有包含所有鸟的所有变化以及可能的动作。考虑一只鸟起飞并上升到图像左上角的部分。你可以想象一个类似的图像，一只鸟在图像的右上方做相同的提升动作。或者你可以想象一只鸟在图像的顶部飞行而不是底部，然后将图像从顶部翻转到底部或旋转它。考虑看到一只远处的鸟或近处的鸟，或者当环境是阳光明媚或靠近黄昏稍微暗一点的时候。可能性是无穷无尽的！

如你所学到的，CNN 的工作是在网络中使用过滤器来表示图像的高阶和低阶特征。这些特征很大程度上受到前景、背景、物体位置、旋转等影响。考虑到你在现实生活中会见到的特征变化，使用数据增强。**数据增强**采用一个静态数据集，并在训练期间通过对数据集中的图像随机应用这些转换来表示这些图像变化，用新图像增强静态数据。给定足够的训练 epoch，基于批大小（一个超参数），你可以使用数据增强显著增加数据集的变化和可学习性。把图像中的鸟提升到左边，并在另一些训练 epoch 中将它翻转到右边。以黄昏降落的鸟为例，改变图像对比度，使其在另一些训练时间里更亮。这些改变允许网络学习到的参数可以解释图像的进一步变化，使其更有弹性，以适应未见过的现实生活中的图像——所有这些都不需要收集新的图像，那可能是昂贵的或可能不可能的。

你将在清单 15.3 和 15.4 中实现其中的一些增强。具体地，你将实现图像的左右翻转，然后添加一些随机噪声到图像中，称为**对比度处理**。对比度处理指的是随机地在像素上撒椒盐或黑白色，如清单 15.3 中的 sp_noise 函数所示。

你可以使用 NumPy 的 random 函数，然后为图像的翻转概率和椒盐概率设置超参数，在清单 15.4 中这两个参数都设置为 5%。你可以操作这些参数值（它们是超参数），因为它们可以控制生成多少额外的训练数据。数据多总是好的，但是会显著增加你的数据集。

清单 15.3   在图像上的简单椒盐噪声

添加盐（0值，或白色）和胡椒（255值，或
黑色）噪声到图像，prob是噪声的概率

```
def sp_noise(image,prob):
    output = np.zeros(image.shape,np.float32)
    thres = 1 - prob
    for i in range(image.shape[0]):
        for j in range(image.shape[1]):
            rdn = random.random()
            if rdn < prob:
                output[i][j] = 0.
            elif rdn > thres:
                output[i][j] = 255.
            else:
                output[i][j] = image[i][j]
    return output
```

决定设置像素为黑
（255）或白（0）
的阈值

返回经过处理
的图像

清单 15.4   实现 CIFAR-10 图像的数据增强

每次有5%的机会翻转图像

```
def augment(img_data, img_labels):
    imgs = img_data.reshape(img_data.shape[0], 3, 32, 32)
    flip_pct = 0.05
    salt_pct = 0.05
    noise_pct = 0.15

    orig_size = len(imgs)
    for i in tqdm(range(0, orig_size)):

        if random.random() < flip_pct:
            im_flip = np.expand_dims(np.flipud(imgs[i]), axis=0)
            imgs = np.vstack((imgs, im_flip))
            img_labels = np.hstack((img_labels, img_labels[i]))

        if random.random() < salt_pct:
            im_salt = np.expand_dims(sp_noise(imgs[i], noise_pct), axis=0)
            imgs = np.vstack((imgs, im_salt))
            img_labels = np.hstack((img_labels, img_labels[i]))

    return imgs.reshape(imgs.shape[0], -1), img_labels
```

5%的机会在图像上
应用椒盐噪声

噪声或椒盐的量
（图像的15%）

随机UD翻转（事实上
做的左右翻转）

添加翻转的
图像和标签

对图像随机
椒盐噪声

返回增强的
图像数据

你可以通过随机绘制 50 000 之外的训练图像来再次检查你的图像数据集是否被适当地增强。我选择 52 002，当然你可以选择其他的。下面的代码使用 Matplotlib 打印 CIFAR-10 的 24×24 灰度增强图像，如图 15.3 所示。注意，图像计数从索引 0 开始，因此，图像 52 002 的索引是 52 001。

```
plt.figure()
plt.title("Image of "+str(names[labels[y]]))
img = np.reshape(data[52001, :], (24,24))
plt.imshow(img, cmap='Greys_r')
plt.axis('off')
plt.tight_layout()
```

现在，有了增强的数据集，你已经准备好构建一个 CIFAR-10 的深度 CNN 模型来捕获那些图像特征。

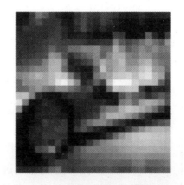

图 15.3　一幅翻转（向右）的汽车图像，很可能带有对比度噪声

15.2　为 CIFAR-10 构建深层 CNN 架构

你在第 14 章构建的 CNN 架构是一个浅层架构，使用只有两个卷积层和一个通向输出的全连接层，用于图像类预测。这个 CNN 可以工作，但是如果你用 CIFAR-10 测试数据评估它，并生成一个受试者操作特征曲线（ROC），如我在前面章节中展示的，它不能充分区分 CIFAR-10 测试图像的类，在评估从互联网上随机收集的未见过的数据时表现更差。浅层架构的网络表现有多糟糕，我将留给你作为练习。相反，在本章中我将聚焦于如何构建一个更好的架构并评估其性能。

表现不佳的一个重要原因与机器学习理论家所说的**模型容量**有关。在浅层架构中，网络缺乏必需的容量来捕获正确区分图像类的高阶和低阶图像特征之间的差异。没有让机器学习模型学习到必要数量的权重，模型使无法区分出图像之间的差异。因此，它无法很好地识别不同类的输入图像之间的大小差异。

以青蛙和汽车对比为例。青蛙和汽车有一个相似的特征：靠近图像底部的四个形状（如图 15.4 所示）。青蛙图像中的这些形状——青蛙的脚——形状比较扁平，并且根据坐姿的不同可以以不同的方式排列。在汽车图像中是四个轮胎，这些形状是圆形的，并且更固定，它们不能像青蛙的脚一样调整自己的方向。如果没有学习这些参数的容量，浅层架构的 CNN 无法分辨出这些特征之间的区别，如果输入图像与汽车有一定的相似，网络的输出神经元可能激活 `automobile` 类而不是 `frog` 类。有了更多的权重和神经元，网络可能会发现左上角的外轮廓更像动物和青蛙，而不是汽车——这是一个关键特征，它将更新网络的理解并使其将图像标记为青蛙而不是汽车。

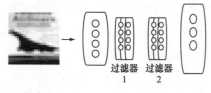

1. 使用 2 个过滤器的 CNN 可能无法捕获隐藏的线索，比如四只脚垫表示一只青蛙。它可能学习为汽车类别，因为汽车也有四个垫，但是它们更光滑和更圆

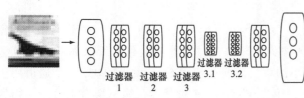

2. 使用 5 个过滤器的 CNN 有更大的容量捕获图像的变换，并识别出四个方形的垫是脚而不是轮胎，表示这是一只青蛙

图 15.4　一个 CIFAR-10 训练图像输入——一只青蛙，先通过一个浅层网络然后通过一个深层网络。浅层网络认为图像是一辆汽车，深层网络学习到了是一只青蛙

　　如果你的神经架构缺乏学习这些变量的容量，基于训练数据和标签学习更新权重，你的模型无法学习到这些简单的差异。你可以将模型过滤器理解为可调节的参数，用于区分图像之间的大差异和小差异。

甚至人类也需要一些强化

　　我在写这本书的时候做了一个简单的实验，得出了一些有趣的结果。我向我的几位家庭成员展示了图 15.4 中的青蛙照片，并要求他们在没有上下文的情况下识别这张照片，前提是不告诉他们标签选项。

恐龙，尼斯湖水怪，还是回飞棒

　　提供两个标签选项——汽车或青蛙——得到了更好的结果。问题的要点是，即使是拥有密集神经架构的人类，也可能需要标签重新训练或需要更多的数据增强。

　　AlexNet 模型为你提供了一个路线图，显示了在 CIFAR-10 数据集中区分所有特征所需的特征数量，并显著提高了准确性。事实上，AlexNet 远远超过了 CIFAR-10，它包含了足够的容量，如果给它足够的训练数据，它在更大的 ImageNet 数据集上表现很好，ImageNet 有 1000 类的输入图像和数百万的训练样本。AlexNet 的架构足以作为一个密集架构的模型，具有提高 CIFAR-10 模型准确率所需的容量。

　　清单 15.5 并不完全是 AlexNet，我省略了一些过滤器，这样可以减少计算机所需的训练时间和内存，并且不会牺牲明显的准确率。你会在训练机器学习模型时做出一些选择，有些选择将根据你对高容量或云计算的访问，或者你是否只在笔记本计算机上工作而有所不同。

　　函数 `model()` 以 CIFAR-10 图像、一个名为 `keep_prob` 的超参数和一个名为 `tf.nn.dropout` 的函数为输入，我将在 15.2.1 节中解释它。模型构建使用 TensorFlow 的二维卷积过滤器函数，使用了以下 4 个卷积过滤器为输入：

```
conv1_filter = tf.Variable(tf.truncated_normal(shape=[3, 3, 1, 64], mean=0,
➥ stddev=0.08))
conv2_filter = tf.Variable(tf.truncated_normal(shape=[3, 3, 64, 128], mean=0,
➥ stddev=0.08))
conv3_filter = tf.Variable(tf.truncated_normal(shape=[5, 5, 128, 256],
➥ mean=0, stddev=0.08))
conv4_filter = tf.Variable(tf.truncated_normal(shape=[5, 5, 256, 512],
➥ mean=0, stddev=0.08))
```

　　回忆第 14 章，过滤器的形状为 [x，y，c，n]，其中 [x，y] 是卷积块的窗口大小，c 是图像通道的数量（灰度图像为 1），n 是过滤器的数量。所以你的深度模型使用 4 个卷积层，前两层使用 3×3 大小的块，后两层使用 5×5 大小的块，1 个通道用于灰度图像输入，第一层有 64 个过滤器，第二层有 128 个过滤器，第三层有 256 个，第四层有 512 个。

注意　Krizhevsky 的论文详细阐述了网络架构性质的选择。但是我要指出，这是一个活跃的研究领域，这方面的讨论我们最好留给构建神经架构的最新机器学习论文。在本章中，我们将遵循规定的模型。

模型结构的后面部分使用了一些更高级的 TensorFlow 函数来创建神经网络层。`tf.contrib.layers.fully_connected` 函数创建全连接层解释学习到的特征参数，并输出 CIFAR-10 图像标签。

首先，将 CIFAR-10 的输入图像从 $32 \times 32 \times 1$（1024 个像素）重塑为 $[24 \times 24 \times 1]$ 的输入，主要是为了减少参数的数量，减轻本地计算的负担。如果你有一台比笔记本计算机强大得多的机器，你可以调整参数，随意上调尺寸。对每个卷积过滤器，可以使用 1 个像素的步幅和相同的填充，并通过线性整流单元（ReLU）激活函数转换为神经元输出。每一层都包含最大池化层，进一步减少学习的参数空间，并使用批量归一化使每层的统计信息更容易学习。最后将卷积层完全展开为 1 维的参数层表示全连接层，然后将其映射到 softmax 的最终的 10 个输出预测类，模型得以完成。

清单 15.5　以 AlexNet 为模型的 CIFAR-10 深层 CNN 架构

```
输入重塑为[24×24×1]
    def model(x, keep_prob):
        x_reshaped = tf.reshape(x, shape=[-1, 24, 24, 1])

应用      conv1 = tf.nn.conv2d(x_reshaped, conv1_filter, strides=[1,1,1,1],
过滤器        padding='SAME')
         conv1 = tf.nn.relu(conv1)        ← 使用ReLU激活神经元函数
         conv1_pool = tf.nn.max_pool(conv1, ksize=[1,2,2,1], strides=[1,2,2,1],
应用           padding='SAME')
最大      conv1_bn = tf.layers.batch_normalization(conv1_pool    ←
池化
         conv2 = tf.nn.conv2d(conv1_bn, conv2_filter, strides=[1,1,1,1],
             padding='SAME')                       使用批量归一化使每层
         conv2 = tf.nn.relu(conv2)                 的统计信息更容易学习
         conv2_pool = tf.nn.max_pool(conv2, ksize=[1,2,2,1], strides=[1,2,2,1],
             padding='SAME')
         conv2_bn = tf.layers.batch_normalization(conv2_pool)

         conv3 = tf.nn.conv2d(conv2_bn, conv3_filter, strides=[1,1,1,1],
             padding='SAME')
         conv3 = tf.nn.relu(conv3)
         conv3_pool = tf.nn.max_pool(conv3, ksize=[1,2,2,1], strides=[1,2,2,1],
             padding='SAME')
         conv3_bn = tf.layers.batch_normalization(conv3_pool)

         conv4 = tf.nn.conv2d(conv3_bn, conv4_filter, strides=[1,1,1,1],
             padding='SAME')
         conv4 = tf.nn.relu(conv4)
         conv4_pool = tf.nn.max_pool(conv4, ksize=[1,2,2,1], strides=[1,2,2,1],
             padding='SAME')
```

```
conv4_bn = tf.layers.batch_normalization(conv4_pool)

flat = tf.contrib.layers.flatten(conv4_bn)

full1 = tf.contrib.layers.fully_connected(inputs=flat, num_outputs=128,
➥ activation_fn=tf.nn.relu)
full1 = tf.nn.dropout(full1, keep_prob)
full1 = tf.layers.batch_normalization(full1)

full2 = tf.contrib.layers.fully_connected(inputs=full1, num_outputs=256,
➥ activation_fn=tf.nn.relu)
full2 = tf.nn.dropout(full2, keep_prob)
full2 = tf.layers.batch_normalization(full2)

full3 = tf.contrib.layers.fully_connected(inputs=full2, num_outputs=512,
➥ activation_fn=tf.nn.relu)
full3 = tf.nn.dropout(full3, keep_prob)
full3 = tf.layers.batch_normalization(full3)

full4 = tf.contrib.layers.fully_connected(inputs=full3, num_outputs=1024,
➥ activation_fn=tf.nn.relu)
full4 = tf.nn.dropout(full4, keep_prob)
full4 = tf.layers.batch_normalization(full4)

out = tf.contrib.layers.fully_connected(inputs=full4, num_outputs=10,
➥ activation_fn=None)
return out
```

展开神经元
到1维的层

将隐藏层神经元映射到最终
softmax的10个输出预测类

现在你已经构建了模型，我将向你展示如何使它在训练过程中对输入的变化更有弹性。

优化 CNN 提升学习的参数弹性

建模函数还用到了另外两个优化：**批量归一化**和 dropout。对于批量归一化的效用和目的，有许多更详尽的数学解释，我想留给你去研究。解释批量归一化的简单方法是将其作为一个数学函数，确保每一层中学习的参数更容易训练，并且不会在输入图像上过拟合，输入图像本身已经归一化处理（转换为灰度，除以图像平均值等）。总之，批量归一化简化了训练，加速了模型收敛到最优的参数。好消息是 TensorFlow 隐藏了所有的数学复杂性，并为你提供了一个简单的效用函数来应用这项技术。

提示　如果你希望阅读更多关于批量归一化的内容，考虑这篇信息丰富的文章：http://mng.bz/yrxB。

对于 dropout，关键直觉是它在某种意义上类似于数据增强，你希望使 CNN 学习到的参数对有缺陷的输入（就像现实生活中的）更有弹性（不那么敏感）。即使你眯起眼睛，扭曲了你看到的图像，在一定程度上你仍然能辨认出其中的物体。这种现象意味着你可以扭曲一张图像，但仍然可以强化已习得的标签。dropout 更进一步，它迫使网络在训练中强化标签的同时随机地忘记或关闭内部学习到的神经元的值。在训练中 dropout 以概率（1-keep_prob）随机地关闭神经元，其中 keep_prob 是清单 15.5 中 model() 函数的第二个输入参数。

dropout 导致网络学习强化的权重和参数，对训练过程中的缺陷或变化更有弹性。因此，就像你在第 12 章看到的，对图像进行噪声处理后，尽管在失真的情况下仍然学习到了更有鲁棒性的参数，dropout 操作与之相似，它屏蔽了网络的内部世界。换句话说，dropout 在训练过程中随机地使自己的隐藏神经元失效，这样它学习到的东西更有弹性，不受输入的影响。该技术在构建神经网络时被证明是有效的，因为有足够的 epoch 和训练时间，网络可以学习处理内部失败并仍然能够调节参数并召回正确的标签。

曾经忘记了什么事情后来又想起来？ dropout 有帮助

至少对于我来说，这种事情经常发生。我曾经试图回忆一张图像的标签，那是有一天我与妻子和孩子们日常散步的时候讨论到的事，婴儿车。我一直提的是"推车"。最后我集中注意力，终于想到了：婴儿车。我没有从妻子那里得到任何增援，我敢肯定她心里一直在大笑。多年来，我确信我的内部网络层设置了 dropout 以允许回忆，即使不能立即记起来。受生物学启发的计算机模型很了不起，不是吗？

现在是时候训练你的优化 CNN 了，看看你是否比在第 14 章训练的初始浅层网络工作得更好。

15.3　训练和应用一个更好的 CIFAR-10 CNN

有了精心组织的 CIFAR-10 数据集，完成了数据增强、清洗和归一化，并给出了受生物学启发的弹性 CNN 模型，你已经准备好开始 TensorFlow 训练了。考虑构建 CNN 的优化步骤，如图 15.5 所示。到目前为止，我已经介绍了获得最佳训练数据的方法，以及模型表示中保证训练容量、记忆力、弹性和收敛性的一些步骤。

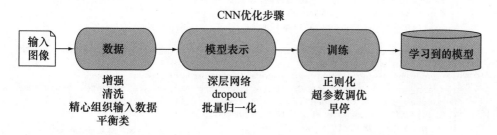

图 15.5　构建 CNN 的优化步骤，以及在数据到学习模型的每步中你可以做什么

训练过程还有一些可以应用的优化，如前几章所述。你可能还记得正则化是训练中的一项技术，它通过在训练期间惩罚探索非最优的参数值来使模型学习到更优的参数。正则化适用于图像输入，也同样适用于数值和文本输入。这就是机器学习和 TensorFlow 的美妙之处：一切都是输入张量或数字矩阵。

清单 15.6 将 CIFAR-10 的 32×32 的 RGB 图像重新缩放为 24×24 的灰度图像，启动了训练过程。训练过程如下：

- ❑ 使用 1000 个 epoch 和 0.001 的学习率。
- ❑ 以 30% 的概率 dropout 神经元，使用 L2 正则化。
- ❑ 应用 AdamOptimizer 技术。

选择这些可调整的训练参数的基本原理可以在单独章节中介绍，并在其他地方详细展开。如我在本书中一直提到的，你应该通过改变这些值来进行实验，看看它们如何在训练过程中影响整体体验：

- ❑ 训练时间长度。
- ❑ 训练过程中使用的 GPU 和内存数量。
- ❑ 收敛到最优结果的能力。

目前，这些参数可以使你完成训练，即便是在一台没有 GPU 只有 CPU 的电脑上。不过我要提醒你：训练一个如此密集的网络可能需要一天或者更长的时间。

清单 15.6　为你的 CIFAR-10 密集 CNN 设置训练过程

删除以前的权重、偏差和输入

输入大小为（50000，576）或 50 000 张 24×24 的图像

输入大小为（50000，10）或 50 000 个（10 个类的）类标签

以 0.001 的学习率训练 1000 个 epoch

定义模型，并在训练后通过 'logits' 名称可以从磁盘中查询

定义 dropout 的超参数。应用它的层中的神经元将以 1-keep_prob 的概率设置为 0

使用 AdamOptimizer 优化器

测量准确率和正确预测的数量

通过将权重加在一起使用正则化，对它们应用超参数 beta，并对代价增加 L2 正则

```python
tf.reset_default_graph()
names, data, labels = read_data('./cifar-10-batches-py')
x = tf.placeholder(tf.float32, [None, 24 * 24], name='input_x')
y = tf.placeholder(tf.float32, [None, len(names)], name='output_y')
keep_prob = tf.placeholder(tf.float32, name='keep_prob')
epochs = 1000
keep_probability = 0.7
learning_rate = 0.001
model_op = model(x, keep_probability)
model_ops = tf.identity(model_op, name='logits')
beta = 0.1
weights = [conv1_filter, conv2_filter, conv3_filter, conv4_filter]
regularizer = tf.nn.l2_loss(weights[0])
for w in range(1, len(weights)):
    regularizer = regularizer + tf.nn.l2_loss(weights[w])
cost = tf.reduce_mean(tf.nn.softmax_cross_entropy_with_logits(logits=model_op,
    ➥ labels=y))
cost = tf.reduce_mean(cost + beta * regularizer)
train_op = tf.train.AdamOptimizer(learning_rate=learning_rate).minimize(cost)
correct_pred = tf.equal(tf.argmax(model_op, 1), tf.argmax(y, 1))
accuracy = tf.reduce_mean(tf.cast(correct_pred, tf.float32),
    ➥ name='accuracy')
```

现在已经定义了训练过程，你可以训练你的模型了（如清单 15.7 所示）。如果你的系统中有 GPU 的话，我已经包含了一些利用 GPU 的选项。注意，如果你有 GPU，训练可以在几个小时之内完成而不用几天。清单的代码还保存了训练过的模型，可以加载它进行预测，并生成 ROC 曲线用于以后评估。

清单 15.7　进行 CIFAR-10 的深度 CNN 训练

允许使用GPU和
增加GPU内存

创建一个saver存储你的
TensorFlow模型到磁盘

```
config = tf.ConfigProto()
config.gpu_options.allow_growth = True
with tf.Session(config=config) as sess:
    sess.run(tf.global_variables_initializer())
    saver = tf.train.Saver()
    onehot_labels = tf.one_hot(labels, len(names), on_value=1., off_value=0.,
      axis=-1)
    onehot_vals = sess.run(onehot_labels)
    batch_size = len(data) // 200
    print('batch size', batch_size)
    for j in tqdm(range(0, epochs)):
        for i in range(0, len(data), batch_size):
            batch_data = data[i:i+batch_size, :]
            batch_onehot_vals = onehot_vals[i:i+batch_size, :]
            _, accuracy_val = sess.run([train_op, accuracy],
              feed_dict={x:batch_data, y: batch_onehot_vals})
        print(j, accuracy_val)

    saver.save(sess,
      './cifar10-cnn-tf1n-ia-dropout-reg-dense-'+str(epochs)+'epochs.ckpt')
```

将10个CIFAR-10类标签
名转换为独热标签

将你的训练分成多个批次(由于数据
增强, 可能会超过200个批次)

训练并使用
TQDM库可
视化展示过程

保存模型

现在去喝一杯咖啡吧。这段代码将运行一段时间，因为你的网络将做如下事情：

❑ 自动生成输入数据和图像的额外样本。

❑ 通过外部的数据增强与内部随机关闭 30% 的神经元，学习一个更有弹性的表示。

❑ 使用 4 个卷积过滤器层捕获更多的变化，并区分 CIFAR-10 的图像类。

❑ 通过正则化和批量归一化，训练速度更快，找到最优权重的概率更高。

15.4　在 CIFAR-10 测试和评估 CNN

OK，几个小时或者几天之后，你回来了。我知道，这是对你的折磨，很抱歉在你的笔记本计算机上运行这个代码导致你的其他程序崩溃。但至少你现在有了训练好的模型，是时候试验一下了。

要做到这一点，你需要一个预测函数。使用你训练好的模型进行预测需要一些与训练类似的步骤。首先，你需要确保输入是 24×24 的单通道灰度图像。如果满足，你可以从磁盘加载训练好的模型，并通过它运行你的输入图像并获得一些关键信息：

❑ 全连接层输出，并运行 tf.nn.softmax 得到对 CIFAR-10 中所有 10 个图像类的预测。

❑ softmax 中值最高的维度是输出的预测类。你可以通过 np.argmax 来获得这个维度，它返回一行中最大值的列索引。此预测的相关置信度是 softmax 的输出值。np.argmax 获取并返回选择的最大置信度类（class_num）、名称（鸟，汽车等）、置信度或 softmax 值，以及所有类的置信度。清单 15.8 创建了 predict 函数供你调用分类器。

清单 15.8   从输入图像预测 CIFAR-10 类

```
def predict(img_data):
    class_num, class_name, confidence = None, None, 0.
    with tf.Session() as sess:
        loaded_graph = tf.Graph()    ← 获取指向默认TensorFlow
                                        图的指针

        with tf.Session(graph=loaded_graph) as sess:
            loader = tf.train.import_meta_graph('./cifar10-cnn-tf1n-ia-
            ➡ dropout-reg-dense-'+str(epochs)+'epochs.ckpt' + '.meta')
            loader.restore(sess, './cifar10-cnn-tf1n-ia-dropout-reg-dense-
            ➡ '+str(epochs)+'epochs.ckpt')

            loaded_logits = loaded_graph.get_tensor_by_name('logits:0')
            logits_out = sess.run(tf.nn.softmax(loaded_logits),
            ➡ feed_dict={'input_x:0': img_data.reshape((1, 24*24))})
            class_num = np.argmax(logits_out, axis=1)[0]
            class_name = names[class_num]
            confidence = logits_out[0,class_num]
            all_preds = logits_out
    return (class_num, class_name, confidence, all_preds)
```

加载模型到图中

从加载的模型获取张量

用它学习到的权重运行模型,得到全连接层输出并对其运行softmax函数

返回最高置信度的类数量、名称和其他预测信息

你可以将预测函数用于 CIFAR-10 的第三张训练图像:一只鹿(如图 15.6 所示),以测试预测函数。

下面的代码加载模型并获得类数量、名称、预测置信度,以及该图像的全部预测内容:

```
class_num, class_name, confidence, all_preds =
➡ predict(data[3])
print('Class Num', class_num)
print('Class', class_name)
print('Confidence', confidence)
print('All Predictions', str(all_preds))
```

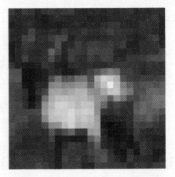

图 15.6   CIFAR-10 中一只鹿的图片

由于使用了 softmax,你将得到模型对所有 10 个 CIFAR-10 类预测的置信度得分。所以,你的模型有 93% 的置信度(0.9301368),这是一只鹿的图像。第二高的类是 6(青蛙),置信度为 3%,类 2(鸟)和类 5(狗)的置信度分别约为 1%。鹿和后三个类之间的置信度差距在统计意义上非常显著(超过 90%)。

```
INFO:tensorflow:Restoring parameters from ./cifar10-cnn-tf1n-ia-dropout-reg-
➡ dense-1000epochs.ckpt
Class Num 4
Class deer
Confidence 0.9301368
All Predictions [[6.24996528e-06 5.14547166e-04 1.39211295e-02 6.32673642e-03
   9.30136800e-01 1.21700075e-02 3.20204385e-02 4.65520751e-03
   2.48217111e-05 2.24148083e-04]]
```

对于来自训练数据集的单张图像,这个结果极大地增强了信心,但是你的经过优化的深度 CNN 在未见过的 CIFAR-10 测试数据上表现如何?你可以构建一个简单的评估函数,

在所有测试数据上运行你的新模型并输出预测准确率。可以以同样的方式加载模型。这次，给模型完整的 10 000 张图像的测试数据集和 10 000 个测试标签（每个类 1000 个），计数模型正确预测的次数；每条正确记 1，错误记 0。那么，整体准确率是对所有图像预测数组的平均值。清单 15.9 给出了对深度 CNN 在 CIFAR-10 测试数据上的完整评估。

清单 15.9　在 CIFAR-10 测试数据上运行你的深度 CNN

```
def get_test_accuracy(test_data, test_names, test_labels):
    class_num, class_name, confidence = None, None, 0.
    with tf.Session() as sess:
        loaded_graph = tf.Graph()

        with tf.Session(graph=loaded_graph) as sess:
            loader = tf.train.import_meta_graph('./cifar10-cnn-tf1n-ia-
                dropout-reg-dense-'+str(epochs)+'epochs.ckpt' + '.meta')
            loader.restore(sess, './cifar10-cnn-tf1n-ia-dropout-reg-dense-
                '+str(epochs)+'epochs.ckpt')

            loaded_x = loaded_graph.get_tensor_by_name('input_x:0')
            loaded_y = loaded_graph.get_tensor_by_name('output_y:0')
            loaded_logits = loaded_graph.get_tensor_by_name('logits:0')
            loaded_acc = loaded_graph.get_tensor_by_name('accuracy:0')
            onehot_test_labels = tf.one_hot(test_labels, len(test_names),
                on_value=1., off_value=0., axis=-1).eval()
            test_logits_out = sess.run(tf.nn.softmax(loaded_logits),
                feed_dict={'input_x:0': test_data, "output_y:0"
                :onehot_test_labels, "keep_prob:0": 1.0})
            test_correct_pred = tf.equal(tf.argmax(test_logits_out, 1),
                tf.argmax(onehot_test_labels, 1))
            test_accuracy = tf.reduce_mean(tf.cast(test_correct_pred,
                tf.float32))

            print('Test accuracy %f' % (test_accuracy.eval()))

            predictions = tf.argmax(test_logits_out, 1).eval()
            return (predictions, tf.cast(test_correct_pred,
                tf.float32).eval(), onehot_test_labels)
```

加载模型

从加载的模型中获得张量

在给定的输入测试图像和测试标签上应用模型

每次模型输出与独热测试标签一致，预测正确，记为1，否则记为0。计数正确的次数

通过计算平均值测量平均准确率

返回预测结果，正确预测计数和独热测试标签

通过以下简单调用运行清单 15.9：

```
predict_vals, test_correct_preds, onehot_test_lbls =
    get_test_accuracy(test_data, test_names, test_labels)
```

此命令产生以下输出：

```
Test accuracy 0.647800
```

接下来，我将讨论如何评估你的 CNN 的准确率。一个熟悉的技术再次出现：ROC 曲线。

15.4.1　CIFAR-10 准确率结果和 ROC 曲线

通常，在 10 000 张测试图像上得到 65% 的总体测试准确率并不让人感觉很好。你是否通过优化训练深度 CNN 来改进你的模型？事实上，你必须更深入地挖掘才能找到答案，因为你的模型的准确率不仅仅是对一个特定图像类的对与错。每次你都要在 10 个类中进行预测，由于它是一个 softmax，所以得到一个错误的标签也许并没有错得离谱。

如果标签是鸟，而你的模型预测的最大置信度类标签为鹿 93%，但是第二高置信度类为鸟 91%，这时会怎么样？显然，你的测试答案是错误的，但是离正确并不远。如果你的模型在其他类上都表现出低的置信度，可以说它的整体表现不错，因为前两个预测中的一个是正确的。将这个结果放大，如果这种情况经常发生，那么你的整体准确率会很差。但考虑 top-k 预测（k 是超参数），你的模型表现相当好，对正确的图像类很敏感。或许模型缺少区分鹿和鸟的能力，或者可能你没有为模型提供足够的训练样本或数据增强来区分它们。

可以应用 ROC 曲线来评估你的预测的真阳性率和假阳性率，并查看所有类的微平均值进行评估。ROC 曲线向你展示了你的模型在完整 CIFAR-10 测试数据上执行区分类的表现，这是一个对多分类问题更合适的测量模型表现的方法。你可以使用友好的 Matplotlib 和 SK-learn 库，如我在本书中向你展示的那样。

SK-learn 库提供了基于假阳性率（fpr）和真阳性率（tpr）计算 ROC 曲线和计算曲线下面积（AUC）的功能。而 Matplotlib 提供了绘图和图形化的功能来展示结果。注意清单 15.10 中的 `np.ravel()` 函数，它提供了 ROC 曲线的生成，绘图代码用于返回一个连续的扁平化的 NumPy 数组。运行清单 15.10 的 ROC 曲线生成代码的输出如图 15.7 所示。

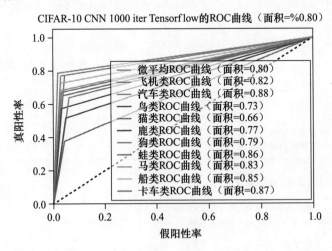

图 15.7　你的 CIFAR-10 深度 CNN 模型的 ROC 曲线。总的来说，除了猫、鸟和鹿之外，它在各个类中都表现得很好

ROC 曲线显示模型在大多数类上表现很好，并在少量类上（猫、鸟、鹿）也优于平均值。

清单 15.10　CIFAR-10 ROC 曲线

使用 SK-learn 的 `label_binarize` 函数
创建独热的预测值和测试标签用于比较

```
from sklearn.preprocessing import label_binarize
from sklearn.metrics import roc_curve, auc
outcome_test = label_binarize(test_labels, classes=[0, 1, 2, 3, 4, 5, 6, 7,
➥ 8, 9])
predictions_test = label_binarize(predict_vals, classes=[0, 1, 2, 3, 4, 5, 6,
➥ 7, 8, 9])

fpr = dict()                          计算每个类的 ROC
tpr = dict()                          曲线和 ROC 面积
roc_auc = dict()
for i in range(n_classes):
    fpr[i], tpr[i], _ = roc_curve(outcome_test[:, i], predictions_test[:, i])
    roc_auc[i] = auc(fpr[i], tpr[i])

fpr["micro"], tpr["micro"], _ = roc_curve(outcome_test.ravel(),
➥ predictions_test.ravel())
roc_auc["micro"] = auc(fpr["micro"], tpr["micro"])            计算微平均 ROC
                                                             曲线和面积
plt.figure()                          绘制特定类的 ROC 曲线
plt.plot(fpr["micro"], tpr["micro"],
         label='micro-average ROC curve (area = {0:0.2f})'
绘制 ROC 曲线           ''.format(roc_auc["micro"]))
for i in range(n_classes):

    plt.plot(fpr[i], tpr[i], label='ROC curve of class {0} (area = {1:0.2f})'
                                ''.format(test_names[i], roc_auc[i]))
plt.plot([0, 1], [0, 1], 'k--')
plt.xlim([0.0, 1.0])
plt.ylim([0.0, 1.05])
plt.xlabel('False Positive Rate')
plt.ylabel('True Positive Rate')
roc_mean = np.mean(np.fromiter(roc_auc.values(), dtype=float))
plt.title('ROC curve for CIFAR-10 CNN '+str(epochs)+' iter Tensorflow (area =
➥ %{0:0.2f})'.format(roc_mean))
plt.legend(loc="lower right")        显示所有类的微平均
plt.show()                           ROC 曲线
```

所以，尽管你的模型的测试准确率令你感到有些沮丧，但该模型表现得相当不错，所有类的微平均 ROC 为 80%。而且，模型对除了猫、鸟、鹿之外的所有类都有出色的表现。该模型在区分不同图像类的方面做得很好，可能会有两三个置信度高的预测，即便最高的那个不总是正确的。我将在 15.4.2 节详细探讨这个话题。

15.4.2　评估 softmax 对每个类的预测

你还可以进一步查看 softmax 对每个类的预测，来看看你的模型在不同类之间作出的判断。不同于 ROC 曲线，想象对每个图像的预测是一个水平条形图，每个可能预测的类的 softmax 值为 0 到 1 之间。基于 softmax 的条形图就像看着你的模型试图指出它认为最正确的类。softmax 的过程还显示了模型将哪些类作为预测的首选，以及哪些类被排除或不确定。

通过一些努力，你可以创建一个函数来展示这个图表。你可能不想在数万张图像上运行该函数，但可以在训练和测试集之外的一些图像上测试模型。为此，我在 6 个 CIFAR-10 类中随机列出了 9 张图像的 URL。这些图像包括一只青蛙、三艘船、两辆卡车、一只猫、一匹马和一辆汽车。简单的 URL（如清单 15.11 所示）之后是对 predict 函数的调用，以便在每个图像上运行你的模型。

清单 15.11　从互联网上为你的 CNN 提供看不见的评价 URL

```
predict_urls = [
    'http://www.torontozoo.com/adoptapond/guide_images/Green%20Frog.jpg',
    'https://cdn.cnn.com/cnnnext/dam/assets/160205192735-01-best-cruise-
    ➡ ships-disney-dream-super-169.jpg',
    'https://www.sailboston.com/wp-content/uploads/2016/11/amerigo-
    ➡ vespucci.jpg',
'https://upload.wikimedia.org/wikipedia/commons/d/d9/Motorboat_at_Kankaria_
➡ lake.JPG',
'https://media.wired.com/photos/5b9c3d5e7d9d332cf364ad66/master/pass/
➡ AV-Trucks-187479297.jpg',
    'https://images.schoolspecialty.com/images/1581176_ecommfullsize.jpg',
'https://img.purch.com/w/660/aHR0cDovL3d3dy5saXZlc2NpZW5jZS5jb20vaW1hZ2VzL2kv
➡ MDAwLzEwNC84MTkvb3JpZ2luYWwvY3V0ZS1raXR0ZW4uanBn',
    'https://thehorse.com/wp-content/uploads/2017/01/iStock-510488648.jpg',
'http://media.wired.com/photos/5d09594a62bcb0c9752779d9/master/w_2560%2Cc_lim
➡ it/Transpo_G70_TA-518126.jpg'
    ]
```

注意，清单 15.12 中的 predict 函数做了一些修改，为你的网络准备线上图像数据（通过 OpenCV 库将其转换为 24 × 24 像素的灰度图像），并使用 SK-learn 库及其 imread 函数读取图像。

清单 15.12　对自然图像的 predict 函数

```
from skimage.io import imread
def predict_img_url(url):
    image = color.rgb2gray(imread(url))        ◄──  在特定URL上读取
    new_size = 24,24                                图像并转换为灰度
    image = cv2.resize(image, new_size, interpolation=cv2.INTER_CUBIC)   ◄──
    images = np.expand_dims(image, axis=0)                      使用三次插值和OpenCV将
    im_data = images.astype(np.float32)                         图像缩放到24,24
    prediction = predict(im_data[0])    ◄──
    return prediction                       将准备好的图像在网络上
                                            运行并返回预测结果
```

下面的代码段在所有随机图像上运行该函数：

```
preds=[]
for url in predict_urls:
    pred = predict_img_url(url)
    preds.append(pred)
```

做出预测并返回 softmax 值后，可以创建一个 `evaluate_model` 函数执行以下操作：

❑ 从互联网上抓取图像数据并重塑为 24×24 的灰度以展示每张图像。

❑ 在重塑的灰度图像旁边显示 softmax 预测输出，以显示网络对每个类别的置信度。

清单 15.13 展示了 `evaluate_model` 函数，图 15.8 展示了一些图像输出的部分屏幕截图。模型似乎对动物、物体或交通工具的分类上很敏感，但是在第三幅船的图像上判断每个类的第二和第三猜测有些困难。这个测试在评估模型对特定图像特征的敏感度方面非常有用。通过如图 15.8 所示的每个类的置信度图表来评估你的 CNN 模型，为通过扩展容量来捕获缺失的特征以调优 CNN 提供了指导。

Softmax Predictions for 9 CIFAR-10 CNN 1000 iter Image URLs

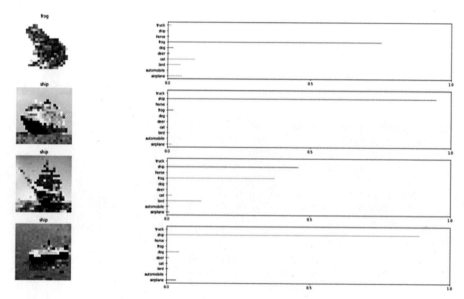

图 15.8　`evaluate_model` 函数的输出，显示了模型对 4 个图像 URL 及它们关联的类标签的决策

此测试还可能提示你需要改变数据增强的方法，或调整 dropout 或正则化的超参数。如 `evaluate_model` 函数对改进你的深度 CNN 并提供调试和研究它的路线图是必要的。

清单 15.13 中的代码生成图 15.8。首先，它准备图像，使用 OpenCV 和 SK-learn 库将它们转换为灰度图像，接下来，将图像大小调整为 24×24。然后 `evaluate_model` 函数将图像垂直堆叠成一个矩阵。对每个预测，函数显示要分类的图像，右边是模型对其已知的每个类产出的 softmax 预测的水平条形图表。

现在，你已经在 CIFAR-10 上创建了一个具有 80% 微平均 ROC 准确率的模型，相对于你在第 14 章中创建的浅层 CNN 有了显著的改进。好消息是？这些改进也可以转换为另一个问题：人脸识别，这是另一个具有类似结构的图像分类问题。你将不再以包含 10 个物体类的 32×32 大小的图像作为输入，而是提供包含 2622 张名人面部的大小为 244 x 244 的图像，并尝试分辨这 2622 个名人。到目前为止你在本章中学到的内容可以帮助你创建 VGG-Face 模型。

清单 15.13　CIFAR-10 的 `evaluate_model` 函数

```
def evaluate_model(urls, predicted):
    im_data = []
    for url in urls:
        image = color.rgb2gray(imread(url))
        new_size = 24,24
        image = cv2.resize(image, new_size, interpolation=cv2.INTER_CUBIC)
        images = np.expand_dims(image, axis=0)
        if len(im_data) > 0:
            im_data = np.vstack((im_data, images.astype(np.float32)))
        else:
            im_data = images.astype(np.float32)

    n_predictions = len(predicted)
    fig, axies = plt.subplots(nrows=n_predictions, ncols=2, figsize=(24, 24))
    fig.tight_layout()
    fig.suptitle('Softmax Predictions for '+str(len(predicted))+' CIFAR-10
➡ CNN '+str(epochs)+' iter Image URLs', fontsize=20, y=1.1)

    n_predictions = 10
    margin = 0.05
    ind = np.arange(n_predictions)
    width = (1. - 2. * margin) / n_predictions

    for i in range(0, len(im_data)):
        pred_names = names
        pred_values = predicted[i][3][0]
        correct_name = predicted[i][1]

        axies[i][0].imshow(im_data[i], cmap='Greys_r')
        axies[i][0].set_title(correct_name)
        axies[i][0].set_axis_off()

        axies[i][1].barh(ind + margin, pred_values, width)
        axies[i][1].set_yticks(ind + margin)
        axies[i][1].set_yticklabels(pred_names)
        axies[i][1].set_xticks([0, 0.5, 1.0])
```

准备图像

显示图像及其
预测类名称

在图像旁边
显示条形图

15.5　构建用于人脸识别的 VGG-Face

人脸识别问题已经被研究了几十年，近年来由于各种原因变得有新闻价值。2015 年，牛津大学的视觉几何组 (VGG) 刚刚创建了用于 ImageNet 挑战的深层 CNN 网络，试图重新应用其称为 VGG 的 CNN 网络来解决名人面部识别问题。VGG 小组的成员写了一篇名为"Deep Face Recognition"的开创性论文，并发表了他们通过深度 CNN 识别名人面部的工作成果。该论文可在 http://mng.bz/MomW 上找到。

其作者——Omkar M.Parkhi、Andrea Vedaldi 和 Andrew Zisserman 建立了一个数据集，

包含 2622 个名人（其中一些在图 15.9 中展示）在不同背景和不同姿势下的面部。最初收集的数据集被进一步筛选，由管理员为每个名人组织整理 1000 个 URL。最终，作者创建了一个 2 622 000 张图像的数据集用于深度 CNN 检测名人面部。网络使用了 13 个卷积过滤层，由 37 层组成，最后一层是一个全连接层给出 softmax 概率值，对应输入图像的 2622 个名人。

图 15.9　你可能在 VGG-Face 数据集中看到的一些面部和姿势

我在为本书重新构建网络的过程中发现了几个挑战，总结在下面：

- 超过 50% 的数据（大部分从 2015 年）已经不复存在。VGG 小组公布了他们使用的 URL，但互联网在发展，所以有些 URL 指向的图像已经不存在了。
- 收集其他现存的数据（大约 1 250 000 张图像）需要复杂的爬虫技术、URL 验证，并使用超级计算机进行数周的反复试验和手动管理。
- 结果数据的平均图像样本数为每个类约 477 张，远低于原始的每个类 1000 张，这使得数据增强更加有必要，但同时也降低了有效性。
- 即使是我收集的更新后的 VGG-Face Lite 数据集也有大约 90GB，非常大，很难在笔记本计算机上运行，也不适合放在内存中。此外，数据集的大小严重限制了批尺寸参数，因为笔记本计算机、GPU 甚至超级计算机都没有无限的内存。
- 处理大小为 244 × 244 和全彩色 RGB 通道的图像需要深度网络及其 13 个过滤层来捕获高阶和低阶特征，以区分如此多的输出类（2622 个）。

关于收集更新版本的数据集，以及测试和构建基于 VGG-Face 论文的深度 CNN，我可以提出很多其他问题，但是我不会。在这里总结数据收集的问题不会有太多用处，除了我已经提出的数据清洗、数据增强和机器学习准备的重要性。

为什么机器学习研究人员不提供他们的数据

　　简而言之，答案很复杂。如果能下载原始的 2015 年 VGG-Face 的 200 万张图像数据集并开始训练，而不是只重新收集剩余的子集，那就太好了。但可能存在与公开数据收集和如何使用相关的法律和其他问题。许多图像数据集只提供图像 URL，或者即使你获得了图像，它们也是一个小的子集并且要阅读很多法律术语。这种情况使得复制机器学习模型变得困难，即使在今天这也是困扰社区的一个问题。唯一的解决方案是准备一个精心设计的数据集并提供一个重新收集它的方法。

　　好消息是我已经有了一个数据集，你可以用它来进行面部识别并构建你自己的 VGG-Face 版本，我们称之为 VGG-Face Lite，它是 4 个名人的子集，可以运行在你的计算机上，并展示架构。接下来我将向你展示如何通过 TensorFlow 的 Estimator API 使用完整的模型进行预测。

15.5.1　选择一个 VGG-Face 的子集来训练 VGG-Face Lite

　　我根据样本的平均数量，从更新的 VGG-Face 数据集中随机地选择了 4 个名人的集合，尝试为模型找到一个具有代表性的特征子集、背景和可学习性。我还可以选择其他 4 个名人的集合，但出于训练模型的目的，目前这个工作得不错。我使用 4 个随机选择的名人训练模型。你可以在 http://mng.bz/awy7 上获取 VGG-Face 数据集的一小部分，包含 244×244 的图像。

　　这个子集共有 1903 张图像，排列在包含名人的姓名的路径中，并用下划线连接：Firstname_Lastname。将文件解压到名为 vgg_face 的顶层文件夹中。

　　在本章的前面，你通过使用 NumPy 的底层函数引入椒盐噪声和左右翻转图像，自行开发了图像数据集增强的功能。本次，我将向你展示如何使用 TensorFlow 鲁棒的功能来完成同样的事情。我还将向你介绍 TensorFlow 强大的 Dataset API，它提供了原生的批处理、跨 epoch 重复使用数据、将数据和标签组合成用于学习的强大结构等功能。与 Dataset API 相关联的是 TensorFlow 通过图结构对数据增强的支持，我将在 15.5.2 节中向你展示。

15.5.2　TensorFlow 的 Dataset API 和数据增强

　　无论你是否使用 TensorFlow 的原生构造来迭代数据集或为机器学习做准备，或者是否结合使用 SK-learn 和 NumPy 等库的功能，TensorFlow 都能很好地处理训练和预测任务的结果。

　　探索 TensorFlow 在这方面的能力是值得的。TensorFlow 提供了强大的 Dataset API，它在数据集准备和处理中使用了惰性计算和基于图的伟大特性。这些特性对批处理、数据增强、epoch 管理以及其他准备和训练任务非常方便，你可以通过调用 Dataset API 来执行这些任务。

首先，你需要一个 TensorFlow 数据集。通过收集 4 个名人的 1903 张图像（如清单 15.14 所示）的初始图像路径来准备数据集。图像格式为 index_244x244.png，存储为 BGR（蓝、绿、红）格式。

清单 15.14　为 VGG-Face Lite 的 TensorFlow 数据集收集图像路径

```
data_root_orig = './vgg-face'
data_root = pathlib.Path(data_root_orig)
celebs_to_test = ['CelebA, 'CelebB', 'CelebC', 'CelebD']    ◁── 你要训练的
all_image_paths = []                                              四位名人
for c in celebs_to_test:
    all_image_paths += list(data_root.glob(c+'/*'))        ◁── 选择每个的
                                                                所有图像

all_image_paths_c = []
for p in all_image_paths:
    path_str = os.path.basename(str(p))
    if path_str.startswith('._'):        ◁──
        print('Rejecting '+str(p))              忽略隐藏文件
    else:                                       并添加图像
        all_image_paths_c.append(p)      ◁──

all_image_paths = all_image_paths_c                        打乱图像路径
all_image_paths = [str(path) for path in all_image_paths]  使得网络无法
random.shuffle(all_image_paths)               ◁──          记住实际的顺序

image_count = len(all_image_paths)   ◁── 计数图像（1903）
```

有了为 4 位名人定义的一组图像路径和关联的标签，就可以开始使用其 Dataset API 构建你的 TensorFlow 数据集。在 15.1 节，你通过使用底层 NumPy 构造编写了大量的数据增强代码。这些数据增强代码对图像矩阵进行操作。现在，我将向你展示如何创建使用 TensorFlow 的 API 创建新代码来完成相同的功能。

TensorFlow 为数据增强提供了良好的支持。这些功能由 tf.image 包提供。这个包包括 tf.image.random_flip_left_right 函数来随机翻转图像，以及 tf.image_random_brightness 和 tf.image.random_contrast 来改变背景色调，并执行类似椒盐的数据增强，这是你在本章前面手工实现的。更重要的是，TensorFlow 的 API 提供的数据增强不是直接改变图像并产生新的训练图像来扩充你的数据集，而是采用延迟评估的图结构，只在调用时创建增强图像。

你可以使用 TensorFlow 的 DatasetAPI，它包含对洗牌、批处理、重复 epoch 的完整支持，以随机地提供数据增强，而无须创建新的物理数据存储在内存或磁盘上。此外，增强只在训练的运行时发生，并在 Python 代码运行完成时释放。

为了使用增强功能，编写一个 preprocess_image 函数，该函数接收 244 × 244 大小的 BGR 格式的 VGG-Face Lite 图像，并返回一个仅在执行期间修改的图像张量。你可以把张量和图像同等看待，但是它更强大。结果张量表示一个在训练运行时执行的操作图。你还可以将增强技术整合在一起，并让 TensorFlow 在训练期间当你迭代批次和 epoch 时随

机地运行它们。

　　TensorFlow 可以做的另一件事是图像标准化或清洗，通过除以平均值来简化训练。TensorFlow 的 `tf.image.per_image_standardization` 函数在调用后返回一个张量。由于张量操作是图，你可以在原始输入图像上组合这些运算。`preprocess_image` 函数整合了以下操作，如清单 15.15 所示：

　　❑ 将图像转换为 RGB 格式，而不是 BGR。

　　❑ 随机左右翻转图像。

　　❑ 随机应用图像亮度调整。

　　❑ 随机创建图像对比度操作（类似椒盐噪声）。

　　❑ 随机旋转图像 90 度。

　　❑ 应用固定图像标准化并除以像素均方差。

清单 15.15　使用 TensorFlow 进行图像数据集增强

```
IMAGE_SIZE=244
def preprocess_image(image, distort=True):
    image = tf.image.decode_png(image, channels=3)        ← 存储于BGR文件中
    image = image[..., ::-1]                                  的图像转换为RGB
    image = tf.image.resize(image, [IMAGE_SIZE, IMAGE_SIZE])
```

重塑图像大小为 244×244

```
    if distort:
        image = tf.image.random_flip_left_right(image)
        image = tf.image.random_brightness(image, max_delta=63)
        image = tf.image.random_contrast(image, lower=0.2, upper=1.8)

        rotate_pct = 0.5 # 50% of the time do a rotation between 0 to 90
        ➥ degrees
        if random.random() < rotate_pct:

            degrees = random.randint(0, 90)
            image = tf.contrib.image.rotate(image, degrees * math.pi / 180,
            ➥ interpolation='BILINEAR')

        image = (tf.cast(image, tf.float32) - 127.5)/128.0    ←

    image = tf.image.per_image_standardization(image)

    return image
```

使用张量图对图像进行随机（左右）翻转、亮度、对比度和旋转操作

图像固定标准化并减去平均值除以像素方差

　　有了图像数据增强函数 `preprocess_image` 返回训练中应用的操作张量图，基本上就可以创建 TensorFlow 数据集了。首先，需要使用 70/30 的分割将输入数据分为训练集和测试集：

```
def get_training_and_testing_sets(file_list):
    split = 0.7
    split_index = math.floor(len(file_list) * split)
    training = file_list[:split_index]
    testing = file_list[split_index:]
    return training, testing
```

你可以使用 get_training_and_testing_sets 将图像路径列表分割为 70/30，其中 70% 的图像用于训练，其余 30% 用于测试。你还需要准备标签和图像路径来构建整个数据集。一种简单的方法是迭代与姓名对应的文件夹，然后为每个名人分配从 0 到 4 的索引：

```
label_names = sorted(celebs_to_test)
label_to_index = dict((name, index) for index,name in enumerate(label_names))
all_image_labels = [label_to_index[pathlib.Path(path).parent.name]
                    for path in all_image_paths]
```

最后，你可以通过调用 get_training_and_testing_sets 函数来生成用于训练和测试的图像路径和标签：

```
train_paths, test_paths = get_training_and_testing_sets(all_image_paths)
train_labels, test_labels = get_training_and_testing_sets(all_image_labels)
```

现在你已经准备好创建你的 TensorFlow 数据集了。

15.5.3 创建 TensorFlow 数据集

TensorFlow 中的数据集也是惰性执行的操作图，可以以各种方式构造。一种简单的方法是提供一组现有数据切片，可以对数据切片进行操作并生成新的数据集张量。例如，如果你向 TensorFlow 的 tf.data.Dataset.from_tensor_slices 函数提供 train_paths 作为输入，该函数将生成一个 TensorFlow Dataset 对象：一个在运行时执行的操作图，提供图像的包装路径。如果你将该 Dataset 对象传递给 tf.data.Dataset.map 函数，你可以进一步构建你的 TensorFlow Dataset 图，如下所示。

tf.data.Dataset.map 函数接收一个函数作为输入，在数据集中每个迭代并行运行，因此可以使用清单 15.15 中的 preprocess_image 函数。该函数返回另一个 Dataset 对象，对应于运行数据增强的图像路径。

还记得图像翻转、随机亮度调整、对比度、随机旋转等这些操作吗？给 tf.data.Dataset.map 一个 preprocess_image 函数的副本将创建一个操作图，应用于 Dataset 中的每个图像路径。最后，TensorFlow Dataset API 提供了一个 zip 方法来合并两个数据集，每个条目是从两个数据集枚举的一对元素。

同样，所有这些操作都是惰性执行的，因此你构建了一个操作图，只有当你在 TesnsorFlow 会话中对数据集进行迭代或执行某些操作的时候才会执行。图 15.10 展示了数据集的整合结果，合并了来自 VGG-Face 路径的输入图像的数据增强及其标签（包含图像的目录名）。

清单 15.16 中的代码实现了图 15.10 所示的过程。为 VGG-Face 图像和标签创建 TensorFlow 的训练和测试数据集，分别命名为 train_image_label_ds 和 val_image_label_ds。你将在训练过程中使用这些数据集，我将在 15.5.4 节中展示这一点。Dataset API 对训练也很方便，因为之前必须手工实现的操作——如批处理、预取和 epoch 期间的重复——都是由 TensorFlow 原生提供的。

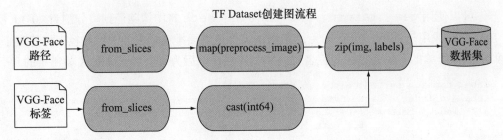

图 15.10　TensorFlow `Dataset` API 合并带数据增强的 VGG-Face 图像路径及其图像标签（包含路径中每个图像的目录）的过程

清单 15.16　创建 VGG-Face 的训练和测试数据集

将输入图像路径和标签分割为
70/30 的训练/测试分割

```
train_paths, test_paths = get_training_and_testing_sets(all_image_paths)
train_labels, test_labels = get_training_and_testing_sets(all_image_labels)
```

从用于训练和测试的图像路径创建初始数据集

执行 map 函数创建一个新的数据集，对训练和测试图像应用数据增强

```
train_path_ds = tf.data.Dataset.from_tensor_slices(train_paths)
val_path_ds = tf.data.Dataset.from_tensor_slices(test_paths)
train_image_ds = train_path_ds.map(load_and_preprocess_image,
➥ num_parallel_calls=AUTOTUNE)
val_image_ds = val_path_ds.map(load_image, num_parallel_calls=AUTOTUNE)
val_label_ds = tf.data.Dataset.from_tensor_slices(tf.cast(test_labels,
➥ tf.int64))
train_label_ds = tf.data.Dataset.from_tensor_slices(tf.cast(train_labels,
➥ tf.int64))
train_image_label_ds = tf.data.Dataset.zip((train_image_ds, train_label_ds))
val_image_label_ds = tf.data.Dataset.zip((val_image_ds, val_label_ds))
```

通过将训练和测试标签转换为int64 值来创建数据集

Zip 增强的图像数据和标签到数据集用于训练和测试/验证

　　如果你要检查应用数据增强的结果，你可能会看到名人 A 的随机翻转的图像、名人 B 的高对比度的黑白图像，或者可能是名人 C 的轻微旋转图像。其中的一些数据增强如图 15.11 所示。

随机旋转并左右翻转　　　　随机对比度　　　　随机左右翻转

图 15.11　使用 TensorFlow Dataset API 进行数据增强的结果

现在你已经准备好了 TensorFlow `Dataset`，可以使用典型的训练超参数配置数据集了，例如批尺寸和洗牌。`Dataset` API 最酷的部分是，你可以通过设置 `Dataset` 对象的属性在训练期间执行这些操作。

15.5.4　使用 TensorFlow 数据集训练

有了为 VGG-Face 创建的 TensorFlow 数据集，你就有了一个合并的表示数据增强操作的惰性执行的图，只有当你在 TensorFlow 会话中迭代并实现数据集中的每个条目时才会执行。Dataset API 的强大功能在训练和设置过程中得以体现。

由于你有一个数据集，所以你可以对其进行显式操作，例如提前定义训练时你想要的每个迭代的批尺寸。你还可以提前定义你想要的洗牌数据集，以便确保在每个 epoch 中以不同的顺序获取数据集。这样做是为了让网络不会记住数据集的顺序，其可能在网络试图优化权重时发生。以相同的顺序看到相同的图像可能永远不会让训练操作在反向传播过程和权重更新中实现特定的优化，它们是实现最优结果所需的。因此你可以提前在数据集中打开洗牌（如清单 15.17 所示）。你还可以告诉数据集重复一定的次数，免除对 epoch 的循环。TensorFlow Dataset API 的强大功能在清单 15.17 中有突出展现。

清单还设置了 Dataset API 使用 128 的批尺寸。每批图像越多，CPU 或 GPU（如果你有）使用的内存就越多，所以你必须注意这个数字。此外，每批的图像越多，随机性就越小，训练操作在每个 epoch 中学习到并更新权重的机会就越小。使用缓冲区大小（即输入的长度）来洗牌数据集，以确保整个数据集在每个 epoch 中只洗牌一次。最后，你预取数据集上的数据，这允许在训练期间（当图最终执行、优化、减少 I/O 等待，并利用 TensorFlow 的并行性的时候）收集数据。由于有了 Dataset API，所有这些特性成为可能。

在为训练和验证创建了数据集之后，就可以开始构建 VGG-Face Lite 模型了。

清单 15.17　准备用于训练的 VGG-Face TensorFlow 数据集

在每个epoch为测试洗牌整个
训练和验证图像和数据集

在训练过程中使用128的批尺寸/标签，
确保大约11个epoch，因为有1903张图
像，其中70%用于训练

```
BATCH_SIZE=128
train_ds= train_image_label_ds.shuffle(buffer_size=len(train_paths))
val_ds = val_image_label_ds.shuffle(buffer_size=len(test_paths))

train_ds = train_ds.batch(BATCH_SIZE)
val_ds = val_ds.batch(len(test_paths))

train_ds = train_ds.prefetch(buffer_size=AUTOTUNE)
val_ds = val_ds.prefetch(buffer_size=AUTOTUNE)
```

使用剩余的30%图像用于验证，
批大小为整个验证集

预取功能允许数据集当模型
训练时在后台获取批量数据

现在你已经为 TensorFlow `Dataset` 图设置好了参数，下面可以真正运行训练过程了。跟我一起学习 15.5.5 节！

15.5.5　VGG-Face Lite 模型和训练

完整的 VGG-Face 模型是一个深度网络模型，包含 37 层，在训练之后需要几个 G 的内存加载模型图进行预测。如果我能确定你可以访问超级计算机和云资源，我们将重新实现这个模型。但是我不能确定，所以，我们剪去一些过滤器和层，这样你在笔记本计算机上花一天的时间就可以训练。即使没有 GPU，该模型也能对 4 位名人的面部检测表现出相当好的准确性。

VGG-Face Lite 使用 5 个卷积过滤器，是一个 10 层的深度网络，它利用了本章讨论的一些优化，例如批量归一化。另一种可以加速训练和学习的方法是将图像大小调整为 64×64。这种缩减将模型必须要完成的学习量减少为之前的四分之一。如果计算机程序能够学习到小尺寸图像中的差异，你就可以将其放大到更大尺寸图像。CNN 模型的输出为输入图像对应的 4 个名人面部对应的类。

模型架构如清单 15.18 所示。第一部分定义 RGB 三通道的卷积过滤层，使用 64 个卷积过滤器，其后是 64、128、128 和 256 个用于学习的过滤器。这些过滤器对应清单 15.18 中的卷积层 conv1_2 到 conv3_1 的 4 维参数。输出全连接层有 128 个神经元，在最终输出中通过 softmax 映射到 4 个输出类。在第一层过滤器中，第三个参数为 RGB 的 3 通道，因为你将使用的是彩色图像。

清单 15.18　VGG-Face Lite 模型

```
定义卷积过滤器（其中的5个）
conv1_1_filter = tf.Variable(tf.random_normal(shape=[3, 3, 3, 64], mean=0,
➥ stddev=10e-2))
conv1_2_filter = tf.Variable(tf.random_normal(shape=[3, 3, 64, 64], mean=0,
➥ stddev=10e-2))
conv2_1_filter = tf.Variable(tf.random_normal(shape=[3, 3, 64, 128], mean=0,
➥ stddev=10e-2))
conv2_2_filter = tf.Variable(tf.random_normal(shape=[3, 3, 128, 128], mean=0,
➥ stddev=10e-2))
conv3_1_filter = tf.Variable(tf.random_normal(shape=[3, 3, 128, 256], mean=0,
➥ stddev=10e-2))
                                       定义VGG-Face Lite的model函数
def model(x, keep_prob):        ◄───
    conv1_1 = tf.nn.conv2d(x, conv1_1_filter, strides=[1,1,1,1],
➥ padding='SAME')
    conv1_1 = tf.nn.relu(conv1_1)
    conv1_2 = tf.nn.conv2d(conv1_1, conv1_2_filter, strides=[1,1,1,1],
➥ padding='SAME')
    conv1_2 = tf.nn.relu(conv1_2)
    conv1_pool = tf.nn.max_pool(conv1_2, ksize=[1,2,2,1], strides=[1,2,2,1],
➥ padding='SAME')
    conv1_bn = tf.layers.batch_normalization(conv1_pool)

    conv2_1 = tf.nn.conv2d(conv1_bn, conv2_1_filter, strides=[1,1,1,1],
➥ padding='SAME')
    conv2_1 = tf.nn.relu(conv2_1)
```

```
conv2_2 = tf.nn.conv2d(conv2_1, conv2_2_filter, strides=[1,1,1,1],
➥ padding='SAME')
conv2_2 = tf.nn.relu(conv2_2)
conv2_pool = tf.nn.max_pool(conv2_2, ksize=[1,2,2,1], strides=[1,2,2,1],
➥ padding='SAME')
conv2_bn = tf.layers.batch_normalization(conv2_pool)

conv3_1 = tf.nn.conv2d(conv2_pool, conv3_1_filter, strides=[1,1,1,1],
➥ padding='SAME')
conv3_1 = tf.nn.relu(conv3_1)
conv3_pool = tf.nn.max_pool(conv3_1, ksize=[1,2,2,1], strides=[1,2,2,1],
➥ padding='SAME')
conv3_bn = tf.layers.batch_normalization(conv3_pool)

flat = tf.contrib.layers.flatten(conv3_bn)
full1 = tf.contrib.layers.fully_connected(inputs=flat, num_outputs=128,
➥ activation_fn=tf.nn.relu)
full1 = tf.nn.dropout(full1, keep_prob)          ◀── 仅在最后一层使用dropout
full1 = tf.layers.batch_normalization(full1)

out = tf.contrib.layers.fully_connected(inputs=full1, num_outputs=4,
➥ activation_fn=None)
return out          ◀── 返回模型
```

定义好模型之后，你可以接着设置训练用的超参数。可以使用类似于 CIFAR-10 物体识别模型中的超参数。在实践中，你可以对超参数进行试验，以获得最优值。但就本例而言，使用这些超参数可以让你在一天之内完成训练。

有一个新的需要尝试的超参数是指数权重衰减，它通过全局的训练 epoch 步骤作为降低学习权重的影响因素。随着时间推移，你的网络会使用越来越小的学习率并努力收敛到一个最优值上。结合 ADAMOptimizer，权重衰减已经被证明能够帮助 CNN 收敛到最优的学习参数上。TensorFlow 提供了易于使用的优化器，你可以进行试验。通过框架来测试权重衰减等相关技术相当简单，如清单 15.19 所示。

清单 15.19　设置 VGG-Face Lite 模型训练的超参数

```
N张三通道RGB图像的输入，                                        输出为长度为N的图像类，
大小为N × 64 × 64 × 3                                              大小为N × 4
IMAGE_SIZE=64
x = tf.placeholder(tf.float32, [None, IMAGE_SIZE, IMAGE_SIZE, 3],
➥ name='input_x')
y = tf.placeholder(tf.float32, [None, len(label_names)], name='output_y')   ◀──
keep_prob = tf.placeholder(tf.float32, name='keep_prob')
global_step = tf.Variable(0, name='global_step', trainable=False)

epochs = 1000                            每个深度面部识别
keep_probability = 0.5              ◀── 使用0.5的dropout
starter_learning_rate = 0.001
learning_rate =
➥ tf.compat.v1.train.exponential_decay(starter_learning_rate,global_step,
```

```
➡ 100000, 0.96, staircase=True)
model_op = model(x, keep_probability)
model_ops = tf.identity(model_op, name='logits')  ◀──
beta = 0.01
weights = [conv1_1_filter, conv1_2_filter, conv2_1_filter, conv2_2_filter,
➡ conv3_1_filter]
regularizer = tf.nn.l2_loss(weights[0])
for w in range(1, len(weights)):
    regularizer = regularizer + tf.nn.l2_loss(weights[w])

cost =
➡ tf.reduce_mean(tf.nn.softmax_cross_entropy_with_logits(logits=model_op,
➡ labels=y))
cost = tf.reduce_mean(cost + beta * regularizer)  ◀──
train_op = tf.train.AdamOptimizer(learning_rate=learning_rate, beta1=0.9,
➡ beta2=0.999, epsilon=0.1).minimize(cost, global_step=global_step)
correct_pred = tf.equal(tf.argmax(model_op, 1), tf.argmax(y, 1))
accuracy = tf.reduce_mean(tf.cast(correct_pred, tf.float32), name='accuracy')
```

将模型命名，以便训练
后从磁盘中加载

实现L2正则

使用指数权重衰减
设置学习率

实现面部识别的模型定义和超参数设置与 CIFAR-10 物体检测中的相似。无论你尝试构建 CNN 架构来学习面部特征还是物体特征，应用的都是相同的技术。通过增加过滤器和层创建更深层次的网络，并尝试缩放和调整图像的大小。可以使用 dropout 获得更有弹性的架构，通过数据增强由静态数据集创建新的数据。数据增强可以通过 TensorFlow 强大的 `Dataset` API 实现。

在 15.5.6 节中，你将训练网络并学习一些新的东西，观察训练过程，每隔几个 epoch 在未见过的数据上执行准确率检查，决定是否早停。该技术能够使你更好地理解网络训练过程和验证准确性和损失的影响。

15.5.6 训练和评估 VGG-Face Lite

在训练期间，你可以做的一项优化是使用验证损失代替训练准确率来衡量模型的收敛情况。这个理论很简单。如果你将训练数据和验证数据分开，也许是使用 70/30 的分割，如你对 VGG-Face Lite 所做的那样，当训练准确率提升的时候验证误差将降低。模型的训练和验证损失通常是凸的交叉曲线，你可能在人们尝试解释深度学习的时候见过。右上方的下降曲线是验证损失，左下方的多项式或指数上升曲线是训练准确率。

你可以通过测试并在训练期间以一定频率打印来测量验证损失。清单 15.20 中的代码打印如下内容：

❏ 每 5 个 epoch 的验证损失和准确率

❏ 每个 epoch 的训练准确率（让你对模型表现如何有一个感觉）

注意，在 CPU 的笔记本计算机上训练此模型需要大约 36 小时，在 GPU 机器上需要几个小时。

清单中的另一个要点是 TensorFlow `Dataset` API 的使用。使用 `make_one_shot_`

iterator() 函数创建一个迭代器，该函数使用预设置的批尺寸参数和预取缓冲区参数，在每个迭代使用一批数据。另一件值得注意的事情是在训练中使用 while True 循环。对每个 epoch，迭代器将消费整个批数据集并抛出 tf.errors.OutOfRangeError，你捕获这个异常来中断 while True 循环，进入下一个 epoch。

验证的批量大小为训练时的整集。在每个训练 epoch 中，使用的是 128 张图像的批尺寸，这是你在清单 15.17 中设置的。代码还将在每 5 个 epoch 中进行一次验证，并在此期间通过获取所有文件路径的列表并遍历该列表来保存模型检查点，在保存新模型检查点之前删除以前的检查点文件。

清单 15.20   训练 VGG-Face Lite

```
为模型创建一个saver
    with tf.Session(config=config) as sess:
        sess.run(tf.global_variables_initializer())
        saver = tf.train.Saver()                        循环1000个epoch
        for j in tqdm(range(0, epochs)):
            iter = train_ds.make_one_shot_iterator()
            val_iter = val_ds.make_one_shot_iterator()  为训练和验证数据集创建一个
            batch_num = 0                                one_shot_iterators
            iter_op = iter.get_next()
            val_iter_op = val_iter.get_next()

            val_image_batch, val_label_batch = None, None

            try:
                val_image_batch, val_label_batch = sess.run(val_iter_op)
            except tf.errors.OutOfRangeError:
                pass                                     训练批尺寸每个批尺
                                                         寸为128个图像
            while True:
                try:
                    image_batch, label_batch = sess.run(iter_op)
                    onehot_labels = tf.one_hot(label_batch, len(label_names),
                    ➡  on_value=1., off_value=0., axis=-1).eval()
获取用于训练       onehot_val_labels = tf.one_hot(val_label_batch,
和验证的独热      ➡  len(label_names), on_value=1., off_value=0.,
标签             ➡  axis=-1).eval()
                    _, accuracy_val, t_cost = sess.run([train_op, accuracy,
                    ➡  cost], feed_dict={x:image_batch, y: onehot_labels})
                    batch_num += 1

                except tf.errors.OutOfRangeError:
                    print("Step %d Accuracy %f Loss %f " % (j, accuracy_val,
                    ➡  t_cost))
                    break
                                                         每5步策略验证
                                                         损失和准确率
            if j != 0 and j % 5 == 0:
                v_loss, v_accuracy = sess.run([cost, accuracy],
                ➡  feed_dict={x:val_image_batch, y:onehot_val_labels,
                ➡  keep_prob:1.0})
```

```
        print("Step %d Validation Accuracy %f Validation Loss %f" % (j,
      ➥ v_accuracy, v_loss))
        last_v_accuracy = v_accuracy

    if j != 0 and j % 10 == 0:
        print('Saving model progress.')

        fileList = glob.glob('vgg-face-'+str(epochs)+'epochs.ckpt*')

        for filePath in fileList:
            try:
                os.remove(filePath)
            except:
                print("Error while deleting file : ", filePath)

        saver.save(sess, './vgg-face-'+str(epochs)+'epochs.ckpt')
```

保存新的
模型检查点

接下来，我将向你展示如何通过模型进行预测并对其进行评估。

15.5.7　使用 VGG-Face Lite 进行评估和预测

你可以使用训练出的模型，并为面部图像输入构建一个 predict 函数（如清单 15.21 所示），重用清单 15.8 中的代码。加载模型图并确保输入图像大小为 IMAGE_SIZE（$64 \times 64 \times 3$），用于三通道 RGB。输出类名称和编号为 4 个名人中的最高置信度，以及所有预测值的 softmax 置信度。

清单 15.21　使用 VGG-Face Lite 进行预测

```
def predict(img_data, noise=False):
    class_num, class_name, confidence = None, None, 0.
    with tf.Session() as sess:
        loaded_graph = tf.Graph()

        image = img_data
        im_data = tf.reshape(image, [1, IMAGE_SIZE, IMAGE_SIZE, 3])

        with tf.Session() as sess:
            im_data = im_data.eval()

        with tf.Session(graph=loaded_graph) as sess:
            loader = tf.train.import_meta_graph('vgg-face-
          ➥ '+str(epochs)+'epochs.ckpt' + '.meta')
            loader.restore(sess, 'vgg-face-'+str(epochs)+'epochs.ckpt')

            loaded_x = loaded_graph.get_tensor_by_name('input_x:0')
            loaded_logits = loaded_graph.get_tensor_by_name('logits:0')
            logits_out = sess.run(tf.nn.softmax(loaded_logits),
          ➥ feed_dict={'keep_prob:0': 1.0, 'input_x:0': im_data})
            class_num = np.argmax(logits_out, axis=1)[0]
            class_name = label_names[class_num]
            confidence = logits_out[0,class_num]
            all_preds = logits_out

    return (class_num, class_name, confidence, all_preds)
```

加载图

重塑输入图像大小
为 $1 \times 64 \times 64 \times 3$

应用模型到
输入图像并
得到softmax

返回最高预测类
编号、名称、置
信度，以及所有
预测内容

同 CIFAR-10 一样，你可以在整个验证集上运行 `predict` 函数，以评估训练期间的损失和准确率。你可以为 VGG-Face 构建一个 `get_test_accuracy`，它也是清单 15.8 的重用，只是在加载时使用了不同的模型名称。在 VGG-Face 上使用该函数显示了 97.37% 的测试准确率，这在 4 个名人面部类中是相当惊人的。

使用清单 15.22 中的代码，你可以使用 `predict` 和 `get_test_accuracy` 生成所有 4 个名人类的 ROC 曲线，并评估模型性能。清单 15.22 与清单 15.10 内容类似，除了 VGG-Face Lite 有 4 个输出类而不是 10 个。输出如图 15.12 所示，显示了 98% 的微平均 ROC，这是你的第一个用于面部识别的深度 CNN 的出色表现。

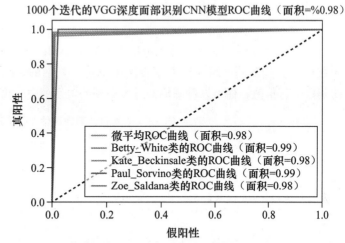

图 15.12   VGG-Face Lite 的 ROC 曲线

清单 15.22   生成 VGG-Face Lite 的 ROC 曲线

```
outcome_test = label_binarize(test_label_batch)
predictions_test = label_binarize(predict_vals, classes=np.arange(0,
➥ len(test_names)))
n_classes = outcome_test.shape[1]

fpr = dict()                    计算每个类的ROC曲线
tpr = dict()                    和ROC面积

roc_auc = dict()
for i in range(n_classes):
    fpr[i], tpr[i], _ = roc_curve(outcome_test[:, i], predictions_test[:, i])
    roc_auc[i] = auc(fpr[i], tpr[i])

fpr["micro"], tpr["micro"], _ = roc_curve(outcome_test.ravel(),
➥ predictions_test.ravel())                              计算微平均ROC曲线
roc_auc["micro"] = auc(fpr["micro"], tpr["micro"])        和ROC面积

plt.figure()            ⟵   绘制ROC曲线
plt.plot(fpr["micro"], tpr["micro"],
        label='micro-average ROC curve (area = {0:0.2f})'
                ''.format(roc_auc["micro"]))
for i in range(n_classes):
    plt.plot(fpr[i], tpr[i], label='ROC curve of class {0} (area = {1:0.2f})'
                            ''.format(test_names[i], roc_auc[i]))

plt.plot([0, 1], [0, 1], 'k--')
plt.xlim([0.0, 1.0])
plt.ylim([0.0, 1.05])
```

```
plt.xlabel('False Positive Rate')
plt.ylabel('True Positive Rate')
roc_mean = np.mean(np.fromiter(roc_auc.values(), dtype=float))
plt.title('ROC curve for VGG Deep Face CNN '+str(epochs)+' iter Tensorflow
➥ (area = %{0:0.2f})'.format(roc_mean))
plt.legend(loc="lower right")
plt.show()
```

最后一个你可以从本章前面引用的函数是 evaluate_model() 函数。对于 VGG-Face，该函数稍微有些不同，因为你不需要使用来自互联网的数据；你可以使用你的验证数据集。此函数很有价值，你可以看到模型对每个预测类别的置信度。如清单 15.23 所示。

清单 15.23　使用验证图像评估 VGG-Face Lite

```
def evaluate_model(im_data, test_labels, predicted, div=False):
    n_predictions = len(predicted)
    fig, axies = plt.subplots(nrows=n_predictions, ncols=2, figsize=(24,24))
    fig.tight_layout()
    fig.suptitle('Softmax Predictions for '+str(len(predicted))+' VGG Deep
    ➥ Face CNN '+str(epochs)+' iter Test Data', fontsize=20, y=1.1)

    n_predictions = 4      ◁—— 输出类数量
    margin = 0.05
    ind = np.arange(n_predictions)
    width = (1. - 2. * margin) / n_predictions

    for i in range(0, len(im_data)):  ◁——┐ 遍历预测内容，在左边显示图像
        pred_names = label_names            │ 并在右边显示softmax预测
        pred_values = predicted[i]
        correct_name = pred_names[test_labels[i]]

        if div:
            axies[i][0].imshow(im_data[i] / 255.)
        else:
            image = (1/(2*2.25)) * im_data[i] + 0.5
            axies[i][0].imshow(image)
        axies[i][0].set_title(correct_name)
        axies[i][0].set_axis_off()

        axies[i][1].barh(ind + margin, pred_values, width)
        axies[i][1].set_yticks(ind + margin)
        axies[i][1].set_yticklabels(pred_names)
        axies[i][1].set_xticks([0, 0.5, 1.0])

for i in range(1, 5):
    evaluate_model(test_data[(i-1)*10:i*10], test_labels[(i-1)*10:i*10],
    ➥ out_logits[(i-1)*10:i*10])
```

哇！这一章做了很多工作。现在你已经应用 CNN 进行了物体识别、面部识别和面部检测，我相信你可以想到其他类似的问题来进行尝试。你不需要面部或物体，还有许多其他事情需要训练和预测。你已经有了所需的工具！

小结

❑ CNN 可以用于一般的图像匹配问题和构建面部识别系统，但除非你在现实世界中进行优化，否则它们的表现不会很好。

❑ 训练 CNN 的过程中离开了如 dropout、深层架构和图像数据增强等优化，会导致过拟合，模型在未见过的数据上表现不会很好。

❑ TensorFlow 提供了一系列函数用于增强图像数据，以及通过 dropout 等技术阻止 CNN 架构中的记忆，并提供了遍历数据集并准备训练的 API，以简化现实世界中的 CNN 创建。

第16章

循环神经网络

本章内容

- *理解循环神经网络的组成*
- *设计一个时间序列数据的预测模型*
- *在现实世界数据上使用时间序列预测器*

回到学生时代，我记得有一次考试题只有对错判断题，我松了一口气。肯定不止我一个人认为一半的答案是对的，另一半是错的。

我做出了其中的大部分问题，剩下的全凭猜测。但是猜测也要基于一定的技巧，一种你可能也使用过的策略。当我数了答案为对的数量后，我意识到答案为错的数量少得不成比例。所以为了均衡分布，我选择了错作为大部分猜测答案。

这个办法奏效了。我当时确信自己很狡猾。是什么让我们对自己的决策如此有信心。并且我们如何赋予神经网络同样的能力？

一种方法是利用上下文来回答问题。前后联系的线索是提升机器学习算法性能的重要信号。假设你想要检查一个英文语句并标记其中每个单词的词性（在你阅读第 10 章之后可能会更熟悉这个问题）。

初级的方法是单独地分类每个单词为名词、形容词等，不考虑其相邻的单词。在本句中尝试一下这个技巧：Consider trying that technique on the words in this sentence。单词 trying 被用作动词，但根据上下文，你也可以将其作为形容词，使词性标注成为问题。

更好的方法是考虑上下文。为了给神经网络提供上下文线索，你将学习一种称为循环神经网络（RNN）的架构。除了自然语言数据，你将处理连续的时间序列数据，例如股票市场的价格。在本章结束时，你将能够对时间序列数据建模并预测其未来值。

16.1　RNN 介绍

要理解 RNN，请看图 16.1 中的简单架构。这种架构在某个时间（t）以向量 $X(t)$ 作为输入，并输出向量 $Y(t)$。中间的圆圈代表网络中的隐藏层。

有了足够多的输入 / 输出样本，你就可以在 TensorFlow 中学习网络的参数。让我们将输入权重记为矩阵 W_{in}，将输出权重记为矩阵 W_{out}。假设其有一个隐藏层，记为向量 $Z(t)$。

如图 16.2 所示，神经网络的前半部分由函数 $Z(t)=X(t) \times W_{in}$ 表示，神经网络的后半部分由函数 $Y(t)=Z(t) \times W_{out}$ 表示。等效地，如果你愿意，整个神经网络就是函数 $Y(t)=(X(t) \times W_{in}) \times W_{out}$。

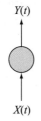

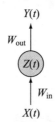

图 16.1　一个神经网络，输入和输出 　　图 16.2　神经网络的隐藏层可以被认为是数据的隐藏
　　　　　 层分别标记为 $X(t)$ 和 $Y(t)$ 　　　　　　　　　 表示，由输入权重编码并由输出权重解码

在花了数个晚上进行网络调优后，你可能希望开始在真实场景中使用你学习出来的模型。通常，这个过程意味着多次调用模型，如图 16.3 所示。

在每个时刻 t，当调用学习到的模型时，这个架构并不考虑关于之前运行得到的知识。这个过程就像仅通过查看当天的数据来预测股票市场的趋势。更好的方法是从一周或一个月的数据中发现更顶层的模式。

RNN 与传统的神经网络不同，因为它引入了一个随时间传递信息的转移权重 W。图 16.4 展示了在 RNN 中必须学习的 3 个权重矩阵。转移权重的引入意味着下一个状态依赖于模型的前一个状态，因此你的模型有一个关于它所做事情的"记忆"。

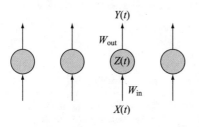

图 16.3　通常，你最终会多次运行相同的神经网络，　　图 16.4　RNN 架构可以发挥利用网
　　　　　 而不使用关于以前运行的隐藏状态的知识 　　　　　　　络以前状态的优势

图解很不错，但是你要亲自动手实现。让我们开始吧！16.2 节展示了如何使用 TensorFlow 的内置 RNN 模型。接着你将使用 RNN 对现实世界的时间序列数据进行预测。

16.2　实现循环神经网络

当你实现 RNN 时，你将使用 TensorFlow 完成大部分繁重的工作。如图 16.4 所示，你不需要手动构建网络，因为 TensorFlow 库已经支持了一些鲁棒的 RNN 模型。

注意　有关 TensorFlow 的 RNN 库的信息，请见 https://www.svds .com/tensorflow-rnn-tutorial。

一种类型的 RNN 模型是长短期记忆网络（LSTM）模型——一个有趣的名字，它的意思和它听起来一样。长期来看，短期模式不会被遗忘。

LSTM 的精确实现细节超出了本书的范畴。相信我，对 LSTM 的彻底研究将分散本章的重点，因为目前还没有明确的标准。TensorFlow 负责了模型定义来解救我们，你可以开箱即用地使用它。随着 TensorFlow 的更新，你可以在不修改代码的情况下使用 LSTM 模型的改进。

提示　要了解如何从头实现 LSTM，我建议你访问 https://apaszke.github.io/lstm-explained.html。在本章的代码清单中使用的正则化的实现可以在 https://arxiv.org/abs/1409.2329 上找到。最后，关于 RNN 和 LSTM 的教程提供了一些真实的代码供尝试：https://www.svds.com/tensor-flow-rnn-tutorial。

在名为 simple_regression.py 的新文件中开始写代码，导入相关库，如清单 16.1 所示。

清单 16.1　导入相关库

```
import numpy as np
import tensorflow as tf
from tensorflow.contrib import rnn
```

接下来，定义一个名为 SeriesPredictor 的类。构造函数如清单 16.2 所示，设置模型的超参数、权重以及 cost（代价）函数。

清单 16.2　定义一个类及其构造函数

```
class SeriesPredictor:
    def __init__(self, input_dim, seq_size, hidden_dim=10):

        self.input_dim = input_dim
        self.seq_size = seq_size            超参数
        self.hidden_dim = hidden_dim

        self.W_out = tf.Variable(tf.random_normal([hidden_dim, 1]),
        ⇒ name='W_out')
        self.b_out = tf.Variable(tf.random_normal([1]), name='b_out')
        self.x = tf.placeholder(tf.float32, [None, seq_size, input_dim])
        self.y = tf.placeholder(tf.float32, [None, seq_size])

        self.cost = tf.reduce_mean(tf.square(self.model() - self.y))
        self.train_op = tf.train.AdamOptimizer().minimize(self.cost)

        self.saver = tf.train.Saver()     ◁—— 辅助操作
```

权重变量和输入占位符（标注指向 W_out 与 b_out 等行）

代价函数和优化器（标注指向 cost 与 train_op 行）

接下来，使用 TensorFlow 的内置 RNN 模型 BasicLSTMCell。传递给 BasicLSTMCell 对象的单元隐藏维度是随时间传递的隐藏状态的维度。你可以通过 rnn.dynamic_rnn 使用数据运行单元并获取输出结果。清单 16.3 详细说明了如何通过 TensorFlow 使用 LSTM 实现一个预测模型。

清单 16.3　定义 RNN 模型

```
def model(self):
    """
    :param x: inputs of size [T, batch_size, input_size]
    :param W: matrix of fully-connected output layer weights
    :param b: vector of fully-connected output layer biases
    """
    cell = rnn.BasicLSTMCell(self.hidden_dim)
    outputs, states = tf.nn.dynamic_rnn(cell, self.x, dtype=tf.float32)
    num_examples = tf.shape(self.x)[0]
    W_repeated = tf.tile(tf.expand_dims(self.W_out, 0),
        [num_examples, 1, 1])
    out = tf.matmul(outputs, W_repeated) + self.b_out
    out = tf.squeeze(out)
    return out
```

创建LSTM
单元

在输入上运行单元
并获取输出和
状态的张量

以全连接线
性函数计算
输出层

通过定义模型和 cost 函数，你可以实现训练函数，该函数在给定的输入/输出样本上学习 LSTM 权重。如清单 16.4 所示，打开一个会话并在训练数据上循环运行优化器。

注意　你可以通过交叉验证来得到需要多少个迭代来训练模型。在本例中，假定 epoch 数是固定的。一些好的见解和答案可以在 ResearchGate (http://mng.bz/lB92) 等问答网站上找到。

在训练之后，保存模型到文件以便日后加载。

清单 16.4　在数据集上训练模型

```
def train(self, train_x, train_y):
    with tf.Session() as sess:
        tf.get_variable_scope().reuse_variables()
        sess.run(tf.global_variables_initializer())
        for i in range(1000):
            _, mse = sess.run([self.train_op, self.cost],
                feed_dict={self.x: train_x, self.y: train_y})
            if i % 100 == 0:
                print(i, mse)
        save_path = self.saver.save(sess, 'model.ckpt')
        print('Model saved to {}'.format(save_path))
```

运行1000次
训练操作

假设一切都进行得很顺利，你的模型已经学习到了参数。接下来，将在其他数据上评估模型预测。清单 16.5 加载保存的模型，并提供测试数据在会话中运行。如果学习到的模型在测试数据上表现不佳，你可以尝试调整 LSTM 单元的隐藏维数。

这样就完成了！为了确信它是有效的，编造一些数据来训练模型。在清单 16.6 中，创建输入序列 (train_x) 和相应的输出序列 (train_y)。

你可以将此预测模型视为一个黑盒，并使用现实世界的数据对其进行训练和预测。在16.3 节中，你将获取相关的数据。

清单 16.5　测试学习到的模型

```
def test(self, test_x):
    with tf.Session() as sess:
        tf.get_variable_scope().reuse_variables()
        self.saver.restore(sess, './model.ckpt')
        output = sess.run(self.model(), feed_dict={self.x: test_x})
        print(output)
```

清单 16.6　在编造数据上训练和测试

```
if __name__ == '__main__':
    predictor = SeriesPredictor(input_dim=1, seq_size=4, hidden_dim=10)
    train_x = [[[1], [2], [5], [6]],
               [[5], [7], [7], [8]],
               [[3], [4], [5], [7]]]
    train_y = [[1, 3, 7, 11],
               [5, 12, 14, 15],
               [3, 7, 9, 12]]

    predictor.train(train_x, train_y)          预测结果应该为1, 3, 5, 7
    test_x = [[[1], [2], [3], [4]],    ←
              [[4], [5], [6], [7]]]    ←      预测结果应该为4, 9, 11, 13
    predictor.test(test_x)
```

16.3　使用时间序列数据的预测模型

网上有大量的时间序列数据。对于本例，将使用特定时期内有关国际航空公司乘客的数据。你可以从 http://mng.bz/ggOV 获取该数据。单击该链接可以看到时间序列数据的一个很好的线图，如图 16.5 所示。

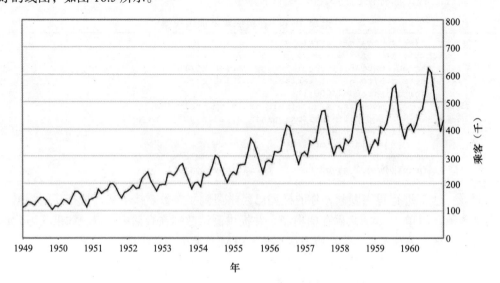

图 16.5　多年来国际航空公司乘客数量的原始数据

你可以通过点击 Data 并选择 CSV 来下载数据。需要手工编辑 CSV 文件，以删除标题行和附加的页脚。

在名为 data_loader.py 的文件中，添加清单 16.7 的代码。

清单 16.7　加载数据

```
import csv
import numpy as np
import matplotlib.pyplot as plt

def load_series(filename, series_idx=1):

    try:
        with open(filename) as csvfile:          循环遍历文件的行并
            csvreader = csv.reader(csvfile)       将其转换为浮点值

            data = [float(row[series_idx]) for row in csvreader
                                            if len(row) > 0]
            normalized_data = (data - np.mean(data)) / np.std(data)
计算训练       return normalized_data
数据样本    except IOError:
            return None                           取均值并除以标准差
                                                  预处理数据

def split_data(data, percent_train=0.80):
    num_rows = len(data) * percent_train          分割数据集为训练集
    return data[:num_rows], data[num_rows:]       和测试集
```

在这里你定义了两个函数：load_series 和 split_data。第一个函数加载磁盘上的时间序列文件并对其归一化，另一个函数将数据集划分为两个组件用于训练和测试。

由于你会多次评估模型以预测未来的值，所以让我们修改 SeriesPredictor 的 test 函数，来接收一个会话为参数，而不是在每次调用的时候初始化会话。相关调整见清单 16.8。

清单 16.8　修改 test 函数，传入会话

```
def test(self, sess, test_x):
    tf.get_variable_scope().reuse_variables()
    self.saver.restore(sess, './model.ckpt')
    output = sess.run(self.model(), feed_dict={self.x: test_x})
    return output
```

现在你可以加载可接收的格式的数据来训练预测器了。清单 16.9 展示了如何训练网络模型，并使用训练的模型预测未来的值。你将生成训练数据（train_x 和 train_y），使其与前面清单 16.6 中所示的数据类似。

清单 16.9　生成训练数据

```
if __name__ == '__main__':
    seq_size = 5                             序列中每个元素的维数
每个序列  predictor = SeriesPredictor(        是一个标量（1D）
的长度        input_dim=1,
             seq_size=seq_size,              RNN的隐藏
             hidden_dim=100)                 维数大小
```

加载
数据

```
data = data_loader.load_series('international-airline-passengers.csv')
train_data, actual_vals = data_loader.split_data(data)

train_x, train_y = [], []
for i in range(len(train_data) - seq_size - 1):
    train_x.append(np.expand_dims(train_data[i:i+seq_size],
    ➥ axis=1).tolist())
    train_y.append(train_data[i+1:i+seq_size+1])

test_x, test_y = [], []
for i in range(len(actual_vals) - seq_size - 1):
    test_x.append(np.expand_dims(actual_vals[i:i+seq_size],
    ➥ axis=1).tolist())
    test_y.append(actual_vals[i+1:i+seq_size+1])

predictor.train(train_x, train_y, test_x, test_y)

with tf.Session() as sess:
    predicted_vals = predictor.test(sess, test_x)[:,0]
    print('predicted_vals', np.shape(predicted_vals))
    plot_results(train_data, predicted_vals, actual_vals,
 'predictions.png')

    prev_seq = train_x[-1]
    predicted_vals = []
    for i in range(20):
        next_seq = predictor.test(sess, [prev_seq])
        predicted_vals.append(next_seq[-1])
        prev_seq = np.vstack((prev_seq[1:], next_seq[-1]))
    plot_results(train_data, predicted_vals, actual_vals,
 'hallucinations.png')
```

在时间序列数据
中滑动窗口来构
建训练数据集

使用相同的滑动
窗口策略来构建
测试数据集

在训练集上
训练模型

可视化
模型的
性能

预测器将生成两张图。第一张图是模型的预测结果，并给出 ground-truth 值，如图 16.6 所示。

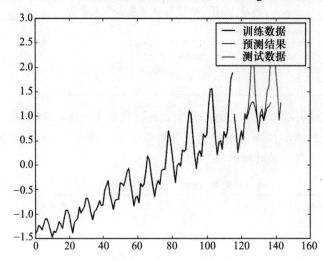

图 16.6   对比 ground-truth 数据进行测试的预测结果与实际相当吻合

另一张图显示仅给出训练数据时的预测结果，如图 16.7 所示，这个过程的可用信息较少，但是它仍然可以很好地匹配数据趋势。

你可以使用时间序列预测器来再现数据中的真实波动。想象一下，根据目前你所学的工具预测市场的盛衰周期，你还在等什么？获取一些市场数据，学习你自己的预测模型吧！

16.4　应用 RNN

RNN 用于序列数据。由于音频信号的维度比视频低（线性信号相对于 2 维像素阵列），所以从音频时间序列数据入手要容易得多。想想这些年来语音识别技术进步了多少。这已经成为一个容易驾驭的问题。

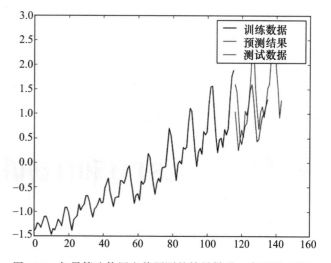

图 16.7　如果算法使用之前预测的结果做进一步预测，那么总体趋势匹配得很好，但具体的波动匹配不是很好

就像在第 7 章中进行的对音频数据进行聚类的音频直方图分析一样，大多数语音识别预处理都涉及用各种色度图来表示声音。一项常用的技术是使用梅尔频率倒谱系数（MFCC）。在这个博客中有很好的介绍：http://mng.bz/411F。

接下来，你需要数据集来训练模型。一些常见的数据集包括：

❑ LibriSpeech (www.openslr.org/12)
❑ TED-LIUM (www.openslr.org/7)
❑ VoxForge (www.voxforge.org)

对在 TensorFlow 中使用这些数据集的简单语音识别实现的深入演练可以在 https://svds.com/tensorflow-rnn-tutorial 上找到。

小结

❑ 循环神经网络（RNN）使用过去的信息。这样，它可以使用具有高度时间依赖性的数据进行预测。
❑ TensorFlow 自带了开箱即用的 RNN 模型。
❑ 由于数据的时间依赖性，时间序列预测是 RNN 很有价值的一个应用。

第 17 章

LSTM 和自动语音识别

本章内容

- 使用 LibriSpeech 语料库为自动语音识别准备数据集
- 训练长短期记忆（LSTM）RNN 将语音转换为文本
- 评估 LSTM 在训练过程中和训练后的性能表现

现在，同你的电子设备说话是一件很平常的事。几年前，在我的一部早期使用的智能手机上，我点击麦克风按钮并使用它的听写功能，试图用语音发一封电子邮件。然而，我老板在工作时收到的电子邮件中包含了一大堆拼写和语音错误，他怀疑我把太多下班后的活动与正式工作混为一谈了！

世界在发展，神经网络在执行自动语音识别（ASR）方面的准确率也在不断提高，自动语音识别是将语音转化为书面文本的过程。无论你是使用手机的数字智能助手安排会议、口授可靠的电子邮件，或者要求家中的智能设备安排事情、播放音乐，甚至启动你的汽车，这些任务都是由 ASR 功能提供技术支持的。

ASR 是如何成为日常生活的一部分的？早期的 ASR 系统依赖于特定语言语法的脆弱的统计模型，而今天的 ASR 系统是建立在鲁棒的循环神经网络（RNN）之上的，特别是长短期记忆（LSTM）网络，这是 RNN 的一种特定类型。使用 LSTM，你可以教计算机听音频片段，并随着时间推移将这些音频转换为语言文字。与本书中讨论的卷积神经网络和其他受生物学启发的神经网络一样，用于语音识别的 LSTM 也以人类学习的方式进行学习。每个小的音频片段对应一个语言字符，使用同语言中文字数量一样多的单元。你正在试图教会网络像人类一样理解语言，当网络通过每次调用进行学习时，网络权重被更新并前向或反向反馈给 LSTM 单元，LSTM 单元学习每个发音及其对应的字母。字母的组合映射到声音就形成了语言。

这些方法因百度的 Deep Speech 架构而闻名，该架构在 2015 年超越了最先进的语音识别系统，后来由 Mozilla Foundation 使用我们最喜爱的 TensorFlow 工具包实现了开源。论文的原稿在 https://arxiv.org/abs/1412.5567。我将向你展示如何为深度语音自动语音转文本模型收集和准备训练数据，如何使用 TensorFlow 训练，以及如何使用它来评估现实世界的声音数据。

嗨，TensorFlow

是否思考过当你说"嗨，数字助手"时，你的手机是如何工作的？一开始，助手不总是能够得到正确的词汇，但硅谷的手机和电脑制造商表示，随着时间的推移它的表现会越来越好。这就是为什么数字助手会向用户寻求其解释是否正确的反馈。像 TensorFlow 这样的框架允许你训练自己的模型，或提供预先训练的 LSTM 模型，根据来自世界各地数百万用户的反馈细化每个字符和每个单词的 ASR 输出。事实上，识别随时间变得越来越好。

训练 ASR 网络的一个常见来源是有声读物。有声读物很有用，因为它们通常既有声音的平行语料库，也有对应口语单词的文字转录。LibriSpeech 语料库是 Open Speech and Language Resources（OpenSLR）项目的一部分，可以用于训练深度语音模型。然而，如你所了解的，必须对这些数据做清洗，以便为训练准备好所需的信息。

17.1　准备 LibriSpeech 语料库

有声读物是一项很有用的发明，它可以让我们在开车或者做其他事情的时候听自己喜欢的书。它们通常是很大的声音集——可能长达数百个小时，被分割成小一些的剪辑，并且基本上都包含对应的转录以便你想阅读所听的文本。

开源的有声读物可以从 Open Speech and Language Resources 网页和 LibriSpeech 语料库中获得。LibriSpeech 是一组音频书籍和相应转录文本的短剪辑。LibriSpeech 包含超过 1000 个小时的录制英语音频，包含元数据、原始 MP3 文件，以及一套独立和对齐的训练集，包括 100、360 和 500 小时的演讲。数据集包括转录，以及用于每个 epoch 验证的开发数据集和用于训练后测试的测试集。

不幸的是，该模型在深度语音模型中不可用，因为模型希望使用 Windows Audio Video (.wav) 文件音频格式，而不是 LibriSpeech 使用的 Free Lossless Audio Codec（.flac）文件格式。像往常一样，机器学习的第一步（你猜对了）是数据准备和清洗。

17.1.1　下载、清洗和准备 LibriSpeech OpenSLR 数据

首先，你需要下载训练语料库中的一个：100、360 或 500 小时的训练集。取决于你有多少内存，你可以选择三个中的任意一个，我的建议是获取 100 小时的那个，因为它足够

训练一个像样的深度语音模型。只有一个开发 (验证) 和测试集，所以你不需要为这些文件选择不同的时间。

下载准备 LibriSpeech 数据的整个过程相当简单：

1. 从 http://www .openslr.org/12 下载 train-100-clean、dev-clean 和 test-clean 的压缩包。

2. 解 压 到 LibriSpeech/train-clean-100、LibriSpeech/dev-clean 和 LibriSpeech/test-clean 文件夹中。

3. 将 .flac 音频文件转换为 .wav 音频文件用于训练、验证和测试。

4. 取聚合的转录文件，其中每个文件中的一行对应章节中的一个音频文件。每行包含对应于应用的短音频剪辑的提取词。将这些汇总的文本重新格式化为每个 .wav 音频文件一个 .txt 文本文件。

5. 将 .wav 和 .txt 的音频 / 转录元组的子文件夹收集到一个展开的文件夹结构中，并删除聚合的转录和 .flac 文件。

这个过程从左到右如图 17.1 所示。

好消息是，你可以通过一些简单的 Python 实用程序代码来构建整个数据清洗和准备过程。在清单 17.1 中，你将使用 `urllib` 和 `tarfile` 库下载文件，这两个库允许你下载远程 URL 并解压缩归档文件。

警告 下载这些数据可能需要花很长时间，因为仅训练数据就有大约 7GB。准备好等待几个小时，这取决于你的带宽。

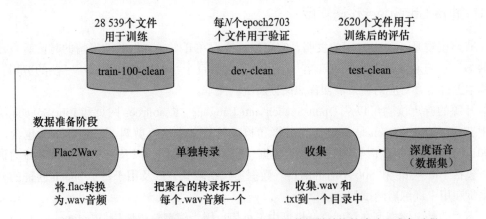

图 17.1 为深度语音模型将 LibriSpeech OpenSLR 数据做转换的清洗和准备过程

对于数据准备过程中的下一步，你需要将 .flac 音频文件转换为 .wav 文件。幸运的是，一个名为 `pydub` 的易于使用的 Python 库可以执行这个任务以及其他多媒体文件的转换和操作。`pydub` 很强大，这里只用了它的一部分特性。你可以尝试着去发现更多。

清单 17.1　下载和解压训练、开发和测试 LibriSpeech 数据

```
import urllib
import tarfile

def download_and_extract_tar(url):
    print("Downloading and extracting %s " % (url))
    tar_stream = urllib.request.urlopen(url)
    tar_file = tarfile.open(fileobj=tar_stream, mode="r|gz")
    tar_file.extractall()

train_url = "http://www.openslr.org/resources/12/train-clean-100.tar.gz"
dev_url = "http://www.openslr.org/resources/12/dev-clean.tar.gz"
test_url = "http://www.openslr.org/resources/12/test-clean.tar.gz"

download_and_extract_tar(train_url)
download_and_extract_tar(dev_url)
download_and_extract_tar(test_url)
```

导入urllib库用于下载以及tarfile库用于提取文件

创建一个函数来从URL下载文件并本地提取

OpenSLR的100小时的训练、开发（验证）和测试集

下载数据并将流提取到其本地文件夹

17.1.2　转换音频

当提取 tar 文件时，它们会出现在本地的 LibriSpeech/<data> 目录中，其中 <data> 是 train-clean-100、dev-clean 和 test-clean 中的一个。在这些文件夹里面是更多的子文件夹，它们对应不同的章节编号，更多的子文件夹对应节部分。因此你的代码需要遍历这些子文件夹，并使用 pydub 为每个 .flac 文件创建一个 .wav 文件。你将按照清单 17.2 所示处理该过程。如果你在笔记本计算机上运行此程序，可以去喝杯咖啡，因为转换可能需要一个半小时。

清单 17.2　转换 .flac 文件为 .wav 文件，并遍历数据集

```
import pydub
import os
import tqdm
import glob

def flac2wav(filepath):
    base_file_path = os.path.dirname(filepath)
    filename = os.path.basename(filepath)
    filename_no_ext = os.path.splitext(filename)[0]
    audio = AudioSegment.from_file(filepath, "flac")
    wav_file_path = base_file_path + '/' + filename_no_ext +'.wav'
    audio.export(wav_file_path, format="wav")

def convert_flac_to_wav(train_path, dev_path, test_path):
    train_flac = [file for file in glob.glob(train_path + "/*/*/*.flac")]
    dev_flac = [file for file in glob.glob(dev_path + "/*/*/*.flac")]
    test_flac = [file for file in glob.glob(test_path + "/*/*/*.flac")]

    print("Converting %d train %d dev and %d test flac files into wav files"
          % (len(train_flac), len(dev_flac), len(test_flac)))
```

给定一个文件路径，例如 LibriSpeech/ train-clean-100/307/127535/307-127535-000.flac，获取它的目录名（base_file_path）和文件名

去掉扩展名并获得文件 basename，例如 307-127535-000

生成.wav文件名，basename+.wav

使用 pydub 读取flac 文件

使用pydub保存新的.wav文件

```
print("Processing train")
for f in tqdm(train_flac):
    flac2wav(f)

print("Processing dev")
for f in tqdm(dev_flac):
    flac2wav(f)

print("Processing test")
for f in tqdm(test_flac):
    flac2wav(f)
```

使用glob库获取训练、
开发（验证）、测试的
所有.flac文件列表

处理训练、开发（验证）、
测试的.flac文件为.wav

有了正确格式的音频文件，还需要处理 Libri-Speech 的其他部分：前面提到的步骤 4 的转录，每个音频剪辑一个转录文本。当它们随数据集一起拿到时，转录被聚合为子章节集合，每个子章节一个转录文本，转录子章节文件中的每行对应于该子目录中的一个音频文件。对于深度语音模型，每个音频文件需要一个文本文件。接下来，你将生成每个音频的转录文件。

17.1.3 生成每个音频的转录

为创建每个音频的转录，需要读取每个子章节目录的转录聚合文件。在子章节文件夹中，将该文件中的每一行拆分为一个单独的文本转录文件，每个音频文件一个。清单 17.3 中的简单 Python 代码可为你处理这个任务。注意，与 .flac 文件转换相比，此代码运行得相当快。

清单 17.3 将子章节聚合拆分为单个 .wav 文件转录

获取子章节前缀文件名

```
def create_per_file_transcripts(file):
    file_toks = file.split('.')
    base_file_path = os.path.dirname(file)


    with open(file, 'r') as fd:
        lines = fd.readlines()
        for line in lines:
            toks = line.split(' ')
            wav_file_name = base_file_path + '/' + toks[0] + '.txt'

            with open(wav_file_name, 'w') as of:
                trans = " ".join([t.lower() for t in toks[1:]])
                of.write(trans)
                of.write('\n')
def gen_transcripts(train_path, dev_path, test_path):
    train_transcripts = [file for file in glob.glob(train_path +
    ➡ "/*/*/*.txt")]
    dev_transcripts = [file for file in glob.glob(dev_path + "/*/*/*.txt")]
    test_transcripts = [file for file in glob.glob(test_path + "/*/*/*.txt")]
```

对于子章节聚合转录中的
每一行，用空格分隔，并
使用第一个标记作为该行
转录的音频文件名

除了第一个标记之外的其他
标记都是音频文件的转录词

```
print("Converting %d train %d dev and %d test aggregate transcripts into
➡ individual transcripts"
        % (len(train_transcripts), len(dev_transcripts),
        ➡ len(test_transcripts)))

print("Processing train")                        ◄──┐   获取训练、开发、测试中
for f in tqdm(train_transcripts):                    │   的所有子章节转录文件
    create_per_file_transcripts(f)

print("Processing dev")                          ◄──┤   处理训练、开发、
for f in tqdm(dev_transcripts):                      │   测试为单独的转录
    create_per_file_transcripts(f)

print("Processing test")                         ◄──┘
for f in tqdm(test_transcripts):
    create_per_file_transcripts(f)
```

17.1.4   聚合音频和转录

处理数据的最后一步是收集所有音频 .wav 文件及其相关联的转录到一个聚合的顶层目录，并删除 .flac 文件和聚合的转录进行清理。Python 中简单的移动和删除文件函数可以为你完成这个任务，如清单 17.4 所示。你可以使用以下简单路径来表示聚合的数据集顶层路径：

```
speech_data_path = "LibriSpeech"
train_path = speech_data_path + "/train-clean-100"
dev_path = speech_data_path + "/dev-clean"
test_path = speech_data_path + "/test-clean"

all_train_path = train_path + "-all"
all_dev_path = dev_path + "-all"
all_test_path = test_path + "-all"
```

清单 17.4 中的代码应该运行得相当快，因为它是清理操作。需要注意的是，必须运行清理步骤，因为你不会希望重复计算转录或音频文件。

清单 17.4   聚合音频和转录，并执行清理

```
def move_files(from_path, to_path):              如果目标路径不存在则创建
    if not os.path.exists(to_path):
        print("Creating dir %s" % (to_path)) ◄──┐
        os.makedirs(to_path)                     │   遍历顶层的训练、开发和
    for root, _, files in os.walk(from_path):    │   测试目录，对其中的每个
        for file in files:                       │   音频和转录文件（假定你
            path_to_file = os.path.join(root, file)   │ 已经删除了.flac文件）将
            base_file_path = os.path.dirname(file)    │     其移动到目标目录
            to_path_file = to_path + '/' + file
            print("Moving file from %s to %s " % (path_to_file,
            ➡ to_path_file))
            shutil.move(path_to_file, to_path_file)  ◄──┘
```

```
def remove_files_with_ext(directory, ext):
    for root, _, files in os.walk(directory):
        for file in files:
            if file.endswith(ext):
                path_to_file = os.path.join(root, file)
                print("Removing file %s " % (path_to_file))
                os.remove(path_to_file)
```

遍历目录删除所有
带扩展名的文件

```
remove_files_with_ext(train_path, "flac")
remove_files_with_ext(dev_path, "flac")
remove_files_with_ext(test_path, "flac")
```

删除.flac文件

```
move_files(train_path, all_train_path)
move_files(dev_path, all_dev_path)
move_files(test_path, all_test_path)
```

移动.wav音频文件
和相关的转录到顶
层目录

```
remove_files_with_ext(all_train_path, "trans.txt")
remove_files_with_ext(all_dev_path, "trans.txt")
remove_files_with_ext(all_test_path, "trans.txt")
```

删除聚合
的转录

有了准备好的聚合了 train-clean-100-all、dev-clean-all 和 test-clean-all 的 LibriSpeech 数据集，你就可以开始使用深度语音模型和 TensorFlow 进行训练了。

17.2　使用深度语音模型

Deep Speech 是百度在 2014 年和 2015 年尝试改进搜索的过程中构建的神经网络。百度是一家提供互联网服务和产品的公司，它在网络上收集和获取信息，并使用人工智能增强用户的搜索体验。可以肯定地说，百度有大量的数据，包括语音数据。从 2015 年开始，在移动设备上允许听写和辅助搜索的需求越来越大，预计这些已成为当前的默认功能。

百度的论文 "Deep Speech: Scaling Up End-to-End Speech Recognition"（可在 https://arxiv.org/abs/1412.5567 上获得）描述了一个多层神经网络，将卷积层作为特征提取器，从已经被分割为字符级的语音输入音频声谱图中提取特征。每个输入音频文件被分割为与字母表中一个字母对应的表达。提取特征后，输出特征被提供给一个双向 LSTM 网络，该网络将前向层的输出权重反馈给后向层，后向层在学习中再反馈其输出。双向后向层的输出被提供给一个附加的特征提取器，并用于预测话语表达中对应的字母表中的特定字符。总体架构如图 17.2 所示。

深度语音架构最著名的实现之一是由 Mozilla 基金会承担并使用 TensorFlow 实现的，你可以在 https://github.com/mozilla/DeepSpeech 上找到它。与其占用大量空间并花本书几章的篇幅来全部重新实现，我更希望突出最重要的部分，带你一起创建并运行一个简化版本的代码。注意，即使使用 GPU，从头训练一个深度语音模型也需要相当长的时间。

1. 通过执行MFCC，每个音频文件被
分成片段，MFCC生成26个振幅对
应时间步中的声音。取过去的时间
步n_context以及未来的时间步n，
表示当前文本的字符

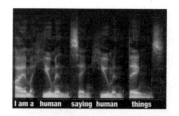

$(N_{\_samples} \times 494)(N_{\_samples} \times 494)(N_{\_samples} \times 494)(N_{\_samples} \times 494)$

2. h1~h3使用CNN层提取
输入的$N \times 494$音频特征，
并将它们的输出输入到
一个双向LSTM (h4_fw
h4_bw)

h1 0000 0000 0000 0000

h2 0000 0000 0000 0000

h3 0000 0000 0000 0000

3. LSTM的前向层从h3获取
特征，并将它们传递给最
后一个单元，其输出被送
到后向层，然后h4_bw的
每个输出被输入到h5进行
字符输出

h4_fw

h4_bw

h5 0000 0000 0000 0000

I a m s

图 17.2 深度语音模型。音频被输入并被分割为对应字符级表达的样本。这些表达由双向 LSTM 预测
（MFCC= 梅尔频率倒谱系数）

17.2.1 为深度语音模型准备输入音频数据

在第 7 章，我向你展示了如何使用 BregmanToolkit 将音频文件从频域转换到时域。然
而，该库并不是唯一可以执行该过程的库。一个类似的过程为音频文件生成梅尔频率倒谱
系数（MFCC）。这个过程对音频文件进行快速傅里叶变换（FFT），并将文件输出为与输入
声音寄存器要求的倒谱（或频率）对应的样本。与 BregmanToolkit 一样，这些统计内容中
的振幅对于每个音频文件都是独特的，可以用来生成用于机器学习的特征。

BregmanToolkit 生成这些统计的近似值，但现在我将向你展示另一种方法，使用
TensorFlow 的原生代码以及 SciPy。TensorFlow 附带一些方便的功能来处理音频文件，称

为 audio_ops。该库包含读取 .wav 文件的代码，将其解码生成声谱图（类似第 7 章的色谱图），然后在时域上运行 MFCC 变换。清单 17.5 包含一些简单代码，使用 TensorFlow 的 audio_ops 从 LibriSpeech 语料库中的一个随机 .wav 文件生成 MFCC 特征。运行此代码生成大小为（1，2545，26）的特征向量或每个样本 26 倒谱振幅的 2545 个样本。

清单 17.5　使用 TensorFlow 从 .wav 文件生成 MFCC 特征

```
numcep=26                                   使用的倒谱统计的数量（根据
with tf.Session() as sess:                  Deep Speech论文，26个）
    filename = 'LibriSpeech/train-clean-100-all/3486-166424-0004.wav'
    raw_audio = tf.io.read_file(filename)        读取文件并
    audio, fs = decode_wav(raw_audio)            解析.wav音频
    spectrogram = audio_ops.audio_spectrogram(
            audio, window_size=1024,stride=64)
    orig_inputs = audio_ops.mfcc(spectrogram, sample_rate=fs,   生成相应的
➥   dct_coefficient_count=numcep)                              声谱图并生
                                                               成MFCC特征
    audio_mfcc = orig_inputs.eval()          打印输出
    print(np.shape(audio_mfcc))              形状
```

你可以查看音频文件中的一些样例，通过重用第 7 章中的一些绘图代码，并绘制第一个样例对应的 26 个统计，来确信机器学习算法可以从中学到一些东西。清单 17.6 中的代码执行此绘图，其输出如图 17.3 所示。

清单 17.6　绘制音频文件中 5 个样例的 MFCC 特征

```
labels=[]
for i in np.arange(26):              26个倒谱统计
    labels.append("P"+str(i+1))

fig, ax = plt.subplots()
ind = np.arange(len(labels))
width = 0.15
colors = ['r', 'g', 'y', 'b', 'black']
plots = []
                                        总共2545个样本中的5个
for i in range(0, 5):
    Xs = np.asarray(np.abs(audio_mfcc[0][i])).reshape(-1)    取绝对值，这样就
    p = ax.bar(ind + i*width, Xs, width, color=colors[i])    没有负的统计大小
    plots.append(p[0])

xticks = ind + width / (audio_mfcc.shape[0])
print(xticks)
ax.legend(tuple(plots), ('S1', 'S2', 'S3', 'S4', 'S5'))
ax.yaxis.set_units(inch)
ax.autoscale_view()
ax.set_xticks(xticks)
ax.set_xticklabels(labels)

ax.set_ylabel('Normalized freq coumt')
ax.set_xlabel('Pitch')
ax.set_title('Normalized frequency counts for Various Sounds')    显示绘图
plt.show()
```

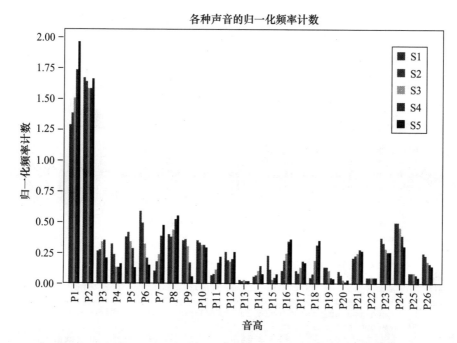

图 17.3　来自 LibriSpeech 语料库的音频文件的 5 个样本的 MFCC 特征

样本之间存在差异。不同的样本对应于音频文件中不同的时间，最终，你希望你的 ASR 机器学习模型能够预测这些表达的文字。在 Deep Speech 论文中，作者定义了一个**上下文**，是当前样本的一组前向采样和后向采样。样本之间存在一些重叠可以更好地区分，因为在语言中，单词级和字符级的音调往往会重叠。考虑说"best"这个单词，b 和 e 在发音上是重叠的。同样的概念也适用于训练一个好的机器学习模型，因为你希望它尽可能地反映现实世界。

你可以设置一个时间窗口来查看过去和未来的几个时间步——调用这个时间窗口 numcontext 样本。与当前的样本一起，新的特征向量变成了 $N \times (2 \times$ number cepstrals $\times$ numcontext+numcepstrals)。通过一些局部测试，9 对于 numcontext 是一个合理的值。由于你使用了 26 个倒谱，所以有了一个大小为 $N \times (2 \times 26 \times 9+26)$ 或 $(N \times 494)$ 的特征向量，其中 N 是样本数量。你可以使用清单 17.5 中的代码为每个音频文件生成新的特征向量，然后使用清单 17.7 的代码完成这个工作。Deep Speech 论文的作者使用的另一种技术是，只从音频文件中提取一半的样本，以进一步降低样本密度，特别是使用前向和后向窗口。清单 17.7 可为你完成这项工作。

现在你已经为训练准备好了音频数据的形状，可以在 LibriSpeech 音频文件上运行数据准备程序了。注意：这个过程可能需要好几个小时做数据准备，这取决于你使用了多少训练数据。有超过 25 000 个文件，我的建议是从小处开始，比如可以先用 100 个训练。这些样本将产生一个（$100 \times N \times 494$）的特征向量，其中 N 是样本数量（每个文件 2 个）。

清单 17.7   生成过去、当前、未来 MFCC 的上下文窗口

取每秒样本并取
一半的子集

```
orig_inputs = orig_inputs[:,::2]
audio_mfcc = orig_inputs.eval()
train_inputs = np.array([], np.float32)
train_inputs.resize((audio_mfcc.shape[1], numcep + 2 * numcep *
    numcontext))
```
生成（$N \times 494$）
的占位符

```
empty_mfcc = np.array([])
empty_mfcc.resize((numcep))
empty_mfcc = tf.convert_to_tensor(empty_mfcc, dtype=tf.float32)
empty_mfcc_ev = empty_mfcc.eval()
```
过去上下文的最小
起始点，必须是至
少9个时间步

```
time_slices = range(train_inputs.shape[0])
context_past_min = time_slices[0] + numcontext
context_future_max = time_slices[-1] - numcontext
```
取过去的numcontext时间
片，以空的MFCC特征补全

未来上下
文的最大
结束点，
时间片为
9个时间步

```
for time_slice in tqdm(time_slices):
    need_empty_past = max(0, (context_past_min - time_slice))
    empty_source_past = np.asarray([empty_mfcc_ev for empty_slots in
        range(need_empty_past)])
    data_source_past = orig_inputs[0][max(0, time_slice -
        numcontext):time_slice]

        need_empty_future = max(0, (time_slice - context_future_max))
        empty_source_future = np.asarray([empty_mfcc_ev for empty_slots in
            range(need_empty_future)])
        data_source_future = orig_inputs[0][time_slice + 1:time_slice +
            numcontext + 1]
```
取未来的numcontext时间片，
以空的MFCC特征补全

如需要直接
用过去和未
来的值，则
填充

```
        if need_empty_past:
            past = tf.concat([tf.cast(empty_source_past, tf.float32),
                tf.cast(data_source_past, tf.float32)], 0)
        else:
            past = data_source_past

        if need_empty_future:
            future = tf.concat([tf.cast(data_source_future, tf.float32),
                tf.cast(empty_source_future, tf.float32)], 0)
        else:
            future = data_source_future
```

取平均值
除以标准
差并将输
入值归一
化来学习

```
        past = tf.reshape(past, [numcontext*numcep])
        now = orig_inputs[0][time_slice]
        future  = tf.reshape(future, [numcontext*numcep])

        train_inputs[time_slice] = np.concatenate((past.eval(), now.eval(),
            future.eval()))
    train_inputs = (train_inputs - np.mean(train_inputs)) /
        np.std(train_inputs)
```

你需要处理的其他数据准备是那些转录。字符级数据需要转换为数字，这是一个简单的过程，我将在 17.2.2 节中介绍。

17.2.2　准备文本转录为字符级数值数据

通过准备 LibriSpeech 语料库的工作，对于每个音频数据文件，如 LibriSpeech/train-clean-100-all/3486-166424-0004.wav，你会得到一个对应的 LibriSpeech/train-clean-100-all/3486-166424-0004.txt 文件，内容如下：

```
a hare sat upright in the middle of the ancient roadway the valley itself lay
      serenely under the ambering light smiling peaceful emptied of horror
```

为了将大小为（$1 \times N \times 494$）的输入特征向量映射到字符级输出，需要将文本文件处理为数值。一个简单的方法是使用 Python 的 ord() 函数，因为 Python 中的所有字符都是数值，通过字符集在屏幕上显示为字符。**字符集**是一个表，它将一个特定的整数值映射到表中的某个字符。常用的字符集包括 ASCII、8 位的 Unicode 编码 UTF-8 和 16 位的 UTF-16。Python 的 ord() 函数返回一个字符的整数表示形式，它在你的网络中可以很好地工作。

第一步是打开转录文件，确保它是 ASCII 格式的，并删除特殊的字符。通常，深度语音模型已经被移植以支持其他字符集（语言编码），但在本章我将重点讨论 ASCII 和英文。（你可以在 https://github.com/mozilla/DeepSpeech 上找到其他数据集。）最简单的方法是使用 Python 的 codecs 模块强制将文件读取为 UTF-8 并强制转换为 ASCII。清单 17.8 提供了执行此任务的代码片段，代码还将文本转换为小写。

清单 17.8　打开转录文本，强制转换为 ASCII 并进行规范化

```
以UTF-8打开文件
  def normalize_txt_file(txt_file, remove_apostrophe=True):
    with codecs.open(txt_file, encoding="utf-8") as open_txt_file:
        return normalize_text(open_txt_file.read(),
            remove_apostrophe=remove_apostrophe)          唯一支持的字符
                                                          是字母和撇号

  def normalize_text(original, remove_apostrophe=True):
    result = unicodedata.normalize("NFKD", original).encode("ascii",
        "ignore").decode()                                          返回
    if remove_apostrophe:                   去掉撇号保持                小写
        result = result.replace("'", "")    紧凑连接                   字母
    return re.sub("[^a-zA-Z']+", ' ', result).strip().lower()
    将任何Unicode字符转换为
    等价的ASCII字符
```

当文本被规范化和清理之后，可以使用 ord() 函数将其转换为数字数组。text_to_char_array() 函数的作用是将干净的文本转换为数字数组。为此，函数扫描字符串文本，将字符串文本转换为字符数组——例如将 I am 转为 ['I' '<space>' 'a' 'm']，然后替换为数字表示——[9 0 1 1 3]，作为 I am 的转录。清单 17.9 提供了执行转录到数组的转换函数代码。

清单 17.9　从干净的转录生成数字数组

```
SPACE_TOKEN = '<space>'                          为空格字符
SPACE_INDEX = 0                                  保留0
FIRST_INDEX = ord('a') - 1
def text_to_char_array(original):
    result = original.replace(' ', '  ')         创建句子的单词列表,
    result = result.split(' ')                   其中空格被替换为''

    result = np.hstack([SPACE_TOKEN if xt == '' else list(xt) for xt in
     result])

    return np.asarray([SPACE_INDEX if xt == SPACE_TOKEN else ord(xt) -
     FIRST_INDEX for xt in result])
```

将每个单词转换为　　　　　　　　　　　　　　　　　　　　　　　　　　将字母转换为
其字母的数组　　　　　　　　　　　　　　　　　　　　　　　　　　　　序数表示形式

　　准备好音频输入和数字的转录之后,你就有了训练 LSTM 深度语音模型所需的内容。17.2.3 节将简单介绍它的实现。

17.2.3　TensorFlow 中的深度语音模型

　　TensorFlow 对深度语音模型的实现非常复杂,所以你不太需要深入地研究它。我喜欢使用硅谷数据科学教程推出的简化版本 (https://www.svds.com/tensorflow-rnn-tutorial),其GitHub 代码已转移到 https://github.com/mrubash1/RNN-Tutorial。该教程定义了深度语音架构的一个简化版本,我将在清单 17.10 和后面的清单中介绍它。

　　模型以形状为 (M, N, 494) 的训练样本为输入,其中 M 为训练批的大小,N 为一个文件中一半的样本数,494 包含 26 个倒谱以及过去和未来 9 个时间步的上下文。该模型的第一步是创建网络及其最初的 3 个隐藏层,从输入音频学习特征。工作的初始超参数取自Deep Speech 论文,包括在 1～3 层中将 dropout 设置为 0.5,在 LSTM 双向层中设置为 0,在输出层中设置为 0.5。

　　训练这些超参数有些浪费你的时间,所以按论文中的内容来使用它们。relu_clip是一个经过修改的 ReLU 激活函数,深度语音的作者使用了它,它将任何输入设置如下:

❑ 任何小于 0 的值设置为 0。
❑ 任何大于 0 并小于剪切值 (20) 的 X 设置为 X 自身的值。
❑ 任何大于剪切值 (20) 的值设置为剪切值 (20)。

按照论文使用激活函数来缩放和移动激活。

　　网络的最初 3 个隐藏层和双向 LSTM 单元层使用了 1024 个隐藏神经元,并在对 29 个字符 (a～z,以及空格、撇号和空白) 进行字符级预测之前,最后的隐藏层也使用了 1024个神经元。清单 17.10 开始了模型定义。

　　在清单 17.11 中模型的后 3 个层传递数据输入批次来学习音频特征,这些特征将作为双向 LSTM 单元 (每个大小为 1024) 的输入。模型还保存了 TensorFlow summary 变量,如我在前面的章节中所示,你可以使用 TensorBoard 查看,以根据需要查看变量值进行调试。

清单 17.10 超参数和深度语音模型设置

```
def BiRNN_model(batch_x, seq_length, n_input, n_context):          每一层使用
    dropout = [0.05, 0.05, 0.05, 0.0, 0.0, 0.05]                   的dropout
    relu_clip = 20
    b1_stddev = 0.046875
    h1_stddev = 0.046875                                 使用论文中定义
    b2_stddev = 0.046875                                 的剪切ReLU
    h2_stddev = 0.046875
    b3_stddev = 0.046875
    h3_stddev = 0.046875
    b5_stddev = 0.046875
    h5_stddev = 0.046875
    b6_stddev = 0.046875
    h6_stddev = 0.046875


    n_hidden_1 = 1024                         每一层的
    n_hidden_2 = 1024                         隐藏维数
    n_hidden_5 = 1024
    n_cell_dim = 1024


    n_hidden_3 = 2048
    n_hidden_6 = 29              每个单元的29个字符        输入形状：[batch_size,
    n_character = 29            的输出概率               n_steps, n_input + 2*26
                                                        cepstrals*9 window
                                                        backwards/forwards]
    batch_x_shape = tf.shape(batch_x)
    batch_x = tf.transpose(batch_x, [1, 0, 2])
    batch_x = tf.reshape(batch_x,
                    [-1, n_input + 2 * n_input * n_context])
                              将第一层输入重塑为(n_steps*batch_size,
                              n_input + 2*26 cepstrals*9 window)
```

清单 17.11 深度语音模型的音频特征层

```
with tf.name_scope('fc1'):                                        实现第一层
    b1 = tf.get_variable(name='b1', shape=[n_hidden_1],
 initializer=tf.random_normal_initializer(stddev=b1_stddev))
    h1 = tf.get_variable(name='h1', shape=[n_input + 2 * n_input *
 ➥ n_context, n_hidden_1],

    initializer=tf.random_normal_initializer(stddev=h1_stddev))
    layer_1 = tf.minimum(tf.nn.relu(tf.add(tf.matmul(batch_x, h1), b1)),
 ➥ relu_clip)                                        使用剪切ReLU
    layer_1 = tf.nn.dropout(layer_1, (1.0 - dropout[0]))    激活函数

    tf.summary.histogram("weights", h1)
    tf.summary.histogram("biases", b1)
    tf.summary.histogram("activations", layer_1)
                                            实现第二层
with tf.name_scope('fc2'):
    b2 = tf.get_variable(name='b2', shape=[n_hidden_2],
 ➥ initializer=tf.random_normal_initializer(stddev=b2_stddev))
    h2 = tf.get_variable(name='h2', shape=[n_hidden_1, n_hidden_2],
```

```
    ➧ initializer=tf.random_normal_initializer(stddev=h2_stddev))
    layer_2 = tf.minimum(tf.nn.relu(tf.add(tf.matmul(layer_1, h2), b2)),
    ➧ relu_clip)
    layer_2 = tf.nn.dropout(layer_2, (1.0 - dropout[1]))
```
← 使用剪切ReLU
激活函数

```
    tf.summary.histogram("weights", h2)
    tf.summary.histogram("biases", b2)
    tf.summary.histogram("activations", layer_2)
```

← 实现第三层

```
with tf.name_scope('fc3'):
    b3 = tf.get_variable(name='b3', shape=[n_hidden_3],
 initializer=tf.random_normal_initializer(stddev=b3_stddev))
    h3 = tf.get_variable(name='h3', shape=[n_hidden_2, n_hidden_3],
    ➧ initializer=tf.random_normal_initializer(stddev=h3_stddev))
    layer_3 = tf.minimum(tf.nn.relu(tf.add(tf.matmul(layer_2, h3), b3)),
    ➧ relu_clip)
    layer_3 = tf.nn.dropout(layer_3, (1.0 - dropout[2]))
```
← 使用剪切ReLU
激活函数

```
    tf.summary.histogram("weights", h3)
    tf.summary.histogram("biases", b3)
    tf.summary.histogram("activations", layer_3)
```

深度语音模型包含清单 17.12 中的双向 LSTM 层，以学习音频特征及其到单字符级输出的映射。初始权重（lstm_fw_cell）传递给每个前向单元进行学习，之后使用后向单元权重（lstm_bw_cell）传播字符预测的学习结果。

清单 17.12　双向 LSTM 层

```
with tf.name_scope('lstm'):
    lstm_fw_cell = tf.contrib.rnn.BasicLSTMCell(n_cell_dim,
    ➧ forget_bias=1.0, state_is_tuple=True)
    lstm_fw_cell = tf.contrib.rnn.DropoutWrapper(lstm_fw_cell,
        input_keep_prob=1.0 - dropout[3],
        output_keep_prob=1.0 - dropout[3])

    lstm_bw_cell = tf.contrib.rnn.BasicLSTMCell(n_cell_dim,
    ➧ forget_bias=1.0, state_is_tuple=True)
    lstm_bw_cell = tf.contrib.rnn.DropoutWrapper(lstm_bw_cell,
        input_keep_prob=1.0 - dropout[4],
        output_keep_prob=1.0 - dropout[4])

    layer_3 = tf.reshape(layer_3, [-1, batch_x_shape[0], n_hidden_3])

    outputs, output_states =
    ➧ tf.nn.bidirectional_dynamic_rnn(cell_fw=lstm_fw_cell,
cell_bw=lstm_bw_cell,
inputs=layer_3,
dtype=tf.float32,
time_major=True,
sequence_length=seq_length)

    tf.summary.histogram("activations", outputs)
    outputs = tf.concat(outputs, 2)
    outputs = tf.reshape(outputs, [-1, 2 * n_cell_dim])
```

← 前向单元

← 后向单元

重塑为[n_steps,batch_size,
2*n_cell_dim]

重塑为[n_steps*batch_size,
2*n_cell_dim]

最后一层通过使用一个隐藏层取 LSTM 输出的特征，并将其映射到一个对应 29 个字符类的 softmax 的全连接层，如清单 17.13 所示。

清单 17.13 深度语音模型的最后一层

```
with tf.name_scope('fc5'):
    b5 = tf.get_variable(name='b5', shape=[n_hidden_5],
initializer=tf.random_normal_initializer(stddev=b5_stddev))
    h5 = tf.get_variable(name='h5', shape=[(2 * n_cell_dim), n_hidden_5],
    ⇒ initializer=tf.random_normal_initializer(stddev=h5_stddev))
    layer_5 = tf.minimum(tf.nn.relu(tf.add(tf.matmul(outputs, h5), b5)),
    ⇒ relu_clip)
    layer_5 = tf.nn.dropout(layer_5, (1.0 - dropout[5]))

    tf.summary.histogram("weights", h5)
    tf.summary.histogram("biases", b5)
    tf.summary.histogram("activations", layer_5)
with tf.name_scope('fc6'):
    b6 = tf.get_variable(name='b6', shape=[n_hidden_6],
initializer=tf.random_normal_initializer(stddev=b6_stddev))
    h6 = tf.get_variable(name='h6', shape=[n_hidden_5, n_hidden_6],
    ⇒ initializer=tf.random_normal_initializer(stddev=h6_stddev))
    layer_6 = tf.add(tf.matmul(layer_5, h6), b6)

    tf.summary.histogram("weights", h6)
    tf.summary.histogram("biases", b6)
    tf.summary.histogram("activations", layer_6)

layer_6 = tf.reshape(layer_6, [-1, batch_x_shape[0], n_hidden_6])
summary_op = tf.summary.merge_all()
return layer_6, summary_op
```

使用剪切 ReLU激活 函数和 dropout 的第5层

创建29个字符类 分布的输出

重塑形状为n_steps， batch_size， n_hidden_6分布

深度语音模型的输出是每个音频文件的每个样本在 29 个字符类上的概率分布。如果批的大小为 50，并且每个文件有 75 个时间步或样本，那么对于批处理中的 50 个文件中的每一个，在每个时间步 N 处的输出将是 50 个输出字符，对应于该步骤的声音表达。

在运行深度语音之前最后要说的一件事是如何评估其对字符表达的预测。在 17.2.4 节中，我将讨论如何使用连接主义时间分类（connectionist temporal classification，CTC）来识别连续时间步之间的重叠语音。

17.2.4 TensorFlow 中的连接主义时间分类

在深度语音 RNN 中理想的情况是，对于输入音频文件中的每个表达和时间步，可以直接映射到网络预测的输出中的一个字符。但实际情况是，当你将输入划分为多个时间步时，一个表达和最终的字符级输出可能会覆盖多个时间步。在音频文件 I am saying human things（如图 17.4 所示）中，很有可能前 4 个时间步（$t_1 \sim t_3$）的预测输出对应字母 I，因为该表达出现在每个时间步中，同时也有一部分渗透到 t_4，t_4 被预测为字母 a，因为这是 a 音开始出现的地方。

在此重叠的场景下，如何判断时间步 t_4，代表的是字母 I 还是 a？

你可以使用 CTC。该技术是一个类似于交叉熵损失（第 6 章）的代价函数。该代价函数在给定输入大小（时间步数量）和时间步之间的关系时，计算输出的所有可能的字符级组合。它定义了一个函数，用于在每个时间步上关联所有输出概率。每个时间步的预测不是独立的，而是一起考虑的。

TensorFlow 自 带 一 个 名 为 `ctc_ops` 的 CTC 损失函数，作为 `tensorflow.python.ops` 包 的

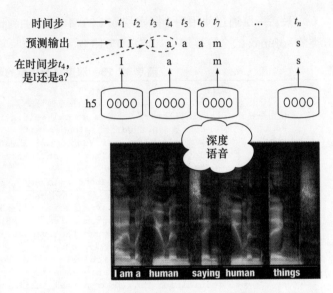

图 17.4 CTC 和深度语音的目标是在一个时间步（t）上产生可能重叠的可信字符级输出

一部分。向其提供对应于字符级时间步预测的模型输出和预测值的占位符（int32）。在每个训练步骤中，将使用稀疏的转录转化为数字数据来填充预测值（如我在 17.2.2 节中所示），以及期望的输出长度。然后计算 CTC 损失，并将其用于扫描每个时间步的字符预测，并收敛到最小化损失或在预测空间上有最大可能性的完整的转录预测。

在前面的例子中，CTC 损失函数会查找所有可能的字符级预测并寻找最小损失，不仅对时间步 t_4，也包括 $t_3 \sim t_5$，也就是包括 a 之前和 I 之后的空间，以正确描述转录中的词。由于提供了期望的序列长度，并且其等于转化稀疏转录的长度，CTC 算法可以计算出如何分配空格和其他非字母字符，从而获得最优的转录输出。在清单 17.14 中创建了 CTC 损失函数并准备了模型。

清单 17.14 创建 CTC 损失函数并准备训练模型

输入转换的音频特征

```
input_tensor = tf.placeholder(tf.float32, [None, None, numcep + (2 * numcep
  * numcontext)], name='input')
```
1维数组大小 [batch_size]

```
seq_length = tf.placeholder(tf.int32, [None], name='seq_length')
targets = tf.sparse_placeholder(tf.int32, name='targets')

logits, summary_op = BiRNN_model(input_tensor, tf.to_int64(seq_length),
  numcep, numcontext)
```

使用 sparse_placeholder；将生成一个 ctc_loss 操作所需的稀疏张量

创建 BiRNN 模型

```
total_loss = ctc_ops.ctc_loss(targets, logits, seq_length)
```

```
avg_loss = tf.reduce_mean(total_loss)

beta1 = 0.9
beta2 = 0.999
epsilon = 1e-8
learning_rate = 0.001
optimizer = tf.train.AdamOptimizer(learning_rate=learning_rate,
                                   beta1=beta1,
                                   beta2=beta2,
                                   epsilon=epsilon)

train_op = optimizer.minimize(avg_loss)
```

使用输入音频特征（logits）、稀疏的转录目标和期望的转录长度（seq长度）建立CTC损失函数

使用 Deep Speech 论文的超参数创建优化器和训练操作

定义和准备好了 CTC 损失函数，模型就可以进行训练了，我将在 17.3 节中帮你创建模型。

17.3　训练和评估深度语音模型

使用 TensorFlow 运行深度语音模型与运行迄今为止创建的所有其他模型类似。设置训练的大小，它用于控制训练使用的音频文件的数量。如果可能的话，我推荐在笔记本计算机上一次使用几百个文件，而不是几千个，使用 LibriSpeech 语料库，可以有超过 25 000 个文件用于训练。

给定 150 个训练文件，以 50 大小的批尺寸，则每个 epoch 创建 3 个迭代。50 个 epoch 会在 CPU 上训练几个小时，在 GPU 上则需要几分钟。你可以调整这些超参数以适应你的计算资源。清单 17.15 使用 TensorFlow 的 Dataset API（第 15 章）创建数据集作为在每个 epoch 中惰性加载的 TensorFlow 操作符。

清单 17.15　为深度语音模型设置训练参数和数据集

```
num_epochs = 50
BATCH_SIZE=50
train_size=150
train_audio_ds =
➡ tf.data.Dataset.from_tensor_slices(train_audio_wav[0:train_size])
train_audio_ds = train_audio_ds.batch(BATCH_SIZE)
train_audio_ds = train_audio_ds.shuffle(buffer_size=train_size)
train_audio_ds = train_audio_ds.prefetch(buffer_size=AUTOTUNE)
```

超参数，50个epoch，150个训练文件分3批，每批50个

从训练文件构建 TensorFlow 数据集并设置随机洗牌和预取

清单 17.16 训练模型并输出每批的 CTC 损失，以及将损失除以训练文件数得到每个 epoch 的平均训练损失。音频输入是准备好了的，使用前面讲过的技术创建 MFCC 特征，使用带填充的过去和未来各 9 个上下文窗口。转录数据根据 26 个字符以及空格、空白和撇号序号值转换为整数值，共 29 个不同的字符。

清单 17.16   训练深度语音模型

```
train_cost = 0.
with tf.Session() as sess:                              ← 创建一个新的
    sess.run(tf.global_variables_initializer())           TF会话

创建一个
新的Dataset    for epoch in tqdm(range(0, num_epochs)):
迭代器操作          iter = train_audio_ds.make_one_shot_iterator()
                batch_num = 0
            └→  iter_op = iter.get_next()
                                                              获取训练批次的
        while True:                                           音频文件名以及
            try:                                              相应的转录名
                train_batch = sess.run(iter_op)
                trans_batch = [fname.decode("utf-8").split('.')[0]+'.txt' for
                ➡ fname in train_batch]
通过创建带有      audio_data = [process_audio(f) for f in train_batch]
上下文窗口和      train, t_length = pad_sequences(audio_data)
填充序列的
MFCC来准备        trans_txt = [normalize_txt_file(f) for f in trans_batch]
音频数据          trans_txt = [text_to_char_array(f) for f in trans_txt]
                transcript_sparse = sparse_tuple_from(np.asarray(trans_txt))

                feed = {input_tensor: train,                 创建单字符级转录
                        targets: transcript_sparse,            的数字文本
                        seq_length: t_length}
                batch_cost, _ = sess.run([avg_loss, train_op],
准备每个训练步骤的 ➡ feed_dict=feed)
输入并运行训练操作  train_cost += batch_cost * BATCH_SIZE      打印每个批次的损失
                batch_num += 1
                print('Batch cost: %.2f' % (batch_cost))  ←
            except tf.errors.OutOfRangeError:
                train_cost /= train_size
                print('Epoch %d | Train cost: %.2f' % (epoch, train_cost)) ←
                break                                        打印每个训练样本每个
                                                             epoch的平均损失
```

RNN-Tutorial GitHub 是运行深度语音最全面的工具包和整洁的代码库之一，地址是 https://github.com/mrubash1/RNN-Tutorial。它允许以下情况：

- ❏ 易于调整模型参数
- ❏ 使用超参数
- ❏ 训练、测试和开发数据集
- ❏ 每个 epoch 开发集验证
- ❏ 最终测试集验证

它还在训练结束时打印每个 epoch 的模型解码，你会得到类似如下的输出：

```
2020-07-04 17:40:02,850 [INFO] tf_train_ctc.py: Batch 0, file 35
2020-07-04 17:40:02,850 [INFO] tf_train_ctc.py: Original: he was impervious
➡ to reason
2020-07-04 17:40:02,850 [INFO] tf_train_ctc.py: Decoded:  he was om pervius
➡ trreason____

2020-07-04 17:40:02,850 [INFO] tf_train_ctc.py: Batch 0, file 36
```

```
2020-07-04 17:40:02,850 [INFO] tf_train_ctc.py: Original: which clouds seeing
   that there was no roof sometimes wept over the masterpiece of ursus
2020-07-04 17:40:02,850 [INFO] tf_train_ctc.py: Decoded:  whicht clouds saing
   the tere was no re some timns wath ofprh them master peaes eafversus

2020-07-04 19:50:36,602 [INFO] tf_train_ctc.py: Batch 0, file 45
2020-07-04 19:50:36,602 [INFO] tf_train_ctc.py: Original: the family had been
   living on corncakes and sorghum molasses for three days
2020-07-04 19:50:36,602 [INFO] tf_train_ctc.py: Decoded:  the femwigh ha been
   lentang on qarncaes and sord am maolassis fo thre bys
```

另一个漂亮的特性是自动使用 TensorFlow 的 Summary 操作 API 来记录事件，这样你就可以在模型运行时使用 TensorBoard 来可视化模型。

在使用 GPU 的几天时间里，我成功地训练了一些深度语音模型的变体。我观察了验证损失、准确率、训练损失，并使用 TensorBoard 绘制它们。图 17.5 展示了深度语音模型训练的前 500 个 epoch。

模型在前 90 个 epoch 内收敛很快，训练损失和验证损失在向正确的方向发展。在 RNN-Tutorial 代码中，默认每两个 epoch 计算一次的验证标签错误率也朝着正确的方向发展，证明了模型的稳健性。

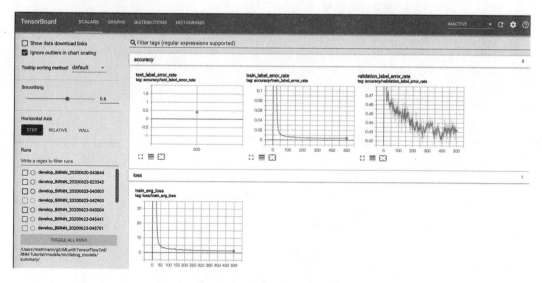

图 17.5　TensorBoard 输出的深度语音模型的前 500 个训练 epoch

恭喜！你已经学会了如何创建你自己的 ASR 系统！并不只是大型网络公司才能够做到这一点。RNN、数据，以及一些 TensorFlow 应用是完成任务所需的工具。

小结

❑ 智能数字助手（从家用设备到你的手机再到电视）使用 RNN 及其特殊的 LSTM 模

型识别语音并将其转换为文本，这个过程被称为 ASR。

❑ 你可以从有声读物中获取开放数据，例如 OpenSLR 和 LibriSpeech，包含 100、500、1000 小时的录音数据以及对应的文本转录，可以为你的 ASR 训练 LSTM 模型。

❑ ASR 最著名的模型之一是 Deep Speech。通过构建深度语音 LSTM 模型，可以使用 TensorFlow 和 LibriSpeech 数据重建这个模型。

❑ TensorFlow 和相关的工具包提供了使用 MFCC 特征化音频的方法，将其从频域转换为时域。

❑ 转录可以使用 Python 的 ord() 函数和实用工具取特征，将文本转录转化为数字。

❑ CTC 是一种损失函数和算法，允许语音输入在非均匀时间步上与统一字符级转录对齐，以获得最佳的 RNN 翻译。

第 18 章

用于聊天机器人的 seq2seq 模型

本章内容

- 测试 seq2seq 架构
- 进行单词向量嵌入
- 使用现实世界的数据实现一个聊天机器人

无论是对客户还是对公司来说，打电话给客服都是一种负担。服务提供商花了一大笔钱雇用客服代表，但如果其大部分工作都可以自动化完成会怎么样呢？我们能开发出通过自然语言与客户交互的软件吗？

这个想法并不像你想象的那么遥远。由于使用深度学习技术的自然语言处理取得了前所未有的发展，聊天机器人也得到了大量的宣传。也许，只要有足够的训练数据，聊天机器人就能够学会通过对话解决最常见的客户问题。如果机器人是真正有效的，这样不仅可以不雇用客服代表从而为公司节省资金，还可以加快为客户寻找答案的速度。

在本章中，你将通过向神经网络输入数千条输入输出语句样本来创建一个聊天机器人。训练数据集是成对的英文表达。例如，你问"How are you"，聊天机器人会回答"Fine, thank you"。

注意 在本章中，我们将序列和语句看作可互换的概念。在我们的实现中，一条语句是一个字母的序列。另一种常见的做法是用单词序列表示语句。

事实上，算法将尝试对每个自然语言请求生成一个智能的自然语言响应。你将实现一个神经网络，它使用前面章节中学到的两个主要概念：多分类和循环神经网络（RNN）。

18.1 基于分类和 RNN

分类是一种预测输入数据项类的机器学习方法，多分类允许两个以上的类。你在第 6 章看到了如何在 TensorFlow 中实现此类算法。具体来说，代价函数通过模型预测结果（一个数字序列）和 ground truth（一个独热向量）之间的交叉熵损失找到两个序列之间的距离。

注意   独热向量类似于一个全 0 的向量，只是其中的一个维度值为 1。

在本例中，实现一个聊天机器人，你将使用交叉熵损失的一个变体来衡量两个序列之间的差异——模型的响应（一个序列）与 ground truth（也是一个序列）之间的差异。

练习 18.1

在 TensorFlow 中，你可以使用交叉熵损失函数来衡量独热向量（1，0，0）和神经网络输出（2.34，0.1，0.3）之间的差异。然而，英文语句不是数字向量，如何使用交叉熵损失来衡量语句之间的差异？

答案

一种粗略的方法是通过计算语句中每个单词出现的频率将每个句子表示为向量。然后比较向量，看看它们之间的匹配度。

你应该还记得，RNN 的神经网络设计不仅包含来自当前时间步的数据，也包含过往数据的状态信息。第 16 章和第 17 章详细介绍了这些网络设计，在本章中将再次使用它们。RNN 以时间序列数据的形式表示输入和输出，这正是表达语句序列所需要的。

一个简单的想法是使用开箱即用的 RNN 来实现聊天机器人，让我们来看看这为什么是一个糟糕的方法。RNN 的输入和输出是自然语言语句，所以输入 $(x_t, x_{t-1}, x_{t-2}, \cdots)$ 和输出 $(y_t, y_{t-1}, y_{t-2}, \cdots)$ 是单词序列。使用 RNN 来建模对话的问题是 RNN 会立即生成输出结果。如果你的输入为单词序列（how, are, you），第一个输出单词只会依赖于第一个输入单词。RNN 的输出序列项 y_t 无法预计输入序列的后面部分进行判断，它将受限于只有之前的输入序列（x_t, x_{t-1}, x_{t-2}, $\cdots$）的知识。简单的 RNN 模型试图在用户问完问题之前就给出答案，这可能会导致不正确的结果。

相反，使用两个 RNN：一个用于输入序列，另一个用于输出序列。当第一个 RNN 完成对输入序列的处理后，将发送隐藏状态给第二个 RNN 处理输出语句。在图 18.1 中你将看到两个

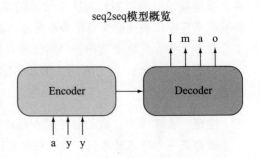

seq2seq模型概览

图 18.1   seq2seq 神经网络模型的高阶视图。输入 ayy 被传递到 Encoder RNN，期望 Decoder RNN 响应为 lmao。这个例子是玩具式的聊天机器人，但是通过它你可以想象更复杂的输入输出语句对

RNN，标记为 Encoder 和 Decoder。

我们把前几章中的多分类和 RNN 的概念引入神经网络的设计中，学习输入序列到输出序列的映射。RNN 提供了一种将输入语句编码的方法，传递一个总结的状态向量给 Decoder，然后将其解码为响应语句。为了衡量模型的响应和 ground truth 之间的损失，我们查看在多分类中使用的交叉熵损失函数，以获得灵感。

这种架构被称为 sequence-to-sequence (seq2seq) 神经网络架构。使用的训练数据是从电影剧本中挖掘出来的数千个语句对。算法将观察这些对话样本并最终学习对你提出的任意问题给出响应。

练习 18.2

还有哪些行业可以受益于聊天机器人？

答案

一个例子是作为低年级学生的对话伙伴，例如作为英语、数学，甚至是计算机科学的授课工具。

在本章结束时，你将拥有自己的聊天机器人，它可以对你的提问做出一些智能的回应。它并不是完美的，因为模型对相同的输入请求总是以相同的方式响应。

假设你要去国外旅行，但是对当地语言一无所知。一个聪明的推销员递给你一本书，声称该书可以提供对外语做出应答所需的一切。你可以将此书当作字典用。当某人说了一个短语时，你可以从中查找，这本书会将答案写出来，供你大声朗读"如果有人说 Hello，你就说 Hi"。

当然，这本书可以作为简单对话的实用查询表，但是它能为任意对话提供正确的答案吗？当然不行！考虑一下查询"你饿了吗？"，答案会印在书上，永远都不变。

查询表缺少状态信息，而状态信息是对话中的关键构成。在 seq2seq 模型中，你会遇到类似的问题，但这个模型是一个好的开始。不管你是否相信，目前，分层状态表示的智能对话仍然不标准，许多聊天机器人是从 seq2seq 模型开始的。

18.2　理解 seq2seq 架构

seq2seq 架构试图学习一个神经网络，从输入序列预测输出序列。序列与传统的向量略有不同，因为序列意味着事件顺序。

时间是直观的事件排序方式：我们通常隐含地提到与时间有关的词，如暂时、时序、过去、未来。例如，我们喜欢说 RNN 将信息传播到未来的时间步中，或者 RNN 可以捕获时间依赖性。

注意　RNN 在第 16 章中详细介绍过。

seq2seq 模型由多个 RNN 实现。单个 RNN 单元如图 18.2 所示，它是 seq2seq 模型架构的构成模块。

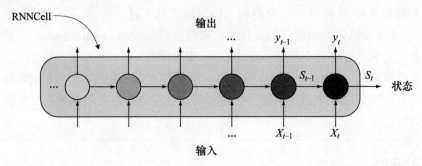

图 18.2   RNN 的输入、输出和状态。你可以忽略 RNN 错综复杂的实现。重要的是输入和输出的格式

首先，你将学习如何叠加 RNN 以提高模型的复杂度。之后，你将学习如何将一个 RNN 的状态送到另一个 RNN，以得到一个 Encoder 和 Decoder 网络。如你在开始时看到的，使用 RNN 是相当方便的。

之后，你将了解如何将自然语言语句转换为向量序列。毕竟 RNN 只能处理数值数据，所以这个过程是必需的。因为序列是"张量列表"的另一种说法，所以你需要确保可以对数据做相应的转换。句子是单词的序列，但是单词不是向量。把单词转换成张量或更通俗的向量的过程，称为**词嵌入**。

最后，将这些概念放到一起，在现实世界的数据上实现 seq2seq 模型。这些数据来自电影剧本中的数千次对话。

你可以直接运行清单 18.1 中的代码。打开一个新的 Python 文件，复制清单中的代码，设置常量和占位符。定义占位符的形状为 [None, seq_size, input_dim]，其中 None 表示大小是动态的（批尺寸可能改变），seq_size 为序列的长度，input_dim 是序列中每个项的维度。

清单 18.1   设置常量和占位符

```
import tensorflow as tf        ◁──── 你需要的只是TensorFlow

input_dim = 1      ◁──── 每个序列中元素的维度
seq_size = 6       ◁──┐
                      └ 序列最大长度
input_placeholder = tf.placeholder(dtype=tf.float32,
                                   shape=[None, seq_size, input_dim])
```

TensorFlow 提供了一个友好的 LSTMCell 类，来生成图 18.2 中的 RNN 单元。清单 18.2 展示了如何使用该类并从单元中提取输出和状态。方便起见，清单定义了一个名为 make_cell 的辅助函数来创建 LSTM RNN 单元。然而仅定义单元还不够，还需要调用 tf.nn.dynamic_rnn 来建立网络。

清单 18.2 创建一个简单的 RNN 单元

```
def make_cell(state_dim):
    return tf.contrib.rnn.LSTMCell(state_dim)   ◁──  请查看tf.contrib.rnn文档,
                                                     了解其他类型的单元,如GRU

with tf.variable_scope("first_cell") as scope:
    cell = make_cell(state_dim=10)
┌─▷ outputs, states = tf.nn.dynamic_rnn(cell,
│                                                            给RNN输入序列
│   产生两个结果:                     input_placeholder,  ◁──
│   输出和状态                         dtype=tf.float32)
```

你可能还记得前面的章节中,可以通过增加隐藏层来提升神经网络的复杂度。更多的层意味着更多的参数,也就意味着模型可以表示更多的特征,因为其更灵活。

知道吗?你可以堆叠单元。没什么能够阻止你。这样做使模型更复杂,因此这个两层的 RNN 可能会表现更好,因为其表达力更强。图 18.3 展示了堆叠的两个单元。

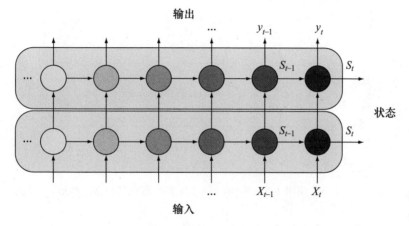

图 18.3 你可以堆叠 RNN 单元形成一个更复杂的结构

警告 模型越灵活,在训练数据上过拟合的可能性越大。

在 TensorFlow 中,可以直观地实现这个双层 RNN 网络。首先,为第二个单元创建一个新的变量作用域。为了堆叠单元,将第一个单元的输出送到第二个单元的输入,如清单 18.3 所示。

清单 18.3 堆叠两个 RNN 单元

```
with tf.variable_scope("second_cell") as scope:   ◁─┐ 定义变量作用域
    cell2 = make_cell(state_dim=10)                   阻止变量重用引
    outputs2, states2 = tf.nn.dynamic_rnn(cell2,      起的运行时错误
                                    ┌─▷ outputs,
        本单元的输入是另─────────────┘   dtype=tf.float32)
        一个单元的输出
```

如果想要 4 层的 RNN 呢？图 18.4 展示了 4 个 RNN 单元的堆叠。

TensorFlow 库提供了一个快捷的方法堆叠单元，被称为 `MultiRNNCell`。清单 18.4
展示了如何使用此辅助函数构建任意大小的 RNN 单元。

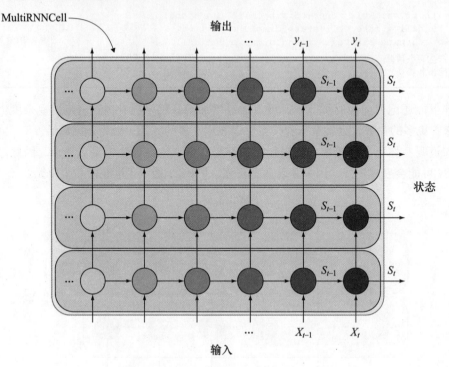

图 18.4　使用 TensorFlow 可以让你堆叠任意多的 RNN 单元

清单 18.4　使用 MultiRNNCell 堆叠多个单元

```
def make_multi_cell(state_dim, num_layers):
    cells = [make_cell(state_dim) for _ in range(num_layers)]    ◁
    return tf.contrib.rnn.MultiRNNCell(cells)

multi_cell = make_multi_cell(state_dim=10, num_layers=4)
outputs4, states4 = tf.nn.dynamic_rnn(multi_cell,
                                      input_placeholder,
                                      dtype=tf.float32)
```

for循环语法是构建
RNN单元列表的首
选方法

但目前为止，通过将一个单元的输出传递给另一个单元的输入，可以使 RNN 垂直地增
长。在 seq2seq 模型中，你希望一个 RNN 单元处理输入语句，另一个 RNN 单元处理输出
语句。为了使两个单元进行通信，可以水平地连接单元之间的状态，如图 18.5 所示。

通过垂直堆叠 RNN 单元并水平地连接它们，极大地增加了网络的参数数量。这是在开
玩笑吗？是的。通过各种组合方式你构建了一个单体架构。但是，这种疯狂的神经网络架
构是 seq2seq 模型的支柱。

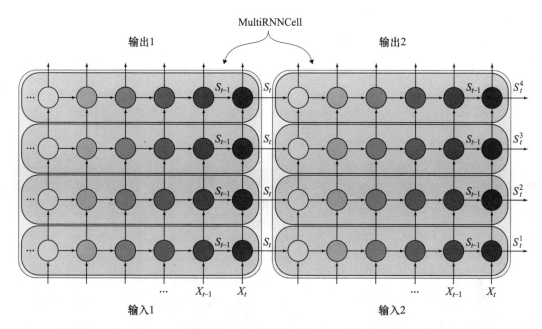

图 18.5　使用第一个单元的最后状态作为下一个单元的初始状态。模型可以学习从输入序列到输出序列的映射

如图 18.5 所示，seq2seq 模型有两个输入序列和两个输出序列。但是输入语句只使用"输入 1"，输出语句只使用"输出 2"。

你可能想知道另外两个序列怎么办。奇怪的是，seq2seq 模型中完全没有使用"输出 1"序列，并且你将看到，"输入 2"通过反馈循环使用了"输出 2"的数据。

用于设计一个聊天机器人的训练数据是语句的输入和输出对，所以你需要很好地理解如何进行词嵌入。18.3 节介绍了如何在 TensorFlow 中实现。

练习 18.3

语句可以表示为字符或单词的序列，你能想到其他表示语句的序列吗？

答案

短语和语法信息（动词、名词等）都可以使用。更常见的情况是，现实应用程序使用自然语言处理（NLP）查看标准单词的形式、拼写和含义。一个这种库的例子是来自 Facebook 的 fastText (https://github.com/facebookresearch/fastText)。

18.3　符号的向量表示

单词和字母都是符号，在 TensorFlow 中将符号转换为数值很容易。假设你的词汇表中有四个单词：单词 0，the；单词 1，fight；单词 2，wind；单词 3，like。

现在假设你想做"Fight the wind"这句话的词嵌入。符号 fight 位于查找表的索引 1，the 位于索引 0，wind 位于索引 2。如果你希望找到单词 fight 的词嵌入，必须引用它的索引，即 1，并查询索引 1 处的查找表来确定词嵌入值。在第一个示例中，每个单词都关联一个数字，如图 18.6 所示。

下面的代码段展示了如何使用 TensorFlow 代码定义一个符号和数值之间的映射：

```
embeddings_0d = tf.constant([17, 22, 35, 51])
```

或者将这些单词关联到向量，如图 18.7 所示。这种方法通常是表示单词的首选方法。你可以在 TensorFlow 官方文档（http://mng.bz/35M8）中找到关于单词向量表示的完整教程。

你可以在 TensorFlow 中实现单词和向量之间的映射，如清单 18.5 所示。

单词	数字
the	17
fight	22
wind	35
like	51

图 18.6　从符号到标量的映射

单词	向量
the	[1, 0, 0, 0]
fight	[0, 1, 0, 0]
wind	[0, 0, 1, 0]
like	[0, 0, 0, 1]

图 18.7　符号到向量的映射

清单 18.5　定义一个 4 维向量的查找表

```
embeddings_4d = tf.constant([[1, 0, 0, 0],
                             [0, 1, 0, 0],
                             [0, 0, 1, 0],
                             [0, 0, 0, 1]])
```

这听起来可能有些夸张，但你可以用你想要的任意秩的张量来表示符号，而不仅是使用数字（秩为 0）或向量（秩为 1）。在图 18.8 中，符号映射为秩为 2 的张量。

清单 18.6 展示了在 TensorFlow 中如何实现单词到张量的映射。

TensorFlow 提供的 `embedding_lookup` 函数是通过索引访问词嵌入的优化方法，如清单 18.7 所示。

单词	张量
the	[[1, 0], [0, 0]]
fight	[[0, 1], [0, 0]]
wind	[[0, 0], [1, 0]]
like	[[0, 0], [0, 1]]

图 18.8　符号到张量的映射

清单 18.6　定义一个张量的查找表

```
embeddings_2x2d = tf.constant([[[1, 0], [0, 0]],
                               [[0, 1], [0, 0]],
                               [[0, 0], [1, 0]],
                               [[0, 0], [0, 1]]])
```

实际上，嵌入矩阵并不需要硬编码。提供这些清单是为了让你理解 TensorFlow 中 `embedding_lookup` 函数的输入和输出，因为很快你就会大量使用它。随着时间推移，系统通过训练神经网络将自动学习嵌入查找表。首先定义一个随机的、正交分布的查找表，然后 TensorFlow 优化器将调整矩阵的值以最小化代价。

清单 18.7　查找词嵌入

查找对应于单词fight、the
和wind的嵌入
```
ids = tf.constant([1, 0, 2])
lookup_0d = sess.run(tf.nn.embedding_lookup(embeddings_0d, ids))
print(lookup_0d)

lookup_4d = sess.run(tf.nn.embedding_lookup(embeddings_4d, ids))
print(lookup_4d)

lookup_2x2d = sess.run(tf.nn.embedding_lookup(embeddings_2x2d, ids))
print(lookup_2x2d)
```

练习 18.4

要了解更多的词嵌入内容，请关注 TensorFlow 官方 word2vec 教程 www.tensorflow.org/tutorials/word2vec。

答案

该教程将教你使用 TensorBoard 和 TensorFlow 可视化词嵌入。

18.4　把它们综合到一起

在神经网络中使用自然语言输入的第一步是确定符号和整数索引之间的映射。表示语句的两种常用方法是字母序列和单词序列。为简单起见，假设你正在处理字母序列，所以你需要建立一个字母到整数索引之间的映射。

注意　官方代码库可以在本书的网站 (http://mng.bz/emeQ) 和 GitHub (http://mng.bz/pz8z) 上获得。从那里你可以获取代码运行，而不需要从书中复制和粘贴。

清单 18.8 展示了如何构建字母和整数之间的映射。如果你为此函数提供一个字符串列表，它将生成两个表示映射的字典。

清单 18.8　提取字母词汇

```
def extract_character_vocab(data):
    special_symbols = ['<PAD>', '<UNK>', '<GO>',  '<EOS>']
    set_symbols = set([character for line in data for character in line])
    all_symbols = special_symbols + list(set_symbols)
    int_to_symbol = {word_i: word
                     for word_i, word in enumerate(all_symbols)}
    symbol_to_int = {word: word_i
                     for word_i, word in int_to_symbol.items()}
```

```
        return int_to_symbol, symbol_to_int

input_sentences = ['hello stranger', 'bye bye']
output_sentences = ['hiya', 'later alligator']

input_int_to_symbol, input_symbol_to_int =
    extract_character_vocab(input_sentences)

output_int_to_symbol, output_symbol_to_int =
    extract_character_vocab(output_sentences
```

用于训练的输入语句列表

对应的用于训练的输出语句列表

接下来，在清单 18.9 中定义所有的超参数和常量。这些元素通常是可以通过试验误差手工调优的值。通常，维度或层的数量越大，模型就越复杂，如果你有大量的数据、快速的处理能力和大量的时间，那么这就是值得的。

清单 18.9 定义超参数

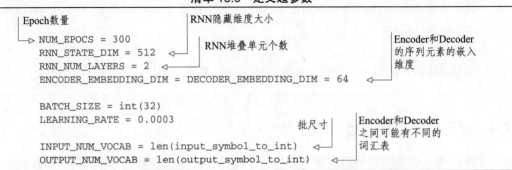

Epoch数量
RNN隐藏维度大小
RNN堆叠单元个数
Encoder和Decoder 的序列元素的嵌入维度

```
NUM_EPOCS = 300
RNN_STATE_DIM = 512
RNN_NUM_LAYERS = 2
ENCODER_EMBEDDING_DIM = DECODER_EMBEDDING_DIM = 64

BATCH_SIZE = int(32)
LEARNING_RATE = 0.0003

INPUT_NUM_VOCAB = len(input_symbol_to_int)
OUTPUT_NUM_VOCAB = len(output_symbol_to_int)
```

批尺寸

Encoder和Decoder 之间可能有不同的词汇表

接下来，列出所有占位符。如清单 18.10 所示，占位符很好地组织了训练网络所需的输入和输出序列。你需要注意序列及其长度。对于 Decoder 部分，还需要计算序列的最大长度。占位符的形状中的 None 值意味着在那个维度上张量可能是任意大小。例如，每次运行时的批尺寸可以是不同的。但为了简单起见，你要始终保持相同大小的批尺寸。

清单 18.10 列出占位符

```
# Encoder placeholders
encoder_input_seq = tf.placeholder(
    tf.int32,
    [None, None],
    name='encoder_input_seq'
)

encoder_seq_len = tf.placeholder(
    tf.int32,
    (None,),
    name='encoder_seq_len'
)

# Decoder placeholders
decoder_output_seq = tf.placeholder(
```

Encoder输入的整数序列

形状是批尺寸 × 序列长度

一个批中的序列长度

形状是动态的，因为序列的长度是可变的

Decoder输出的整数序列

```
    tf.int32,
    [None, None],
    name='decoder_output_seq'
)
```

← 形状是批尺寸 ×
序列长度

```
decoder_seq_len = tf.placeholder(
    tf.int32,
    (None,),
    name='decoder_seq_len'
)
```

← 一个批中的序列长度

← 形状是动态的，因为
序列的长度是可变的

```
max_decoder_seq_len = tf.reduce_max(
    decoder_seq_len,
    name='max_decoder_seq_len'
)
```

← 一个批中 Decoder 序列
的最大长度

我们来定义一个构建 RNN 单元的辅助函数。清单 18.11 中的函数与 18.3 节中的类似。

清单 18.11　构建 RNN 单元的辅助函数

```
def make_cell(state_dim):
    lstm_initializer = tf.random_uniform_initializer(-0.1, 0.1)
    return tf.contrib.rnn.LSTMCell(state_dim, initializer=lstm_initializer)

def make_multi_cell(state_dim, num_layers):
    cells = [make_cell(state_dim) for _ in range(num_layers)]
    return tf.contrib.rnn.MultiRNNCell(cells)
```

通过使用刚才定义的辅助函数，构建 Encoder 和 Decoder RNN 单元。我将 seq2seq 模型复制到图 18.9 中作为提醒，以可视化 Encoder 和 Decoder RNN。

Seq2seq模型概览

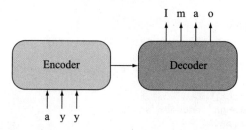

图 18.9　seq2seq 模型通过 Encoder RNN 和 Decoder RNN 学习输入序列到输出序列的转换

我们先讨论 Encoder 单元部分，因为在清单 18.12 中你将构建 Encoder 单元。Encoder RNN 生成的状态将保存在一个名为 encoder_state 的变量中。该 RNN 也会生成一个输出序列，但是在标准的 seq2seq 模型中你不需要访问它，因此直接忽略或删除。

将字母或单词转换为向量表示也是典型问题，通常称为**词嵌入**。TensorFlow 提供了一个方便的 embed_sequence 函数，可以帮助嵌入符号的整数值表示。图 18.10 展示了 Encoder 输入如何从查找表中获得数值。在清单 18.13 的开头你可以看到 Encoder 的工作。

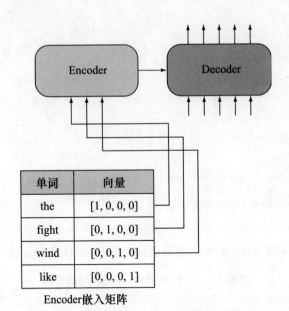

单词	向量
the	[1, 0, 0, 0]
fight	[0, 1, 0, 0]
wind	[0, 0, 1, 0]
like	[0, 0, 0, 1]

Encoder嵌入矩阵

图 18.10   RNN 只接收数值型序列作为输入和输出，所以你需要将符号转换为向量。在本例中，符号是单词，如 the、fight、wind 和 like。它们对应的向量在词嵌入矩阵中

清单 18.12   Encoder 嵌入和单元

```
encoder_input_embedded = tf.contrib.layers.embed_sequence(
    encoder_input_seq,          ◁──── 输入的数值序列（行索引）
    INPUT_NUM_VOCAB,
    ENCODER_EMBEDDING_DIM       ◁──── 嵌入矩阵的列数
)


# Encoder output
encoder_multi_cell = make_multi_cell(RNN_STATE_DIM, RNN_NUM_LAYERS)

encoder_output, encoder_state = tf.nn.dynamic_rnn(
    encoder_multi_cell,
    encoder_input_embedded,
    sequence_length=encoder_seq_len,
    dtype=tf.float32
)
                              不需要持有
del(encoder_output)    ◁──── 这个值
```

嵌入矩阵 的行数 ▷ （指向 INPUT_NUM_VOCAB）

Decoder RNN 的输出是一个代表自然语言语句的数值序列，以及一个表示序列结束的特殊符号。将这个表示序列结束的符号标记为 <EOS>。图 18.11 展示了这个过程。

Decoder RNN 的输入序列与它的输出序列相似，不同于输出序列在每个句子的末尾有 <EOS>（序列结束）特殊符号，它在前面有一个 <GO> 特殊符号。这样，Decoder 在从左到右读取输入后，它从没有关于答案的额外信息开始，这使它成为一个鲁棒的模型。

清单 18.13 展示了如何执行这些切片和连接操作。Decoder 的新的输入序列名为 decoder_input_seq。你将使用 TensorFlow 的 tf.concat 操作将矩阵粘在一起。在清单中，定义了一个 go_prefixes 矩阵，它是一个只包含 <GO> 符号的列向量。

现在我们构建 Decoder 单元。如清单 18.14 所示，首先将 Decoder 的整数序列嵌入到名为 decoder_input_embedded 的向量序列中。

嵌入的输入序列被提供给 Decoder RNN，因此创建 Decoder RNN 单元。还有一件事情，你需要一个层将 Decoder 的输出映射到词汇的独热表示，称作 output_layer。创建 Decoder 的过程开始时与创建 Encoder 的过程类似。

Seq2seq模型概览

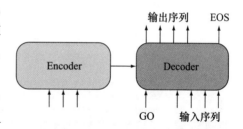

图 18.11　Decoder 的 输 入 以 一 个 特 殊 的 <GO> 符号作为前缀，而输出以一个特殊的 <EOS> 符号作为后缀

清单 18.13　准备 Decoder 的输入序列

```
裁剪矩阵忽略
最后一列                                              创建一个<GO>符号
                                                    的列向量
 ┌─> decoder_raw_seq = decoder_output_seq[:, :-1]
     go_prefixes = tf.fill([BATCH_SIZE, 1], output_symbol_to_int['<GO>'])
     decoder_input_seq = tf.concat([go_prefixes, decoder_raw_seq], 1)

                                                连接<GO>列向量和裁剪
                                                的矩阵的开头
```

清单 18.14　Decoder 嵌入和单元

```
decoder_embedding = tf.Variable(tf.random_uniform([OUTPUT_NUM_VOCAB,
                                                    DECODER_EMBEDDING_DIM]))
decoder_input_embedded = tf.nn.embedding_lookup(decoder_embedding,
                                                 decoder_input_seq)

decoder_multi_cell = make_multi_cell(RNN_STATE_DIM, RNN_NUM_LAYERS)

output_layer_kernel_initializer =
    tf.truncated_normal_initializer(mean=0.0, stddev=0.1)
output_layer = Dense(
    OUTPUT_NUM_VOCAB,
    kernel_initializer = output_layer_kernel_initializer
)
```

OK，这个地方有些奇怪。有两种方法检索 Decoder 的输出：在训练期间和在推理期间。训练 Decoder 仅在训练期间使用，而推理 Decoder 将用于在未见过的数据上进行测试。

使用两种方法获取输出序列的原因是，在训练期间，你可以获得 ground-truth 数据，因此可以使用关于已知输出的信息帮助加速学习过程。但在推理阶段，没有 ground-truth 输出标签，因此必须通过仅使用输入序列进行推理。

清单 18.15 实现了训练 Decoder。使用 `TrainingHelper`，将 `decoder_input_seq` 提供给 Decoder 的输入。此辅助函数可为你管理 Decoder RNN 的输入。

清单 18.15   Decoder 输出（训练）

```python
with tf.variable_scope("decode"):

    training_helper = tf.contrib.seq2seq.TrainingHelper(
        inputs=decoder_input_embedded,
        sequence_length=decoder_seq_len,
        time_major=False
    )

    training_decoder = tf.contrib.seq2seq.BasicDecoder(
        decoder_multi_cell,
        training_helper,
        encoder_state,
        output_layer
    )

    training_decoder_output_seq, _, _ = tf.contrib.seq2seq.dynamic_decode(
        training_decoder,
        impute_finished=True,
        maximum_iterations=max_decoder_seq_len
    )
```

如果你想从 seq2seq 模型获取在测试数据上的输出，将不再能够访问 `decoder_input_seq`。为什么呢？因为 Decoder 的输入序列衍生自它的输出序列，而它只在训练数据集中可用。

清单 18.16 实现了推理情形的 Decoder 输出操作。这里再次使用一个辅助函数为 Decoder 提供输入序列。

清单 18.16   Decoder 输出（推理）

```python
with tf.variable_scope("decode", reuse=True):
    start_tokens = tf.tile(
        tf.constant([output_symbol_to_int['<GO>']],
                    dtype=tf.int32),
        [BATCH_SIZE],
        name='start_tokens')

    inference_helper = tf.contrib.seq2seq.GreedyEmbeddingHelper(   ┐ 推理过程
        embedding=decoder_embedding,                              │ 辅助函数
        start_tokens=start_tokens,
        end_token=output_symbol_to_int['<EOS>']
    )

    inference_decoder = tf.contrib.seq2seq.BasicDecoder(          ┐
        decoder_multi_cell,                                      │
        inference_helper,                                        │ 基本Decoder
        encoder_state,
        output_layer
    )
```

```
inference_decoder_output_seq, _, _ = tf.contrib.seq2seq.dynamic_decode(
    inference_decoder,
    impute_finished=True,
    maximum_iterations=max_decoder_seq_len
)
```

使用Decoder进行
动态解码

使用 TensorFlow 的 `sequence_loss` 方法计算损失。你需要访问推理 Decoder 的输出序列和 ground-truth 输出序列。清单 18.17 中的代码定义了 `cost` 函数。

清单 18.17　cost 函数

```
training_logits =
    tf.identity(training_decoder_output_seq.rnn_output, name='logits')
inference_logits =
    tf.identity(inference_decoder_output_seq.sample_id, name='predictions')

masks = tf.sequence_mask(
    decoder_seq_len,
    max_decoder_seq_len,
    dtype=tf.float32,
    name='masks'
)

cost = tf.contrib.seq2seq.sequence_loss(
    training_logits,
    decoder_output_seq,
    masks
)
```

为了方便，
重命名张量

为 sequence_loss
创建权重

使用 TensorFlow 内置的
序列损失函数

最后，调用优化器最小化代价。但这里你需要用一个之前没见过的小技巧。在像这样的深度网络中，你需要使用一种被称为**梯度裁剪**的技术来限制极端的梯度变化，以确保梯度变化不会太剧烈。清单 18.18 展示了如何使用此技术。

练习 18.5

尝试不使用梯度裁剪的 seq2seq 模型来体验有何不同。

答案

你会发现，没有梯度裁剪，有时网络会过多地调整梯度，导致数值不稳定。

清单 18.18　调用优化器

```
optimizer = tf.train.AdamOptimizer(LEARNING_RATE)

gradients = optimizer.compute_gradients(cost)
capped_gradients = [(tf.clip_by_value(grad, -5., 5.), var)
                        for grad, var in gradients if grad is not None]
train_op = optimizer.apply_gradients(capped_gradients)
```

梯度裁剪

该清单是 seq2seq 模型的实现的最后一部分。通常，在设置过优化器之后模型就准备好训练了，如清单 18.18 所示。你可以创建一个会话并运行 `train_op` 学习模型的参数。

哦，对了，你还需要获得训练数据！如何获得成千上万的输入和输出语句对？别担心，18.5 节中会介绍该过程。

18.5　收集对话数据

康奈尔电影对话语料库（http://mng.bz/W28O）是一个包含 600 多部电影中超过 220 000 段对话的数据集。你可以从官方网站下载 zip 文件。

警告　由于有大量的数据，因此训练算法会需要很长的时间。如果你的 TensorFlow 库被配置了仅使用 CPU，那么可能需要一整天的时间来训练。在 GPU 上，需要 30 分钟到 1 小时来训练此网络。

下面是两个人 (A 和 B) 之间来回对话的一个小片段：

A：They do not！

B：They do too！

A：Fine.

由于聊天机器人的目标是为每一个可能的输入表达生成智能的输出，所以将基于偶然的对话对来组织训练数据。在本例中，这段对话生成了如下的输入和输出语句对：

❑ "They do not！" → "They do too！"

❑ "They do too！" → "Fine."

为方便起见，我们已经处理了这些数据并对你开放。可以在 http://mng.bz/OvlE 上找到它。下载完成之后，可以运行清单 18.19，它使用了 GitHub 中 Jupyter Notebook 的 `Listing 18-eoc-assign.ipynb` 中的 `load-sentences` 辅助函数。

清单 18.19　训练模型

```
以字符串列表
加载输入语句                                                          以相同的形式
                                                                   加载对应的输
┗→ input_sentences = load_sentences('data/words_input.txt')         出语句
   output_sentences = load_sentences('data/words_output.txt')  ◄┘

   input_seq = [
循环   [input_symbol_to_int.get(symbol, input_symbol_to_int['<UNK>'])
遍历 ┣→    for symbol in line]
字母   for line in input_sentences  ◄                               在输出数据的末尾
   ]                              └ 循环遍历文本行                    添加EOS符号

   output_seq = [
      [output_symbol_to_int.get(symbol, output_symbol_to_int['<UNK>'])
          for symbol in line] + [output_symbol_to_int['<EOS>']]  ◄┘
      for line in output_sentences  ◄
   ]                             └ 循环遍历行
```

```
sess = tf.InteractiveSession()
sess.run(tf.global_variables_initializer())        保存学习到的参数
saver = tf.train.Saver()                           是个好主意

for epoch in range(NUM_EPOCS + 1):    ←——  循环遍历epoch        循环批次
                                                                数量
    for batch_idx in range(len(input_sentences) // BATCH_SIZE):←

        input_data, output_data = get_batches(input_sentences,
                                              output_sentences,
   获取当前批处理                                batch_idx)
   的输入和输出对


        input_batch, input_lenghts = input_data[batch_idx]
        output_batch, output_lengths = output_data[batch_idx]

        _, cost_val = sess.run(   ←——  在当前批上
            [train_op, cost],            运行优化器
            feed_dict={
                encoder_input_seq: input_batch,
                encoder_seq_len: input_lengths,
                decoder_output_seq: output_batch,
                decoder_seq_len: output_lengths
            }
        )

saver.save(sess, 'model.ckpt')
sess.close()
```

由于你将模型参数保存到了文件中，所以可以轻松地将模型加载到另一个程序中，并查询网络对新输入的响应。运行 `inference_logits` 操作可以获得聊天机器人的响应。

小结

❑ 基于你目前从本书获得的知识，可以使用 TensorFlow 创建一个 seq2seq 神经网络。

❑ 你可以在 TensorFlow 中实现自然语言嵌入。

❑ RNN 可以用作更有趣的模型的构建块。

❑ 在使用来自电影剧本的对话样本训练模型之后，你可以将该算法视作聊天机器人，从自然输入中推理自然语言响应。

第 19 章

效　用

本章内容

- 实现用于排序的神经网络
- 使用 VGG16 嵌入图像
- 可视化效用值

通过处理感官的输入，机器人可以调整它们对周围环境构建的模型。以吸尘机器人为例，房间里的家具可能每天在变化，所以机器人必须能够适应混乱的环境。

假设你有一个未来主义的保姆机器人，它不仅具备一些基本技能，还可以从人类示范中学习新的技能，也许你打算教它怎样叠衣服。

教机器人完成一项新任务是个棘手的事情。这有一些直接出现在脑海中的问题：

❑ 机器人应该简单地模仿人类的动作序列吗？此类问题被称为**模仿学习**。

❑ 机器人的手臂和关节如何与人类的姿势匹配？这种困境通常称为**对应问题**。

在本章中，你将从人类示范中建模一个任务，同时避免模仿学习和对应问题。祝你好运！

练习 19.1

模仿学习的目标是让机器人重现示范的动作序列。这个目标听起来不错，那么它的局限性是什么？

答案

模仿人类行为是一种从人类示范中学习的原始的方法。然而，智能体应该识别示范背后隐藏的目的。例如，当人们叠衣服时，其目标是将衣服展平并压紧，这是与人类手臂动作无关的概念。通过理解为什么人类会产生他们的动作序列，智能体可以更好地泛化教给它们的技能。

你将通过研究一种使用效用函数对事物的状态排序的方法完成这个任务，该函数接收一个状态并返回一个代表其可取性的真实值。你不仅可以避免将模仿作为衡量成功的标准，还可以绕开将机器人的一系列动作映射到人类动作（对应问题）的复杂性。

在 19.1 节中，你将学习如何在通过人类演示任务视频获得的世界状态上实现一个效用函数。学习到的效用函数是一个偏好模型。

你将探索一个任务：教机器人如何叠衣服。几乎可以肯定，一件皱巴巴的衣服是之前从未见过的形态。如图 19.1 所示，效用框架对状态空间的大小没有限制。偏好模型专门针对人们以各种方式叠衣服的视频进行训练。

值视图

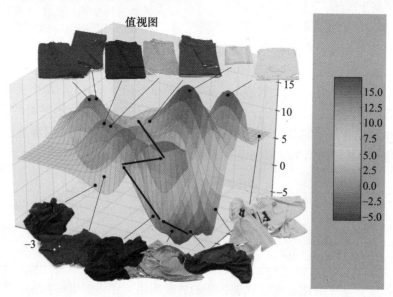

图 19.1　相对于叠好的衣服，褶皱的衣服处于不受欢迎的状态值。此表展示了一块衣物每个状态的可能分值，越高的分值代表越受欢迎的状态

效用函数泛化到各个状态（褶皱 T 恤的新布局或者叠好 T 恤的熟悉布局），并在不同衣物之间重用知识（叠 T 恤或者叠裤子）。

可以通过以下论点进一步说明一个好的效用函数的实际应用。在现实世界中，并不是所有的视觉观察都在优化学习任务。一位展示技能的老师可能会做一些不相干的、不完整的，或者甚至是错误的动作，而人类有能力忽略这些错误。

当机器人观看人类演示时，你希望它理解完成任务的因果关系。你的工作使学习阶段成为交互式的，在这个阶段，机器人积极地审视人类行为，以完善训练数据。

为了完成此目标，首先从少量的视频中学习一个效用函数，对各种状态的喜好度进行排序。然后，当通过人类演示为机器人展示一项新技能时，查看效用函数以验证预期的效用会随时间增加。最后，机器人打断人类的演示，询问这个动作对学习技能是否至关重要。

19.1　偏好模型

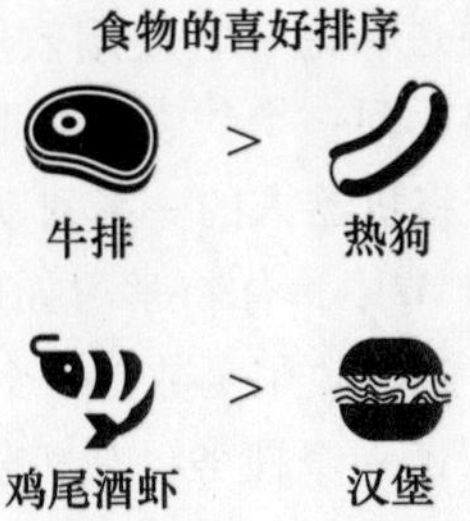

我们假设人类的偏好是从**实用主义**角度出发的，意思是可以用数字决定选项的排序。假设你调查了人们对各种食物的喜好排序（如牛排、热狗、鸡尾酒虾和汉堡）。

图 19.2 展示了两种食物之间的一些可能的排序。正如你所料，牛排的排序高于热狗，鸡尾酒虾排序高于汉堡。

幸运的是，对于被调查的人来说，不是每一对都需要进行排序。在热狗和汉堡之间，或者牛排和鸡尾酒虾之间，哪个更美味可能不是那么明显，有很大的分歧。

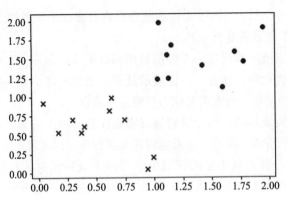

食物的喜好排序

图 19.2　成对对象之间的一些可能排序。具体来说，有 4 种食物，你想根据它们的美味程度进行排序，所以你采用两两比较：牛排比热狗更美味，鸡尾酒虾比汉堡更美味

如果状态 s_1 效用高于另一个状态 s_2，则对应的排序记为 $s_1 > s_2$。每个视频演示包含了一个 n 个状态的序列 s_0, s_1, $\cdots$, s_n，它提供了 $n(n-1)/2$ 种可能的有序对的排序。

让我们来实现有排序能力的神经网络。打开一个新的源文件，使用清单 19.1 导入相关库。你要创建一个神经网络来学习一个基于偏好对的效用函数。

清单 19.1　导入相关库

```
import tensorflow as tf
import numpy as np
import random
%matplotlib inline
import matplotlib.pyplot as plt
```

为了学习一个基于效用分值对状态排序的神经网络，你需要训练数据。我们从创建模拟数据开始，稍后再用更真实的数据来替代它。使用清单 19.2 的代码生成图 19.3 中的 2 维数据。

图 19.3　将要使用的数据示例。圆点代表较为喜欢的状态，叉代表相对不大喜欢的状态。因为数据是成对的，圆点和叉的数量相等，每一对都是一个排序，如图 19.2 所示

清单 19.2　生成模拟的训练数据

```
n_features = 2  ◁——┐ 你将生成2维的数据                    具有较高效用值
                    │ 以便可视化                          的点集合
def get_data():
    data_a = np.random.rand(10, n_features) + 1  ◁——┐ 具有较低效用值
    data_b = np.random.rand(10, n_features)          │ 的点集合
                                                 ◁——┘
    plt.scatter(data_a[:, 0], data_a[:, 1], c='r', marker='x')
    plt.scatter(data_b[:, 0], data_b[:, 1], c='g', marker='o')
    plt.show()

    return data_a, data_b

data_a, data_b = get_data()
```

接下来，你需要定义超参数。在这个模型中，我们使用浅层架构保持简单。我们将创建一个具有一个隐藏层的网络。对应的决定隐藏层神经元个数的超参数为

```
n_hidden = 10
```

排序神经网络将接收成对的输入，因此你需要两个独立的占位符——对应输入对。此外，还要创建一个占位符来保存 dropout 参数值。继续在脚本中添加清单 19.3 的代码。

清单 19.3　占位符

```
输入喜欢的数据点                                        输入不大喜欢的
的占位符                                              数据点的占位符
    with tf.name_scope("input"):
└——▷    x1 = tf.placeholder(tf.float32, [None, n_features], name="x1")
        x2 = tf.placeholder(tf.float32, [None, n_features], name="x2")  ◁——
        dropout_keep_prob = tf.placeholder(tf.float32, name='dropout_prob')
```

排序神经网络仅包含一个隐藏层。在清单 19.4 中，你将定义权重和偏置，并在每个输入占位符上重用这些权重和偏置。

清单 19.4　隐藏层

```
with tf.name_scope("hidden_layer"):
    with tf.name_scope("weights"):
        w1 = tf.Variable(tf.random_normal([n_features, n_hidden]), name="w1")
        tf.summary.histogram("w1", w1)
        b1 = tf.Variable(tf.random_normal([n_hidden]), name="b1")
        tf.summary.histogram("b1", b1)

    with tf.name_scope("output"):
        h1 = tf.nn.dropout(tf.nn.relu(tf.matmul(x1,w1) + b1),
    keep_prob=dropout_keep_prob)
        tf.summary.histogram("h1", h1)
        h2 = tf.nn.dropout(tf.nn.relu(tf.matmul(x2, w1) + b1),
    keep_prob=dropout_keep_prob)
        tf.summary.histogram("h2", h2)
```

此神经网络的目标是为提供的两个输入计算一个分值。在清单 19.5 中，你定义了网络输出层的权重、偏置和全连接架构。你将得到两个输出向量：s1 和 s2，代表成对输入的分值。

清单 19.5　输出层

```
with tf.name_scope("output_layer"):
    with tf.name_scope("weights"):
        w2 = tf.Variable(tf.random_normal([n_hidden, 1]), name="w2")
        tf.summary.histogram("w2", w2)
        b2 = tf.Variable(tf.random_normal([1]), name="b2")
        tf.summary.histogram("b2", b2)

    with tf.name_scope("output"):
        s1 = tf.matmul(h1, w2) + b2      ◁────── 输入x1的效用分值
        s2 = tf.matmul(h2, w2) + b2
```

输入x2的效用分值 ┐→

假设在训练神经网络时，x1 包含的是不受欢迎的项，那么 s1 的分值应该低于 s2，所以 s1 和 s2 的差值应该为负。在清单 19.6 中，loss 函数通过使用 softmax 交叉熵损失来保证差异为负。定义一个 train_op 来最小化 loss 函数。

清单 19.6　代价函数和优化器

```
with tf.name_scope("loss"):
    s12 = s1 - s2
    s12_flat = tf.reshape(s12, [-1])

    cross_entropy = tf.nn.softmax_cross_entropy_with_logits(
                        labels=tf.zeros_like(s12_flat),
                        logits=s12_flat + 1)

    loss = tf.reduce_mean(cross_entropy)
    tf.summary.scalar("loss", loss)

with tf.name_scope("train_op"):
    train_op = tf.train.AdamOptimizer(0.001).minimize(loss)
```

现在按照清单 19.7 创建一个 TensorFlow 会话，初始化所有变量并使用 summary writer 准备 TensorBoard 进行调试。

注意　在第 2 章的末尾介绍 TensorBoard 时你已经使用过 summary writer。

清单 19.7　准备会话

```
sess = tf.InteractiveSession()
summary_op = tf.summary.merge_all()
writer = tf.summary.FileWriter("tb_files", sess.graph)
init = tf.global_variables_initializer()
sess.run(init)
```

现在你已经准备好训练网络了！在模拟数据上运行 train_op，将得到模型学习的参

数（如清单 19.8 所示）。

清单 19.8　训练网络

```
for epoch in range(0, 10000):                       训练的dropout_keep_prob为0.5
    loss_val, _ = sess.run([loss, train_op], feed_dict={x1:data_a, x2:data_b,
       dropout_keep_prob:0.5})
    if epoch % 100 == 0 :
        summary_result = sess.run(summary_op,          喜欢的数据点
                            feed_dict={x1:data_a,
    测试dropout_keep_prob                   x2:data_b,      不大喜欢的数据点
          应该始终为1                    dropout_keep_prob:1})
        writer.add_summary(summary_result, epoch)
```

最终，可视化学习到的分值函数。如清单 19.9 所示，添加 2 维数据到一个列表中。

清单 19.9　准备测试数据

```
grid_size = 10
data_test = []
for y in np.linspace(0., 1., num=grid_size):         循环遍历行
    for x in np.linspace(0., 1., num=grid_size):     循环遍历列
        data_test.append([x, y])
```

在测试数据上运行 s1 操作获得每个状态的效用值并可视化数据，如图 19.4 所示。使用清单 19.10 代码生成可视化。

19.2　图像嵌入

在第 18 章中，你给神经网络提供了一些自然语言句子。通过将语句中的单词或字母转换为数值形式，例如向量。每个符号（无论单词还是字母）都通过查找表嵌入向量。

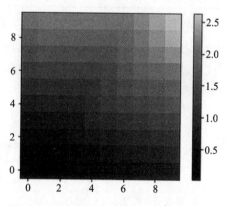

图 19.4　排序神经网络学习到的分值视图

清单 19.10　可视化结果

```
def visualize_results(data_test):
    plt.figure()
    scores_test = sess.run(s1, feed_dict={x1:data_test, dropout_keep_prob:1})
    scores_img = np.reshape(scores_test, [grid_size, grid_size])
    plt.imshow(scores_img, origin='lower')
    plt.colorbar()

visualize_results(data_test)
```

计算所有数据点的效用

修整效用值为矩阵形状以便使用Matplotlib可视化图像

幸运的是，图像已经是数值形式，通过像素矩阵表示。如果图像是灰度的，可能像素采用标量表示亮度。对于彩色图像，像素代表颜色强度（通常有三种：红、绿、蓝）。不管

哪种方式，在 TensorFlow 中，图像都可以轻松地以数值的数据结构表示，例如一个张量。

练习 19.2

为什么将符号转换为表征向量的查找表称作嵌入矩阵?

答案

符号被嵌入到一个向量空间中了。

练习 19.3

给家居用品拍一张照片，比如椅子。缩放图像为越来越小，直到你无法分辨出物体。是什么因素使图像缩小的? 原始图像与缩小后的图像的像素的比值如何? 这个比值就是数据冗余程度的粗略测量。

答案

典型的 500 万像素相机产生的图像分辨率为 2560×1920，但当你以 40 的比例缩小图像（分辨率为 64×48）时，图像内容仍然可以被辨认。

给神经网络提供一个大的图像——比如，大小为 1280×720（接近 100 万像素）——会增加参数的数量从而增加模型过拟合的风险。图像中的像素是高度冗余的，所以你可以尝试通过更简洁的表示来捕获图像的本质。图 19.5 展示了叠好的衣物图像在 2 维嵌入中形成的集群。

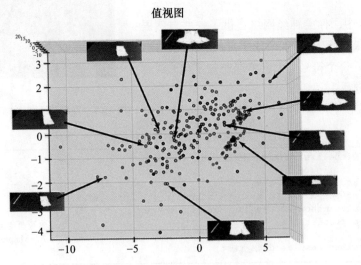

图 19.5   图像可以被嵌入到更低维的空间中，例如图中的 2 维。注意代表衬衫相似状态的点出现在相近的集群中。嵌入的图像让你可以使用排序神经网络来学习对衣物不同状态的偏好

在第 11 章和第 12 章你看到了如何使用自编码器来降低图像的维度。另一种实现图像低维嵌入的方法是使用深度卷积神经网络图像分类器的倒数第二层。我们来详细地讨论一下后者。

由于设计、实现、训练一个深度图像分类器并不是本章的主要重点（参见第 14 章和第 15 章的 CNN），所以我们使用预训练好的现成模型。许多计算机视觉研究论文引用的常见图像分类器是 VGG16，你在第 15 章时使用它构建了一个面部识别系统。

线上有许多 VGG16 的 TensorFlow 实现。我推荐使用 Davi Frossard（https://www.cs.toronto.edu/ ～ frossard/post/vgg16）的。你可以在网站上下载 vgg16.py 的 TensorFlow 代码以及 vgg16_weights.npz 预训练好的模型参数。

图 19.6 是 Frossard 网页上对 VGG16 神经网络的描述。如你所见，这是一个深度神经网络，有很多卷积层。最后几层是常见的全连接层，输出层是一个 1000 维的向量，表示多分类的概率。

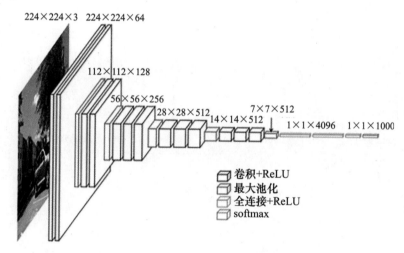

图 19.6　VGG16 架构是一个深层卷积神经网络用于图像分类。图片来自 https://www.cs.toronto.edu/ ～ frossard/post/vgg16

学习如何运用他人的代码是一项不可或缺的技能。首先，确保你已经下载了 vgg16.py 和 vgg16_weights.npz，并测试可以通过 python vgg16.py my_image.png 运行代码。

注意　你可能需要安装 SciPy 和 Pillow 以使 VGG16 演示代码正常运行。可以通过 pip 下载安装。

我们从添加 TensorBoard 开始，以可视化代码运行情况。在主函数中，在创建会话变量 sess 之后，插入以下代码行：

```
my_writer = tf.summary.FileWriter('tb_files', sess.graph)
```

现在再次运行分类器（python vgg16.py my_image.png）将生成一个名为 tb_files 的目录供 TensorBoard 使用。你可以运行 TensorBoard 来可视化神经网络的计算图。执行以下命令运行 TensorBoard：

```
$ tensorboard --logdir=tb_files
```

在浏览器中打开 TensorBoard，导航到 Graphs 选项卡，查看计算图，如图 19.7 所示。很容易就能看出网络中涉及的层的类型，最后三层是全连接层，分别标记为 fc1、fc2 和 fc3。

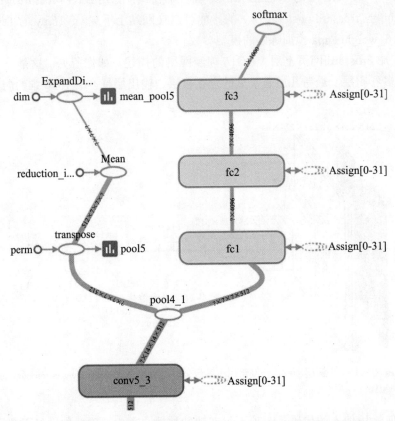

图 19.7　TensorBoard 中显示的 VGG16 神经网络计算图的一小段。最上面的节点是用于分类的 softmax 运算符。三个全连接层标记为 fc1、fc2 和 fc3

19.3　图像排序

你将使用 19.2 节中的 VGG16 代码来获得图像的向量表示。这样，就可以使用你在 19.1 节⊖中设计的排序神经网络对两个图像有效地排序。

⊖　原文为 12.1，应该是作者笔误。——译者注

考虑叠衬衫的视频，如图 19.8 所示。你将逐帧地处理视频，对图像的状态进行排序。这样，在遇到新情形时，算法可以理解是否达到叠衣服的目标。

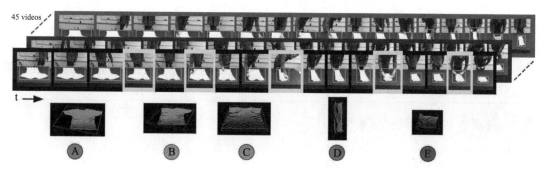

图 19.8　叠衣服的视频揭示了衣物是如何随时间变化的。你可以提取衬衫的第一个状态和最后一个状态作为训练数据，学习状态排序的效用函数。在每个视频中，衬衫的最终状态应该比其靠近开始时的状态有更高的效用值

　　首先，从 http://mng.bz/eZsc 下载叠衣服数据集，解压 zip 文件。注意提取文件的位置，在代码中调用该位置 DATASET_DIR。

　　打开一个新文件，导入 Python 中相关的库（如清单 19.11 所示）。

清单 19.11　导入库

```
import tensorflow as tf
import numpy as np
from vgg16 import vgg16
import glob, os
from scipy.misc import imread, imresize
```

　　对每个视频，记下最开始和结束时的图像。这样，可以通过假设最后一张图像比第一张有更高的偏好度来训练排序算法。换句话说，叠衣服的最后一个状态比第一个状态更有价值。清单 19.12 展示了如何将数据加载到内存。

清单 19.12　准备训练数据

```
DATASET_DIR = os.path.join(os.path.expanduser('~'), 'res',       下载数据
➥ 'cloth_folding_rgb_vids')                                       的路径
NUM_VIDS = 45                    ◀──── 要加载的视频数量

     def get_img_pair(video_id):
         img_files = sorted(glob.glob(os.path.join(DATASET_DIR, video_id,
获取视频  ➥ '*.png')))
开始和    start_img = img_files[0]
结束时    end_img = img_files[-1]
的图像    pair = []
         for image_file in [start_img, end_img]:
             img_original = imread(image_file)
             img_resized = imresize(img_original, (224, 224))
             pair.append(img_resized)
```

```
        return tuple(pair)

start_imgs = []
end_imgs= []
for vid_id in range(1, NUM_VIDS + 1):
    start_img, end_img = get_img_pair(str(vid_id))
    start_imgs.append(start_img)
    end_imgs.append(end_img)
print('Images of starting state {}'.format(np.shape(start_imgs)))
print('Images of ending state {}'.format(np.shape(end_imgs)))
```

运行清单 19.12 得到以下输出：

```
Images of starting state (45, 224, 224, 3)
Images of ending state (45, 224, 224, 3)
```

使用清单 19.13 为将要嵌入的图像创建一个输入占位符。

清单 19.13　占位符

```
imgs_plc = tf.placeholder(tf.float32, [None, 224, 224, 3])
```

从清单 19.3 ～ 19.7 中拷贝排序神经网络的代码，重用于图像排序。准备会话如清单 19.14 所示。

清单 19.14　准备会话

```
sess = tf.InteractiveSession()
sess.run(tf.global_variables_initializer())
```

接下来，调用构造函数初始化 VGG16 模型。如清单 19.15 所示，将所有模型参数从磁盘加载到内存。

清单 19.15　加载 VGG16 模型

```
print('Loading model...')
vgg = vgg16(imgs_plc, 'vgg16_weights.npz', sess)
print('Done loading!')
```

接下来，为排序神经网络准备训练和测试数据。如清单 19.16 所示，向 VGG16 模型提供图像，然后你访问在输出附近的一个层（在本例中是 fc1）以获得嵌入的图像。

最后，你将得到一个 4096 维的嵌入图像。由于总共有 45 个视频，将它们分开，其中一些用于训练，一些用于测试。

❑ 训练
- 开始帧大小：（33，4096）
- 结束帧大小：（33，4096）

❑ 测试
- 开始帧大小：（12，4096）

– 结束帧大小：（12，4096）

清单 19.16　准备用于排序的数据

```
start_imgs_embedded = sess.run(vgg.fc1, feed_dict={vgg.imgs: start_imgs})
end_imgs_embedded = sess.run(vgg.fc1, feed_dict={vgg.imgs: end_imgs})

idxs = np.random.choice(NUM_VIDS, NUM_VIDS, replace=False)
train_idxs = idxs[0:int(NUM_VIDS * 0.75)]
test_idxs = idxs[int(NUM_VIDS * 0.75):]

train_start_imgs = start_imgs_embedded[train_idxs]
train_end_imgs = end_imgs_embedded[train_idxs]
test_start_imgs = start_imgs_embedded[test_idxs]
test_end_imgs = end_imgs_embedded[test_idxs]

print('Train start imgs {}'.format(np.shape(train_start_imgs)))
print('Train end imgs {}'.format(np.shape(train_end_imgs)))
print('Test start imgs {}'.format(np.shape(test_start_imgs)))
print('Test end imgs {}'.format(np.shape(test_end_imgs)))
```

当准备好排序的训练数据时，运行 train_op 一定次数的 epoch（如清单 19.17 所示）。在训练了网络之后，在测试数据上运行模型以评估结果。

清单 19.17　训练排序网络

```
train_y1 = np.expand_dims(np.zeros(np.shape(train_start_imgs)[0]), axis=1)
train_y2 = np.expand_dims(np.ones(np.shape(train_end_imgs)[0]), axis=1)
for epoch in range(100):
    for i in range(np.shape(train_start_imgs)[0]):
        _, cost_val = sess.run([train_op, loss],
                            feed_dict={x1: train_start_imgs[i:i+1,:],
                                       x2: train_end_imgs[i:i+1,:],
                                       dropout_keep_prob: 0.5})
print('{}. {}'.format(epoch, cost_val))
s1_val, s2_val = sess.run([s1, s2], feed_dict={x1: test_start_imgs,
                                       x2: test_end_imgs,
                                       dropout_keep_prob: 1})
print('Accuracy: {}%'.format(100 * np.mean(s1_val < s2_val)))
```

注意，随着时间推移，准确率接近 100%。排序模型学习到，出现在视频末尾的图像比出现在视频开头的图像更受欢迎。

出于好奇，让我们逐帧地看一下单个视频随时间的效用值，如图 19.9 所示。产生图 19.9 的代码需要加载视频中的所有图像，如清单 19.18 所示。

你可以使用 VGG16 模型来嵌入图像，并运行排序网络来完成分值，如清单 19.19 所示。

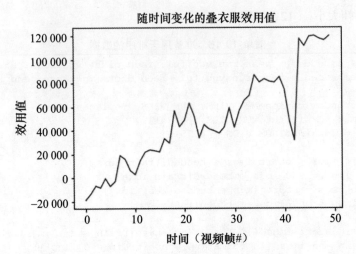

图 19.9 效用值随时间增加，表示正在完成目标。靠近视频开始的效用值为 0，但在最后其急剧上升到 120 000

清单 19.18　从视频准备图像序列

```
def get_img_seq(video_id):
    img_files = sorted(glob.glob(os.path.join(DATASET_DIR, video_id,
    ➡ '*.png')))
    imgs = []
    for image_file in img_files:
        img_original = imread(image_file)
        img_resized = imresize(img_original, (224, 224))
        imgs.append(img_resized)
    return imgs

imgs = get_img_seq('1')
```

清单 19.19　计算图像的效用值

```
imgs_embedded = sess.run(vgg.fc1, feed_dict={vgg.imgs: imgs})
scores = sess.run([s1], feed_dict={x1: imgs_embedded,
                                   dropout_keep_prob: 1})
```

可视化结果，再现图 19.9（清单 19.20）。

清单 19.20　可视化效用值

```
from matplotlib import pyplot as plt
plt.figure()
plt.title('Utility of cloth-folding over time')
plt.xlabel('time (video frame #)')
plt.ylabel('Utility')
plt.plot(scores[-1])
```

小结

- ❏ 通过将对象表示为向量，并在向量上学习一个效用函数，可以对状态进行排序。
- ❏ 由于图像包含冗余数据，使用 VGG16 神经网络降低数据的维度，以便使用现实世界图像的排序网络。
- ❏ 你学习了如何将视频中的图像效用值可视化，以验证视频演示是否增加了衣物状态的效用。

接下来

你已经完成了 TensorFlow 之旅！本书的 19 章从不同的角度探讨了机器学习，但总的来说，它们教你掌握这些技能所需的概念：

- ❏ 将一个任意的现实世界问题转换到机器学习框架中。
- ❏ 理解许多机器学习问题的基础知识。
- ❏ 使用 TensorFlow 解决这些问题。
- ❏ 可视化一个机器学习算法以及说行话。
- ❏ 通过现实世界的数据和问题来展示你学到的东西。

本书所教授的概念并不过时，代码也是一样。为了确保最新的库调用和语法，我在 http://mng.bz/Yx5A 上积极管理着一个 GitHub 库。请随时在那里加入社区，以及向我提交文件 bug 或分支请求。

提示 TensorFlow 正处于快速开发阶段，因此将随时提供更多的功能。

附 录

安装说明

注意 本书假设你使用 Python3,除非有特殊说明,如第 7 章,其中相关的依赖项 BregmanToolkit 需要 Python 2.7。类似地,第 19 章中,VGG16.py 库也需要 Python2.7。Python 3 的代码清单遵循 TensorFlow v1.15,第 7 章和第 19 章中的示例使用 TensorFlow 1.14.0,因为它与 Python 2.7 兼容。GitHub 上的附带源代码将始终是最新版本 (http://mng.bz/GdKO)。此外,**目前的工作正在努力将书中的示例移植到 TensorFlow2.x 中,此工作将呈现在 GitHub 的 tensorflow2 分支中。**你可以在那里找到更新的清单,所以经常回来看看。

你可以通过几种方式安装 TensorFlow。本附录介绍了一种适用于所有平台 (包括 Windows) 的安装方法。如果你熟悉基于 UNIX 的系统 (如 Linux 和 macOS),可以在官方文档 http://mng.bz/zrAQ 中使用其中一种安装方法,或者如果你正在试验 TensorFlow2 代码分支,则可以使用 https://www.tensorflow.org/install。Scott Penberthy (谷歌的人工智能和 TensorFlow 应用主管) 在本书的序中提到,AI 和 ML 领域的发展如此之快,在本书的编写过程中,TensorFlow 已经发布了几个版本,包括 1.x 和 2.x 系列。所有章节中的模型构建技术将独立于 TensorFlow API 的任何更改或任何单个模型的改进。

我还在附录中列出了所需的数据集,以及运行书中代码示例所需的库。我将数据集收集到一个百宝箱的位置,所以请注意将输入数据放置在何处,示例代码将处理剩下的内容。

最后,为了让你了解 TensorFlow 2 和 TensorFlow 1 之间的一些细微差异,我将介绍一些需要进行的修改,以使客户呼叫中心预测示例可以使用 TensorFlow2。

闲话少说,让我们使用 Docker 容器来安装 TensorFlow。

A.1 用 Docker 安装书中的代码

Docker 是一个打包软件依赖关系的系统,以保持每个人的安装环境相同。这种标准化有助于约束计算机之间的不一致性。

提示　除了使用 Docker 容器之外，还可以通过多种方式安装 TensorFlow。关于安装 TensorFlow 的更多细节，请访问官方文档：https://www.tensorflow.org/install。还可以查看本书的官方 Dockerfile，它描述了轻松浏览本书所需的软件、库和数据（http://mng.bz/0ZA6）。

A.1.1　在 Windows 中安装 Docker

Docker 只能在启用虚拟化的 64 位 Windows（7 或更高版本）上运行。幸运的是，大多数消费者笔记本计算机和台式机都满足这一要求。要检查你的计算机是否支持 Docker，请打开"控制面板"，单击"系统和安全"，然后单击"系统"。你将看到有关 Windows 机器的详细信息，包括处理器和系统类型。如果系统是 64 位的，那么就可以使用了。

下一步是检查处理器是否支持虚拟化。在 Windows 8 及更高版本中，打开任务管理器（按 Ctrl-Shift-Esc），单击"性能"。如果虚拟化显示为 Enabled（如图 A.1 所示），那么就万事俱备了。对于 Windows 7，你应该使用微软硬件辅助虚拟化检测工具（http://mng.bz/cBlu）。

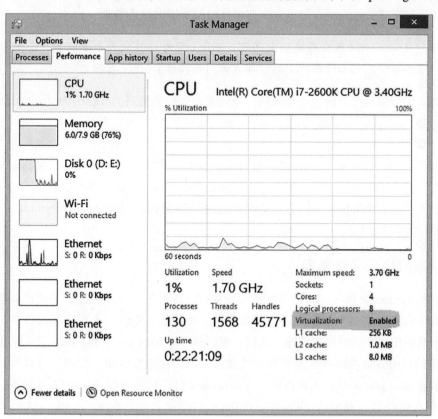

图 A.1　确保你的 64 位计算机已启用虚拟化

A.1.2   在 Linux 中安装 Docker

现在你知道你的电脑是否可以支持 Docker。从 http://mng.bz/K580 安装 Docker 工具箱。运行下载的 setup 可执行文件，并通过单击对话框中的 Next 接受所有默认设置。安装完工具箱后，运行 Docker 快速启动终端。

A.1.3   在 macOS 中安装 Docker

Docker 工作在 macOS 10.8 Mountain Lion 或更高版本。从 http://mng.bz/K580 安装 Docker 工具箱。安装完成后，从 Applications 文件夹或 Launchpad 打开 Docker 快速启动终端。

A.1.4   使用 Docker

我已经创建了一个 Dockerfile，它构建了一个包含 Python 3.7 和 2.7 的镜像，使用 Python 的 pip 安装程序安装 Jupyter 和所需的库，然后创建必要的依赖库和文件夹结构来运行书中的代码示例。如果你想从头构建 Docker 镜像，可以分别使用 build_environment.sh 和 run_environment.sh 脚本构建和运行 Docker 镜像。Docker 构建还包括运行程序所需的所有第三方库和训练模型所需的输入数据。

> **警告**   当心——容器在构建时大约有 40GB，因为机器学习是数据和计算密集型的。准备好你笔记本计算机上的空间或时间来构建 Docker 容器。

或者，你可以运行下面的命令来执行我创建并为你推送到 DockerHub 上的镜像：

```
docker pull chrismattmann/mltf2
./run_environment.sh
```

可以将 DockerHub 视为预构建环境镜像的家园。你可以在 https://hub.docker.com 上探索社区发布的各种容器。该环境包含一个 Jupyter Notebook 中心，你可以通过在浏览器中输入 http://127.0.0.1:8888 来访问它。记住要选择正确的内核 (Python3 或 Python2)，这取决于具体的章节示例。

A.2   获取数据和存储模型

在运行 notebook 程序时，你将生成大量数据，特别是在涉及构建模型的机器学习过程中。但为了训练和构建模型，你还是需要数据。我已经创建了一个百宝箱文件夹，你可以从那里下载书中用于训练模型的输入数据。可以从 http://mng.bz/9A41 访问该文件夹。

下面的指引告诉你哪些章节需要哪些数据，以及存放在哪里。除非另有说明，否则数据应该放在 data/folder 中。注意当你运行 notebook 时，它将生成 TensorFlow 模型，并将它们和检查点文件写入 model/folder 中。GitHub 上提供了一个 download-data.sh 脚本，用于自动下载每一章的数据，并将该数据放置在 notebook 期望的文件夹中。此外，如果你正在使用 Docker 构建，容器将自动运行脚本并为你下载数据。

❏ 第 4 章
- data/311.csv

❏ 第 6 章
- data/word2vec-nlp-tutorial/labeledTrainData.tsv
- data/word2vec-nlp-tutorial/testData.tsv
- data/aclImdb/test/neg
- data/aclImdb/test/pos

❏ 第 7 章
- data/audio_dataset
- data/TalkingMachinesPodcast.wav

❏ 第 8 章
- data/User Identification From Walking Activity

❏ 第 10 章
- data/mobypos.txt

❏ 第 12 章
- data/cifar-10-batches-py
- data/MNIST_data（如果你尝试 MNIST 额外的示例）

❏ 第 14 章
- data/cifar-10-batches-py

❏ 第 15 章
- data/cifar-10-batches-py
- data/vgg_face_dataset——VGG-Face 元数据，包含名人姓名
- data/vgg-face——实际的 VGG-Face 数据
- data/vgg_face_full_urls.csv——VGG-Face URL 的元数据信息
- data/vgg_face_full.csv——关于所有 VGG-Face 数据的元数据信息
- data/vgg-models/checkpoints-1e3x4-2e4-09202019——用于运行 Estimator 附加示例

❏ 第 16 章
- data/international-airline-passengers.csv

❏ 第 17 章
- data/LibriSpeech
- libs/basic_units
- libs/RNN-Tutorial

❏ 第 18 章
- data/seq2seq

❑ 第 19 章
   – libs/vgg16/laska.png
   – data/cloth_folding_rgb_vids

A.3 必需的库

尽管本书的名字中包含 TensorFlow，但是本书的内容更多的是关于广义的机器学习及其理论，以及用于处理机器学习的框架。运行 notebook 的要求如下面清单所示，它们也可以手动安装或通过 Docker 中的 requirements.txt 和 requirements-py2.txt 文件自动安装。此外，GitHub 上有一个 download-lib.sh 脚本，你可以手动运行或通过 Docker 运行。该脚本获取无法通过 pip 安装的 notebook 所需的专用库。你可以使用 pip 安装其余的部分，使用你喜欢的 Python 版本。本书中的示例以 Python2.7 和 Python3.7 展示。我没有时间测试所有的代码，但是我很高兴收到分支请求或者对我缺失的部分的代码贡献。

❑ TensorFlow（本书使用 1.13.1, 1.14.0, 1.15.0，并且还有一个基于 tensorflow2 的分支 2.2 版及更新版本的活跃开发工作）
❑ Jupyter
❑ Pandas（用于数据帧和简单的表格数据操作）
❑ NumPy 和 SciPy
❑ Matplotlib
❑ NLTK（用于任何文本或自然语言处理如第 6 章的情感分析）
❑ TQDM（用于进度条）
❑ SK-learn（用于各种辅助函数）
❑ BregmanToolkit（用于第 7 章中音频的例子）
❑ Tika
❑ Ystockquote
❑ Requests
❑ OpenCV
❑ Horovod（在 Maverick2 VGG-Face 模型中使用 0.18.2 或 0.18.1）
❑ VGG16: vgg16.py、vgg16_weights.npz、imagenet_classes.py 和 laska.png（仅适用于 Python 2.7，将软件放置在 libs/vgg16 中）
❑ PyDub（用于第 17 章的 LSTM）
❑ Basic Units（第 17 章，位于 libs/basic_units/ folder）
❑ RNN-Tutorial（用于第 17 章中帮助实现和训练深度语音模型）

A.4 将呼叫中心示例转换为 TensorFlow2

TensorFlow v2 (TFv2) 引入了各种突破性的变化。其中一些变化会影响工作流，另一些则需要新的范式。例如，即刻执行需要从声明式编程更改为命令式编程。你不再使用 TensorFlow 的 Placeholder，反过来，你需要依赖不同的库来完成在 v2 中已经弃用的任务。在本书的仓库 tensorflow2 分支（http://mng.bz/Qmq1）中，文章和 GitHub 页面中的示例、练习和代码清单正在被积极地从 TensorFlow 转换为 TensorFlow2。我使用下面的方法论：

- ❑ 我尽可能使用官方的 TFv1-to-TFv2 迁移指南。
- ❑ 当迁移指南不能满足要求时，我尝试复制文本和仓库主分支中获得的结果。

如果你对 TensorFlow 中更精细的项目如何从 v1 迁移到 v2 感兴趣，我鼓励你查看 https://www.tensorflow.org/guide/migrate 上的迁移指南。此外，你还可以看看官方的升级脚本对你的情况是否有用，升级脚本地址为 https://www.tensorflow.org/guide/upgrade。请注意，出于两个原因，我不打算在这个仓库中使用自动升级脚本：

- ❑ 转换脚本尽可能地自动化，但是一些语法和风格的更改无法由脚本执行。
- ❑ 充分检查 TF v1 到 TF v2 的变化是有价值的。这个过程本身就是一个学习的过程，即使是我也有 (很多) 东西要学！

最后，还有一行代码允许与 TensorFlow 1 完全向后兼容，即使在使用新的 TensorFlow v2 库时也是如此。将这一行放在代码的顶部，使其行为类似于 TFv1。根据 TensorFlow v1-to-v2 迁移指南，在本书清单的开头插入以下内容，以在 TFv2 中运行未修改的 TFv1 代码：

```
import tensorflow.compat.v1 as tf
tf.disable_v2_behavior()
```

就是这样！很简单，是吧？你也可以删除清单中的 import tensorflow 声明，并用前面的声明替换它。在 A.4.1 中，我快速地回顾第 4 章中的呼叫中心预测示例，并向你展示从 TFv1 转换为 TFv2 的关键。

使用 TF2 的呼叫中心示例

第 4 章应用了回归的机器学习概念，通过使用来自纽约市 311 服务的真实呼叫中心数据构建 TensorFlow 图学习 1 ~ 52 周的呼叫量，并尝试对其进行准确的预测。由于数据是连续而非离散的，在机器学习中，这类问题称为**回归**，而不是**分类**。图 A.2 展示了 311 数据中心的数据。

在 TFv1 版本的原始代码中，我讨论了如何读取纽约 311 呼叫中心的 CSV 数据并将其解析为 Python 字典。然后，我展示了如何将字典转换为 X_train 和

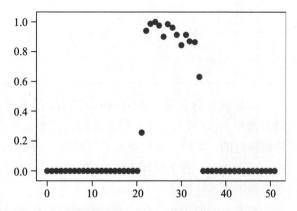

图 A.2　*y* 轴是呼叫频率计数，*x* 轴是 0 ~ 51 周数。在 2014 年 5 月活跃爆发，在 2014 年 8 月底缩减

Y_train 变量, 它们表示输入周数和呼叫量数据。数据通过 52 周中最大呼叫量进行归一化以实现 Y_train 范围在 0 到 1 之间。为了构建 TensorFlow 模型图, 我使用了非线性高斯模型 (钟形曲线) 来表示呼叫量。你创建了一个 TensorFlow 图并训练 1000 个 epoch 来学习输入到高斯模型中的 mu 和 sig 变量。在模型学习到参数之后, 我向你展示了如何将其输入到 NumPy 版本的模型中, 打印学习到的曲线, 并可视化绘制误差和准确率。原始代码清单如 A.1 所示, 供参考。

清单 A.1　为你的高斯曲线创建并训练 TensorFlow 模型

```
learning_rate = 1.5         ◁── 设置每个epoch的学习率
training_epochs = 5000       ◁── 训练5000个epoch

X = tf.placeholder(tf.float32)     创建输入（X）
Y = tf.placeholder(tf.float32)     和预测值（Y）

def model(X, mu, sig):
    return tf.exp(tf.div(tf.negative(tf.pow(tf.subtract(X, mu), 2.)),
    ➡ tf.multiply(2., tf.pow(sig, 2.)))))

mu = tf.Variable(1., name="mu")      定义我们的模型要学习
sig = tf.Variable(1., name="sig")    的参数mu和sig
y_model = model(X, mu, sig)    ◁──
                                基于TensorFlow图创建模型

cost = tf.square(Y-y_model)
train_op = tf.train.GradientDescentOptimizer(learning_rate).minimize(cost)

sess = tf.Session()                           初始化         定义代价函数
init = tf.global_variables_initializer()      TensorFlow    为L2范数并创
sess.run(init)                                会话          建训练操作

for epoch in range(training_epochs):
    for(x, y) in zip(X_train, nY_train):
        sess.run(train_op, feed_dict={X:x, Y:y})   ◁── 执行训练学习
                                                        mu和sig的值
mu_val = sess.run(mu)
sig_val = sess.run(sig)
print(mu_val)        打印学习到
print(sig_val)       的mu和sig
sess.close()    ◁── 关闭会话
```

如果我告诉你第 4 章的 TensorFlow2 版本重用了数据准备、评估、绘图的全部代码, 只对清单 A.1 (模型) 做了轻微的修改, 会怎么样? 我希望你会说这是可能的, 正如我想你展现过的, 机器学习的很多工作调用了 TensorFlow 及其伙伴——辅助库, 如数据处理的 Pandas 或 Tika, 或者使用 Jupyter 和 Matplotlib 进行数据评估和探索性分析。所有这些代码都保持不变并且独立于 TensorFlow。

整本书中的 TensorFlow 代码都遵循这样的模式:

1. 创建模型的超参数。有时, 我会告诉你如何用书中所使用的数据推导超参数。在其

他时候，我会给出其他人花费大量的时间和资源得到的超参数，所以你应该直接重用它们。

2. 在你（或其他人）收集并清洗准备好的数据上训练模型。

3. 评估学习到的模型以及你和模型做得有多好。

在呼叫中心预测模型中，第 1 步和第 2 步有一点变化。首先，TensorFlow2 原生集成了机器学习的 Keras 库。集成的原因超出了本书的范畴，但一个好处是使用了 Keras 的优化器。你将使用 `tf.keras.optimizers` 优化器（例如 `tf.keras.optimizers.SGD`），而不是 `tf.train`（例如 `tf.train.GradientDescentOptimizer`）。

另一个变化是，不是在每个 epoch 中 `for` 循环遍历每个 epoch 并通过 TFv1 的 `placeholders` 注入每周的呼叫量值，在 TFv2 中希望消除它们，因此使用声明式编程。换句话说，`train` 函数应该按步或者全部接收数据，并对其进行训练，而不是在每步中通过 `feed_dict` 参数注入。不需要使用数据注入。你可以使用 `tf.constant`，生成每个 epoch 中 52 周数据常量，并消除过程中的 `for` 循环。由于 TFv2 鼓励使用无须注入的声明式编程，所以可以使用 Python 的 lambda 内联函数定义模型，并使用 `cost` 和 `loss` 作为内联函数来声明式地构建模型。

这就是所有的变化，如清单 A.2 中所示。

清单 A.2　呼叫中心预测模型的 TensorFlow2 版本

```
定义超参数（与TFv1
清单无变化）

  learning_rate = 1.5          新的超参数用于
  training_epochs = 5000        Keras在正确方向
momentum=0.979                 上的加速梯度优化

X = tf.constant(X_train, dtype=tf.float32)     去掉了占位符，取而
Y = tf.constant(nY_train, dtype=tf.float32)    代之的是全部的周/呼
mu = tf.Variable(1., name="mu")                叫量常量数据
sig = tf.Variable(1., name="sig")        要学习的参数

model = lambda _X, _sig, _mu:              使用lambda函数定义声明式
➡ tf.exp(tf.div(tf.negative(tf.pow(tf.subtract(tf.cast(_X,tf.float32), _mu),   的高斯模型，使用真实的X
➡ 2.)), tf.multiply(2., tf.pow(_sig, 2.))))    数据，而非占位符
y_model = lambda: model(X, mu, sig)        使用真实的Y数据定义cost函数
cost = lambda: tf.square(Y - y_model())

train_op = tf.keras.optimizers.SGD(learning_rate, momentum=momentum)   使用keras
for epoch in tqdm(range(training_epochs)):                              优化器
    train_op.minimize(cost, mu, sig)       以声明的方式进行训练，
                                           并删除清单A.1中带有注
mu_val = mu.value()                        入的for循环
sig_val = sig.value()            获取学习到的参数
                                 并打印结果
print(mu_val.numpy())
print(sig_val.numpy())
```

你可以在 http://mng.bz/WqR1 中查看 TensorFlow2 呼叫中心清单。程序的其他部分与

TensorFlow v1 版本相同，包括处理数据的读取、清洗、准备，以及探索分析的步骤。

　　检查代码库的 tensorflow2 分支，并跟随我和其他人 (将来可能会是你 !) 将 notebook 转换为 TensorFlow v2。我将使用迁移指南和本附录中定义的最佳实践。需要指出的是，大多数代码和技术将保持独立于本书的出版和 TensorFlow 的未来版本。坚持我教给你的数据准备、清洗、超参数选择和模型构建技术。不管 TensorFlow 是什么版本，它们都将永远适用!

推荐阅读

机器学习实战：基于Scikit-Learn、Keras和TensorFlow（原书第2版）

作者：Aurélien Géron ISBN：978-7-111-66597-7 定价：149.00元

机器学习畅销书全新升级，基于TensorFlow 2和Scikit-Learn新版本

Keara之父、TensorFlow移动端负责人鼎力推荐

"美亚"AI+神经网络+CV三大畅销榜冠军图书

从实践出发，手把手教你从零开始构建智能系统

　　这本畅销书的更新版通过具体的示例、非常少的理论和可用于生产环境的Python框架来帮助你直观地理解并掌握构建智能系统所需要的概念和工具。你会学到一系列可以快速使用的技术。每章的练习可以帮助你应用所学的知识，你只需要有一些编程经验。所有代码都可以在GitHub上获得。

机器学习算法（原书第2版）

作者：Giuseppe Bonaccorso ISBN：978-7-111-64578-8 定价：99.00元

　　本书是一本使机器学习算法通过Python实现真正"落地"的书，在简明扼要地阐明基本原理的基础上，侧重于介绍如何在Python环境下使用机器学习方法库，并通过大量实例清晰形象地展示了不同场景下机器学习方法的应用。

推荐阅读

深度强化学习实践（原书第2版）

作者: [俄] 马克西姆·拉潘 (Maxim Lapan) 译者: 林然 等 书号: 978-7-111-68738-2 定价: 149.00元

本书涵盖新的强化学习工具和技术，介绍了强化学习的基础知识，以及如何动手编写智能体以执行一系列实际任务。

本书较上一版新增6章，专门介绍了强化学习的新发展，包括离散优化（解决魔方问题）、多智能体方法、Microsoft 的 TextWorld 环境、高级探索技术等。学完本书，你将对这个新兴领域的前沿技术有深刻的理解。

此外，你将获得对深度 Q-network、策略梯度方法、连续控制问题以及高度可扩展的非梯度方法等领域的可行洞见，还将学会如何构建经过强化学习训练、价格低廉的真实硬件机器人，并通过逐步代码优化在短短 30 分钟的训练后解决 Pong 环境问题。

简而言之，本书将帮助你探索强化学习中令人兴奋的复杂主题，让你通过实例获得经验和知识。